现代材料热力学
——平衡与稳定性
Thermodynamic Equilibrium and Stability of Materials

〔美〕陈龙庆（Long-Qing Chen）著

赵宇宏 译

科学出版社

北 京

图字：01-2023-5697 号

内 容 简 介

本书共分 15 章，内容包括热力学系统及其基本变量，热力学第一和第二定律，热力学基本方程，统计热力学导论，从热力学基本方程到热力学性质，热力学性质之间的关系，热力学平衡态与稳定性，材料过程热力学计算，构建近似热力学基本方程，气体、电子、晶体和缺陷的化学势，单组分材料的相平衡，溶液的化学势，化学相平衡和相图，化学反应平衡，以及能量转化和电化学。

本书可作为材料、冶金类专业本科生或研究生的热力学教材，以及机械、化学、化工、生物和物理类等专业的热力学教学参考书，也可供从事材料研究和生产工作的科学技术人员参考。

First published in English under the title
Thermodynamic Equilibrium and Stability of Materials
by Long-Qing Chen
Copyright © Springer Nature Singapore Pte Ltd., 2022
This edition has been translated and published under licence from
Springer Nature Singapore Pte Ltd.

图书在版编目(CIP)数据

现代材料热力学：平衡与稳定性 / (美)陈龙庆著；赵宇宏译. -- 北京：科学出版社, 2024. 9. -- ISBN 978-7-03-079222-8

I. TB301

中国国家版本馆 CIP 数据核字第 2024HS5854 号

责任编辑：陈艳峰　崔慧娴 / 责任校对：彭珍珍
责任印制：赵　博 / 封面设计：无极书装

科学出版社 出版
北京东黄城根北街 16 号
邮政编码：100717
http://www.sciencep.com
北京中科印刷有限公司印刷
科学出版社发行　各地新华书店经销
*
2024 年 9 月第　一　版　开本：720×1000　1/16
2024 年 12 月第二次印刷　印张：25 1/2
字数：510 000
定价：217.00 元
(如有印装质量问题，我社负责调换)

原著者简介

Long-Qing Chen(https://sites.psu.edu/chengroup/cv-of-long-qing-chen/),美国宾夕法尼亚州立大学材料科学与工程系 Donald W. Hamer 讲席教授、数学系教授和工程力学系教授。主讲本科生材料热力学 (1993—现在),研究生材料热力学 (1992,2019—2021,2024—现在),研究生高等材料热力学 (材料微观结构热力学 2022;非平衡材料热力学 2023),研究生材料动力学 (1993—2018)。

在麻省理工大学获得博士学位,在纽约州立大学石溪分校获得硕士学位,在浙江大学获得学士学位。

npj Computational Materials 主编 (https://www.nature.com/npjcompumats/),美国能源部计算材料科学项目支持的介观尺度计算材料学中心主任(https://sites.psu.edu/doecomms/)。

主要研究兴趣长期聚焦于创建和开发描述铁电氧化物、金属结构材料,以及二维材料、能源材料、量子材料和高分子-陶瓷复合材料中发生的相变和组织演化的热力学与动力学理论和计算模型,尤其擅长相场法的理论建模,并开发了商业相场软件 μ-Pro(https://muprosoftware.com) 和正在开发美国能源部支持下的量子材料开源相场软件 Q-POP(https://github.com/DOE-COMMS)。

由于突出的学术成就获得多项著名奖项:国际材料研究学会 (MRS) 材料理论奖、美国古根海姆 (Guggenheim) 奖、德国洪堡研究奖 (Humboldt Research Award)、TMS 约翰•巴丁 (John Bardeen) 奖、美国陶瓷学会 (ACerS) 罗斯•科芬•普迪 (Ross Coffin Purdy) 奖、TMS•西里尔•斯坦利•史密斯 (Cyril Stanley Smith) 奖、TMS William Hume Rothery 奖、ASM International 学会银奖、TMS EMPMD 杰出科学家/工程师奖和 IEEE-UFFC-S 杰出学术报告奖。入选 TMS、MRS、AAAS、APS、ASM 和 ACerS 等学会的会士和欧洲科学院 (Academia Europaea) 外籍院士。

南策文序

热力学是一门重要的基础学科，广泛应用于各个领域。它起源于早期人们对系统的热能及热能转化为其他形式能量的研究。热力学以从实验观测得到的基本定律为基础和出发点，应用数学方法，通过逻辑演绎，得出有关物质的各种宏观性质之间的关系和宏观物理过程进行的方向和限度，具有高度的可靠性和普遍性。

热力学可以预测在给定的热力学条件下系统的稳定状态，也可以用于计算液固相变、固态相变等过程的热力学驱动力，因此热力学是预测材料过程动力学的关键。

材料热力学是本科生、研究生普遍感觉难以理解和掌握的一门课程。美国宾夕法尼亚州立大学著名科学家陈龙庆 (Long-Qing Chen) 教授基于自己几十年的材料热力学研究和教学经验，潜心多年著就了《现代材料热力学——平衡与稳定性》一书，为学生和读者提供了一本相对容易入门的教材。

与以往热力学教材不同，该书视角新颖。第一章就把化学势和熵作为基本术语加以介绍，将简单热力学系统的 7 个基本热力学变量分为能量 (U)、物质 (S、V、N) 和势 (T、p、μ) 三类，同时采用开放系统讨论热力学第一定律，并将熵产生率和热力学能量的耗散率或过程的驱动力直接定量地关联起来。这样特别有助于读者在理解热力学第一定律和第二定律的过程中，形成一个概念清晰、逻辑严谨的闭环。

对化学势的讨论也是该著作的独到之处。书中提出将化学势作为一个跟温度、压强同类的基本热力学强度量，应该使用单独的量纲，溶液中各种可能的组成都拥有其化学势等，化学势的差或梯度是所有材料过程的化学驱动力等。这些论述，无论对于从事实验研究，抑或从事相场模拟、第一性原理或分子动力学等计算研究，都是十分有益的。

北京科技大学/中北大学的赵宇宏教授在相变相场模拟和材料热力学领域具有多

年工作基础，她认真翻译了陈龙庆教授的这本《现代材料热力学——平衡与稳定性》著作。相信这本中译本能够为众多学子和读者打开一扇通向神圣的热力学殿堂的大门。

中国科学院院士

清华大学教授

2024 年 7 月

谢建新序

材料热力学是进行材料多尺度集成计算和实验所依赖的最重要的基础理论之一，以其无与伦比的普适性和重要性，成为所有的材料理论研究、实验研究和计算模拟研究的基础。

"集成计算材料工程"和"材料基因组计划"的提出，在材料研究领域催生并快速发展了一种"数据驱动"的研究新范式，材料热力学等理论计算是快速获取数据并与机器学习融合、推动新范式发展和应用的重要手段，对于快速发现和设计新材料具有重要作用。

掌握材料热力学的理论、概念和应用方法需要长期的学习和理解，国内外已经有不少相关的优秀著作。美国宾夕法尼亚州立大学陈龙庆教授的这本《现代材料热力学——平衡与稳定性》教材呈现出独特的思考和设计，立足于热力学基本方程和化学势，清晰地阐述热力学基本概念、方程原理和应用案例，同时运用巧妙而且严密的数学推导，将对材料热力学的数学理解和物理化学过程理解融为一体，不仅有利于读者从过程发生的本质角度掌握材料热力学，也十分有利于读者进一步学习和理解材料动力学方面的理论和应用。

这本现代材料热力学著作必将助力材料基因工程人工智能时代的技术发展，为这个领域注入先进和科学的理论基础、过程理解和应用方法。北京科技大学赵宇宏教授的这本译作为国内学生和科研工作者提供了一个相对便利的学习现代材料热力学知识的机会。

中国工程院院士
北京科技大学教授
2024 年 7 月

John C. Mauro 书评

(英文原文:https://www.goodreads.com/book/show/59754363-thermodynamic-equilibrium-and-stability-of-materials#CommunityReviews)

世界上需要另一本材料热力学教材吗？宾夕法尼亚州立大学的陈龙庆教授对这一问题给出了肯定的回答。

《现代材料热力学——平衡与稳定性》是一本经典之作。当我还是一名初学热力学的学生时，我真希望书架上能有这本教材。

陈教授以他在宾夕法尼亚州立大学数十年的热力学教学经验为基础，精心撰写了这本通俗易懂的教材，将熵和化学势等经常令人困惑的概念阐述得非常清晰和严谨。每章都包含大量有指导意义的示例和习题，帮助学生理解关键概念，并了解如何将它们应用到实际问题中。陈老师在讲授热力学时特别强调化学势，而其他热力学教材常常混淆这一概念。该书的一个统一的主题是化学势在基本热力学概念和现象 (包括化学平衡、相图和电化学等) 中的作用。

有趣的是，陈教授在热力学上向前迈出的一大步，也恰是向最初吉布斯热力学回归的一大步。尤其值得赞誉的是，他认识到，在过去一个世纪中，吉布斯的许多重要见解要么被遗忘，要么被曲解。因此，他通过热力学的数学和物理的耦合之美，将这些概念清晰、简洁而具体地呈现给了读者。

　　《现代材料热力学——平衡与稳定性》是一位对热力学怀有真正热情的人的著作，他希望与该领域的同行、同事和学生分享这种热情。陈教授发表了 800 多篇学术论文，无疑是世界上最重要的热力学专家之一。他长期以来在这一领域潜心磨炼，有自己独到深刻的理解，擅长以简洁优雅的方式解释复杂难懂的概念，为读者带来许多特别的"尤里卡！"。

　　希望这本教材可以成为材料科学家、地球科学家、化学工程师以及物理科学工作者的必备参考书。

John C. Mauro 博士

Dorothy Pate Enright 讲席教授

宾夕法尼亚州立大学材料科学与工程系

美国国家工程院院士，美国国家发明家科学院院士

《美国陶瓷学会会刊》主编

2024 年 7 月

原 书 前 言

本书适合作为材料科学与工程及相关专业的本科三年级、四年级或者研究生一年级学生的教材，也可以帮助研究人员温习热力学基础和推导热力学关系式。书中尽量采用简明的语言来解释热力学概念和术语。本书强调热力学基本原理及简单热力学系统和过程，而不针对具体材料体系的应用。希望读者读完这本书后，对热力学有一个较好的理解，能利用热力学来分析不同条件下的材料平衡，推导不同材料性能之间的关系，并且能计算材料过程中的热力学驱动力。

作者在宾夕法尼亚州立大学执教材料热力学 30 余年，写本书的初衷是分享自己多年来对热力学的理解。作者对热力学的理解主要源自阅读 J. Willard Gibbs 的《关于多相物质平衡》("*On the Equilibrium of Heterogeneous Substances*" [①])。Gibbs 的文章是化学热力学的奠基石，充分体现了热力学蕴含的严谨逻辑和优美数学。作者也阅读了一些很好的现代热力学教材，包括 Herbert B. Callen[②]的《热力学和统计热力学概论》("*Thermodynamics and an Introduction to Thermostatistics*")，Michael Modell 和 Robert C. Reid[③]的《热力学及其应用》("*Thermodynamics and its Applications*")，Dilip Kondepudi 和 Ilya Prigogine[④]的《现代热力学：从热机到耗散结构》("*Modern Thermodynamics: From Heat Engines to Dissipative Structures*")，Hans U. Fuchs[⑤]的《热动力学》("*The Dynamics of Heat*")，以及 M. Hillert[⑥]的《相平衡、相图和相变》("*Phase Equilibria, Phase Diagrams and Phase Transformations*") 等。

当前已经有不少好的教材专门介绍热力学在材料科学与工程中的应用，如 David

---

① J. Willard Gibbs, "On the Equilibrium of Heterogeneous Substances", Transactions of the Connecticut Academy, III. pp. 108-248, October 1875-May 1876, and 343-524, May 1877-July 1878.

② Herbert B. Callen, "Thermodynamics and an Introduction to Thermostatistics", Second Edition, Wiley, 1985.

③ Michael Modell and Robert C. Reid, "Thermodynamics and its Applications", Second Edition, Prentice Hall PTR, 1983.

④ Dilip Kondepudi and Ilya Prigogine, "Modern Thermodynamics: From Heat Engines to Dissipative Structures", First Edition, John Wiley & Sons, 1998.

⑤ Hans U. Fuchs, "The Dynamics of Heat: A Unified Approach to Thermodynamics and Heat Transfer", Second Edition, Springer-Verlag New York, 2010.

⑥ M. Hillert, "Phase Equilibria, Phase Diagrams and Phase Transformations", Second Edition, Cambridge University Press, Cambridge, 2008.

R. Gaskell 和 David E. Laughlin 的《材料热力学概论》("*Introduction to the Thermodynamics of Materials*" [①]), David V. Ragone[②]的《材料热力学》("*Thermodynamics of Materials*") 和 Robert DeHoff[③]的《材料科学中的热力学》("*Thermodynamics in Materials Science*")。

大家很自然会问："为什么要再写这本材料热力学呢？"

作者想通过强调本书如下的几个特点来回答上面的问题。

(1) 许多人认为熵 S 和化学势 μ 是热力学中最抽象、最难理解的两个概念。本书在第 1 章定义基本术语时就引入了这两个概念，强调了化学势 μ、温度 T 和压强 p 都可以作为势，是强度变量；熵 S、体积 V 和化学物质的量 N 可以类比为一种物质类型，是广度变量。将 Gibbs 定义的简单热力学系统的 7 个基本热力学变量 (U、S、V、N、T、p 和 μ) 分为能量 (U)、物质 (S、V、N) 和势 (T、p、μ) 三类，既强调了能量、物质和势这三类热力学变量之间的联系，又强调了它们之间的区别。

(2) 几乎所有的现代材料热力学教材都是讨论传统的热力学第一定律形式，即利用封闭系统与环境热和功的交换确定系统内能的变化。而本书则直接用开放系统在一组给定的势 (热势：温度；机械势：压强，化学势) 的条件下通过物质 (热物质：熵；机械物质：体积；化学物质：摩尔数) 和环境的交换引起的内能变化引入了一个现代的热力学第一定律形式。这个现代第一定律形式会为以后讨论不可逆非平衡热力学提供很大的方便。

(3) 热力学第二定律是公认的另一个难点，本书将熵产生率与热力学能量耗散率或驱动力直接定量地联系起来，从而可以利用相关热力学量来定量计算任何不可逆过程中产生的熵。而在现有文献中，熵产生和能量耗散之间的联系通常在不可逆热力学中才讨论[④]。

(4) 本书强调了热力学基本方程的重要性。它体现了吉布斯热力学所蕴含的数学优美和严谨，材料的所有热力学性质都可以从热力学基本方程得到。具有大学本科微积分基础的读者应该能够毫无困难地阅读这本书。书中详细描述了从热力学基本方程计算得到所有热力学性质的步骤，或根据一组常见的、可实验测量的热力学性质，用不同的辅助函数构造热力学基本方程的步骤。书中还简要介绍了统计热力学，强调系统中的微观相互作用与热力学基本方程之间

---

① David R. Gaskell and David E. Laughlin, "Introduction to the Thermodynamics of Materials," Sixth Edition, CRC Press LLC, 2018.

② David V. Ragone, "Thermodynamics of Materials", Volume I and II, John Wiley & Sons, Inc., 1995.

③ Robert DeHoff, "Thermodynamics in Materials Science", CRC Press LLC, 2006.

④ Sybren R. de Groot and Peter Mazur, "Non-Equilibrium Thermodynamics", Dover Publications, Inc., New York, 1984.

的联系。

(5) 本书**再三强调了化学势的概念及其在材料科学与工程中的应用**。不仅在书之伊始就连同温度、压强一起介绍了化学势，而且基本上所有热力学应用都是用化学势概念来讨论的。例如，单组分系统或二元及多元溶液系统的相平衡、化学反应平衡、晶体的晶格和电子缺陷，以及化学、力学和电学之间耦合在内的多物理问题。其实计算和讨论化学反应平衡也可以直接用化学势而不用吉布斯自由能的概念。譬如反应 $2A + B \Longrightarrow A_2B$ 的热力学驱动力就是初始状态 (反应物) 的化学势 $\mu^r_{A_2B} = 2\mu_A + \mu_B$(A 和 B 的混合态) 和最终状态 (生成物、产物) 的化学势 $\mu^p_{A_2B} = \mu_{A_2B}$ 之差。化学势决定了化学物质、化合物和相的稳定性，它们发生化学反应生成新物质、转变为新的物理状态及空间迁移的趋势。化学势的差或梯度是所有材料过程的化学驱动力。

(6) 本书尽量避免或减少使用摩尔吉布斯自由能或偏摩尔吉布斯自由能等术语，因为无论单组分还是多组分系统，材料的摩尔吉布斯自由能或组分的偏摩尔吉布斯自由能恰恰正是相应材料或组分的化学势。而且 Gibbs 认为，化学势是一个热力学基本变量，摩尔吉布斯自由能函数只是一个热力学辅助量。文献中有一种普遍误解：只有单组分系统的摩尔吉布斯自由能才等于它的化学势，或 $G/N = \mu$，G 是吉布斯自由能，N 是化学物质的量，μ 是化学势。在平衡状态下，如果相应的物质能够在不同均相区之间自由传导或流动，那么无论外部热力学条件如何，非均相系统中的势都是均匀的。在一个给定总化学组成的非均相体系里，如果所有化学物质都可以在不同均相区内或相间界面上自由地重新分布，在整个系统处于热力学平衡状态以后，任何组分的摩尔吉布斯自由能在整个系统中都是均匀的。因此，多组分系统的摩尔吉布斯自由能也是一个化学势。Gibbs 的原文和 Hillert 的书中也指出了这一点。譬如 Gibbs 在他的文章中提到，"任何化学元素或者元素按照一定比例的组合都可以看作是一种物质，无论它本身是否能够作为一个均相物质存在。"我们可以通过"选择构成物质本身的其中一种物质作为其中一个组分"来定义组分的化学势，这样系统的摩尔吉布斯自由能"总可以被看作是一种势"。根据 Hillert 的说法，"实际上，我们可以定义一个组成与整个系统相同的组分，这样一个组分的化学势等于 G_m……"。

(7) 本书的另一个特点是讨论了电子系统的热力学。现有的材料热力学书籍主要侧重于相平衡热力学，很少讨论电子系统热力学，而电子的化学势、电化学势的概念对于理解涉及电子的许多过程极其重要。例如，热电和光伏中的电子输运，以及电池、燃料电池和腐蚀中的电化学反应。本书将电子看作一种带电的化学物质来讨论它的热力学行为。

但还要指出的是，几个现有热力学教材中讨论比较多的内容，在本书中没有做详细讨论。首先，本书介绍了电化学势的概念和它在能量转换中的应用，但没有讨论电解质溶液热力学。其次，有几个章节提到了界面热力学的概念，但没有单独一章来专门讨论这个主题。此外，整本书重点讨论了由几个均相区组成的非均相系统，但没有讨论空间连续系统的热力学。最后，由于现在从网络直接获取数据比较便利，本书没有提供任何热力学数据表。

将这本书作为本科生的教材时，可以忽略以下章节：2.5.4 ~ 2.5.7；3.2，3.3，3.5，3.6；第 4 章；5.3 ~ 5.6；6.3.3 ~ 6.3.6；7.8 ~ 7.9；8.3 ~ 8.5；9.6.3；10.1.2，10.2.1，10.2.4，10.3，10.4.3 ~ 10.4.5；11.9，11.10；12.8，12.10，12.14，12.24，12.26，12.28，12.29。

非常感谢多年来在热力学课堂上的许多学生、同事、在读和已经毕业的研究生和博士后，他们帮助校对了不同版本的书稿。特别感谢美国威斯康星大学的 Jiamian Hu 教授、阿拉巴马大学的 Kasra Momeni 教授、宾夕法尼亚州立大学的 Yanzhou Ji 博士、中北大学/北京科技大学的赵宇宏教授、浙江大学的洪子建博士、加州大学伯克利分校的 Tina J. Chen 博士，以及宾夕法尼亚州立大学的 Carter Dettor 博士、Erik Furton 博士、John Mauro 教授、Yi Wang 博士和 Sandra Elder 女士。

每章后的练习题解主要由浙江大学黄玉辉博士在宾夕法尼亚州立大学的一年访问期间完成，将单独出版一本习题册，作为本书配套使用[①]。

最后，衷心感谢作者的妻子 Shuet-fun Mui 女士的耐心和理解。

Long-Qing Chen

美国宾夕法尼亚州立大学

材料科学与工程系

数学系

工程科学与力学系

材料研究所

---

① 中文版书后附有简明答案，供读者参考。

目　　录

第 1 章 热力学系统及其基本变量

1.1 引　　言

在几乎所有的科学与工程领域，从化学、生物学、物理学、材料科学、地球科学、气象学、力学、健康科学和环境科学，到机械工程、化学工程、土木工程、电气工程和农业工程等，热力学都是一门重要的学科。

热力学起源于早期人们对系统热能及热能转化为其他形式能量 (如机械能) 的研究。在材料科学与工程领域，热力学的主要应用是研究在不同的温度和压强条件下材料的稳定性，以及化学物质迁移、化学反应和从一种结构或物理状态转变到另一种结构或物理状态的相变过程等是否会发生。

热力学可以预测在给定的热力学条件 (如总化学成分、温度和压强等) 下系统的稳定状态，从而确定稳定相及其组成和体积分数，也可以计算液固相变、固态相变等过程的热力学驱动力，因此热力学是预测材料过程动力学的关键。热力学还可以通过比较固体和相应液体的化学稳定性 (用一个称为化学势的量来定量表述)，告诉我们为什么固体在其熔化温度以下比相应的液体更稳定。利用热力学，我们也可以理解为什么某些材料在室温下不能混合，而在足够高的温度下可以完全互溶。

吉布斯[1] 的主要贡献之一是把热力学第一定律和第二定律结合起来，建立了热力学基本方程。热力学基本方程是一个关联材料基本热力学变量或相关量的数学表达式。从系统的一个热力学基本方程我们可以得到该材料的所有热力学性质。根据从热力学基本方程推导出的性质之间的关系，我们只需要测量或计算容易测量或计算的性质，从而得到难以或不可能测量或计算的性质，这样可以为测量热力学性质节省大量时间和成本。因此，充分掌握热力学基本方程对于全面理解热力学及其在材料平衡态中的应用至关重要。

化学势是吉布斯[1] 引入的另一个重要概念，它可以衡量化学物质、化合物、相或者其组合体系的化学稳定性。因此，我们可以利用化学势来判断系统的平衡和稳定性，并分析材料从一种物理状态转变到另一种物理状态 (例如从固体到液体) 的趋势，以及分析化学反应生成新化学物质的趋势，或者在物质传输过程中从一个空间位置迁移到另一个空间位置的趋势等。利用物质和相的化学势知识，我们可以定量计算材料在不同温度、压强和化学组成下的化学混合、相变、电子和原子缺陷的形成及化学反应等过程的热力学驱动力。

在讨论热力学基本方程、化学势及其在不同材料过程的应用之前，我们首先介绍热力学系统及其基本变量的定义。

1.2　热力学系统

进行热力学分析的第一步是定义热力学系统。系统就是研究对象，系统之外的其余部分称为环境。如图 1.1 (a) 所示，系统和环境通常有个界面，界面也可以是假想的。例如，可以把数值模拟中三维物体的体积单元作为系统 (图 1.1 (b))。在非均匀 (连续) 材料系统的研究中，热力学系统甚至可以是空间中的一个点，该点的热力学变量是物质的密度和能量强度性质 (图 1.1 (c))。

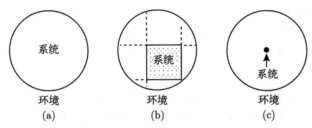

图 1.1　热力学系统示意图：(a) 一个系统和它的环境，圆圈表示系统和环境之间的界面；(b) 某个系统里的一个体积单元作为系统，其余是环境；(c) 在连续宏观非均匀系统中，数学上一个抽象的点可以表示一个系统，其余是环境

值得注意的一点是，在热力学中，我们只需要关心所选择的系统内部发生的过程，以及该系统与环境的任何相互作用，不需要考虑环境里同时发生的任何真实或想象的过程。在材料科学中，环境往往决定材料系统的热力学条件，例如温度和压强。研究者通常根据自己的研究需要来选择材料系统，例如，

(1) 固体中的价电子 (图 1.2 (a))；

(2) 固体中的声子或晶格振动；

(3) 固体中的原子 (图 1.2 (b))；

(4) 具有单一化学物质或元素物质的均相材料，如容器中的氢气 (H_2)、一块多晶固体铝 (Al) 或单晶硅 (Si) (图 1.2 (c))；

(5) 冰和水等的两相混合物；

(6) 多组分多相系统 (图 1.2 (d))。

在材料热力学的应用中，大多数热力学计算都是基于一个物质单元 (如 1mol) 的某物质作为热力学系统。

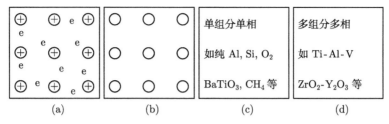

图 1.2 系统的例子：(a) 价电子 e 的集合；(b) 原子的集合；(c) 单组分单相系统；(d) 多组分多相系统

1.3 热力学变量

要研究一个热力学系统，我们先要确定一组基本的热力学变量来量化这个系统，然后所有相关的热力学性质都可以用这组基本热力学变量及其相互之间的数学导数来表示。

我们定义三类基本热力学变量来描述一个系统：

(1) 系统的总能量；

(2) 系统内不同类型物质的数量；

(3) 势，代表不同形式的能量强度，可以描述系统中每种物质的相应热力学稳定性。

我们采用简单系统来讨论热力学的基本原理。吉布斯将一个"简单系统"定义为既没有应力、电场或磁场作用，也不考虑表面和重力作用的系统。

对于一个简单系统，我们引入三个基本变量来表示系统中热、机械和化学三种类型的物质量：

(1) S—熵，系统中热物质的数量；

(2) V—体积，系统中机械物质的数量；

(3) N—摩尔数，系统中化学物质的数量。

对于每种类型的物质，我们定义相应的势来定量其能量强度和热力学稳定性，因此势也有三种：热势、机械势和化学势。

(1) T—温度，系统的热势，表示熵的热力学稳定性；

(2) p—压强，系统的机械势，表示体积的热力学稳定性；

(3) μ—化学势，表示化学物质的热力学稳定性。

相应地，我们还可以定义三种形式的能量：热能 (U_T)、机械能 (U_M) 和化学能 (U_C)，这三种能量的总和就是系统的内能 U。吉布斯把内能 U 作为一个基本热力学变量来表示系统的总能量，因此我们总共引入七个基本热力学变量来量化

一个简单系统:

$$U, S, V, N, T, p \text{ 和 } \mu$$

这七个变量是一个简单热力学系统的基本热力学量,由此可以定义或推导出其他热力学性质,即一个简单系统的所有其他热力学量都可以用这七个基本变量来表示。这里需要强调的是,这七个基本变量并不都是独立的,第 3 章要讨论的热力学基本方程和状态方程将会描述它们之间的相互关系。

对于一个含有 n 种化学组分的简单系统,每种组分 i 需要一个表示多少的变量 N_i 和一个表示强度的变量化学势 μ_i 来描述,于是有 $2n$ 个化学变量。因此,对于 n 组分体系,有 $2n + 5$ 个基本变量:内能 (U)、熵 (S)、体积 (V)、每个化学组分 i 的量 $(N_i$,组分 i 的摩尔数)、温度 (T)、压强 (p) 和每个组分的化学势 $(\mu_i, i$ 从 1 到 $n)$。

1.3.1　内能

在热力学中,能量是一个通用术语,国际单位为焦耳 (J),用于度量不同形式的能量,如热能、机械能和化学能等在系统及环境之间的转移,或在化学燃料的燃烧过程中从一种形式能量转换为另一种形式能量,如从化学能到热能。

爱因斯坦认为,物质的质量和能量是等价的。当物体处于静止时,它的质量和能量可以相互转换:

$$U_0 = mc^2 \tag{1.1}$$

式中,U_0 是物体的静止能量,m 是物体的静止质量,c 是光速。粗略地估计一下 1mol 物质的静止能量,可以很容易地发现,以 J/mol 为单位的静止能量的数量级是巨大的。例如,某元素的摩尔质量为 $10^{-3} \sim 10^{-1}$kg/mol,光速约为 3×10^8m/s,因此该元素的静止能量为 $10^{14} \sim 10^{16}$J/mol,这比一般典型材料过程物质能量的变化 (如温度和压强变化下的能量变化、化学反应中由于原子键变化引起的能量变化等) 大了许多个数量级。因此,在热力学应用中,通常只考虑过程中能量的变化是多少,而不去测量能量的绝对值。本书中所有讨论都不考虑静止能量。这也是我们在书写化学反应时需要确保反应物和生成物质量守恒的原因。而对于质量发生变化的过程,如核反应的同位素衰变,主要就是静止能量变化,其他的因素可以忽略。

在宏观上,一个简单系统的内能 U,不包括静止能量 U_0,可以被认为是创建该系统所需的热能 U_T、机械能 U_M 和化学能 U_C 的总和

$$U = U_T + U_M + U_C \tag{1.2}$$

系统与环境之间进行熵、体积和化学物质的交换,也就是进行热能 (热)、机械能 (功) 和化学能 (物质) 的交换,会引起系统内能 U 增加或减少。

本书中所指系统的内能 U 通常不包含与整个宏观系统平移或旋转运动相关的动能。这些动能在热力学的一些具体应用中可能会涉及，譬如为了描述流体系统的流动，必须考虑其局部动能。

在微观上，一个简单材料系统的内能 U 可以视为两种能量之和：① 与原子间或电子间相互作用势能或化学键能有关的 E_p；② 与材料内部电子运动、原子运动或振动及分子运动和旋转有关的动能 E_k。即

$$U = E_p + E_k$$

事实上，一个系统的宏观内能 U 可以通过许多 (或无穷多个) 热力学和统计上相同的系统的总微观动能和势能的平均值获得，这在统计力学中称为系综 (参见第 4 章 统计热力学导论)。

在本书中，我们使用 Δ 表示热力学量的有限变化，使用 d 表示一个量的无穷小变化。例如，dU 表示系统内能的无穷小变化。

1.3.2 熵

在宏观上，熵 (S) 是指系统中拥有的热物质量。类似电荷，有时也称熵为热荷。含熵多的系统拥有高的热能。熵作为一种热物质，可以在系统内移动，系统也可以与环境交换熵。向系统中添加熵可增加系统的内能。由于任何温度不为 0K 的化学物质都包含熵，化学物质在扩散或流动过程中的传输总是伴随着熵的传输。熵也可以由系统内部过程产生。这些系统内部过程包括相变、化学反应，或熵 (热) 的传输，以及在系统内从一个区域到另一个区域的质量或电荷输运。这些过程中耗散了化学能或电能，或者说把化学能或电能转变成了热能。

在微观上，一个系统的熵高，意味着该系统拥有大量不同原子、分子或者电子组态或构型的能量状态。也就是说，系统的熵代表原子、分子或者电子可以达到的不同微观排列的总数。例如，该微观排列可由晶格的不同振动模式、粒子空间排列等表示。向系统添加熵会增加系统热能，让系统达到更高能量状态，并因此增加系统可达到能量状态的数量。例如，1mol 的气体比固体拥有更多熵，因为 1mol 的气体原子比固体原子占据的体积大很多，气体分子或原子可以出现在系统体积里任何一个空间位置，而不像固体原子被局限在固体晶格位置周围，因此气体比相同数量原子的固体拥有更多空间排列数目。类似地，1mol 两种不同种类的原子混合物比 1mol 仅含单一种类原子的纯物质在同一个晶格上可以有更多种不同排列，因此拥有更高的熵。

熵的单位是 J/K，它与玻尔兹曼常量 k_B (以每粒子为单位) 和气体常量 R (以每摩尔为单位) 的单位相同。玻尔兹曼常量可以看成是基本热荷，就像 e 可以看成是基本电荷 (元电荷) 一样。1mol 基本热荷是气体常量 R，类似于 1mol 电荷

的法拉第常数 $\mathcal{F}$。

1.3.3 体积

系统的体积 (V) 代表系统占据的空间，体积的国际单位是立方米 (m^3)。如图 1.3 所示，它可以是一块材料的全部体积 (V)，也可以是计算域数值离散的体积单元体积 (ΔV)，还可以是非均匀系统中空间点的体积 $(\mathrm{d}V)$。ΔV 是数值计算中使用的有限体积单元，$\mathrm{d}V$ 是微积分中的无穷小体积单元。大多数材料热力学计算都是以每摩尔物质为单位进行的，因此材料热力学研究中经常使用摩尔体积 (v)。在物理领域，热力学量讨论通常是以原子或粒子为基础，于是所计算的常用的体积是原子体积或每个粒子的体积。

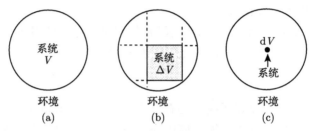

图 1.3 系统的体积：(a) 整个系统的体积 V；(b) 离散化体积单元的体积 ΔV；(c) 宏观连续非均匀系统中数学抽象点的体积 $\mathrm{d}V$

1.3.4 化学物质的量

物质的量通常用每种物质 i 的摩尔数 $N_i(N_1, N_2, \cdots N_i, \cdots, N_n)$ 来表示。任何物质或材料都至少由一种化学物质组成，这种化学物质可以是一种元素的原子，也可以是由多种元素组成的分子单元。

在含有多种化学物质的材料中，可能涉及化学反应或形成特定化学计量比的化合物，这些化学物质的量可能不都是独立的。因此，我们需要指定另一组变量，即化学组分，这些变量是独立变量，可以通过考虑化学反应或化合物形成导致的化学物质的量之间的关系来确定。例如，我们可以认为 Ag-Au 合金具有两种原子，也是两种组分；而 CaO-BaO 系统包含三种元素的原子 Ca、Ba 和 O，但它通常被视为由两种组分组成的二元体系，即 CaO 和 BaO。因此，本书接下来对热力学基本方程的讨论中，系统中化学物质的量 $N_1, N_2, \cdots N_i, \cdots, N_n$ 指的是作为独立变量的化学组分的量。

在大多数实际应用中，热力学计算是以每摩尔为基础进行的。在这种情况下，我们通常使用摩尔分数表示多种组分系统的化学成分，由 $x_i = N_i/N$ 定义，其中 N 是总摩尔数。

1.3.5 系统的势

势，代表某种物质的稳定性。势的值越高，相应的物质就越不稳定。势，可以被定义为比势能，或势能强度，或均相系统中单位物质的势能，

$$势 = \frac{能量}{物质} \tag{1.3}$$

例如，我们熟悉的电势 ϕ，是单位电量 (电荷 q) 的静电势能 U_E，

$$电势\,(\phi) = \frac{电能\,(U_E)}{电荷\,(q)} \tag{1.4}$$

电势不仅可以由电势场 ϕ 中一个单位测试电荷 ($q = 1\mathrm{C}$，C 是库仑) 的静电能 U_E 定义，当将无限小量的测试电荷 $\mathrm{d}q$ 放置在电势场 ϕ 中时，也可以定义为无穷小的静电能 $\mathrm{d}U_E$，即

$$\phi = \frac{\mathrm{d}U_E}{\mathrm{d}q} \tag{1.5}$$

当存在电势差的时候，正电荷在高电势区比低电势区更不稳定，因此它将从高电势区迁移到低电势区，负电荷将从低电势区迁移到高电势区。

类似地，重力势 gz 是每单位质量 m 物体的重力势能 U_G，

$$gz = \frac{U_G}{m} = \frac{mgz}{m} \tag{1.6}$$

式中，g 是物体的重力加速度 ($\sim 9.8\mathrm{m/s}^2$)，z 是物体的高度。也就是说，重力势是当我们把一个质量单位放在重力势场 gz 中时的重力能。位于高重力势位置的物体比低重力势位置上的物体更不稳定。

从而我们可以推广热力学中势的定义。

如图 1.4 (a) 所示，假设一个均相系统具有内能 U、熵 S、体积 V 和化学物质的量 N。根据式 (1.2)，系统的总内能 U 是热能 U_T、机械能 U_M 和化学能 U_C 之和，即 $U = U_T + U_M + U_C$，然后使用式 (1.3)，我们就可以定义出系统的热势—温度 T、机械势—压强 p 和化学势 μ，分别为

$$T = \frac{U_T}{S}, \quad p = -\frac{U_M}{V}, \quad \mu = \frac{U_C}{N} \tag{1.7}$$

式中，压强取负号是由于：如果一个系统的体积增大，系统的机械势能就会减少，因此系统的内能也会减少。这不同于温度的情况，其中熵的增加会导致系统热能

增加，从而导致系统内能增加。与化学势情况也不同，向系统中添加化学物质会增加系统化学能。

如图 1.4 (b) 所示，假设热力学系统是一个体积单元，具有体积 ΔV、熵 ΔS 和化学物质的量 ΔN。系统的总内能 ΔU 是热能 ΔU_{T}、机械能 ΔU_{M} 和化学能 ΔU_{C} 之和，即 $\Delta U = \Delta U_{\mathrm{T}} + \Delta U_{\mathrm{M}} + \Delta U_{\mathrm{C}}$，该体积单元对应的温度、压强和化学势的定义由下式给出

$$T = \frac{\Delta U_{\mathrm{T}}}{\Delta S}, \quad -p = \frac{\Delta U_{\mathrm{M}}}{\Delta V}, \quad \mu = \frac{\Delta U_{\mathrm{C}}}{\Delta N} \tag{1.8}$$

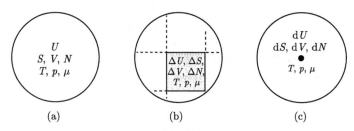

图 1.4   简单系统的七个基本性质示意图：(a) 整个系统；(b) 系统内体积单元作为一个系统；(c) 系统内一点作为一个系统

如图 1.4 (c) 所示，如果热力学系统是一个非均匀 (连续) 系统中的一个点，它具有体积 $\mathrm{d}V$、熵 $\mathrm{d}S$ 和化学物质的量 $\mathrm{d}N$。系统的总内能 $\mathrm{d}U$ 是热能 $\mathrm{d}U_{\mathrm{T}}$、机械能 $\mathrm{d}U_{\mathrm{M}}$ 和化学能 $\mathrm{d}U_{\mathrm{C}}$ 的和，即 $\mathrm{d}U = \mathrm{d}U_{\mathrm{T}} + \mathrm{d}U_{\mathrm{M}} + \mathrm{d}U_{\mathrm{C}}$。因此，相应的温度、压强和化学势的微分定义分别为

$$T = \frac{\mathrm{d}U_{\mathrm{T}}}{\mathrm{d}S}, \quad -p = \frac{\mathrm{d}U_{\mathrm{M}}}{\mathrm{d}V}, \quad \mu = \frac{\mathrm{d}U_{\mathrm{C}}}{\mathrm{d}N} \tag{1.9}$$

由于 $\mathrm{d}U = \mathrm{d}U_{\mathrm{T}} + \mathrm{d}U_{\mathrm{M}} + \mathrm{d}U_{\mathrm{C}} = T\mathrm{d}S - p\mathrm{d}V + \mu\mathrm{d}N$，我们也可以用内能 U 的偏导数写出上述 T，p 和 μ 分别为

$$T = \left(\frac{\partial U}{\partial S}\right)_{V,N}, \quad -p = \left(\frac{\partial U}{\partial V}\right)_{S,N}, \quad \mu = \left(\frac{\partial U}{\partial N}\right)_{S,V} \tag{1.10}$$

即温度 T 就是在恒定体积 V 和恒定物质量 N 的条件下，内能 U 对熵 S 的变化率；负压强 $-p$ 是在恒定 S 和 N 下，U 对 V 的变化率；化学势 μ 是在恒定 S 和 V 下，U 对 N 的变化率。

式 (1.10) 中的微分定义需要限制一定的条件，因为系统能量取决于所有热力学变量：温度或熵、压强或体积、化学势或其他化学物质的量。对于初学者，式 (1.7) 的积分形式定义是根据能量强度或单位物质的能量直接解释势的概念，因此更容易理解。

1. 温度

温度 T，可以定义为系统单位熵 S 中储存的热势能 U_{T} (式 (1.7))。根据本书第 3 章引入的基本热力学变量，热势能 U_{T} 可写成基本热力学变量的组合：$U_{\mathrm{T}} = TS = U + pV - \mu N$，所以 U_{T} 本身是一个定义明确的辅助热力学函数。在微观上，温度是系统中电子、原子和分子热运动产生的平均动能的量度。

温度的一个单位是开尔文 (K)，几乎所有热力学计算都需使用这个热力学温度 (又称绝对温度) 单位 K。另一个常用温度单位是摄氏温度 (°C)。摄氏温标是根据 1bar 压强下水的 0°C 冰点和 100°C 沸点制定的。绝对温度和摄氏温度的关系如下：

$$T\,(\mathrm{K}) = T\,(°\mathrm{C}) + 273.15 \tag{1.11}$$

还有一个是主要在美国使用的华氏温标 $T\,(°\mathrm{F})$

$$T\,(°\mathrm{C}) = \frac{5}{9}\left[T\,(°\mathrm{F}) - 32\right] \tag{1.12}$$

所以开尔文温标的绝对零度 0K 相当于摄氏温标 $-273.15°\mathrm{C}$ 和华氏温标 $-459.67°\mathrm{F}$。

绝对 0K 是最低理论温度。0K 的原子和分子处于静止状态。在 0K 时，均匀稳定物质的熵为零 (参见第 9 章引入的热力学第三定律)。因此，在 0K 时不存在热物质，也就是说，既没有熵，也没有热能。

我们可以把温度和电势进行类比。电势差或电势梯度也称为电场，导致导电或电荷传输。类似地，温度差或温度梯度导致熵和热能从高温到低温区域传输。

2. 压强

压强 p 或称机械势，表示单位体积 V 中储存的机械势能 U_{M}，它是机械能强度的度量 (式 (1.7))。我们将在本书后面学到，机械势能 U_{M} 其实就是巨势能函数。U_{M} 也可以写成基本热力学变量的组合：$U_{\mathrm{M}} = -pV = U - TS - \mu N$。

在物理学中，压强定义为作用在单位面积上的法向力，单位为帕斯卡 (1Pa = 1N/m^2)。因此，它与能量密度具有相同的单位，即单位体积的能量 J/m^3。其他常用压强单位之间的换算关系为

$$1\mathrm{bar} = 10^5\mathrm{Pa}, \quad 1\mathrm{atm} = 101.325\mathrm{kPa}, \quad 1\mathrm{atm} = 760\mathrm{torr}$$

压强和温度一样是没有方向的标量，压强差或压强梯度会导致物体流动。例如，在压强差或压强梯度作用下，水在管道中流动。

3. 化学势

化学势 μ，是指每摩尔某物质、组分或相所拥有的化学能 (U_{C}) 或化学能强度 (式 (1.7))。

化学能 U_C 就是我们在本书后面将会学到的吉布斯自由能 G。它可以表示为基本热力学变量的组合 $U_C = G = \mu N = U - TS + pV$。化学势的大小等于 1mol 物质的热力学化学能或吉布斯自由能。基本上现有的热力学教材中化学势单位都是 J/mol。根据文献 [2, 3] 建议,本书采用吉布斯 (G) 作为化学势的单位。用 G 作为化学势的单位和其他势的单位命名规律一致,都与发明它们的科学家名字有关。例如,电势单位伏特 (V),是以 Alessandro Volta 的名字命名的;绝对温度单位开尔文 (K),是以 William Thomson, 1st Baron Kelvin 的名字命名的;压强单位帕斯卡 (Pa),是以 Blaise Pascal 的名字命名的。我们仍使用 J/mol 作为其他摩尔能量的单位,例如摩尔内能。需要指出的是,在物理学中,化学势最常用的单位是每个粒子的能量,如 eV/atom。

化学势概念是吉布斯在一个多世纪前提出的,是材料热力学、化学和物理学中的一个核心概念。化学势是材料单组分系统或组成固定的多组分系统 (例如化合物或溶液相) 化学稳定性的度量。某种组分、相或材料的化学势越高,该组分、相或材料就越不稳定。因此,化学势的大小可以用来判断系统发生相变和化学反应的可能性,或者用来判断一种化学物质从一个位置迁移到另一个位置的热力学倾向。具有高化学势的物质容易通过与其他物质反应或经历相变或转移到其他化学势较低的位置等方式来降低其化学势。

我们可以定义所有类型粒子的化学势,包括原子、分子、电子、电子空穴对、声子、光子等。其实半导体器件物理中的费米能级就是电子的化学势。我们也可以对不同原子种类的给定组合定义其化学势。

化学势是材料热力学的核心概念,几乎所有材料热力学过程都可以用化学势的变化来表述。

1.4　密　　度

在将热力学应用于材料科学,特别是处理非均匀 (连续) 系统问题时,经常会涉及密度量。密度量主要有两种类型:一种是每摩尔物质的量,或称摩尔量;另一种是每单位体积的物质量,简称为某种物质的密度。

我们用小写字母表示摩尔量。例如,u、s 和 v 分别是摩尔内能、摩尔熵和摩尔体积。对于一个简单系统,有

$$u = \frac{U}{N}, \quad s = \frac{S}{N}, \quad v = \frac{V}{N} \tag{1.13}$$

对于在非均匀连续系统中的一个点,体积是无穷小 dV,有

$$u = \frac{dU}{dN}, \quad s = \frac{dS}{dN}, \quad v = \frac{dV}{dN} \tag{1.14}$$

可见，在非均匀连续系统中，某种物质的摩尔量就是该物质的量相对于摩尔数的导数。随后我们将了解到 U、S 和 V 还是其他热力学变量 (例如温度 T 和压强 p) 的函数。因此，在数学中摩尔量通常表示为偏导数形式：

$$u = \left(\frac{\partial U}{\partial N}\right)_{T,p}, \quad s = \left(\frac{\partial S}{\partial N}\right)_{T,p}, \quad v = \left(\frac{\partial V}{\partial N}\right)_{T,p} \tag{1.15}$$

我们还可以为多组分系统中的每个组分定义

$$u_i = \left(\frac{\partial U}{\partial N_i}\right)_{T,p,N_{j \neq i}}, \quad s_i = \left(\frac{\partial S}{\partial N_i}\right)_{T,p,N_{j \neq i}}, \quad v_i = \left(\frac{\partial V}{\partial N_i}\right)_{T,p,N_{j \neq i}} \tag{1.16}$$

式中，u_i、s_i 和 v_i 分别是组分 i 的摩尔内能、摩尔熵和摩尔体积。

我们使用带下标 v 的字母表示体积密度，即单位体积的物质量。例如，

$$u_{\rm v} = \frac{U}{V}, \quad s_{\rm v} = \frac{S}{V}, \quad c = \frac{N}{V}, \quad c_i = \frac{N_i}{V} \tag{1.17}$$

式中，$u_{\rm v}$、$s_{\rm v}$、c 和 c_i 分别是内能密度或单位体积内能、熵密度或单位体积熵、单位体积摩尔总数及组分 i 的浓度或单位体积组分 i 的摩尔数。单位体积的摩尔量和密度的关系很简单，例如，

$$u_{\rm v} = \frac{u}{v}, \quad s_{\rm v} = \frac{s}{v}, \quad c = \frac{1}{v} \tag{1.18}$$

有时，我们还对密度进行另外一种定义，称为质量密度，国际单位为 $\rm kg/m^3$，即单位体积的质量

$$\rho = cm = \frac{m}{v} \tag{1.19}$$

式中，m 是每摩尔化学物质的质量。

1.5　广度变量和强度变量

如果系统的某个性质或变量与系统大小成线性比例，我们称其为广度性质或广度变量。广度性质和广度变量的例子包括熵 S，体积 V，化学物质的量 $N_1, N_2, \cdots, N_n$，以及电荷量 q 和能量 U 等。当系统大小增加时，所有广度性质或广度变量的大小都成比例增加。

如果系统的某个性质或变量与系统大小无关，我们称其为强度性质或强度变量。强度性质和强度变量的例子包括所有的势，例如温度 T，压强 p，下标从 1 到 n 标记的不同化学组分的化学势 $\mu_1, \mu_2, \cdots, \mu_n$，或者某个相的化学势 μ，以及纯密度量，如化学浓度、摩尔体积、摩尔熵及摩尔内能等。

正确认识势和纯密度量之间的差异很重要[4]。如果某种物质在系统中可以自由地重新分布，那么它对应的势在整个系统中是均匀的，而在由不同均相区组成的非均相系统中，纯密度量在不同位置通常是不同的。因此，如果允许熵、体积和化学物质在均相或非均相系统中重新分布，达到热力学平衡时，系统的温度 T、压强 p 和化学势 $\mu_1, \mu_2, \cdots, \mu_n$ 都是均匀的，而摩尔内能、摩尔熵、摩尔体积和化学组分的浓度通常是不均匀的。

强度变量可以表示为两个广度变量之比。例如，摩尔体积是体积与物质的量之比 ($v = V/N$)，化学势是化学能 ($U_C = G$) 与化学物质的量之比 ($\mu = G/N$)。

强度性质也可以通过微积分表示为一个广度变量对另一个广度变量的导数。例如，T、p 和 μ 可定义为

$$T = \left(\frac{\partial U}{\partial S}\right)_{V,N}, \quad -p = \left(\frac{\partial U}{\partial V}\right)_{S,N}, \quad \mu = \left(\frac{\partial U}{\partial N}\right)_{S,V} \tag{1.20}$$

如图 1.5 所示，当一个简单系统的大小增加一倍时，它的所有广度性质 (U、S、V 和 N) 的值都增加一倍，而强度性质 T、p、μ、u、s、v、s_v、u_v、c 和 ρ 的值都保持不变。

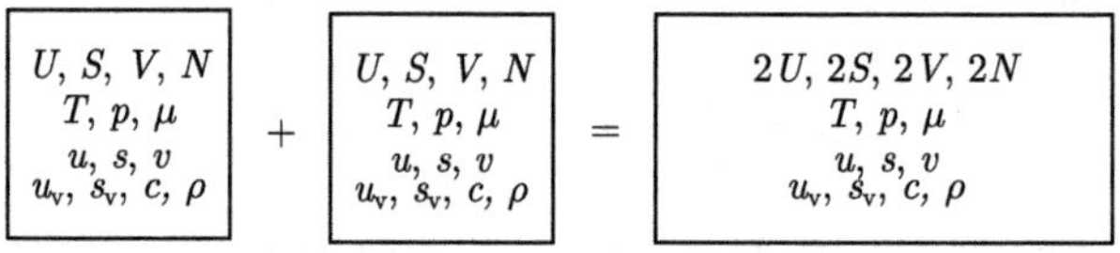

$$\boxed{\begin{array}{c} U,\, S,\, V,\, N \\ T,\, p,\, \mu \\ u,\, s,\, v \\ u_v,\, s_v,\, c,\, \rho \end{array}} \; + \; \boxed{\begin{array}{c} U,\, S,\, V,\, N \\ T,\, p,\, \mu \\ u,\, s,\, v \\ u_v,\, s_v,\, c,\, \rho \end{array}} \; = \; \boxed{\begin{array}{c} 2U,\, 2S,\, 2V,\, 2N \\ T,\, p,\, \mu \\ u,\, s,\, v \\ u_v,\, s_v,\, c,\, \rho \end{array}}$$

图 1.5　系统大小增加一倍时广度性质和强度性质的变化

1.6　共轭变量对

一对变量的乘积表示某种能量或能量密度的量，称为共轭变量对。在第 3 章将要讨论的热力学基本方程或热力学能量函数中，共轭变量对总是同时出现在一个热力学表达式的同一项中。对于给定的热力学基本方程，从每对共轭变量中只能选择其中一个作为独立变量。表 1.1 ~ 表 1.5 中，每个表最后一行给出了热力学共轭变量对的例子。

表 1.1　基本共轭变量对及其乘积　　　　　　　　　　(能量单位：J)

热能 U_T	机械能 U_M	化学能 U_C
$U_T = TS$	$U_M = -pV$	$U_C = \mu_i N_i$
$\mathrm{d}U_T = T\mathrm{d}S$	$\mathrm{d}U_M = -p\mathrm{d}V$	$\mathrm{d}U_C = \mu_i \mathrm{d}N_i$
(T, S)	$(-p, V)$	(μ_i, N_i)

表 1.2 基本共轭变量对及其乘积 (摩尔能量单位：J/mol)

摩尔热能 u_T	摩尔机械能 u_M	摩尔化学能 u_C
$u_T = Ts$	$u_M = -pv$	$u_C = \mu_i$
$\mathrm{d}u_T = T\mathrm{d}s$	$\mathrm{d}u_M = -p\mathrm{d}v$	N/A
(T, s)	$(-p, v)$	N/A

表 1.3 基本共轭变量对及其乘积 (能量密度单位：J/m³)

热能密度 $u_{T,v}$	机械能密度 $u_{M,v}$	化学能密度 $u_{C,v}$
$u_{T,v} = Ts_v$	$u_{M,v} = -p$	$u_{C,v} = \mu_i c_i$
$\mathrm{d}u_{T,v} = T\mathrm{d}s_v$	N/A	$\mathrm{d}u_{C,v} = \mu_i \mathrm{d}c_i$
(T, s_v)	N/A	(μ_i, c_i)

表 1.4 其他共轭变量对及其乘积 (能量单位：J)

电能 U_E	表面能 U_S	重力势能 U_G
$U_E = \phi q$	$U_S = \gamma A$	$U_G = gzm$
$\mathrm{d}U_E = \phi \mathrm{d}q$	$\mathrm{d}U_S = \gamma \mathrm{d}A$	$\mathrm{d}U_G = gz\mathrm{d}m$
(ϕ, q)	(γ, A)	(gz, m)
电势 ϕ 和电荷 q	比表面能 γ 和表面积 A	重力势能 gz 和质量 m

表 1.5 其他共轭变量对及其乘积 (能量密度单位：J/m³)

机械能密度	电能密度	磁能密度
$\sigma_{ij}\varepsilon_{ij}$	$E_i D_i$	$H_i B_i$
$\sigma_{ij}\mathrm{d}\varepsilon_{ij}$	$E_i\mathrm{d}D_i$	$H_i\mathrm{d}B_i$
$(\sigma_{ij}, \varepsilon_{ij})$	(E_i, D_i)	(H_i, B_i)
机械应力 σ_{ij} 和机械应变 ε_{ij}	电场 E_i 和电位移 D_i	磁场 H_i 和磁感应强度 B_i
(i 和 j 代表方向)	(i 代表方向)	(i 代表方向)

1.7 经典热力学、统计热力学、非平衡热力学

本书主要讨论**经典热力学**。经典热力学从经验验证的热力学定律推导出系统的热力学基本方程。一个基本方程把一组基本热力学变量 (如内能、熵、体积、摩尔数、温度、压强和化学势等) 联系起来。人们可以从热力学基本方程推导出系统所有的宏观性质和它们之间的关系。

统计热力学将含有大量粒子的微观热力学系统的平均性质与相应的宏观系统热力学基本方程联系起来。该基本方程由少数独立的热力学变量表示。在实验中，其实测量装置测量的结果已经是统计平均值。

与平衡热力学相比，**非平衡热力学**或**不可逆热力学**将熵产生率或能量耗散率与热力学驱动力和过程速率联系起来，即非平衡热力学更关注非平衡系统材料过

程的动力学。

　　尽管本书主要讨论应用经典热力学确定材料的稳定性，以及在给定热力学条件下材料过程的趋势、方向和驱动力，但我们将通过讨论不可逆过程的熵产生和能量耗散，把平衡热力学和不可逆热力学联系起来。

1.8　习　　题

　　1. 判断以下热力学量是广度变量 (E) 还是强度变量 (I)：T (温度)、p (压强)、V (体积)、N (化学物质的量)、U (内能)、S (熵)、μ (化学势)、q (电荷) 和 ϕ (电势)。

　　2. 判断以下哪些量可以被认为是“势”，哪些是“物质的量”：S (熵)、T (温度)、p (压强)、V (体积)、μ_i (物质 i 的化学势)、N_i (物质 i 的摩尔数)、γ (比表面能)、A (面积)、q (电荷) 和 ϕ (电势)。

　　3. 判断对错：把系统的大小翻倍，系统的熵也会翻倍。（　　）

　　4. 判断对错：如果一个系统的大小增加一倍，那么系统的化学势也会增加一倍。（　　）

　　5. 找出以下各项之间的关系：

　　(a) N_i (物质 i 的摩尔数，其中 $i = 1, 2, \cdots, n$)、V (系统的体积) 和 c_i (物质 i 的体积浓度)。

　　(b) c (总体积浓度)、c_i (物质 i 的体积浓度) 和 x_i (物质 i 的摩尔分数)。

　　6. 使用导数、微分或积分把下列文字描述改写为热力学数学表达式：

　　(a) 在保持压强不变的情况下，体积相对于温度变化的变化率；

　　(b) 在保持体积不变的情况下，温度相对于压强变化的变化率；

　　(c) 在保持体积不变的情况下，由于压强的微小变化而引起的温度的微小变化；

　　(d) 由于压强和体积同时发生微小变化而引起的温度的微小变化；

　　(e) 在保持体积不变的情况下，由于压强的有限变化而引起的温度的有限变化；

　　(f) 由于压强和体积同时发生有限变化而引起的温度的有限变化。

　　7. 将以下热力学数学表达式转换为文字描述：

　　(a) $\left(\dfrac{\partial U}{\partial S}\right)_{V,N}$, $\left(\dfrac{\partial V}{\partial T}\right)_{p,N}$, $\left(\dfrac{\partial V}{\partial p}\right)_{T,N}$

　　(b) $\mathrm{d}U = \left(\dfrac{\partial U}{\partial S}\right)_{V,N} \mathrm{d}S$, $\mathrm{d}V = \left(\dfrac{\partial V}{\partial T}\right)_{p,N} \mathrm{d}T + \left(\dfrac{\partial V}{\partial p}\right)_{T,N} \mathrm{d}p$

　　(c) $\Delta U = \displaystyle\int_{S_0}^{S} \left(\dfrac{\partial U}{\partial S}\right)_{V,N} \mathrm{d}S$, $\Delta V = \displaystyle\int_{T_0,p_0}^{T,p} \left[\left(\dfrac{\partial V}{\partial T}\right)_{p,N} \mathrm{d}T + \left(\dfrac{\partial V}{\partial p}\right)_{T,N} \mathrm{d}p\right]$

　　8. 将能量单位 bar $\cdot$ L(其中，L 代表升) 换算成用“焦耳 (J)”表示。

9. 材料的热膨胀系数表示材料体积随温度的变化情况。国际单位制 (SI) 中热膨胀系数的单位是什么？

10. 已知 $G = U - ST + pV$，如果 U 是 400cal，S 是 1.0J/K，T 是 500°C，p 是 1bar，V 是 1L，试计算 G 是多少焦耳 (J)？

11. 试写出以下势的国际单位：热势、机械势、重力势、化学势和电势。

12. 试写出以下物质量的国际单位：熵、体积、质量、化学物质的量和电荷。

13. 试以吉布斯 (Gibbs)(1G =1J/mol) 为单位，写出总势，即重力势、化学势和电势之和。必要时可使用摩尔质量和摩尔电荷 (法拉第常数) 进行单位换算。

14. 已知：在 273K 和 1bar(10^5Pa) 下，1mol 水和 1mol 冰的熵差为 $\Delta s = s^{water} - s^{ice} = 22.00$J/K；在 273K 和 1bar 下，水和冰的摩尔体积分别是 18.02cm^3/mol 和 19.66cm^3/mol；冰和水的化学势相同。试计算在 273K 和 1bar 下：

(a) 1mol 冰和 1mol 水的热能差。

(b) 1mol 冰和 1mol 水的机械能差。

(c) 1mol 冰和 1mol 水的化学能差。

(d) 1mol 冰和 1mol 水的内能差。

15. 试指出在平衡态冰和水两相混合物中 (忽略重力影响)，以下哪些热力学强度性质是均匀的，哪些是不均匀的：温度 (T)、质量密度 (ρ)、浓度 (c)、压强 (p)、摩尔体积 (v)、H$_2$O 的化学势 (μ)、摩尔内能 (u)、摩尔熵 (s)、内能密度 (u_v) 和熵密度 (s_v)。

参 考 文 献

[1] J. Willard Gibbs, On the Equilibrium of Heterogeneous Substances, Transactions of the Connecticut Academy, III. pp. 108–248, October 1875–May 1876, and 343–524, May 1877–July 1878.

[2] Hans U. Fuchs, The Dynamics of Heat, Springer-Verlag, New York, 1996.

[3] G. Job and F. Herrmann, Chemical potentiala quantity in search of recognition. Institute of Physics Publishing, Eur. J. Physics 27, 353, 2006.

[4] M. Hillert, Phase Equilibria, Phase Diagrams and Phase Transformations, Second Edition, Cambridge University Press, Cambridge, 2008.

第 2 章　热力学第一和第二定律

早期的热力学研究产生了四个热力学定律：热力学第零定律、第一定律、第二定律和第三定律。热力学第零定律指出，如果系统 A 的温度等于系统 C 的温度，系统 B 的温度也等于系统 C 的温度，那么系统 A 的温度等于系统 B 的温度，这就意味着温度是可测量的。热力学第三定律指出，在 0K 下，完全有序稳定物质的熵为零，即系统的熵与系统的体积一样具有绝对值。本章只讨论热力学第一定律和第二定律。吉布斯就是在热力学第一定律和第二定律的基础上建立了热力学基本方程。在讨论热力学第一定律和第二定律之前，我们首先介绍热力学状态、状态变量和热力学过程的概念。

2.1　热力学状态和状态变量

根据吉布斯热力学，我们使用七个基本变量来描述一个简单的热力学系统：内能 U、熵 S、温度 T、体积 V、压强 p、化学物质的量 N 和化学势 μ。如图 2.1 所示，一个热力学状态可以由一组 U、S、T、V、p、N 和 μ 的特定值来描述。应该注意的是，这七个基本变量不全是相互独立的。在第 3 章会详细讨论，这七个基本变量是由一个基本方程和三个状态方程相互关联和制约的。

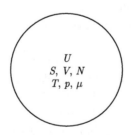

图 2.1　七个变量表示一个简单系统热力学状态示意图

这七个基本变量 U、S、T、V、p、N 和 μ，还有这些变量的其组合，以及它们彼此之间许多相互的导数，都是状态变量。事实上，任何一个表征系统性质的变量都是状态变量。对于给定的热力学系统，如果我们选一个状态变量 (例如内能 U) 作为函数，选另一个热力学变量 (例如熵 S 或温度 T)，或者选一组热力学变量 (例如熵 S、体积 V 和化学物质的量 N) 作为变量，画曲线或曲面图，则一个系统的状态就是这样图上的一个点。在系统的某个状态，七个基本变量、七个基本变量相互的导数或切线或多维曲面在给定点的局部曲率，都有一组特定的值。譬如，图 2.2 是体积 V 和化学物质的量 N 恒定时的内能 U 与熵 S 的函数曲线，在某个状态的温度可以由曲线斜率 $T = (\partial U/\partial S)_{V,N}$ 得到，该状态的恒容热容则可以由内能 U 关于熵 S 的曲率得到。

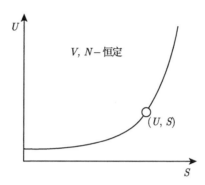

图 2.2　保持体积 V 和化学物质的量 N 不变，由内能 U 作为熵 S 的函数图中一点表示的热力学状态示意图

　　如果整个系统中每个空间点的所有热力学变量的值都相同，则认为这个系统状态是均匀的，而把由热力学性质不同的多个均匀状态区域组成的状态称为**非均相状态**。

　　一个热力学变量随空间位置连续变化的状态称为连续非均匀状态。在一个系统内的某个点 r，基本热力学变量的值是内能密度 $u_{\mathrm{v}}(r)$、熵密度 $s_{\mathrm{v}}(r)$、组分 i 的化学浓度 $c_i(r)$ 或质量密度 $\rho_i(r)$、温度 $T(r)$、压强 $p(r)$ 和组分 i 的化学势 $\mu_i(r)$。在这样的连续系统中，每个点 r 都可以被看成一个无限小的体积元在温度为 $T(r)$、摩尔数为 $c_i(r)\mathrm{d}V$、压强为 $p(r)$ 和化学势为 $\mu_i(r)$ 时，内能为 $u_{\mathrm{v}}(r)\,\mathrm{d}V$、熵为 $s_{\mathrm{v}}(r)\,\mathrm{d}V$ 和体积为 $\mathrm{d}V$ 的子系统。这些子系统之间互相不断地进行化学物质、熵和体积的交换。

　　平衡态是一种静止状态，此时系统的热力学性质或状态变量不再随时间变化，也不存在物质流，例如化学物质、熵和电荷等。因此，一个平衡状态可以由一组基本热力学变量来描述。

　　值得注意的是，稳态是一个动力学概念，而不是热力学概念。稳态表示系统在恒定的外加场 (例如电场、化学势梯度或温度梯度等) 作用下，温度、压强和化学浓度等热力学变量的空间分布不再随时间变化。然而，通常情况下，至少存在一种恒定的物质流，例如熵或热流、化学物质流及电流等，这些物质流会不断地产生熵 (有关熵的产生将在不可逆过程中讨论)。因此，稳态不是平衡态。

2.2　热力学过程

热力学过程是指系统从一种状态转变到另一种状态的变化。在一个过程中热力学变量的变化是由于系统与环境之间进行熵、体积及化学物质的交换，或者是由于系统内部发生了相变、化学反应、扩散、热传导、流动、断裂、塑性变形等。对于任意一个给定的热力学系统，如果我们将任何一个状态变量 (例如内能 U) 看成另一个热力学变量 (例如熵 S 或温度 T) 的函数，或者看成一组热力学变量 (熵 S、体积 V 和化学物质的量 N) 的函数，那么一个热力学过程可以由连接两个状态的路径来描述。状态变量的变化仅取决于初态和终态下的状态变量值，而与系统所经历的过程路径无关。图 2.3 所示为一个体积和摩尔数恒定的系统，从状态 1 转变到状态 2 之后，系统内能和熵的变化。图 2.4 所示为一个无穷小过程，带来了内能和熵的相应无穷小变化 $\mathrm{d}U$ 和 $\mathrm{d}S$ 等。

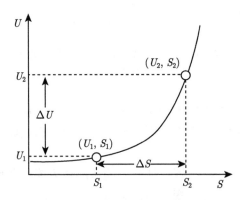

图 2.3　系统从状态 1 转变到状态 2 的变化过程示意图

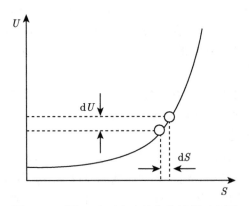

图 2.4　系统一个无穷小的变化过程示意图

发生在系统内部 (在规定边界内) 且导致系统状态改变的过程称为内部过程。还有一些过程涉及系统与环境之间的相互作用，这些相互作用通过边界发生。例如，通过边界发生的热传导和传质过程，以及由于边界的机械位移引起的系统体积改变。我们将这样的过程称为交换过程。区分内部过程和交换过程，对于理解热力学第二定律和明确过程中系统的熵变化尤为重要。

2.2.1　自发过程、自然过程和不可逆过程

一个系统从非平衡状态运动到平衡状态的过程叫自发过程、自然过程，或不可逆过程。自然界中发生的所有实际过程都是不可逆过程。不可逆过程都是由一个热力学驱动力引起的。譬如，相变过程中初态和转变态之间的化学势差，或者化学反应中反应物和产物之间的化学势差。**在自发过程中，一种形式的势能 (如化学能) 被转化成热能，从而产生熵。**

2.2.2　可逆过程

系统从一个平衡状态转变到另一个平衡状态，在这个过程中任何中间状态都不脱离平衡的过程称为可逆过程。可逆过程可以由多维状态变量空间中的直线或曲线描述。系统在可逆过程中经过的平衡状态有时也被称为准静态。可逆过程的驱动力无穷小。系统与环境之间只有熵的交换和功的相互作用而系统内部不产生熵，也就是说系统与环境的总熵在可逆过程中是守恒的。可逆过程可以考虑为实际过程的理论极限，是一种理想化过程。我们可以利用状态函数的变化与过程路径无关的事实，设计一个可逆过程来计算不可逆过程中的热力学量。

2.3　热力学系统

根据系统与环境的相互作用，我们对热力学系统进行分类。

和环境之间没有任何相互作用的系统称为孤立系统。也就是说，一个孤立系统和环境没有熵交换 ($dS^e = 0$)、没有体积交换 ($dV^e = 0$) 或其他形式的功的交换，也没有化学物质交换 ($dN^e = 0$)。一个不允许熵或热通过的系统和环境之间的界面称为绝热边界。一个不允许化学物质通过的系统和环境之间的界面称为不可渗透 (化学物质) 边界。一个不能移动或者说固定的系统和环境之间的界面称为固定边界或刚度边界。因此，孤立系统和环境的界面是绝热的、不可渗透的固定的边界。其实整个宇宙也可以看成是一个孤立系统。

封闭系统是可以跟环境之间交换熵和体积 ($dS^e \neq 0$，$dV^e \neq 0$)，但不能交换化学物质 ($dN^e = 0$) 的系统。允许熵或热传递的界面称为导热边界，允许移动的边界称为活动边界。

开放系统是除了熵和体积外，还可以与环境交换化学物质 ($dS^e \neq 0$, $dV^e \neq 0$, $dN^e \neq 0$) 的系统。允许传质的边界称为可渗透边界 (图 2.5)。在包含不同组成和晶体结构的多组元多相材料体系中，多相混合物中的每一相都可看成是一个开放系统，因为化学物质可以穿过相界达到化学平衡。

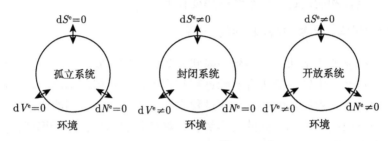

图 2.5　三种热力学系统示意图

2.4　热力学第一定律

热力学第一定律是一个能量守恒定律。在第 1 章中，我们介绍了简单热力学系统中的七个基本热力学变量：U、S、V、N、T、p 和 μ。热力学第一定律主要可以用来确定 (测量或计算) 某过程中系统内能的变化 dU 或者 ΔU。第一定律也为描述材料动力学过程、建立动力学理论和模型提供了能量守恒的基本原理，例如热传导方程。

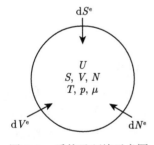

图 2.6　系统及环境示意图

根据热力学第一定律，整个宇宙 (系统 + 环境，如图 2.6 所示) 的总能量是守恒的，

$$U_{tot} = U + U_{sur} = 常量 \tag{2.1}$$

因此，对于所有过程，宇宙总能量的变化为零

$$dU_{tot} = dU + dU_{sur} = 0 \tag{2.2}$$

$$\Delta U_{tot} = \Delta U + \Delta U_{sur} = 0 \tag{2.3}$$

无论过程是可逆还是不可逆，热力学第一定律都是成立的。在式 (2.1) ~ 式 (2.3) 中，U_{tot} 为系统和环境的总内能，U 是系统内能，U_{sur} 是环境内能。由式 (2.2) 可知，当系统内能增加 dU，环境内能必然相应地减少 dU，也就是说，能量只能在系统与环境或两个不同系统之间交换，而不会消失或产生。因此，我们可以通过测量系统与环境交换的能量 (如热能和/或机械能的交换) 来确定系统的内能变化。在难以或不可能直接测量或计算系统内能变化时，热力学第一定律尤其有用。

　　系统通过与环境各种形式的物质交换, 例如, 熵 (热物质)、体积 (机械物质) 和物质 (化学物质) 等来交换能量。为简单起见, 假设系统与环境只交换熵、体积和物质, 而忽略如电荷等其他形式的物质, 也就是说, 我们仅考虑一个如图 2.7 所示的简单系统。如果系统的温度 T、压强 p 和化学势 μ 在交换过程中保持不变和均匀, 我们使用无穷小变化或交换来讨论热力学第一定律。系统的内能增加 $(\mathrm{d}U)$ 等于从环境向系统传递的热能 $(\mathrm{d}U_{\mathrm{T}}^{\mathrm{e}} = T\mathrm{d}S^{\mathrm{e}})$、机械能 $(\mathrm{d}U_{\mathrm{M}}^{\mathrm{e}} = -p\mathrm{d}V^{\mathrm{e}})$ 和化学能 $(\mathrm{d}U_{\mathrm{C}}^{\mathrm{e}} = \mu\mathrm{d}N^{\mathrm{e}})$ 之和

$$\mathrm{d}U = \mathrm{d}U_{\mathrm{T}}^{\mathrm{e}} + \mathrm{d}U_{\mathrm{M}}^{\mathrm{e}} + \mathrm{d}U_{\mathrm{C}}^{\mathrm{e}} = T\mathrm{d}S^{\mathrm{e}} - p\mathrm{d}V^{\mathrm{e}} + \mu\mathrm{d}N^{\mathrm{e}} \tag{2.4}$$

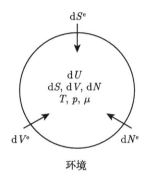

图 2.7　系统和环境进行熵、体积和化学物质的无穷小交换导致热力学基本变量的变化示意图

　　在大多数材料热力学教科书中, 热力学第一定律只讨论封闭系统。在封闭系统中传递的热能 $(\mathrm{d}U_{\mathrm{T}}^{\mathrm{e}})$ 通常称为传热量 $(\mathrm{d}Q)$, 传递的机械能 $(\mathrm{d}U_{\mathrm{M}})$ 称为环境对系统做的功 $(\mathrm{d}W)$。应该强调的是, 传递到系统的热能、机械能或化学能的量, 不一定就等于系统相应的热势能、机械能或化学能的增加。

　　讨论开放系统的交换过程时, 我们需要注意**化学物质除含有化学能之外, 还含有热能和机械能**。对一个开放系统, 如果 $\mathrm{d}Q$ 表示单纯由热传递带来的无穷小热能, 则传递到系统中的总热能 $\mathrm{d}U_{\mathrm{T}}^{\mathrm{e}}$ 为

$$\mathrm{d}U_{\mathrm{T}}^{\mathrm{e}} = \mathrm{d}Q + Ts\mathrm{d}N^{\mathrm{e}} \tag{2.5}$$

式中, T 为系统温度, s 是传递的化学物质的摩尔熵, $\mathrm{d}N^{\mathrm{e}}$ 为传递的化学物质的量。当温度为 T 时, 从环境进入系统的熵为

$$\mathrm{d}S^{\mathrm{e}} = \frac{\mathrm{d}U_{\mathrm{T}}^{\mathrm{e}}}{T} = \mathrm{d}S^{\mathrm{Q}} + s\mathrm{d}N^{\mathrm{e}} \tag{2.6}$$

式中, $\mathrm{d}S^{\mathrm{Q}} = \mathrm{d}Q/T$ 表示仅由热传递引起的从环境到系统的熵交换量, $s\mathrm{d}N^{\mathrm{e}}$ 表示由于化学物质迁移而传递的熵量。

　　类似地, 如果我们用 $\mathrm{d}W$ 表示单纯由于系统在压强 p 作用下机械变形引起的体积变化产生的机械能交换量, 那么系统与环境的总机械能交换量 $\mathrm{d}U_{\mathrm{M}}^{\mathrm{e}}$ 为

$$dU_M^e = dW - pv dN^e \tag{2.7}$$

式中，p 是系统压强，v 是所交换化学物质的摩尔体积，dW 表示环境对系统做的功。

系统与环境间相应的体积交换量 dV^e 是

$$dV^e = -\frac{dU_M^e}{p} = -\frac{dW}{p} + v dN^e = dV^M + v dN^e \tag{2.8}$$

式中，dV^M 表示在压强 p 下单纯由于机械变形引起的体积变化，$v dN^e$ 是由于化学物质迁移引起的体积交换。

因此，将式 (2.6) 和式 (2.8) 代入式 (2.4)，开放系统的热力学第一定律也可写成

$$dU = T dS^e - p dV^e + \mu dN^e = T\left(dS^Q + s dN^e\right) - p\left(dV^M + v dN^e\right) + \mu dN^e \tag{2.9}$$

这里再次强调，对于一个开放系统，dS^e 包括环境和系统之间单纯热传递的熵和化学物质传递的熵。类似地，dV^e 既包括系统由于机械变形引起的体积交换，也包括从环境转移到系统的化学物质所引起的体积交换。

如果初始状态相同，系统可以通过不同过程 (路径) 达到相同的最终状态。只要这些过程的初态和终态相同，那么系统的热力学性质或状态函数，如内能、熵、温度、体积、压强、摩尔数和化学势等的变化与过程路径无关。然而，对于有限量的物质 (熵、体积和化学物质) 转移，系统中增加 (或减少) 的热能、机械能和化学能取决于具体过程的路径。例如，如果系统的整个过程在恒定和均匀的温度 T、恒定和均匀的压强 p，以及恒定和均匀的化学势 μ 的条件下进行，那么系统的内能变化是

$$\Delta U = T \Delta S^e - p \Delta V^e + \mu \Delta N^e \tag{2.10}$$

式中，ΔS^e、ΔV^e 和 ΔN^e 分别表示从环境转移到系统中的熵、体积和物质，$T \Delta S^e$、$-p \Delta V^e$ 和 $\mu \Delta N^e$ 分别表示从环境转移到系统的相应热能、机械能和化学能。

将式 (2.10) 与现有教材中封闭系统热力学第一定律的表达式相比较，开放系统的热力学第一定律可写成

$$\Delta U = (Q + Ts \Delta N^e) + (W - pv \Delta N^e) + \mu \Delta N^e \tag{2.11}$$

值得注意的是，上述 dU 或 ΔU 指的是系统内能的无穷小或有限变化，而环境相应的能量变化为 $dU_{sur} = -dU$ 或 $\Delta U_{sur} = -\Delta U$。在系统和环境无穷小的交换过程中，在环境中物质的无穷小变化为 $-dS^e$、$-dV^e$ 和 $-dN^e$；在有限量交换过程中，环境中的物质变化为 $-\Delta S^e$、$-\Delta V^e$ 和 $-\Delta N^e$。在讨论系统的热力学时，我们不需要关注环境内部发生的任何过程，只需要考虑环境对系统引起的变化。

2.4.1 孤立系统的热力学第一定律

对于孤立系统 ($dS^e = 0$、$dV^e = 0$ 和 $dN^e = 0$)，热力学第一定律可简化为

$$dU = dU^e = -dU_{sur} = 0 \tag{2.12}$$

2.4.2 封闭系统的热力学第一定律

对于封闭系统 ($dS^e \neq 0$、$dV^e \neq 0$ 和 $dN^e = 0$)，热力学第一定律可简化为

$$dU = TdS^e - pdV^e \tag{2.13}$$

式中，TdS^e 和 $-pdV^e$ 分别代表系统和环境交换的无穷小量热能 (热) 和机械能 (功)。

1. 封闭系统的绝热过程

对于封闭系统绝热过程 ($dS^e = 0$、$dV^e \neq 0$ 和 $dN^e = 0$)，系统内部产生熵的多少取决于体积交换过程中系统内部压强和外部压强之差。如果压强差为零，这个过程是可逆的。可逆过程中没有熵产生 ($dS^{ir} = 0$)。系统的熵变化等于由环境转移到系统的熵 ($dS = dS^e$)。因此，在绝热可逆过程中

$$dS = dS^e = 0, \quad dS^{ir} = 0 \tag{2.14}$$

对于封闭系统的可逆绝热膨胀过程 ($dS^e = 0, dV^e \neq 0, dN^e = 0$)，根据式 (2.13)，热力学第一定律为

$$dU = -p^{ex}dV^e = -pdV \tag{2.15}$$

式中，p^{ex} 为外部压强，U、p 和 V 分别表示该封闭系统的内能、压强和体积。

对于封闭系统的不可逆绝热膨胀过程 ($dS^e = 0$、$dS = dS^{ir}$、$p \neq p^{ex}$ 和 $dV = dV^e$)，根据式 (2.13)，热力学第一定律可写为

$$dU = TdS^e - p^{ex}dV^e = TdS - TdS^{ir} - pdV + (p - p^{ex})dV \tag{2.16}$$

对于相同的熵变化 dS 和体积变化 dV，如果初始状态 U、S 和 V，以及最终状态 $(U + dU)$、$(S + dS)$ 和 $(V + dV)$ 都是平衡态，因为 U 是状态函数，那么内能变化量 dU 总是等于 $TdS - pdV$。在不可逆绝热膨胀过程中产生的热能 TdS^{ir} 为

$$TdS^{ir} = (p - p^{ex})dV \tag{2.17}$$

2. 封闭系统的恒容过程

简单封闭系统 ($dN^e = 0$) 恒容过程 ($dV^e = 0$) 的无穷小变化的热力学第一定律可写为

$$dU = TdS^e = dQ \tag{2.18}$$

也可表示为有限变化的热力学第一定律

$$\Delta U = Q \tag{2.19}$$

即恒定体积的封闭系统的内能变化等于吸收或释放的热能 (或热量)。

3. 封闭系统的恒压过程

封闭系统恒压过程的热力学基本方程为

$$dU = TdS^e - pdV^e \tag{2.20}$$

$$dU + pdV^e = TdS^e = dQ \tag{2.21}$$

如果我们假定 $dV = dV^e$，即在这个过程中，除了与环境的体积交换外，系统中没有产生任何别的体积变化，我们可以将式 (2.21) 改写为

$$d(U + pV) = dH = dQ \tag{2.22}$$

式中

$$H = U + pV \tag{2.23}$$

H 是系统的焓，是状态变量 U、p 和 V 的组合，也是一个状态函数。许多实际热力学过程，例如化学反应和相转变，都是在恒定压强下发生的。

对于有限的变化，

$$\Delta H = Q \tag{2.24}$$

因此，恒定压强下封闭系统的焓变等于吸收或释放的热能 (或热量)。如果系统从环境吸收热量，则系统的焓增加或焓变化为正；如果热量从系统释放到环境，则系统的焓降低或焓变化为负。

2.4.3　开放系统可逆过程的热力学第一定律

对于开放系统的可逆过程，如果

$$dN = dN^e \tag{2.25}$$

也就是说，系统内部没有发生化学反应，系统中物质量的变化 dN 完全是由于系统与环境的化学物质交换 dN^e。这里我们还假设系统体积变化是完全由于系统的

可逆变形 dV^M 和物质从环境转移到系统中引起的体积变化 vdN 的和，系统内部没有体积产生或消失，

$$dV = dV^e = dV^M + vdN^e = dV^M + vdN \tag{2.26}$$

式中，v 是物质的摩尔体积。对于一个可逆过程

$$dS = dS^e = dS^Q + sdN^e = dS^Q + sdN \tag{2.27}$$

式中，dS^Q 表示在热传递中从环境转移到系统的熵，s 为物质的摩尔熵，sdN 表示由于 dN 摩尔化学物质从环境迁移到系统中导致的熵变化。

因此，对于开放系统中的可逆过程，我们可以用两种不同的方式写出热力学第一定律，

$$dU = TdS^Q - pdV^M + udN \tag{2.28}$$

式中

$$u = Ts - pv + \mu \tag{2.29}$$

式 (2.28) 也可写成

$$dU = TdS - pdV + \mu dN \tag{2.30}$$

式中

$$\mu = u - Ts + pv \tag{2.31}$$

在式 (2.29) 和式 (2.31) 中，u、s、v 和 μ 分别是化学物质的摩尔内能、摩尔熵、摩尔体积和化学势，现在我们可以写出开放系统中许多特殊可逆过程的热力学第一定律。

1. 开放系统的可逆、恒熵、恒容过程

由式 (2.30) 很容易看出，在恒熵 ($dS = 0$) 和恒容 ($dV = 0$) 条件下，开放系统可逆过程热力学第一定律是

$$dU = \mu dN \tag{2.32}$$

在这种情况下，我们可以计算出系统与环境之间熵和热的交换量。在系统与环境交换 dN 摩尔化学物质的过程中，如果系统的熵恒定 ($dS = 0$)，由式 (2.27) 可得

$$dS^Q = -sdN \tag{2.33}$$

所以系统与环境之间相应的热交换为

$$dQ = TdS^Q = -TsdN \tag{2.34}$$

这意味着为了保持系统熵不变，必须有 dQ 的热量从系统转移到环境中。

由式 (2.26) 可知，恒容条件 $dV = 0$ 意味着

$$dV^{M} = -v dN \tag{2.35}$$

因此，环境对系统所做的功为

$$dW = -p dV^{M} = pv dN \tag{2.36}$$

也就是说，在 dN 摩尔物质从环境可逆转移到系统的过程中，为了保持系统的熵和体积恒定，必须有 $Ts dN$ 的热量从系统流向环境，同时环境要对系统做功 $pv dN$。

2. 开放系统的可逆、恒熵、恒压过程

根据式 (2.30)，如果系统的熵和压强保持恒定，则热力学第一定律变为

$$dU + p dV = dH = \mu dN$$

因此，当系统的熵 S 和压强 p 恒定时，系统焓的变化 dH 等于从环境向系统转移的化学能 μdN。

当熵恒定，即 $dS = 0$ 时，由式 (2.27) 得

$$dS^{Q} = -s dN \tag{2.37}$$

因此，系统与环境相应的热交换量为

$$dQ = T dS^{Q} = -Ts dN \tag{2.38}$$

由式 (2.26) 得系统体积变化

$$dV = dV^{M} + v dN$$

环境对系统做的可逆功为

$$dW = -p dV^{M} = -p(dV - v dN) \tag{2.39}$$

3. 开放系统的可逆、恒温、恒容过程

对于恒温、恒容过程，

$$dU - T dS = dF = \mu dN \tag{2.40}$$

式中，F 为亥姆霍兹自由能

$$F = U - TS \tag{2.41}$$

因此，对于恒温恒容过程，热力学第一定律表明，系统的亥姆霍兹自由能变化等于从环境转移到系统的化学能

$$\mathrm{d}F = \mu\mathrm{d}N \tag{2.42}$$

恒温过程所需热量可写成

$$\mathrm{d}Q = T\mathrm{d}S - Ts\mathrm{d}N = T\left(\mathrm{d}S - s\mathrm{d}N\right) \tag{2.43}$$

为了保持系统体积恒定，系统与环境相互作用的功为

$$\mathrm{d}W = -p\mathrm{d}V^{\mathrm{M}} = pv\mathrm{d}N \tag{2.44}$$

4. 开放系统的可逆、恒温、恒压过程

对于恒温、恒压过程，

$$\mathrm{d}U - T\mathrm{d}S + p\mathrm{d}V = \mathrm{d}G = \mu\mathrm{d}N$$

式中

$$G = U - TS + pV$$

是系统的吉布斯自由能。

因此，在恒定温度和压强下，热力学第一定律可以用系统吉布斯自由能的变化来表述，它等于恒温恒压下从环境转移到系统的化学能

$$\mathrm{d}G = \mu\mathrm{d}N$$

上述过程涉及的热量传递可写为

$$\mathrm{d}Q = T\mathrm{d}S - Ts\mathrm{d}N = T\left(\mathrm{d}S - s\mathrm{d}N\right) \tag{2.45}$$

且环境对系统做的功为

$$\mathrm{d}W = -p\mathrm{d}V^{\mathrm{M}} = -p\left(\mathrm{d}V - v\mathrm{d}N\right) \tag{2.46}$$

2.5 热力学第二定律

热力学第一定律是能量守恒定律，而热力学第二定律描述熵的守恒和产生。热力学第二定律指出，宇宙 (系统 + 环境) 的总熵在可逆过程中守恒，在不可逆过程中增加。

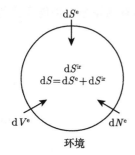

图 2.8　系统的熵变化 dS 等于交换熵 dS^e 与产生熵 dS^{ir} 之和

如果假设在一个过程中，系统内没有体积或任何新的化学物质产生或消失，那么由于交换引起的系统热力学变量的无穷小变化是 $dS = dS^e + dS^{ir}$、$dV = dV^e$ 和 $dN = dN^e$，其中 dS^{ir} 是系统在与环境的交换过程中系统内部不可逆过程所产生的熵。

因此，系统熵的变化不仅要考虑系统与环境在交换过程中进入系统的熵，而且要考虑系统内部任何不可逆过程产生的熵。但是，如果在交换过程中系统内部发生的所有过程都是可逆的，也就是说在交换过程中系统一直保持平衡，那么 $dS^{ir} = 0$，从而系统的熵变化 dS 与从环境进入系统的熵 dS^e 相同，即 $dS = dS^e$。

对于任何过程，熵变化 dS 可能来自两部分：(i) 在系统与环境交换过程中进入系统的熵 dS^e，以及 (ii) 由于系统内部不可逆过程产生的熵 dS^{ir}(图 2.8)。因此，系统熵的变化为

$$dS = dS^e + dS^{ir} \tag{2.47}$$

对于开放系统，dS^e 包括由传热过程产生的熵和由环境传递到系统的化学物质所带的熵。

由于我们只关注系统内部过程，不必关注环境内部过程，故计算环境的熵变化比较简单

$$dS_{sur} = -dS^e \tag{2.48}$$

因此，整个宇宙 (系统 + 环境) 的总熵变化为

$$dS_{tot} = dS + dS_{sur} = dS - dS^e = dS^{ir} \tag{2.49}$$

系统内部产生的熵 dS^{ir} 或系统和环境的总熵变化 dS_{tot}，在不可逆过程中为正，在可逆过程中为零

$$dS_{tot} = dS^{ir} \geqslant 0 \quad (>0 \text{ 不可逆过程；} =0 \text{ 可逆过程}) \tag{2.50}$$

因此，对于所有可逆过程，总熵守恒。对于所有不可逆过程，系统和环境的总熵变或系统内部产生的熵为正。值得注意的是，系统和环境总熵变为负值的过程是不可能发生的。总熵变化为负的过程相当于是一个系统自发地从一个稳定状态演化到了一个不太稳定的状态。

虽然系统和环境的总熵永远不会减少，但只要环境的熵增加或减少，系统的熵就可能减少或增加。如果系统的熵是减少，环境熵的增加量至少与系统熵的减少量一样多。一个众所周知的例子是冰箱，用电能把冰箱内部的熵移到冰箱外面，

使冰箱内部熵降低，从而使冰箱内部温度降低，但冰箱外部环境熵的增加比冰箱里熵减少的量更多。

如果系统的内部过程是可逆的，那么系统熵的变化就等于它与环境交换的熵

$$dS = dS^e \tag{2.51}$$

需要注意的是，系统的熵是一个状态函数。因此，无论过程是可逆还是不可逆，系统的熵都与系统在指定的初态与终态过程中所经历的路径无关。这意味着，对于系统的一组给定的初态和终态，我们总是可以在初态和终态之间设计一条可逆路径，找出系统在任意两个状态之间熵的差值。在相同的初态和终态下，系统熵的变化沿着不可逆路径与可逆路径相同，而环境熵的变化沿着不可逆路径与可逆路径不相同。这是因为系统内不可逆过程中产生的熵被转移到了环境中。熵和熵变的计算将在第 8 章中详细讨论。

在相同的热力学条件下，同一个系统处于平衡态比处于非平衡态具有更高的熵。例如，我们可以想象两箱气体被一堵不能渗透的墙隔开。最初，一个盒子里有 1mol 氧气，另一个盒子是真空的。现在我们移除两个盒子之间的墙，让氧气分子在两个盒子之间自由移动。1mol 氧气现在失去了平衡，一些氧气分子将移动到最初的真空箱中。当两个盒子之间的墙被移除时，氧气分子重新分布的过程是一个产生熵的不可逆过程，即 1mol 氧气的熵将从移除墙壁的那一刻起持续增加，直到在组合的盒子中建立新的平衡。新的平衡态在新的约束条件 (两个盒子的总体积) 下具有最大熵。

任何不可逆的 (实际的、自发的、自然的) 过程都会产生熵。不可逆过程将一些有用的势能 (例如机械势能或化学势能) 转化为热势能。一个过程产生的总熵可以表征一个过程的不可逆程度，也可以描述系统初始态的不稳定性。一个过程产生的熵越大，该过程就越不可逆，或者说系统的初始态越不稳定。

2.5.1 热力学第二定律的定量表述

为了定量地描述热力学第二定律或系统内部过程的不可逆性，我们需要计算过程产生的总熵。我们用系统的量来表示所有的交换量 $dS^e = dS - dS^{ir}$、$dV^e = dV$ 和 $dN^e = dN$，重写热力学第一定律

$$dU = T\left(dS - dS^{ir}\right) - pdV + \mu dN = TdS - pdV + \mu dN - TdS^{ir} \tag{2.52}$$

式中，dS^{ir} 是由于系统内一个或多个内部过程而产生的熵。

根据 Kondepudi 和 Prigogine[1] 和 Hillert[2]，我们将等式 (2.52) 的最后一项定义为

$$TdS^{ir} = Dd\xi \tag{2.53}$$

D 表示整个过程的内部势能耗散量，或可以称为过程的驱动力，

$$D = -\left(\frac{\partial U}{\partial \xi}\right)_{S,V,N} \begin{cases} = 0, & \text{可逆过程} \\ > 0, & \text{不可逆过程} \end{cases} \tag{2.54}$$

ξ 表示一个不可逆过程进行的程度，

$$\xi = \begin{cases} 0 \text{ 或 } \xi_i, & \text{初始状态} \\ 1 \text{ 或 } \xi_f, & \text{最终状态} \end{cases} \tag{2.55}$$

ξ_i 和 ξ_f 分别表示过程在初态和终态的程度。内部过程可以是相变、化学反应、热传导和化学扩散等。

如果我们考虑热力学驱动力与相变动力学之间的联系，ξ 也可被视为微观结构演化相场方法 [3] 中的序参量或相场。例如，在相变的相场方法中，

$$\begin{cases} \xi = 0, & \text{表示初始态，母相} \\ 0 < \xi < 1, & \text{表示新相与母相的混合} \\ \xi = 1, & \text{表示相变后终态，新相} \end{cases} \tag{2.56}$$

在一个相变过程中，化学能 $Dd\xi$ 消耗转化为热能 TdS^{ir}。该过程中产生的总熵为

$$\Delta S^{ir} = \int_{\text{始态}}^{\text{终态}} dS^{ir} = \int_{\xi_i}^{\xi_f} \frac{D}{T} d\xi \tag{2.57}$$

下面将针对不同类型的热力学系统 (孤立系统、封闭系统和开放系统) 和不同类型的热力学过程，例如等温 (恒温) 过程、等压 (恒压) 过程、等熵 (恒定熵) 过程或等容 (恒定体积) 过程，进一步讨论一个给定过程产生的熵、耗散的热力学能量和热力学驱动力之间的关系。

2.5.2 孤立系统

对于孤立系统中的一个过程，热力学第二定律可以写成

$$dS^{ir} = dS = \frac{Dd\xi}{T} \tag{2.58}$$

即熵的产生量可以简单地由系统的熵变化或驱动力变化，以及从初始非平衡态到最终平衡态演化过程的程度来确定。在无穷小变化的过程中，$Dd\xi$ 的可利用能量被转化成 TdS^{ir} 的热能。

孤立系统的过程驱动力为

$$D = T\left(\frac{\partial S}{\partial \xi}\right)_{U,V,N} = T\left(\frac{\partial S^{ir}}{\partial \xi}\right)_{U,V,N} \begin{cases} = 0, & \text{初始态是平衡态} \\ > 0, & \text{初始态是非平衡态} \end{cases} \tag{2.59}$$

2.5.3 封闭系统的恒熵过程

封闭系统恒熵过程中产生的熵大小取决于体积交换过程中系统内部和外部压强之间的压强差。如果压强差为零或无穷小，则该过程是可逆的，产生的熵为零。因此，在可逆恒熵过程中，系统内能变化为

$$\mathrm{d}U = -p\mathrm{d}V \tag{2.60}$$

我们假设外部压强是 p^{ex}，在封闭系统不可逆恒熵过程中的内能变化为

$$\mathrm{d}U = -p^{\mathrm{ex}}\mathrm{d}V - T\mathrm{d}S^{\mathrm{ir}} \tag{2.61}$$

式中，$p^{\mathrm{ex}}\mathrm{d}V$ 表示系统对压强为 p^{ex} 的环境做的功，$T\mathrm{d}S^{\mathrm{ir}}$ 是由于系统不可逆膨胀产生的热能。比较式 (2.60) 与式 (2.61) 可以得出

$$\mathrm{d}S^{\mathrm{ir}} = \frac{(p - p^{\mathrm{ex}})\,\mathrm{d}V}{T} \tag{2.62}$$

在一个有限过程中产生的熵可表示为

$$\Delta S^{\mathrm{ir}} = \int \mathrm{d}S^{\mathrm{ir}} = \int \frac{p - p^{\mathrm{ex}}}{T}\mathrm{d}V \begin{cases} = 0, & p = p^{\mathrm{ex}} \\ > 0, & p \neq p^{\mathrm{ex}} \end{cases} \tag{2.63}$$

式中，$(p - p^{\mathrm{ex}})\,\mathrm{d}V$ 是系统体积变化过程中部分可利用的内能转化为热能。

2.5.4 封闭系统的恒熵、恒容过程

对于封闭系统的恒熵、恒容过程 (有 $\mathrm{d}S = 0$、$\mathrm{d}V = 0$ 和 $\mathrm{d}N = 0$)，热力学第二定律变为

$$\mathrm{d}S^{\mathrm{ir}} = -\frac{\mathrm{d}U}{T} = \frac{D\mathrm{d}\xi}{T} \tag{2.64}$$

式 (2.64) 表明，封闭系统恒熵、恒容过程中产生的熵 $\mathrm{d}S^{\mathrm{ir}}$ 等于消耗的可利用内能 $D\mathrm{d}\xi$ 或 $-\mathrm{d}U$ 与温度 T 的比值。为了保持熵恒定，系统内部不可逆过程产生的熵必须转移到环境中。

封闭系统恒熵、恒容过程的驱动力为

$$D = -\left(\frac{\partial U}{\partial \xi}\right)_{S,V,N} = T\left(\frac{\partial S^{\mathrm{ir}}}{\partial \xi}\right)_{S,V,N} \tag{2.65}$$

2.5.5 封闭系统的恒温、恒容过程

封闭系统恒温、恒容过程产生的熵为

$$\mathrm{d}S^{\mathrm{ir}} = \mathrm{d}S - \frac{\mathrm{d}Q}{T} = \mathrm{d}S - \frac{\mathrm{d}U}{T} = -\frac{\mathrm{d}U - T\mathrm{d}S}{T} = -\frac{\mathrm{d}(U - TS)}{T} = -\frac{\mathrm{d}F}{T} \quad (2.66)$$

或

$$\Delta S^{\mathrm{ir}} = \frac{D\Delta\xi}{T} = -\frac{\Delta F}{T} \quad (2.67)$$

式中,

$$F = U - TS \quad (2.68)$$

是亥姆霍兹自由能。式 (2.67) 表明,在封闭系统恒温、恒容过程中产生的熵 ΔS^{ir} 等于耗散的亥姆霍兹自由能 $-\Delta F$ 或热力学驱动力 $D\Delta\xi$ 与温度 T 的比值。

封闭系统恒温、恒容过程的驱动力为

$$D = -\left(\frac{\partial F}{\partial \xi}\right)_{T,V,N} = T\left(\frac{\partial S^{\mathrm{ir}}}{\partial \xi}\right)_{T,V,N} \quad (2.69)$$

2.5.6 封闭系统的恒熵、恒压过程

封闭系统恒熵、恒压过程的热力学第二定律为

$$\mathrm{d}S^{\mathrm{ir}} = -\frac{\mathrm{d}Q}{T} = -\frac{\mathrm{d}H}{T} = \frac{D\mathrm{d}\xi}{T} \quad (2.70)$$

式 (2.70) 表明,封闭系统恒熵、恒压过程中产生的熵等于系统耗散的焓 $-\mathrm{d}H$ 或热力学驱动力 $D\mathrm{d}\xi$ 与温度 T 的比值。

封闭系统恒熵、恒压过程的驱动力为

$$D = -\left(\frac{\partial H}{\partial \xi}\right)_{S,p,N} = T\left(\frac{\partial S^{\mathrm{ir}}}{\partial \xi}\right)_{S,p,N} \quad (2.71)$$

2.5.7 封闭系统的恒温、恒压过程

如果封闭系统的压强和温度都保持恒定,热力学第二定律可以写成

$$\mathrm{d}S^{\mathrm{ir}} = \mathrm{d}S - \frac{\mathrm{d}Q}{T} = \mathrm{d}S - \frac{\mathrm{d}H}{T} = -\frac{\mathrm{d}(H - TS)}{T} = -\frac{\mathrm{d}G}{T} = \frac{D\mathrm{d}\xi}{T} \quad (2.72)$$

或

$$\Delta S^{\mathrm{ir}} = -\frac{\Delta G}{T} \quad (2.73)$$

式中，

$$G = H - TS \tag{2.74}$$

是系统的吉布斯自由能。式 (2.73) 表示封闭系统恒温恒压过程中产生的熵等于所耗散的吉布斯自由能 $-\Delta G$ 或热力学驱动力与温度 T 的比值。

封闭系统恒温、恒压过程的驱动力为

$$D = -\left(\frac{\partial G}{\partial \xi}\right)_{T,p,N} = T\left(\frac{\partial S^{\mathrm{ir}}}{\partial \xi}\right)_{T,p,N} \tag{2.75}$$

2.5.8 开放系统

现在讨论热力学第二定律在开放系统中的应用。例如，对于一个恒温、恒容和恒定化学势的开放系统，热力学第一定律由下式给出

$$\mathrm{d}U = T\mathrm{d}S^{\mathrm{e}} + \mu\mathrm{d}N^{\mathrm{e}} = T\mathrm{d}S^{\mathrm{e}} + \mu\mathrm{d}N \tag{2.76}$$

热力学第二定律为

$$\mathrm{d}S^{\mathrm{ir}} = \mathrm{d}S - \mathrm{d}S^{\mathrm{e}} \tag{2.77}$$

将式 (2.76) 代入式 (2.77)，可得

$$\mathrm{d}S^{\mathrm{ir}} = \mathrm{d}S - \frac{\mathrm{d}U - \mu\mathrm{d}N}{T} \tag{2.78}$$

如果体系的温度和化学势是恒定的，则有

$$\mathrm{d}S^{\mathrm{ir}} = -\frac{\mathrm{d}\left(U - TS - \mu N\right)}{T} = -\frac{\mathrm{d}\Xi}{T} \tag{2.79}$$

或

$$\Delta S^{\mathrm{ir}} = \frac{D\mathrm{d}\xi}{T} = -\frac{\Delta\Xi}{T} \tag{2.80}$$

式中，

$$\Xi = U - TS - \mu N \tag{2.81}$$

是系统的巨势能。式 (2.80) 表明，开放系统在恒温、恒容和恒定化学势的过程中产生的熵等于耗散的巨势能 $-\Delta\Xi$ 或热力学驱动力与温度 T 的比值。

恒温、恒容和恒定化学势的过程驱动力为

$$D = -\left(\frac{\partial \Xi}{\partial \xi}\right)_{T,V,\mu} = T\left(\frac{\partial S^{\mathrm{ir}}}{\partial \xi}\right)_{T,V,\mu} \tag{2.82}$$

2.6 热力学第一定律和第二定律小结

表 2.1 和表 2.2 总结了封闭系统的热力学第一定律和第二定律。在表格中，没有下标的变量表示系统的状态变量，例如 U、S、V、T、p、H、F 和 G 分别是系统的内能、熵、体积、温度、压强、焓、亥姆霍兹自由能和吉布斯自由能。dS^{ir} 或 ΔS^{ir} 表示系统中产生的熵，dQ 表示无穷小的热量，dS^e 表示在系统与环境的交换过程中进入系统的熵。

表 2.1 恒容过程的热力学第一定律和第二定律

定律	恒定体积 V $dV = 0$	恒定体积 V 和熵 S $dV = 0, dS = 0$	恒定体积 V 和温度 T $dV = 0, dT = 0$
第一定律	$dU = dQ$	$dU = dQ$	$dU = dQ$
第二定律	$dS^{ir} = -\dfrac{dU - TdS}{T}$	$dS^{ir} = -\dfrac{dU}{T}$	$dS^{ir} = -\dfrac{dF}{T}, \Delta S^{ir} = -\dfrac{\Delta F}{T}$

表 2.2 恒压过程的热力学第一定律和第二定律

定律	恒定压强 p $dp = 0$	恒定压强 p 和熵 S $dp = 0, dS = 0$	恒定压强 p 和温度 T $dp = 0, dT = 0$
第一定律	$dH = dQ$	$dH = dQ$	$dH = dQ$
第二定律	$dS^{ir} = -\dfrac{dH - TdS}{T}$	$dS^{ir} = -\dfrac{dH}{T}$	$dS^{ir} = -\dfrac{dG}{T}, \Delta S^{ir} = -\dfrac{\Delta G}{T}$

可逆过程不产生熵。表 2.3 ~ 表 2.5 总结了简单封闭系统可逆过程的热力学第一定律和第二定律。

表 2.3 可逆、绝热过程的热力学第一定律和第二定律

定律	绝热过程 $dS^e = 0$	孤立系统 $dS^e = 0, dV = 0$	绝热恒压过程 $dS^e = 0, dp = 0$
第一定律	$dU = -pdV$	$dU = 0$	$dH = 0$
第二定律	$dS^{ir} = dS = 0$	$dS^{ir} = dS = 0$	$dS^{ir} = dS = 0$

表 2.4 可逆、恒容过程的热力学第一定律和第二定律

定律	恒定体积 V $dV = 0$	恒定体积 V 和熵 S $dV = 0, dS = 0$	恒定体积 V 和温度 T $dV = 0, dT = 0$
第一定律	$dU = dQ = TdS$	$dU = 0$	$dF = 0$
第二定律	$dS^{ir} = 0$	$dS^{ir} = 0$	$dS^{ir} = 0$

表 2.5 可逆、恒压过程的热力学第一定律和第二定律

定律	恒定压强 p $dp = 0$	恒定压强 p 和熵 S $dp = 0, dS = 0$	恒定压强 p 和温度 T $dp = 0, dT = 0$
第一定律	$dH = dQ = TdS$	$dH = 0$	$dG = 0$
第二定律	$dS^{ir} = 0$	$dS^{ir} = 0$	$dS^{ir} = 0$

根据表 2.1 ~ 表 2.5，可将封闭系统热力学第一定律和第二定律总结如下：

简单封闭系统的热力学第一定律：

$$dQ = TdS^{e} = \begin{cases} 0, & \text{所有绝热过程} \\ dU, & \text{恒容过程} \\ dH, & \text{恒压过程} \end{cases}$$

$$dQ = TdS = \begin{cases} 0, & \text{所有可逆绝热过程} \\ dU, & \text{可逆恒容过程} \\ dH, & \text{可逆恒压过程} \end{cases}$$

简单封闭系统的热力学第二定律：

$$dS^{ir} = \begin{cases} 0, & \text{所有可逆过程} \\ dS, & \text{所有绝热过程} \\ -dU/T, & \text{恒熵恒容过程} \\ -dH/T, & \text{恒熵恒压过程} \\ -dF/T, & \text{恒温恒容过程} \\ -dG/T, & \text{恒温恒压过程} \end{cases}$$

有限变化的热力学第一定律：

$$Q = \int TdS^{e} = \begin{cases} 0, & \text{所有绝热过程} \\ \Delta U, & \text{恒容过程} \\ \Delta H, & \text{恒压过程} \end{cases}$$

$$Q = \int TdS = \begin{cases} 0, & \text{所有可逆绝热过程} \\ \Delta U, & \text{可逆恒容过程} \\ \Delta H, & \text{可逆恒压过程} \end{cases}$$

有限变化的热力学第二定律：

$$\Delta S^{ir} = \begin{cases} 0, & \text{所有可逆过程} \\ \Delta S, & \text{所有绝热过程} \\ -\int (dU/T), & \text{恒熵恒容过程} \\ -\int (dH/T), & \text{恒熵恒压过程} \\ -\Delta F/T, & \text{恒温恒容过程} \\ -\Delta G/T, & \text{恒温恒压过程} \end{cases}$$

开放系统恒温、恒容和恒定化学势过程的热力学第二定律为

$$\Delta S^{\mathrm{ir}} = -\frac{\Delta \Xi}{T}$$

式中，Ξ 是系统的巨势能。

因此，等温过程的不可逆性可以简单地用产生的熵或热能变化的大小来定量描述。

最后，封闭系统给定过程的熵产生率定量表述为

$$\frac{\partial S^{\mathrm{ir}}}{\partial t} = \begin{cases} 0, & \text{所有可逆过程} \\ \partial S / \partial t, & \text{所有绝热过程} \\ -\left(\dfrac{1}{T}\right)\left(\dfrac{\partial U}{\partial t}\right), & \text{恒熵恒容过程} \\ -\left(\dfrac{1}{T}\right)\left(\dfrac{\partial H}{\partial t}\right), & \text{恒熵恒压过程} \\ -\left(\dfrac{1}{T}\right)\left(\dfrac{\partial F}{\partial t}\right), & \text{恒温恒容过程} \\ -\left(\dfrac{1}{T}\right)\left(\dfrac{\partial G}{\partial t}\right), & \text{恒温恒压过程} \end{cases}$$

其中，t 是时间。不同过程的动力学定律可以基于熵产生率或者势能耗散率来建立，即熵产生率 $\partial S^{\mathrm{ir}} / \partial t = (D/T)\,\mathrm{d}\xi / \mathrm{d}t$、势能耗散率 $-(\partial U / \partial t) = D\mathrm{d}\xi / \mathrm{d}t$、$-(\partial H / \partial t) = D\mathrm{d}\xi / \mathrm{d}t$、$-(\partial F / \partial t) = D\mathrm{d}\xi / \mathrm{d}t$ 或 $-(\partial G / \partial t) = D\mathrm{d}\xi / \mathrm{d}t$。

2.7　示　　例

例 1　在平衡熔化温度和 1bar 压强下，1mol 固体熔化成 1mol 液体所吸收的热称为熔化热。当 1mol 该液体凝固或结晶成 1mol 固体时，将释放相同的热。我们约定，如果系统热能增加，则系统与环境的热交换为正；如果将热能从系统释放到环境，则热交换为负。在平衡熔化温度 273K 和压强 1bar 下，冰的融化热为 6007J/mol，水和冰的摩尔体积分别为 18.02cm^3/mol 和 19.66cm^3/mol。在 273K 和 1bar 的恒温恒压下，将 1mol 水凝固成 1mol 冰的过程中，

(a) 系统向环境释放的热是多少？

(b) 系统向环境释放的熵是多少？

(c) 环境的熵变化是多少？

(d) 系统的熵变化是多少？

(e) 系统内产生的熵是多少？

(f) 系统加上环境的总熵变化是多少？

(g) 这个过程是可逆还是不可逆？

(h) 在 273K 和 1bar 下，1mol 水和 1mol 冰的焓差 $h^{\text{water}} - h^{\text{ice}}$ 是多少？

(i) 在 273K 和 1bar 下，1mol 水和 1mol 冰的内能差 $u^{\text{water}} - u^{\text{ice}}$ 是多少？

(j) 在 273K 和 1bar 下，1mol 水和 1mol 冰的熵差 $S^{\text{water}} - S^{\text{ice}}$ 是多少？

假设 1mol 冰在温度 298K 和压强 1bar 下融化成 1mol 水，环境温度也是 298K 和 1bar。为简单起见，假设水和冰在 298K 和 1bar 下的焓差和熵差与在 273K 和 1bar 时的焓差和熵差相同。

(k) 系统从环境中吸收的热是多少？

(l) 系统的熵变化是多少？

(m) 环境的熵变化是多少？

(n) 系统和环境的熵交换是多少？

(o) 系统加上环境的总熵变化是多少？

(p) 系统内部产生的熵是多少？

(q) 转化为热能的可利用能有多少？

解 (a) 系统向环境释放的热

$$Q = -T_{\text{m}} \Delta S^{\text{e}} = -6007\text{J}$$

式中，T_{m} 是熔点 273K，ΔS^{e} 是系统和环境交换的熵。因为 Q 是负值，表明 1mol 水在 273K 凝固成冰的过程中，系统向环境释放了 6007J 的热量。6007J 代表储存在液态水中的热能，当液态水在融化温度下凝固成冰时，这些热能被传递给环境。

(b) 系统与环境交换的熵

$$\Delta S^{\text{e}} = \frac{Q}{T_{\text{m}}} = \frac{-6007\text{J}}{273\text{K}} = -22.00\text{J/K}$$

熵为负值表示有 22.00J/K 的熵从系统释放到环境中。

(c) 环境的熵变化

$$\Delta S_{\text{sur}} = -\Delta S^{\text{e}} = 22.00\text{J/K}$$

(d) 1mol 水在 273K 和 1bar 下凝固成 1mol 冰，系统的熵变化

$$\Delta S = \Delta S^{\text{e}} = -22.00\text{J/K}$$

(e) 系统内部产生的熵

$$\Delta S^{\text{ir}} = S - S^{\text{e}} = 0$$

(f) 系统加上环境的总熵变化

$$\Delta S_{tot} = \Delta S + \Delta S_{sur} = \Delta S^{ir} = 0$$

(g) $\Delta S_{tot} = \Delta S^{ir} = 0$，因此该过程是可逆的。

(h) 根据热力学第一定律，恒压凝固过程的焓变等于凝固过程中释放的热

$$\Delta h = h^{ice} - h^{water} = Q = -6007J$$

因此，在 273K 和 1bar 下，1mol 水和 1mol 冰的焓差 $h^{water} - h^{ice}$ 是

$$h^{water} - h^{ice} = 6007J$$

(i) 在 273K 和 1bar 下，1mol 水和 1mol 冰的内能差为 $u^{water} - u^{ice}$，根据焓的定义，

$$h^{water} - h^{ice} = \left(u^{water} + pv^{water}\right) - \left(u^{ice} + pv^{ice}\right) = 6007J$$

$$u^{water} - u^{ice} = 6007J + p\left(v^{ice} - v^{water}\right)$$

$$u^{water} - u^{ice} = 6007J + 1bar \times (19.66 - 18.02)\,cm^3$$

$$u^{water} - u^{ice} = 6007J + 1.0bar \times 10^5 Pa \times (19.66 - 18.02) \times 10^{-6} m^3 \approx 6007J$$

由于初始液态和最终固态的摩尔体积差很小，且压强较低，Pv 项对内能差的贡献很小。因此，1mol 水和 1mol 冰在 273K 和 1bar 下的内能差与焓差近似相同，

$$u^{water} - u^{ice} \approx h^{water} - h^{ice} = 6007J$$

(j) 在 273K 和 1bar 下，1mol 水和 1mol 冰的熵差 $S^{water} - S^{ice}$ 是

$$S^{water} - S^{ice} = 22.00J/K$$

(k) 假设 1mol 冰在恒温 298K 下和恒压 1bar 下融化成为 1mol 水，环境温度与压强也是 298K 和 1bar，则系统从环境吸收的热是

$$Q = 6007J$$

(l) 假设水和冰在 298K 和 1bar 下与在 273K 和 1bar 下的焓差和熵差相等，那么在 298K 和 1bar 下熔化时的熵变与平衡状态熔化时的熵变相等，

$$\Delta S = 22.00J/K$$

(m) 在恒温 298K 和恒压 1bar 下，1mol 冰融化成 1mol 水，那么环境在 298K 的熵变化是

$$\Delta S_{\text{sur}} = \frac{-Q}{T} = \frac{-6007\text{J}}{298\text{K}} = -20.16\text{J/K}$$

(n) 在恒温恒压 (298K 和 1bar) 下，1mol 冰融化成 1mol 水，系统和环境交换的熵为

$$\Delta S^{\text{e}} = 20.16\text{J/K}$$

(o) 在恒温恒压 (298K 和 1bar) 下，1mol 冰融化成 1mol 水，系统加上环境的总熵变化是

$$\Delta S_{\text{tot}} = \Delta S + \Delta S_{\text{sur}} = 22.00 - 20.16 = 1.84\text{J/K}$$

(p) 在恒温恒压 (298K 和 1bar) 下，1mol 冰融化成 1mol 水，环境温度也是 298K，系统内部产生的熵是

$$\Delta S^{\text{ir}} = 1.84\text{J/K}$$

(q) 在恒温恒压 (298K 和 1bar) 下，1mol 冰融化成 1mol 水，环境温度也是 298K，系统的吉布斯自由能变化是

$$\Delta G = -T\Delta S^{\text{ir}} = -298\text{K} \times 1.84\text{J/K} = -548.32\text{J}$$

因此，在恒温恒压下转换为热能的化学能为 548.32J。

例 2 在室温 298K 和压强 1bar 下，将 1mol 单原子理想气体经过可逆等温压缩到其原始体积的一半。计算：

(a) 环境对系统所做的功，即环境传递给系统多少机械能？

(b) 要保持整个过程的温度恒等于初始温度，需要从系统向环境转移多少熵？

(c) 在此过程中系统的内能增加多少？

解 (a) 1mol 单原子理想气体经历可逆等温压缩，体积从 V_1 到 V_2，环境对系统做的功为

$$W = -\int_{V_1}^{V_2} p\mathrm{d}V = -\int_{V_1}^{V_2} \left(\frac{RT}{V}\right)\mathrm{d}V = -RT\ln\frac{V_2}{V_1} = 298R\ln 2 \approx 1717\text{J}$$

(b) 理想气体的原子或分子没有体积，也不存在相互作用，理想气体的内能只是温度的函数。由于系统温度保持不变，内能的变化为零。从系统向环境传递的热能 (热) 等于从环境向系统传递的机械能，即 1717J 的机械能全部转化为热能。这个过程是可逆的，所以没有熵的产生，环境的熵变化等于系统与环境交换的熵，

$$\Delta S^{\text{e}} = \frac{Q}{298} = \frac{-W}{298} = -R\ln 2 = -5.763\text{J/K}$$

ΔS^e 的符号为负, 表明 5.763J/K 是从系统转移到环境的熵。

(c) 等温过程中理想气体内能的增加为

$$\Delta U = T\Delta S^e + W = 298\Delta S^e + W = 0$$

2.8　习　　题

1. 判断下列热力学量是否是状态函数: T (温度)、V (体积)、U (内能)、p (压强)、N (摩尔数)、S (熵)、μ (化学势)、q (电荷) 和 ϕ (电势)。

2. 写出封闭系统恒容过程的热力学第一定律。

3. 写出封闭系统恒压过程的热力学第一定律。

4. 写出封闭系统可逆绝热过程的热力学第一定律。

5. 写出孤立系统的热力学第一定律。

6. 在某个温度 T 下, 1mol 理想气体的内能和焓的差是多少?

7. 一个封闭系统经历可逆等温膨胀过程, 系统体积从 V_1 到 V_2 ($V_2 > V_1$), 该系统及环境的总能量变化是 (　　)

(A)> 0　　　　　(B) < 0　　　　　(C)= 0　　　　　(D) 不能确定

8. 一个封闭系统经历不可逆等温膨胀过程, 系统体积从 V_1 到 V_2 ($V_2 > V_1$), 该系统及环境的总能量变化是 (　　)

(A)> 0　　　　　(B) < 0　　　　　(C)= 0　　　　　(D) 不能确定

9. 一个封闭系统经历可逆绝热膨胀过程, 系统体积从由 V_1 到 V_2 ($V_2 > V_1$), 系统内能变化是 (　　)

(A)> 0　　　　　(B) < 0　　　　　(C)= 0　　　　　(D) 不能确定

10. 一个封闭系统经历可逆绝热膨胀过程, 系统体积从 V_1 到 V_2 ($V_2 > V_1$), 系统做的功是 (　　)

(A)> 0　　　　　(B) < 0　　　　　(C)= 0　　　　　(D) 不能确定

11. 一个封闭系统经历可逆绝热膨胀过程, 系统体积从 V_1 到 V_2 ($V_2 > V_1$), 系统吸收的热量是 (　　)

(A)> 0　　　　　(B) < 0　　　　　(C)= 0　　　　　(D) 不能确定

12. 一个封闭系统在真空中进行不可逆绝热膨胀过程, 系统体积从由 V_1 到 V_2 ($V_2 > V_1$), 系统的内能变化是 (　　)

(A)> 0　　　　　(B) < 0　　　　　(C)= 0　　　　　(D) 不能确定

13. 1mol 理想气体在一个可压缩容器中, 初始状态为温度 298K 和压强 100kPa, 等温可逆压缩到 500kPa, 计算该过程中: 从环境传递到气体多少机械能? 从气体传递到环境多少热能? 以及气体的内能变化 ΔU 是多少? (注意: 理想气体的内能 U 只是温度的函数。)

14. 对直径为 2mm、长度为 1m 及初始温度为 300K 的铜线持续施加 100V 的恒定电压 1000s。在施加电压期间，焦耳热 (电能转换为热能) 使得导线温度升高。在去除电压之后，等待足够长时间使得导线冷却回到 300K 室温。已知铜的电导率为 $6 \times 10^7 \text{S/m}$(西门子/米)，假设环境温度为 300K，请回答以下问题：

(a) 整个过程结束后，导线从初始状态到最终状态的内能变化是多少？

(b) 整个过程中，环境的内能变化是多少？

(c) 整个过程中，导线传递到环境的热能是多少？

(d) 整个过程中，导线和环境的总内能变化是多少？

(e) 整个过程中，导线的熵变化是多少？

(f) 整个过程中，环境的熵变化是多少？

(g) 整个过程中，导线中产生并传递到环境的总熵是多少？

(h) 整个过程中，导线和环境的总熵变化是多少？

(i) 整个过程是可逆的还是不可逆的？

15. 写出封闭系统可逆绝热过程的热力学第二定律。

16. 写出封闭系统可逆恒容过程的热力学第二定律。

17. 写出封闭系统可逆恒压过程的热力学第二定律。

18. 写出封闭系统不可逆恒温恒容过程的热力学第二定律。

19. 写出封闭系统不可逆恒温恒压过程的热力学第二定律。

20. 系统发生可逆绝热膨胀过程，体积从 V_1 到 V_2 $(V_2 > V_1)$，系统的熵变化是 (　　)

(A)> 0　　　　　　(B) < 0　　　　　　(C)$= 0$　　　　　　(D) 不能确定

21. 系统发生可逆等温膨胀过程，体积从 V_1 到 V_2 $(V_2 > V_1)$，系统及环境的总熵变化是 (　　)

(A)> 0　　　　　　(B) < 0　　　　　　(C)$= 0$　　　　　　(D) 不能确定

22. 　系统发生不可逆等温收缩 (体积减小) 过程，系统与环境的总熵变化是 (　　)

(A)> 0　　　　　　(B) < 0　　　　　　(C)$= 0$　　　　　　(D) 不能确定

23. 铝在 1bar 压强下的平衡熔化温度为 $T_m = 923\text{K}$，固态 Al 和液态 Al 在熔点温度 T_m 时处于平衡状态，因此 Al 在 T_m 时的凝固是一个可逆过程，低于 T_m 凝固是自发的、自然的不可逆过程。1mol Al 在 T_m 下凝固时，系统释放的热能或热量称为凝固热，为 -10700J/mol，相应的熵变化称为凝固熵。假设凝固热和凝固熵都与温度无关，我们可以把 1mol Al 由于凝固产生的熵 ΔS 分为两个贡献：ΔS^e (系统与环境交换的熵) 和 ΔS^{ir} (系统内部由于凝固而产生的熵)。请回答以下问题：

(a) 当 1mol Al 在 T_m 凝固时，系统的 ΔS、ΔS^e 和 ΔS^{ir} 分别是多少？

(b) 当 1mol Al 在 800K 凝固时，系统的 ΔS、ΔS^e 和 ΔS^{ir} 分别是多少？

(c) 当 1mol Al 在 T_m 凝固时，环境的 ΔS 和 ΔS^{ir} 分别是多少？

(d) 当 1mol Al 在 800K 凝固时，环境的 ΔS 和 ΔS^{ir} 分别是多少？

(e) 当 1mol Al 在 T_m 凝固时，系统和环境的总熵变化 ΔS_{tot} 是多少？

(f) 当 1mol Al 在 T_m 凝固时，系统的焓变化 ΔH 是多少？

(g) 当 1mol Al 在 800K 凝固时，系统的焓变化 ΔH 是多少？

(h) 当 1mol Al 在 T_m 凝固时，系统的吉布斯自由能变化 ΔG 是多少？

(i) 当 1mol Al 在 800K 凝固时，系统的吉布斯自由能变化 ΔG 是多少？

(j) 当 1mol 液态 Al 在 T_m 凝固成固态 Al 时，消耗的可利用能量是多少？

(k) 当 1mol 液态 Al 在 800K 凝固成固态 Al 时，消耗的可利用能量是多少？

参 考 文 献

[1] Dilip Kondepudi and Ilya Prigogine, Modern Thermodynamics – from Heat Engines to Dissipative Structures, John Wiley and Sons 1998.

[2] Mats Hillert, Phase Equilibria, Phase Diagrams and Phase Transformations – Their Thermodynamic Basis, Second Edition, Cambridge University Press 2008.

[3] L. Q. Chen, Phase-Field Models For Microstructure Evolution. Annual Review of Materials Research, 2002. 32: P. 113-140.

第 3 章　热力学基本方程

3.1　热力学基本方程的微分形式

吉布斯对经典热力学最重要的贡献之一是结合热力学第一定律和热力学第二定律，建立了热力学基本方程。热力学基本方程描述了均相系统平衡状态基本热力学变量之间的关系。

根据热力学第一定律 (式 (2.4))，由一个简单系统与环境之间的热能、机械能和化学能交换而引起的系统内能变化 dU 为

$$dU = TdS^{e} - pdV^{e} + \mu dN^{e} \tag{3.1}$$

式中，dS^{e}、dV^{e} 和 dN^{e} 分别是系统在均匀的温度 T、压强 p 和化学势 μ 的条件下，由环境和系统交换进入系统的无穷小的熵、体积和化学物质。相应地，TdS^{e}、$-pdV^{e}$ 和 μdN^{e} 分别为从环境转移进入系统的无限小的热能、机械能和化学能。

根据热力学第二定律 (式 (2.47))，用系统的性质变化替换式 (3.1) 中系统和环境的交换量，我们可以得到

$$dS^{e} = dS - dS^{ir}, \quad dV^{e} = dV, \quad dN^{e} = dN \tag{3.2}$$

那么

$$dU = T\left(dS - dS^{ir}\right) - pdV + \mu dN \tag{3.3}$$

式中，dS、dV 和 dN 是系统在某一过程的熵、体积和摩尔数的变化，dS^{ir} 是交换过程中由于系统内部一个或一系列不可逆过程产生的熵。

可以将式 (3.3) 改写为

$$dU = TdS - pdV + \mu dN - TdS^{ir} \tag{3.4}$$

或者

$$dU = TdS - pdV + \mu dN - Dd\xi \tag{3.5}$$

其中

$$D = -\left(\frac{\partial U}{\partial \xi}\right)_{S,V,N} \tag{3.6}$$

是系统内部不可逆过程的驱动力，ξ 可以认为是描述一个过程的进展程度或初态和终态之间差异的序参量。

如果我们只考虑热力学条件 (如温度、压强和物质的量等) 变化时系统的平衡态或准静态，也就是说我们考虑系统永远不偏离平衡态。准静态过程意味着系统的温度、压强和化学势等于环境的温度、压强和化学势。或者说，这个系统与环境之间的这些强度势的差极小，从而在整个过程中，系统内部得以一直保持平衡状态。因为当热力学条件改变时，系统内部没有熵产生，所以系统的熵变化与系统及环境之间的熵交换量是相同的。

$$TdS^{ir} = Dd\xi = 0 \tag{3.7}$$

在没有内部熵产生的情况下，热力学第一定律 (式 (3.1)) 的能量守恒可写为

$$dU = TdS - pdV + \mu dN \tag{3.8}$$

式中，S、V 和 N 分别是系统的熵、体积和化学物质的量。式 (3.8) 中的所有量都属于系统，代表了系统的性质。

式 (3.8) 是热力学基本方程的微分形式。它把简单均相系统的七个基本变量 U、S、V、N、T、p 和 μ 联系了起来。在一些教材中，式 (3.8) 也被称为热力学第一定律和热力学第二定律的联合公式。应该注意，只有当系统内部没有发生不可逆过程时，式 (3.8) 才有效。

3.2　热力学基本方程的积分形式

如果系统的熵变化 dS、体积变化 dV 和物质的量的变化 dN 是在给定的系统温度 T、压强 p 和化学势 μ 下进行的，通过对热力学基本方程的微分形式 (式 (3.8)) 进行积分，可得到热力学基本方程的积分表达式

$$U = TS - pV + \mu N \tag{3.9}$$

根据式 (3.9)，一个均相系统的总内能 U 可以在概念上分解为不同形式能量贡献的总和：热能 (TS)、机械能 ($-pV$) 和化学能 (μN)。

有几种方法可以解释式 (3.9) 中不同能量的贡献。例如，建立一个具有内能 U、熵 S、体积 V 和化学物质的量为 N，以及相应的温度为 T、压强为 p 和化学势为 μ 的系统，可以将 S 视为必须加到系统中的熵，将 TS 视为保持系统温度为 T 所需要的热能。类似地，pV 是在外部压强 p (与内部压强相同) 的作用下可逆地产生体积 V 所需要消耗的能量。机械能贡献的另一种解释是，体积 V 是维

持系统恒定压强 p 所需的空间体积。最后，μN 是保持系统化学势为 μ 所需要的化学能。

应该注意的是，在体积 V 和物质的量 N 恒定的情况下，增加熵 S 会导致温度 T 升高；而在体积 V 和熵 S 恒定的情况下，增加系统中的物质的量 N，会导致化学势 μ 升高。然而，在熵 S 和化学物质的量 N 恒定的情况下，系统体积 V 膨胀，会使压强 p 降低，从而导致在热力学基本方程的积分形式中，pV 项的符号为负，而 TS 项和 μN 项符号为正。

3.3 状态方程

从式 (3.8) 的微分形式可以推论出 S、V 和 N 是 U 的自然变量，即系统内能 U 是熵 S、体积 V 和化学物质的量 N 的函数

$$\mathrm{d}U\left(S,V,N\right)=T\left(S,V,N\right)\mathrm{d}S-p\left(S,V,N\right)\mathrm{d}V+\mu\left(S,V,N\right)\mathrm{d}N \tag{3.10}$$

将内能 U 作为 S、V 和 N 的函数，则热力学基本方程的积分形式为

$$U\left(S,V,N\right)=T\left(S,V,N\right)S-p\left(S,V,N\right)V+\mu\left(S,V,N\right)N \tag{3.11}$$

包括状态方程在内的所有热力学性质都可以从热力学基本方程 (式 (3.11) 和 (3.10)) 推导得到。

写出热力学基本方程 (3.11) 的全微分形式

$$\mathrm{d}U\left(S,V,N\right)=\left(\frac{\partial U}{\partial S}\right)_{V,N}\mathrm{d}S+\left(\frac{\partial U}{\partial V}\right)_{S,N}\mathrm{d}V+\left(\frac{\partial U}{\partial N}\right)_{S,V}\mathrm{d}N \tag{3.12}$$

比较式 (3.10) 和式 (3.12) 的同类项系数可得

$$\left(\frac{\partial U}{\partial S}\right)_{V,N}=T\left(S,V,N\right) \tag{3.13}$$

$$\left(\frac{\partial U}{\partial V}\right)_{S,N}=-p\left(S,V,N\right) \tag{3.14}$$

$$\left(\frac{\partial U}{\partial N}\right)_{S,V}=\mu\left(S,V,N\right) \tag{3.15}$$

这三个式子代表了温度 T (热势)、压强 p (机械势) 和化学势 μ 在热力学中的正式定义。根据式 (3.13) ~ 式 (3.15)，T 是在恒定体积和恒定摩尔数下内能相对于

熵的变化率，$-p$ 是在恒定熵和恒定摩尔数下内能相对于体积的变化率，μ 是在恒定熵和恒定体积下内能相对于摩尔数的变化率。

式 (3.13) ~ 式 (3.15) 是给定材料的三个状态方程。每个方程描述了系统处于平衡状态的一组热力学性质之间的关系。然而，与热力学基本方程相比，每个状态方程包含的热力学信息不像基本方程那样全面。这一点可以单纯从数学层面来理解，譬如，虽然可以从热力学基本方程直接得到状态方程，但由于积分常数不确定，不可能从一个状态方程完全得到热力学基本方程。

3.4　独立变量

式 (3.11) 和式 (3.13) ~ 式 (3.15) 给出的"四个关系"将简单系统七个变量 U、S、V、N、T、p 和 μ 联系起来，所以一个组元的简单系统只有三个独立变量。如果固定七个热力学变量中的三个，剩下的四个变量可以从"四个关系"中得到。进一步考虑一个封闭系统，即如果 N 也是固定，那么独立变量数目就减少到两个。因此，对于一个组元封闭系统，最多可选择两个独立变量。而选择哪两个变量来表示基本方程取决于热力学条件。例如，如果选择 S 和 V 作为独立变量，那么 $U(S,V)$ 是含有恒定物质的量 N 的单组分系统基本方程；也可以选择 T 和 p 作为自变量，将 U 表示为 T 和 p 的函数 $U(T,p)$。但 $U(T,p)$ 并不是一个基本方程，因为 T 和 p 不是 U 的自然变量。

3.5　热力学基本方程的其他形式

我们可以通过移项把式 (3.9) 改写成不同形式，例如，把 pV 项从等号右边移到左边，

$$H = U + pV = TS + \mu N \tag{3.16}$$

是系统的焓。根据式 (3.16)，焓 H 既可以写成 $U + pV$，也可以写成 $TS + \mu N$。

如果把 TS 项从式 (3.9) 的右边移到左边，有

$$F = U - TS = -pV + \mu N \tag{3.17}$$

是系统的亥姆霍兹自由能。根据式 (3.17)，F 既可以写成 $U - TS$，也可以写成 $-pV + \mu N$。

如果同时把 TS 项和 μN 项从式 (3.9) 的右边移到左边，得到

$$\Xi = U - TS - \mu N = -pV \tag{3.18}$$

是巨势能。根据式 (3.18)，巨势能就是机械能 $-pV$。

如果同时把 pV 和 TS 项从式 (3.9) 的右边移到左边，则有

$$G = U - TS + pV = \mu N \tag{3.19}$$

是系统的吉布斯自由能或自由焓。从式 (3.19) 中很容易看出吉布斯自由能或者自由焓 G 本质上就是化学能 μN。

也可根据摩尔量改写方程 (3.19)

$$\mu = G/N = u - Ts + pv \tag{3.20}$$

u、s 和 v 分别是摩尔内能 (U/N)、摩尔熵 (S/N) 和摩尔体积 (V/N)。由于式 (3.16) $\sim$ 式 (3.20) 是由式 (3.9) 改写的，因此这六个方程都是同一个热力学基本方程的不同表达形式。

3.6 不同形式热力学基本方程的微分形式

我们可直接写出式 (3.16) $\sim$ 式 (3.19) 定义的 H、F、Ξ 和 G 的微分形式。例如，焓 H 函数的微分形式为

$$\mathrm{d}H = \mathrm{d}\,(U + pV) = \mathrm{d}U + p\mathrm{d}V + V\mathrm{d}p = T\mathrm{d}S - p\mathrm{d}V + \mu\mathrm{d}N + p\mathrm{d}V + V\mathrm{d}p$$

$$\mathrm{d}H = T\mathrm{d}S + V\mathrm{d}p + \mu\mathrm{d}N \tag{3.21}$$

亥姆霍兹自由能函数 F 的微分形式为

$$\mathrm{d}F = \mathrm{d}\,(U - TS) = \mathrm{d}U - S\mathrm{d}T - T\mathrm{d}S = T\mathrm{d}S - p\mathrm{d}V + \mu\mathrm{d}N - S\mathrm{d}T - T\mathrm{d}S$$

$$\mathrm{d}F = -S\mathrm{d}T - p\mathrm{d}V + \mu\mathrm{d}N \tag{3.22}$$

类似地，巨势能 Ξ 的微分形式为

$$\mathrm{d}\Xi = \mathrm{d}\,(U - TS - \mu N) = \mathrm{d}U - S\mathrm{d}T - T\mathrm{d}S - \mu\mathrm{d}N - N\mathrm{d}\mu$$

$$\mathrm{d}\Xi = -S\mathrm{d}T - p\mathrm{d}V - N\mathrm{d}\mu \tag{3.23}$$

最后，吉布斯自由能函数的微分形式为

$$\mathrm{d}G = \mathrm{d}\,(U - TS + pV) = \mathrm{d}U - S\mathrm{d}T - T\mathrm{d}S + p\mathrm{d}V + V\mathrm{d}p$$

$$\mathrm{d}G = -S\mathrm{d}T + V\mathrm{d}p + \mu\mathrm{d}N \tag{3.24}$$

3.7　对热力学基本方程的理解

根据式 (3.21) ~ 式 (3.24)，H、F、Ξ 和 G 的一般泛函形式为

$$H = H(S, p, N) \tag{3.25}$$

$$F = F(T, V, N) \tag{3.26}$$

$$\Xi = \Xi(T, V, \mu) \tag{3.27}$$

$$G = G(T, p, N) \tag{3.28}$$

因此，焓 H 的自然变量是 S、p 和 N，亥姆霍兹自由能 F 的自然变量是 T、V 和 N，巨势能 Ξ 的自然变量是 T、V 和 μ，吉布斯自由能 G 的自然变量是 T、p 和 N，如表 3.1 所示。

表 3.1　热力学基本方程的几种常见表达式及其微分形式

能量函数	积分形式	微分形式
内能 (U)	$U = TS - pV + \mu N$	$\mathrm{d}U = T\mathrm{d}S - p\mathrm{d}V + \mu\mathrm{d}N$
焓 (H)	$H = U + pV = TS + \mu N$	$\mathrm{d}H = T\mathrm{d}S + V\mathrm{d}p + \mu\mathrm{d}N$
亥姆霍兹自由能 (F)	$F = U - TS = -pV + \mu N$	$\mathrm{d}F = -S\mathrm{d}T - p\mathrm{d}V + \mu\mathrm{d}N$
巨势能 (Ξ)	$\Xi = U - TS - \mu N = -pV$	$\mathrm{d}\Xi = -S\mathrm{d}T - p\mathrm{d}V - N\mathrm{d}\mu$
吉布斯自由能 (G)	$G = U - TS + pV = \mu N$	$\mathrm{d}G = -S\mathrm{d}T + V\mathrm{d}p + \mu\mathrm{d}N$

我们还可以通过其他方法来理解热力学基本方程的不同形式。例如，处于恒定压强下的系统可以视为受到机械势场 $(-p)$ 作用的系统，那么对于焓 $H = U + pV$，可以理解为内能 (U) 和机械相互作用能 (pV) 的加和，pV 是环境以力场 $(-p)$ 施加给体积为 (V) 的系统所做的功，也是环境和系统之间的机械相互作用能。而相互作用能由 $-Xx$ 给出，其中 X 是内部广度参量，如体积 V；x 是外部的势，如机械势场 $-p$。对焓 H 的另一种理解是，把焓看成是在恒熵恒压下做有用功的有效能，也就是在恒定压强下做功的有效能是内能 (U，压强 p 下的总能量) 加上体积机械能 (pV) 之和。在恒定体积下，机械能 pV 不能用来做有用功，但在恒定压强下会有额外能量 pV 可用来做有用功，这应该加到内能上 $(H = U + pV)$。

理解亥姆霍兹自由能 F 也是类似。F 是在恒温恒容下可转化为功的最大可用能量。如果一个系统和它的环境之间的"墙壁"可以导热，并且如果这个系统跟一个热源相连接，那么这个系统被认为是处于恒定温度。然后，就可以认为这个恒温系统受到一个热势 (T) 的作用，系统的亥姆霍兹能或亥姆霍兹自由能可以理解为内能和系统的熵 (热物质) 与环境温度 (热势作用) 之间的热相互作用能 $(-TS)$ 之和，即 $U - TS = F$。总能量中的热能 "TS" 不能用于做功，所以有效能量是

$F = U - TS$，热能 TS 是用来维持系统的温度 T。或者也可以认为，如果系统温度固定在一个恒定值，那么热能 TS 就不能用来做任何有用的功，因此应该从内能中减去，从而获得能做功的能量。对于恒温恒容下的亥姆霍兹自由能 F 还可这么理解：系统为了达到平衡，总是希望内能最小化而熵最大化，在恒温恒容下能使内能最小化和熵最大化的组合就是亥姆霍兹自由能 $F = U - TS$。

系统的吉布斯自由能 $G = U - ST + pV$，代表在恒温恒压条件下能做有用功的有效可用的能量，是总能量 (U) 减去将系统保持恒温 T 所需要的热能 TS 加上系统在恒压 p 下的可用体积机械能 pV。其中，热能 "TS" 不是自由的，也不能用来做功，所以吉布斯自由能 $G = H - ST$ 有时也被称为在恒温恒压下做有用功的自由焓或可用焓。将系统保持在一定温度 T 所需要的热能总量为 TS(熵 S 的总物质量)。恒温恒压下的吉布斯自由能 G 还可以这么理解：系统为了达到平衡，总是希望降低焓而提高熵，而在恒温恒压下，能使焓最小化而熵最大化的组合就是吉布斯自由能 $G = H - TS$。

最后要注意的是，吉布斯自由能 G 本质上是系统的化学能 μN。因此，基于化学能的热力学有时也被称为化学热力学。类似地，巨势能 Ξ 其实就是机械能项 $-pV$，如果把系统体积减小到零，Ξ 的值可以理解为系统有效可用的能量。因为 Ξ 是负值，即 $-pV$，这意味着它实际上需要对系统做功才能使系统体积变为零。

对于给定的热力学问题，使用哪种形式的热力学基本方程完全取决于具体的热力学条件。例如，内能 (U) 是恒熵、恒容条件下最有用的热力学势能函数，亥姆霍兹自由能 (F) 是恒温、恒容条件下最有用的热力学势能函数，焓 (H) 是恒熵、恒压条件下最有用的热力学势能函数，吉布斯自由能 (G) 是恒温、恒压下最有用的热力学势能函数。实践中最常见的热力学条件是恒温恒压，并且由于温度和压强比它们的共轭变量熵和体积更容易测量和控制，因此吉布斯自由能函数 $G(T, p, N)$ 是封闭系统热力学基本方程中最常用的热力学势能函数，可以通过吉布斯自由能最小化获得平衡态。而在恒定的温度 T 和压强 p 下，其他热力学势能函数，如内能 (U)、亥姆霍兹自由能 (F) 和焓 (H) 的最小化则不会得到平衡态。

材料科学中的大多数热力学计算是基于 1mol 的物质进行的。由于吉布斯自由能 $G = \mu N$，当物质的量为 1mol 时，有 $G = \mu$，因此只用化学势而不需要用吉布斯自由能就足以确定物质的平衡状态。事实上也是如此，化学势 μ 是一个比吉布斯自由能 G 更便于确定材料中某一组分或多组分稳定性的量，这是因为吉布斯自由能 G 与物质的量 N 成正比，而化学势 μ 与物质的量 N 的大小无关。例如，两块大小不同的同种材料，忽略表面能的贡献或尺寸效应，所有化学物质或组分在两种材料中具有相同的热力学稳定性，因为它们化学势相等。然而，这两种材料中的吉布斯自由能是不同的，因为在这两种材料中化学物质的量是不同的，因此比较它们的吉布斯自由能并不能确定这两种材料的相对稳定性。

3.8　吉布斯–杜亥姆关系

如果把热力学基本方程 (式 (3.9)) 右边所有项移到左边，我们可以得到

$$U - TS + pV - \mu N = 0 \tag{3.29}$$

上式的微分形式是

$$-SdT + Vdp - Nd\mu = 0 \tag{3.30}$$

这就是吉布斯–杜亥姆关系式，它表示一个系统的三个势，即温度 T、压强 p 和化学势 μ 不是互相独立的。

如果把式 (3.30) 的两边除以 N，得到

$$-sdT + vdp - d\mu = 0 \tag{3.31}$$

可改写为

$$d\mu = -sdT + vdp \tag{3.32}$$

式 (3.32) 是吉布斯–杜亥姆方程的另一种形式，表示简单系统中化学势是温度和压强的函数。因此，一个简单系统的三个势 T、p 和 μ 中只有两个是独立的。一旦确定了其中两个势，例如温度和压强，就可得到另一个，即系统的化学势。

3.9　用熵表达热力学基本方程

通过改写式 (3.8) 和式 (3.9)，我们也可以用熵表达微分和积分形式的热力学基本方程，也就是把熵 S 表示为内能 U、体积 V 和摩尔数 N 的函数，

$$dS = \left(\frac{1}{T}\right)dU + \left(\frac{p}{T}\right)dV - \left(\frac{\mu}{T}\right)dN \tag{3.33}$$

$$S = \left(\frac{1}{T}\right)U + \left(\frac{p}{T}\right)V - \left(\frac{\mu}{T}\right)N \tag{3.34}$$

利用内能 U 和焓 H 之间的关系，式 (3.33) 和式 (3.34) 也可写成

$$dS = \left(\frac{1}{T}\right)dH - \left(\frac{V}{T}\right)dp - \left(\frac{\mu}{T}\right)dN \tag{3.35}$$

$$S = \left(\frac{1}{T}\right)H - \left(\frac{\mu}{T}\right)N \tag{3.36}$$

作为热力学基本方程, 式 (3.34) 和式 (3.36) 包含系统所有热力学性质的信息。从式 (3.33) 式 (3.35) 可知, 封闭系统熵 S 的自然变量可以是 U 和 V, 也可以是 H 和 p。

根据式 (3.33), 我们也可写出用熵表示的相应状态方程

$$\left(\frac{\partial S}{\partial U}\right)_{V,N} = \frac{1}{T} \tag{3.37}$$

$$\left(\frac{\partial S}{\partial V}\right)_{U,N} = \frac{p}{T} \tag{3.38}$$

$$\left(\frac{\partial S}{\partial N}\right)_{U,V} = -\frac{\mu}{T} \tag{3.39}$$

同样, 也可根据式 (3.35) 写出用熵表示的另一组状态方程

$$\left(\frac{\partial S}{\partial H}\right)_{p,N} = \frac{1}{T} \tag{3.40}$$

$$\left(\frac{\partial S}{\partial p}\right)_{H,N} = -\frac{V}{T} \tag{3.41}$$

$$\left(\frac{\partial S}{\partial N}\right)_{H,V} = -\frac{\mu}{T} \tag{3.42}$$

还可通过改变自然变量来定义热力学基本方程的其他形式。例如,

$$\frac{F}{T} = \frac{U - TS}{T} = \left(\frac{1}{T}\right)U - S \tag{3.43}$$

$$\frac{G}{T} = \frac{U + pV - TS}{T} = \left(\frac{1}{T}\right)U + \left(\frac{p}{T}\right)V - S = \left(\frac{1}{T}\right)H - S \tag{3.44}$$

F/T 和 G/T 的微分形式分别是

$$\mathrm{d}\left(\frac{F}{T}\right) = U\mathrm{d}\left(\frac{1}{T}\right) - \left(\frac{p}{T}\right)\mathrm{d}V + \left(\frac{\mu}{T}\right)\mathrm{d}N \tag{3.45}$$

$$\mathrm{d}\left(\frac{G}{T}\right) = H\mathrm{d}\left(\frac{1}{T}\right) + \left(\frac{V}{T}\right)\mathrm{d}p + \left(\frac{\mu}{T}\right)\mathrm{d}N \tag{3.46}$$

因此, F/T 的自然变量是 $1/T$、V 和 N, G/T 的自然变量是 $1/T$、p 和 N。从式 (3.45) 和式 (3.46) 可以很容易地看出

$$\left[\frac{\partial(F/T)}{\partial(1/T)}\right]_{V,N} = U \tag{3.47}$$

和

$$\left[\frac{\partial(G/T)}{\partial(1/T)}\right]_{p,N} = H \tag{3.48}$$

由式 (3.47) 和式 (3.48) 可知，从亥姆霍兹自由能与温度的关系可以得到作为温度函数的内能 U，从吉布斯自由能与温度的关系可以得到作为温度函数的焓 H。

3.10　包含不可逆内部过程的热力学基本方程

当系统内部有一个或一系列不可逆过程发生，我们可以写出相应的不同形式的热力学基本方程，如表 3.2 所示。

表 3.2　包含不可逆内部过程的热力学基本方程的微分形式，用序参量 ξ 表示过程进行的程度

能量函数	微分形式的热力学基本方程
$U = U(S, V, N, \xi)$	$\mathrm{d}U = T\mathrm{d}S - p\mathrm{d}V + \mu\mathrm{d}N - D\mathrm{d}\xi$
$H = H(S, p, N, \xi)$	$\mathrm{d}H = T\mathrm{d}S + V\mathrm{d}p + \mu\mathrm{d}N - D\mathrm{d}\xi$
$F = F(T, V, N, \xi)$	$\mathrm{d}F = -S\mathrm{d}T - p\mathrm{d}V + \mu\mathrm{d}N - D\mathrm{d}\xi$
$\Xi = \Xi(T, V, \mu, \xi)$	$\mathrm{d}\Xi = -S\mathrm{d}T - p\mathrm{d}V - N\mathrm{d}\mu - D\mathrm{d}\xi$
$G = G(T, p, N, \xi)$	$\mathrm{d}G = -S\mathrm{d}T + V\mathrm{d}p + \mu\mathrm{d}N - D\mathrm{d}\xi$

以上这些方程都可以很容易地推广应用到多组分和多个内部过程的系统。

3.11　热力学基本方程的通用形式

对于受电势、电场、磁场、重力场和应力场等势场影响的系统，系统总能量应该包含所有与环境相互作用的能量。相应能量函数已有不同名称，如电场自由能、电场自由焓或磁场自由能等。

于是，更为通用的热力学基本方程的积分形式可写为

$$U = TS + \mu N + \gamma A + \phi q + V\sigma_{ij}\varepsilon_{ij} + VE_iP_i + VH_iM_i + gzm \tag{3.49}$$

式中，γ 和 A 分别是比表面能和表面积；ϕ 和 q 分别是电势和电荷；σ_{ij} 和 ε_{ij} 分别是组分 ij 的应力和应变；P_i 和 E_i 分别是组分 i 的电场和电极化强度；H_i 和 M_i 分别是组分 i 的磁场和磁化强度；在这个表达式中，g 是重力加速度常数，z 是高度，m 是质量。这里使用爱因斯坦约定表达求和，式 (3.49) 中同一项里的重复下标意味着对这些下标求和，例如

$$E_iP_i = E_1P_1 + E_2P_2 + E_3P_3 \tag{3.50}$$

方程 (3.49) 的微分形式为

$$dU = TdS + \mu dN + \gamma dA + \phi dq + V\sigma_{ij}d\varepsilon_{ij} + VE_idP_i + VH_idM_i + gzdm \quad (3.51)$$

一种材料通常可以呈现不同的均相状态，例如，固态、液态、气态或具有不同晶体结构的固态。物质的每一种均相状态都可以由一个独立的热力学基本方程来描述。我们使用描述材料不同相之间关系的序参量，可以将每个可能状态的热力学基本方程联系在一起，以获得多相系统的热力学基本方程。

我们也可以在单位体积的基础上定义一组基本方程，比如

$$u_v = Ts_v + \mu c + \gamma A_v + \phi\rho_q + \sigma_{ij}\varepsilon_{ij} + E_iP_i + H_iM_i + gz\rho_m \quad (3.52)$$

式中，u_v 是内能密度，s_v 是熵密度，c 是浓度 (每单位体积摩尔数)，ρ_q 是电荷密度，ρ_m 是质量密度。那么方程 (3.49) 的微分形式为

$$du_v = Tds_v + \mu dc + \gamma dA_v + \phi d\rho_q + \sigma_{ij}d\varepsilon_{ij} + E_idP_i + H_idM_i + gzd\rho_m \quad (3.53)$$

3.12 勒让德变换

对于这些形式不同但等价的热力学基本方程，我们可以利用数学上的勒让德变换联系起来。

一个简单封闭系统有两个独立热力学变量。内能 $U = U(S, V)$、亥姆霍兹自由能 $F = F(T, V)$、焓 $H = H(S, p)$ 和吉布斯自由能 $G = G(T, p)$ 都是该系统的热力学基本方程的等价形式。它们包含该系统所有的热力学信息，也就是说包括状态方程在内的所有热力学性质都可以从这些热力学基本方程推导出来。

我们使用一条二维曲线 $y(x)$ (图 3.1) 来介绍勒让德变换。对这条曲线有两种等价描述方法：一是简单地通过函数 $y(x)$ 来描述连续的点 (x, y)；二是以曲线上点 (x, y) 处的斜率 (dy/dx) 为自变量，点 (x, y) 处的切线与 y 轴相交的截距 $z = y - (dy/dx)x$ 作为函数，形成"包络"。在"斜率–截距"的描述中，截距是函数 (因变量)，斜率是自变量，即截距 z 是斜率 dy/dx 的函数，或 $z(dy/dx)$。因此，以下两个方程

$$y = y(x)$$

或

$$z = y - \frac{dy}{dx}x = z\left(\frac{dy}{dx}\right) \quad (3.54)$$

是这同一条曲线的两种等价描述公式。一个函数从 $y(x)$ (y 作为 x 的函数) 到 $z(dy/dx)$ (z 作为 dy/dx 的函数) 的转变在数学上被称为勒让德变换。

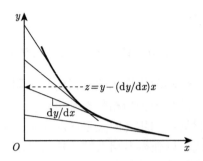

图 3.1　由 $(x, y(x))$ 或 $[\mathrm{d}y/\mathrm{d}x, y - (\mathrm{d}y/\mathrm{d}x)\, x]$ 描述的曲线示意图

　　例如，热力学基本方程可以用内能函数 $U = U(S, V)$ 来描述，也可以用它的勒让德变换——亥姆霍兹自由能函数 $F[(\partial U/\partial S)_V, V]$ 来描述。通过把自变量从 S 改为 T，可以得到 $U = U(S, V)$ 的勒让德变换 $F[(\partial U/\partial S)_V, V]$

$$F\left[\left(\frac{\partial U}{\partial S}\right)_V, V\right] = U(S, V) - \left(\frac{\partial U}{\partial S}\right)_V S \tag{3.55}$$

用温度 T 代替 $(\partial U/\partial S)_V$，

$$T = \left(\frac{\partial U}{\partial S}\right)_V, \tag{3.56}$$

可以得到

$$F(T, V) = U(S, V) - TS \tag{3.57}$$

式中，$F(T, V) = U - TS$ 是当与 V 的常数平面相交时曲线 $U = U(S, V)$ 的切线在 U 轴上的截距，T 是切线的斜率 $T = (\partial U/\partial S)_V$。

　　现在通过如下三个步骤说明怎样实现从原函数 $U(S, V)$ 到新函数 $F(T, V)$ 的勒让德变换，其中关键步骤是利用新的自变量 $T = (\partial U/\partial S)_V$ 替换原来的自变量 S。

　　步骤 (1)：进行如下勒让德变换，

$$F = F(T, V) = U(S, V) - \left(\frac{\partial U}{\partial S}\right)_V S = U(S, V) - TS \tag{3.58}$$

然后，需要从式 (3.58) 中消除 S，以获得自然变量为 T 和 V 的函数 $F(T, V)$。请注意，上式中的 T 也是 S 和 V 的函数。

　　步骤 (2)：求解方程 $T = (\partial U/\partial S)_V$ 以得到 $S(T, V)$，即

$$T = \left(\frac{\partial U}{\partial S}\right)_V = T(S, V) \Rightarrow S(T, V) \tag{3.59}$$

步骤 (3): 用表达式 $S(T, V)$ 代替方程 (3.58) 中的 S, 从而获得 $F(T, V)$

$$F(T, V) = U(S(T, V), V) - TS(T, V) \tag{3.60}$$

类似地, 通过如下勒让德变换, 将变量 V 替换为 $p = -(\partial U/\partial V)_S$, 可从原函数 $U(S, V)$ 中获得新函数 $H(S, p)$

$$H = H(S, p) = U(S, V) - \left(\frac{\partial U}{\partial V}\right)_S V = U + pV \tag{3.61}$$

同样, 吉布斯自由能 $G = G(T, p)$ 也可通过 $U = U(S, V)$ 的勒让德变换得到。其中, 用 T 代替变量 S, 用 p 代替变量 V,

$$G = G(T, p) = U(S, V) - \left(\frac{\partial U}{\partial S}\right)_V S - \left(\frac{\partial U}{\partial V}\right)_S V = U - TS + pV \tag{3.62}$$

因此, 从数学上讲, 不同的热力学基本方程 $U(S, V)$、$F(T, V)$、$H(S, p)$ 和 $G(T, p)$ 描述了系统平衡态的所有热力学变量之间相同的关系, 它们都包含了所有的热力学信息, 因此都被称为封闭系统平衡状态热力学基本方程。

正如 3.7 节所讨论的, 不同的热力学能量函数也可以根据系统与环境的相互作用来理解。与某种势或某种场存在相互作用的系统的热力学平衡是由总能量 U_{tot} 决定的, 它是系统内能 U 和相互作用能 $-\sum x_i X_i$ 之和

$$U_{\text{tot}} = U - \sum x_i X_i \tag{3.63}$$

式中, $-x_i X_i$ 是相互作用能, X_i 是一个广度参数, 如熵 (S)、体积 (V)、电荷 (q) 和电场极化 ($\boldsymbol{P}$) 等, 而 x_i 是一种势或场, 如温度 T (热势)、$-p$ (机械势)、ϕ (电势) 和 $\boldsymbol{E}$ (电场) 等。基于热力学第一定律和第二定律的联合公式或热力学基本方 x_i 的微分形式, 有

$$x_i = \left(\frac{\partial U}{\partial X_i}\right)_{X_{j \neq i}} \tag{3.64}$$

因此, 勒让德变换的新函数 $U'(x_i)$ 由下式给出

$$U'(x_i) = U(X_i) - \sum x_i X_i \tag{3.65}$$

式 (3.65) 右边第二个相互作用项中的每一项代表函数从 U 到 U' 和变量从 X_i 到 x_i 的勒让德变换。

3.13　示　　例

例 1　单原子理想气体的化学势 μ (每个原子而不是每摩尔) 或每原子化学能 u_C 作为温度 T 和压强 p 的函数，由下式给出

$$u_C(T,p) = \mu(T,p) = -k_B T \left\{ \ln \left[\frac{k_B T}{p} \left(\frac{2\pi m k_B T}{h^2} \right)^{3/2} \right] \right\}$$

式中，k_B 是玻尔兹曼常量，m 是原子质量 (每个原子的质量)，h 是普朗克常量。

(a) 证明单原子理想气体的原子体积为

$$v = \frac{k_B T}{p}$$

(b) 证明单原子气体中每个原子的熵为

$$s = k_B \left\{ \frac{5}{2} + \ln \left[\frac{k_B T}{p} \left(\frac{2\pi m k_B T}{h^2} \right)^{3/2} \right] \right\}$$

(c) 证明单原子气体中每个原子的焓为

$$h = \frac{5}{2} k_B T$$

(d) 证明单原子气体中每个原子的内能为

$$u = \frac{3}{2} k_B T$$

(e) 证明单原子气体中每个原子的机械能或巨势能为

$$u_M = -pv = -k_B T$$

(f) 证明单原子气体中每个原子的热势能为

$$u_T = k_B T \left\{ \frac{5}{2} + \ln \left[\frac{k_B T}{p} \left(\frac{2\pi m k_B T}{h^2} \right)^{3/2} \right] \right\}$$

(g) 根据上述结果，验证 $u = u_T + u_M + u_C$。

证明　(a) 根据吉布斯–杜亥姆关系 (式 (3.32))，作为温度和压强函数的单原子理想气体每个原子的体积可以从化学势获得

$$v = \left(\frac{\partial \mu}{\partial p} \right)_T = \frac{k_B T}{p}$$

(b) 根据吉布斯–杜亥姆关系 (式 (3.32))，作为温度和压强函数的单原子气体每个原子的熵可以从化学势获得

$$s = -\left(\frac{\partial \mu}{\partial T}\right)_p = k_B \left\{\frac{5}{2} + \ln\left[\frac{k_B T}{p}\left(\frac{2\pi m k_B T}{h^2}\right)^{3/2}\right]\right\}$$

(c) 单原子气体每个原子的焓

$$h = \mu + Ts = \frac{5}{2}k_B T$$

(d) 单原子气体每个原子的内能

$$u = h - pv = \frac{3}{2}k_B T$$

(e) 单原子气体每个原子的机械能或巨势能

$$u_M = -pv = -k_B T$$

(f) 单原子气体每个原子的热势能

$$u_T = Ts = k_B T\left\{\frac{5}{2} + \ln\left[\frac{k_B T}{p}\left(\frac{2\pi m k_B T}{h^2}\right)^{3/2}\right]\right\}$$

(g) 根据上述结果，得到

$$u = u_T + u_M + u_C = \frac{3}{2}k_B T$$

例 2　如下热力学基本方程将单原子理想气体的内能 U 表示为熵 S、体积 V 和原子数 N 的函数为

$$U(S, V, N) = \frac{3h^2 N}{4\pi m}\left(\frac{N}{V}\right)^{2/3} e^{\left(\frac{2S}{3N k_B} - \frac{5}{3}\right)}$$

式中，k_B 为玻尔兹曼常量，h 为普朗克常量，m 是原子质量，请写出：

(a) 焓 H 作为熵 S、压强 p 和原子数 N 的函数表达式 $H(S, p, N)$；

(b) 亥姆霍兹自由能 F 作为温度 T、体积 V 和原子数 N 的函数表达式 $F(T, V, N)$；

(c) 吉布斯自由能 G 作为温度 T、压强 p 和原子数 N 的函数表达式 $G(T, p, N)$。

解　(a) 为了获得 $H(S, p, N)$，进行如下勒让德变换：

$$H(S, p, N) = U(S, V, N) - \left(\frac{\partial U}{\partial V}\right)_{S,N} V = U(S, V, N) + pV$$

使用以下"斜率"关系式将 V 表示为 S、p 和 N 的函数，将 V 从上述方程中消除，有

$$-p = \left(\frac{\partial U}{\partial V}\right)_{S,N} = -\frac{h^2}{2\pi m}\left(\frac{N}{V}\right)^{5/3} e^{\left(\frac{2S}{3Nk_B} - \frac{5}{3}\right)}$$

$$V = N\left(\frac{h^2}{2\pi mp}\right)^{3/5} e^{\left(\frac{2S}{5Nk_B} - 1\right)}$$

将 V 的上述表达式代入以下方程

$$H(S, p, N) = \frac{3h^2 N}{4\pi m}\left(\frac{N}{V}\right)^{2/3} e^{\left(\frac{2S}{3Nk_B} - \frac{5}{3}\right)} + pV$$

可得

$$H(S, p, N) = \frac{5}{2} Np^{2/5}\left(\frac{h^2}{2\pi m}\right)^{3/5} e^{\left(\frac{2S}{3Nk_B} - 1\right)}$$

(b) 为了获得 $F(T, V, N)$，进行如下勒让德变换：

$$F(T, V, N) = U(S, V, N) - \left(\frac{\partial U}{\partial S}\right)_{V,N} S = U(S, V, N) - TS$$

使用以下"斜率"关系式将 S 表示为 T、V 和 N 的函数，将 S 从上述方程中消除，有

$$T = \left(\frac{\partial U}{\partial S}\right)_{V,N} = \frac{3h^2 N}{4\pi m}\left(\frac{N}{V}\right)^{\frac{2}{3}} e^{\left(\frac{2S}{3Nk_B} - \frac{5}{3}\right)} \times \frac{2}{3Nk_B}$$

$$S = Nk_B\left\{\frac{5}{2} + \ln\left[\frac{V}{N}\left(\frac{2\pi mk_B T}{h^2}\right)^{3/2}\right]\right\}$$

将 S 的上述表达式代入以下方程

$$F(T, V, N) = \frac{3h^2 N}{4\pi m}\left(\frac{N}{V}\right)^{\frac{2}{3}} e^{\left(\frac{2S}{3Nk_B} - \frac{5}{3}\right)} - TS$$

可得

$$F\left(T,V,N\right) = -Nk_{\mathrm{B}}T\left\{1 + \ln\left[\frac{V}{N}\left(\frac{2\pi mk_{\mathrm{B}}T}{h^2}\right)^{3/2}\right]\right\}$$

(c) 为了获得 $G\left(T,p,N\right)$，进行如下勒让德变换：

$$G\left(T,p,N\right) = F\left(T,V,N\right) - \left(\frac{\partial F}{\partial V}\right)_{T,N}V = F\left(T,V,N\right) + pV$$

使用以下"斜率"关系式将 V 表示为 T、p 和 N 的函数，将 V 从上述方程中消除，有

$$-p = \left(\frac{\partial F}{\partial V}\right)_{T,N} = -\frac{Nk_{\mathrm{B}}T}{V}$$

$$V = \frac{Nk_{\mathrm{B}}T}{p}$$

将 V 的上述表达式代入以下方程

$$G\left(T,p,N\right) = \frac{3Nk_{\mathrm{B}}T}{2} - Nk_{\mathrm{B}}T\left\{\frac{5}{2} + \ln\left[\frac{RT}{p}\left(\frac{2\pi mk_{\mathrm{B}}T}{h^2}\right)^{3/2}\right]\right\} + pV$$

得到

$$G\left(T,p,N\right) = \frac{5Nk_{\mathrm{B}}T}{2} - Nk_{\mathrm{B}}T\left\{\frac{5}{2} + \ln\left[\frac{k_{\mathrm{B}}T}{p}\left(\frac{2\pi mk_{\mathrm{B}}T}{h^2}\right)^{3/2}\right]\right\}$$

或

$$G\left(T,p,N\right) = -Nk_{\mathrm{B}}T\left\{\ln\left[\frac{k_{\mathrm{B}}T}{p}\left(\frac{2\pi mk_{\mathrm{B}}T}{h^2}\right)^{3/2}\right]\right\}$$

3.14 习 题

1. 某单原子理想气体的原子质量为 m，由萨克尔–泰特洛德 (Sackur-Tetrode) 方程给出其用熵表示的热力学基本方程为

$$S = Nk_{\mathrm{B}}\left\{\frac{5}{2} + \ln\left[\frac{V}{N}\left(\frac{4\pi mU}{3h^2N}\right)^{3/2}\right]\right\}$$

其中, S 是熵, N 是原子数, k_B 是玻尔兹曼常量, V 是体积, U 是内能, h 是普朗克常量。

　　(a) 利用萨克尔–泰特洛德方程, 将内能 U 表示为温度 T 的函数;

　　(b) 利用萨克尔-泰特洛德方程, 导出理想气体定律 (理想气体状态方程);

　　(c) 利用萨克尔-泰特洛德方程, 导出化学势 μ 作为温度 T 和压强 p 的函数表达式;

　　(d) 利用萨克尔–泰特洛德方程, 导出内能 U 作为 S、V 和 N 的函数表达式;

　　(e) 推导出单原子气体的焓 H 作为 S、p 和 N 的函数表达式;

　　(f) 推导出单原子气体的焓 H 作为 T、p 和 N 的函数表达式;

　　(g) 推导出单原子气体的亥姆霍兹自由能 F 作为 T、V 和 N 的函数表达式;

　　(h) 推导出单原子气体的吉布斯自由能或自由焓 G 作为 T、p 和 N 的函数表达式;

　　(i) 推导出单原子气体的巨势能 Ξ 作为 T、V 和 μ 的函数表达式;

　　(j) 根据 (c) 和 (h) 的结果, 写出吉布斯自由能 G 作为化学势 μ 和摩尔数 N 的函数表达式;

　　(k) 推导出单原子理想气体的熵 S 作为 T、p 和 N 的函数表达式;

　　(l) 推导出单原子理想气体的亥姆霍兹自由能 F 作为 T、p 和 N 函数表达式。

　　2. 已知晶体振动亥姆霍兹自由能

$$F(T) = Nu_o - 3Nk_B T\ln\frac{\exp\left(-\theta_E/2T\right)}{1 - \exp\left(-\theta_E/T\right)}$$

其中, u_o 和 θ_E 是与温度 T 无关的常数, k_B 是玻尔兹曼常量, N 是原子数, T 是温度。

　　(a) 推导出熵 S 作为温度 T 和原子数 N 的函数表达式;

　　(b) 推导出内能 U 作为温度 T 和原子数 N 的函数表达式;

　　(c) 推导出化学势 μ 作为温度 T 的函数表达式。

　　3. 对于原子质量为 m 的单原子实际气体, 用亥姆霍兹自由能表示的热力学基本方程可近似写成

$$F(T,V,N) = -\frac{aN^2}{V} - Nk_B T\left\{1 + \ln\left[\frac{V - Nb}{N}\left(\frac{2\pi m k_B T}{h^2}\right)^{3/2}\right]\right\}$$

其中, a 和 b 是常数, N 是原子数, T 是温度, k_B 是玻尔兹曼常量, V 是体积, h 是普朗克常量。

　　(a) 推导出熵 S 作为 T、V 和 N 的函数表达式;

　　(b) 推导出压强 p 作为 T、V 和 N 的函数表达式;

(c) 推导出内能 U 作为 T、V 和 N 的函数表达式。

4. 半导体导带 N 个电子的吉布斯自由能可近似为

$$G(T,p,N) = NE_c - Nk_BT\left\{\ln\left[\frac{2k_BT}{p}\left(\frac{2\pi mk_BT}{h^2}\right)^{3/2}\right]\right\}$$

其中，E_c 是导带底部电子能量，k_B 是玻尔兹曼常量，T 是温度，p 是压强，m 是电子的有效质量，h 是普朗克常量。试写出：

(a) 导带电子的熵 S 作为 U、V 和 N 的函数表达式；

(b) 导带电子的亥姆霍兹自由能 F 作为 T、V 和 N 的函数表达式；

(c) 导带电子的化学势 μ 作为 T 和 p 的函数表达式，导带电子化学势 μ 通常称为费米能级；

(d) 导带电子的内能 U 作为 T 和 N 的函数表达式；

(e) 导带电子的焓 H 作为 T 和 N 的函数表达式。

5. 温度为 T、体积为 V 的黑体辐射的亥姆霍兹自由能是

$$F(T,V) = -\frac{4\sigma}{3c}VT^4$$

其中，σ 是斯特潘–玻尔兹曼 (Stefan-Boltzmann) 常量，c 是真空中的光速。试写出：

(a) 熵 S 作为 T 和 V 的函数表达式；

(b) 内能 U 作为 T 和 V 的函数表达式；

(c) 内能 U 作为 S 和 V 的函数表达式；

(d) 熵 S 作为 U 和 V 的函数表达式；

(e) 焓 H 作为 T 和 V 的函数表达式；

(f) 焓 H 作为 S 和 p 的函数表达式；

(g) 巨势能 Ξ 作为 T 和 V 的函数表达式；

(h) p 作为 T 的函数表达式；

(i) 根据以上结果，计算黑体辐射的吉布斯自由能是多少？

(j) 根据以上结果，计算黑体辐射的化学势是多少？

6. 比较冰和水在 0°C 和 1bar 下的摩尔内能 (u)、摩尔焓 (h)、摩尔熵 (s) 和化学势 (μ) 的大小。

7. 系统的内能 (或焓) 最小化和熵最大化之间的竞争决定着系统的平衡状态。系统热能是熵和温度的乘积，所以在高温时，熵最大化占主导地位；而在低温时，内能 (或焓) 最小化占主导地位。请运用物质的液态和固态知识推理解释以下问题：

(a) 恒压下，固体和液体的吉布斯自由能随温度升高而降低；

(b) 给定压强下，材料的液态出现的温度总是高于相应固态出现的温度。

第 4 章 统计热力学导论

我们在前 3 章中讨论了宏观系统的热力学第一定律、热力学第二定律和热力学基本方程。宏观热力学系统包含大量的原子、分子、电子等粒子，它们的数量级为阿伏伽德罗常量 $\sim 10^{23}$。这些粒子一刻不停地在固体中围绕其局域平衡位置振动或在流体中移动，因此系统中可能呈现出大量的空间排布方式。在给定的热力学条件下，我们通过实验测得的系统宏观性质是所有瞬时组态性质在测量时间内的平均值，也就是说，实验技术自动实时地对大量微观性质进行了统计平均。测量的性质取决于系统内部粒子之间的微观相互作用及系统与环境的相互作用，这些相互作用又取决于系统所处的热力学条件，例如温度或熵、压强或体积、化学势或粒子数量等。

正如本书第 1 章引言的结尾处提到的，统计热力学可以作为理论基础和工具，把系统的量子力学能态或经典的微观粒子相互作用能和相应的宏观系统热力学基本方程联系起来，由此可以导出所有的宏观热力学性质。

4.1 宏观态和微观态

为了对大量的微观态做统计平均，我们先用孤立系统来介绍微观态和宏观态的定义。假设一个孤立系统体积为 V、内能恒定为 U，相互独立彼此间没有相互作用的粒子总数为 N。根据量子力学，系统中粒子能量量子化为不同能级 ε_i，$i = 0, 1, 2, \cdots$，如图 4.1 所示。如果在某个能级 ε_i 上的粒子数是 N_i，那么 $\{N_1, N_2, \cdots, N_i, \cdots\}$ 是 N 个粒子在不同能级 ε_i 上的粒子分布，并且具有相同总内能 U

$$U = \sum N_i \varepsilon_i \tag{4.1}$$

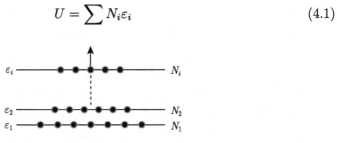

图 4.1　能级 ε_i 及其被 N_i 个粒子占据的示意图

这里，N 个粒子在不同能级的分布 $\{N_1, N_2, \cdots, N_i, \cdots\}$ 就是该孤立系统在恒定 U、V 和 N 热力学条件下的一个宏观态。N_i/N 表示第 i 个能级上的粒子分数。

具有相同总能量 U 的 N 个粒子在不同能级上存在多种不同分布。每种分布方式对应一个不同的宏观态。而对于每个宏观态，即总能量为 U 的 N 个粒子在不同能级上的同一个分布，又有多种不同粒子在不同能级上的可能分布，称之为热力学系统的微观态。在统计热力学中，我们假设具有相同能量的任意一个微观态出现的概率 (或可能性) 相等，这通常被称为系统所有微观态概率相等假设，也被称为微观态等概率原理。因此，系统处于某种宏观状态的概率是由该宏观态内部微观态数量决定的。

在统计热力学中，系统粒子数目巨大，数量级为阿伏伽德罗常量。因此，也可以假设系统中微观态总数目由具有最大微观态数目的宏观态决定，从而系统平衡状态可以用最可能的宏观态来近似。这一假设把统计求解系统的微观相互作用与宏观性质之间的关系问题极大简化为寻找给定热力学条件下最可能宏观态的问题。

4.2 熵和玻尔兹曼方程的统计解释

微观上，熵表示系统在一定热力学条件下所包含微观状态数目的量度。因此，熵增加意味着该系统包含微观状态数目的增加。这可以通过内能变化来理解

$$\mathrm{d}U = \sum_i \left(N_i \mathrm{d}\varepsilon_i + \varepsilon_i \mathrm{d}N_i \right) = \sum_i N_i \mathrm{d}\varepsilon_i + \sum_i \varepsilon_i \mathrm{d}N_i \tag{4.2}$$

对于体积和粒子数一定的系统，其能级 ε_i 是固定的。因此，在固定粒子数 N 的情形下，式 (4.2) 等号右边第一项表示由于系统体积变化而引起的能级变化，第二项表示在给定体积下不同能级的粒子占据变化。从而固定体积系统在温度 T 时的熵变化为

$$\mathrm{d}S = \frac{\mathrm{d}U}{T} = \frac{\displaystyle\sum_i \varepsilon_i \mathrm{d}N_i}{T} \tag{4.3}$$

所以对系统输入能量，粒子分布 $\{N_1, N_2, \cdots, N_i, \cdots\}$ 会向更高能级迁移 (包括最初粒子没占据的能级)，导致可以达到的微观态数量增加，从而系统熵增加。

热力学中，一个孤立系统从低熵宏观态演化到高熵宏观态，直至系统平衡达到熵最大值。在统计热力学中，一个孤立系统从包含少量微观态的宏观态发展到包含大量微观态的宏观态，在平衡态时达到微观态数目最大值。因此，许多统计力学问题可以通过求解孤立系统最大熵或找到最可几宏观态得到。

孤立系统的熵与微观态总数 Z_{MC} 不直接成正比。熵是一个广度性质，如果系统体积增加一倍，熵也增加一倍。然而，系统体积加倍会导致系统可能达到的微观态总量变为 Z_{MC}^2。为了建立熵和微观态总量的关系，玻尔兹曼假定一个系统的熵 S 与 $\ln Z_{MC}$ 成正比，也就是说，熵是最可能包含的微观态总数的对数，普朗克将其记为

$$S(U, V, N) = k_B \ln [Z_{MC}(U, V, N)] \tag{4.4}$$

式中，k_B 是玻尔兹曼常量，等于气体常数 R 与阿伏伽德罗常量 N_A 之比。上式只适用于孤立系统，即在恒定的能量 U、体积 V 和粒子总数 N 下，系统的微观态数量和熵在系统平衡时达到最大值。这一定义描述了熵与系统微观组态数的自然对数成比例，比例常数是玻尔兹曼常量。

式 (4.4) 就是用熵来表示的热力学基本方程。因此，如果已知 $Z_{MC}(U, V, N)$ 作为 U、V 和 N 的函数表达式，就可以基于熵和热力学性质定义的微分形式来计算系统所有热力学性质。

4.3 系 综

如上所述，我们可以通过对系统瞬时微观状态性质的平均，得到系统宏观热力学性质。然而，我们也可以想象，在给定时刻有大量相同的系统，每个系统都由一组相同的宏观热力学变量来定义。例如，粒子数或粒子摩尔数 N 或化学势 μ、温度 T 或内能 U、压强 p 或体积 V。吉布斯把这些大量宏观上完全相同的系统集合称为一个系综[1]。基于遍历假设，假设系综中系统平均性质与系统在瞬时微观态的平均性质相同。根据宏观态具体热力学条件，可以分为不同类型系综，如下所述。

(1) 微正则系综：无数简单孤立系统的集合。微正则系综中，每个系统的内能 U、体积 V 和粒子数 N 是恒定的，而温度 T、压强 p 和化学势 μ 在系综的每个系统内部和各个系统之间波动变化。

(2) 正则系综：无数连接热源的简单封闭系统的集合。正则系综中，每个系统的温度 T、体积 V 和粒子数 N 是恒定的，而内能 U、压强 p 和化学势 μ 在系综的每个系统内部和各个系统之间波动变化。

(3) 巨正则系综：无数同时连接热源和化学源的简单开放系统的集合。巨正则系综中，每个系统的温度 T、体积 V 和化学势 μ 是恒定的，而内能 U、压强 p 和粒子数 N 在每个系统内部和各个系统之间波动。

(4) 等温-等压系综：无数同时连接热源和机械源的简单系统的集合。每个系统的温度 T、压强 p 和粒子数 N 是恒定的，而内能 U、体积 V 和化学势 μ 在系综的每个系统内部和各个系统之间波动变化。

4.4 配分函数和热力学基本方程

在统计热力学中，配分函数是连接微观相互作用、量子力学能态与系统热力学基本方程的关键。配分函数实际上是系统在一组特定条件下可达到的微观态总数。不同热力学条件下系综的配分函数不同，从而可以关联不同形式的热力学基本方程。其详细推导可以在许多统计力学或统计热力学教材中找到 [2]，这里我们仅做简单概述。

1. 微正则系综

微正则系综中的配分函数 Z_{MC} 是系统在恒定 U、V 和 N 条件下可达到的微观状态总数。这里，配分函数代表系统的简并度，即表示在微正则系综中，具有恒定 V、N 和相同能量 U 的系统的数量。那么，特定微观状态 i 的概率可由下式简单给出

$$P_i = \frac{1}{Z_{MC}} \tag{4.5}$$

4.3 节讨论过的玻尔兹曼方程给出了配分函数 $Z_{MC}(U, V, N)$ 与熵 $S = S(U, V, N)$ 的关系，也就是系统的热力学基本方程

$$S = k_B \ln \left[Z_{MC}(U, V, N) \right] \tag{4.6}$$

根据用熵表示的热力学基本方程的微分形式 (4.7) 或状态方程 (4.8) ~ (4.10)，所有其他热力学性质可从方程 (4.6) 导出来。

$$dS = \frac{1}{T}dU + \frac{p}{T}dV - \frac{\mu}{T}dN \tag{4.7}$$

$$\frac{1}{T} = \left(\frac{\partial S}{\partial U} \right)_{V,N} = k_B \left\{ \frac{\partial \ln \left[Z_{MC}(U, V, N) \right]}{\partial U} \right\}_{V,N} \tag{4.8}$$

$$\frac{p}{T} = \left(\frac{\partial S}{\partial V} \right)_{U,N} = k_B \left\{ \frac{\partial \ln \left[Z_{MC}(U, V, N) \right]}{\partial V} \right\}_{U,N} \tag{4.9}$$

$$-\frac{\mu}{T} = \left(\frac{\partial S}{\partial N} \right)_{U,V} = k_B \left\{ \frac{\partial \ln \left[Z_{MC}(U, V, N) \right]}{\partial N} \right\}_{U,V} \tag{4.10}$$

2. 正则系综

配分函数 Z_C 的自然变量是 T、V 和 N，

$$Z_C(T, V, N) = \sum_i \exp \left(-\frac{U_i}{k_B T} \right) \tag{4.11}$$

式中，U_i 是微观状态 i 的能量。系统处于微观状态 i 的概率为

$$P_i = \frac{\exp\left(-\dfrac{U_i}{k_{\mathrm{B}}T}\right)}{Z_{\mathrm{C}}(T,V,N)} \tag{4.12}$$

宏观能量 U 是系综的平均能量

$$U = \frac{\sum\limits_i U_i \exp\left(-\dfrac{U_i}{k_{\mathrm{B}}T}\right)}{\sum\limits_i \exp\left(-\dfrac{U_i}{k_{\mathrm{B}}T}\right)} = -\left[\frac{\partial \ln\left[Z_{\mathrm{C}}(T,V,N)\right]}{\partial\left(1/k_{\mathrm{B}}T\right)}\right]_{V,N} \tag{4.13}$$

内能也可以通过勒让德变换从亥姆霍兹自由能 F 导出

$$U = F - T\left(\frac{\partial F}{\partial T}\right)_{V,N} = \left[\frac{\partial\left(F/k_{\mathrm{B}}T\right)}{\partial\left(1/k_{\mathrm{B}}T\right)}\right]_{V,N} \tag{4.14}$$

比较式 (4.13) 和式 (4.14)，可得

$$F(T,V,N) = -k_{\mathrm{B}}T\ln Z_{\mathrm{C}}(T,V,N) \tag{4.15}$$

上式是联系配分函数 $Z_{\mathrm{C}}(T,V,N)$ 和亥姆霍兹自由能 $F(T,V,N)$ 的热力学基本方程。所有宏观热力学性质可由 F 热力学基本方程的微分形式导出

$$\mathrm{d}F = -S\mathrm{d}T - p\mathrm{d}V + \mu\mathrm{d}N \tag{4.16}$$

例如，

$$S = -\left(\frac{\partial F}{\partial T}\right)_{V,N} = k_{\mathrm{B}}\ln\left[Z_{\mathrm{C}}(T,V,N)\right] + k_{\mathrm{B}}T\left\{\frac{\partial \ln\left[Z_{\mathrm{C}}(T,V,N)\right]}{\partial T}\right\}_{V,N} \tag{4.17}$$

$$p = -\left(\frac{\partial F}{\partial V}\right)_{T,N} = k_{\mathrm{B}}T\left\{\frac{\partial \ln\left[Z_{\mathrm{C}}(T,V,N)\right]}{\partial V}\right\}_{T,N} \tag{4.18}$$

$$\mu = \left(\frac{\partial F}{\partial N}\right)_{T,V} = -k_{\mathrm{B}}T\left\{\frac{\partial \ln\left[Z_{\mathrm{C}}(T,V,N)\right]}{\partial N}\right\}_{T,V} \tag{4.19}$$

在正则系综中，系统的熵也可用配分函数表示

$$S = \frac{U-F}{T} = \frac{U}{T} + k_{\mathrm{B}}\ln\left[Z_{\mathrm{C}}(T,V,N)\right] = k_{\mathrm{B}}\ln\left[Z_{\mathrm{C}}(T,V,N)\exp\left(\frac{U}{k_{\mathrm{B}}T}\right)\right] \tag{4.20}$$

因此，推导恒定 T、V 和 N 条件下的基本方程，首先应该从微观状态的能量 U_i 开始，然后得到配分函数 $Z_C(T, V, N)$（式 (4.11) 和式 (4.12)），最后利用方程 (4.15) 得到亥姆霍兹自由能 $F(T, V, N)$ 表示的热力学基本方程。

3. 巨正则系综

自然变量为 T、V 和 μ 的配分函数 Z_G 是

$$Z_G(T, V, \mu) = \sum_N \sum_i e^{-(U_{iN} - \mu N)/(k_B T)} \tag{4.21}$$

配分函数与由巨势能表示的热力学基本方程的关系是

$$\Xi = -pV = -k_B T \ln[Z_G(T, V, \mu)] \tag{4.22}$$

系统处于微观态 (i, N) 的概率为

$$P_{iN} = \frac{e^{-(U_{iN} - \mu N)/k_B T}}{Z_G} \tag{4.23}$$

所有其他热力学性质可从巨势能热力学基本方程的微分形式导出

$$d\Xi = -SdT - pdV - Nd\mu \tag{4.24}$$

例如，

$$S = -\left(\frac{\partial \Xi}{\partial T}\right)_{V,\mu} = k_B \ln[Z_G(T, V, \mu)] + k_B T \left\{\frac{\partial \ln[Z_G(T, V, \mu)]}{\partial T}\right\}_{V,\mu} \tag{4.25}$$

$$p = -\left(\frac{\partial \Xi}{\partial V}\right)_{T,\mu} = k_B T \left\{\frac{\partial \ln[Z_G(T, V, \mu)]}{\partial V}\right\}_{T,\mu} = k_B T \frac{\ln[Z_G(T, V, \mu)]}{V} \tag{4.26}$$

$$N = -\left(\frac{\partial \Xi}{\partial \mu}\right)_{T,V} = k_B T \left\{\frac{\partial \ln[Z_G(T, V, \mu)]}{\partial \mu}\right\}_{T,V} \tag{4.27}$$

巨正则系综中系统的熵也可表示为

$$S = \frac{U - N\mu + pV}{T} = \frac{U - N\mu}{T} + k_B \ln Z_G = k_B \ln\left[Z_G \exp\left(\frac{U - N\mu}{k_B T}\right)\right] \tag{4.28}$$

4. 等温-等压系综

配分函数 Z_{Tp} 的自然变量是 T、p 和 N，则

$$Z_{Tp}(T, p, N) = \sum_V \sum_i e^{-(U_{iV} + pV)/(k_B T)} \tag{4.29}$$

系统在微观态 (i, V) 的概率为

$$P_{iV} = \frac{\mathrm{e}^{-(U_{iV}+pV)/(k_{\mathrm{B}}T)}}{Z_{\mathrm{Tp}}} \tag{4.30}$$

配分函数与吉布斯自由能 G 关联的热力学基本方程是

$$G = -k_{\mathrm{B}}T\ln Z_{\mathrm{Tp}}(T, p, N) \tag{4.31}$$

其他热力学性质可从 G 的微分形式导出

$$\mathrm{d}G = -S\mathrm{d}T + V\mathrm{d}p + \mu\mathrm{d}N \tag{4.32}$$

例如，

$$S = -\left(\frac{\partial G}{\partial T}\right)_{p,N} = k_{\mathrm{B}}\ln\left[Z_{\mathrm{Tp}}(T, p, N)\right] + k_{\mathrm{B}}T\left\{\frac{\partial\ln\left[Z_{\mathrm{Tp}}(T, p, N)\right]}{\partial T}\right\}_{p,N} \tag{4.33}$$

$$V = \left(\frac{\partial G}{\partial p}\right)_{T,N} = -k_{\mathrm{B}}T\left\{\frac{\partial\ln\left[Z_{\mathrm{Tp}}(T, p, N)\right]}{\partial p}\right\}_{T,N} \tag{4.34}$$

$$\mu = \left(\frac{\partial G}{\partial N}\right)_{T,p} = -k_{\mathrm{B}}T\left\{\frac{\partial\ln\left[Z_{\mathrm{Tp}}(T, p, N)\right]}{\partial N}\right\}_{T,p} \tag{4.35}$$

等温-等压系综中的熵也可表示为

$$S = \frac{U + pV - G}{T} = \frac{H}{T} + k_{\mathrm{B}}\ln Z_{\mathrm{Tp}} = k_{\mathrm{B}}\ln\left[Z_{\mathrm{Tp}}\exp\left(\frac{H}{k_{\mathrm{B}}T}\right)\right] \tag{4.36}$$

式中，H 是系统的焓。

　　因此，如果我们能够计算或导出特定系综的配分函数，就可以得到系统的热力学基本方程，从而导出该系统的所有热力学性质。理论上，在很多情况下最方便使用的系综是正则系综，但对于玻色子或费米子，巨正则系综更方便。然而，一般来说，对于给定的系综，只有极少数最简单的系统，例如理想气体、自由电子系统、谐振子、光子气体、范德瓦耳斯气体等，才有可能求得宏观自然变量的配分函数解析表达式。对于实际系统，我们必须依靠计算机模拟技术，例如分子动力学和蒙特卡罗技术，利用牛顿运动方程或 Metropolis 算法，得到大量瞬时微观组态 (构型)，然后用得到的微观组态 (构型) 的平均性质作为系统的宏观性质。

4.5　熵和微观态概率

　　系统的熵，总是可以用微观态出现的概率 P_i 来表示

$$S = -k_{\mathrm{B}}\sum_i P_i\ln P_i \tag{4.37}$$

我们先以内能 U、体积 V 和相互独立的粒子数 N 都恒定的微正则系综为例，其中每个孤立系统可达到微观态 Z_{MC} 的概率相等，即

$$P_i = \frac{1}{Z_{\mathrm{MC}}(U, V, N)} \tag{4.38}$$

因此，微正则系综中系统的熵为

$$S = -k_{\mathrm{B}} \sum_i^{Z_{\mathrm{MC}}} \frac{1}{Z_{\mathrm{MC}}(U, V, N)} \ln \frac{1}{Z_{\mathrm{MC}}(U, V, N)} = k_{\mathrm{B}} \ln Z_{\mathrm{MC}}(U, V, N) \tag{4.39}$$

再如，在给定温度 T、体积 V 和粒子数 N 的封闭系统的正则系综中，每个微观态出现概率为

$$P_i = \frac{\exp\left(-\dfrac{U_i}{k_{\mathrm{B}}T}\right)}{Z_{\mathrm{C}}(T, V, N)} \tag{4.40}$$

故正则系综中系统的熵为

$$S = -k_{\mathrm{B}} \sum_i P_i \ln P_i = -k_{\mathrm{B}} \sum_i \frac{\mathrm{e}^{-U_i/(k_{\mathrm{B}}T)}}{Z_{\mathrm{C}}} \ln \frac{\mathrm{e}^{-U_i/(k_{\mathrm{B}}T)}}{Z_{\mathrm{C}}}$$

也可写为

$$S = -k_{\mathrm{B}} \sum_i \frac{\mathrm{e}^{-U_i/(k_{\mathrm{B}}T)}}{Z_{\mathrm{C}}} \left(-\frac{U_i}{k_{\mathrm{B}}T} - \ln Z_{\mathrm{C}}\right)$$

或写为

$$S = \frac{1}{T} \sum_i \frac{U_i \mathrm{e}^{-U_i/(k_{\mathrm{B}}T)}}{Z_{\mathrm{C}}} + k_{\mathrm{B}} \ln Z_{\mathrm{C}} \sum_i \frac{\mathrm{e}^{-U_i/(k_{\mathrm{B}}T)}}{Z_{\mathrm{C}}}$$

利用平均内能 U 的定义，还可写为

$$S = \frac{U}{T} + k_{\mathrm{B}} \ln Z_{\mathrm{C}} \tag{4.41}$$

即

$$S = k_{\mathrm{B}} \ln \left[Z_{\mathrm{C}} \mathrm{e}^{U/(k_{\mathrm{B}}T)} \right] \tag{4.42}$$

微正则系综和正则系综的配分函数 Z_{MC} 的关系为

$$Z_{\mathrm{MC}} = Z_{\mathrm{C}} \mathrm{e}^{U/(k_{\mathrm{B}}T)} \tag{4.43}$$

或

$$Z_{\mathrm{C}} = Z_{\mathrm{MC}} \mathrm{e}^{-U/(k_{\mathrm{B}}T)} \tag{4.44}$$

对于巨正则系综，每个微观态出现的概率为

$$P_{iN} = \frac{\mathrm{e}^{-(U_{iN}-\mu N)/(k_{\mathrm{B}}T)}}{\displaystyle\sum_{N}\sum_{i} \mathrm{e}^{-(U_{iN}-\mu N)/(k_{\mathrm{B}}T)}} = \frac{\mathrm{e}^{-(U_{iN}-\mu N)/(k_{\mathrm{B}}T)}}{Z_{\mathrm{G}}} \tag{4.45}$$

因此系统的熵

$$S = -k_{\mathrm{B}}\sum_{N}\sum_{i} P_{iN}\ln P_{iN} = -k_{\mathrm{B}}\sum_{N}\sum_{i}\frac{\mathrm{e}^{-(U_{iN}-\mu N)/(k_{\mathrm{B}}T)}}{Z_{\mathrm{G}}}\ln\frac{\mathrm{e}^{-(U_{iN}-\mu N)/(k_{\mathrm{B}}T)}}{Z_{\mathrm{G}}}$$

也可写为

$$S = \frac{(U-\mu N) + k_{\mathrm{B}}T\ln\Xi}{T} = k_{\mathrm{B}}\ln\left[Z_{\mathrm{G}}\mathrm{e}^{(U-\mu N)/(k_{\mathrm{B}}T)}\right] \tag{4.46}$$

微正则系综、正则系综和巨正则系综的配分函数之间的关系为

$$Z_{\mathrm{MC}} = Z_{\mathrm{C}}\mathrm{e}^{U/(k_{\mathrm{B}}T)} = Z_{\mathrm{G}}\mathrm{e}^{(U-\mu N)/(k_{\mathrm{B}}T)} \tag{4.47}$$

或

$$Z_{\mathrm{G}} = Z_{\mathrm{C}}\mathrm{e}^{(\mu N)/(k_{\mathrm{B}}T)} = Z_{\mathrm{MC}}\mathrm{e}^{-(U-\mu N)/(k_{\mathrm{B}}T)} \tag{4.48}$$

等温-等压系综中每个微观态出现的概率为

$$P_{iV} = \frac{\mathrm{e}^{-(U_{iV}+pV)/(k_{\mathrm{B}}T)}}{\displaystyle\sum_{V}\sum_{i} \mathrm{e}^{-(U_{iV}+pV)/(k_{\mathrm{B}}T)}} = \frac{\mathrm{e}^{-(U_{iV}+pV)/(k_{\mathrm{B}}T)}}{Z_{\mathrm{Tp}}} \tag{4.49}$$

因此

$$S = -k_{\mathrm{B}}\sum_{V}\sum_{i} P_{iV}\ln P_{iV} = -k_{\mathrm{B}}\sum_{V}\sum_{i}\frac{\mathrm{e}^{-(U_{iV}+pV)/(k_{\mathrm{B}}T)}}{Z_{\mathrm{Tp}}}\ln\frac{\mathrm{e}^{-(U_{iV}+pV)/(k_{\mathrm{B}}T)}}{Z_{\mathrm{Tp}}}$$

可写为

$$S = \frac{(U+pV) + k_{\mathrm{B}}T\ln Z_{\mathrm{Tp}}}{T} \tag{4.50}$$

或

$$S = k_{\mathrm{B}}\ln\left[Z_{\mathrm{Tp}}\mathrm{e}^{\frac{U+pV}{k_{\mathrm{B}}T}}\right] \tag{4.51}$$

微正则系综、正则系综、等温–等压系综的配分函数之间的关系为

$$Z_{\mathrm{MC}} = Z_{\mathrm{C}}\mathrm{e}^{U/(k_{\mathrm{B}}T)} = Z_{\mathrm{Tp}}\mathrm{e}^{\frac{U+pV}{k_{\mathrm{B}}T}} \tag{4.52}$$

或

$$Z_{\mathrm{Tp}} = Z_{\mathrm{C}}\mathrm{e}^{(-pV)/(k_{\mathrm{B}}T)} = Z_{\mathrm{MC}}\mathrm{e}^{-\frac{(U+pV)}{k_{\mathrm{B}}T}} \tag{4.53}$$

上述关系表明，系统的熵完全取决于微观态 i 的发生概率 P_i。在相同温度下，熵增加导致概率分布的变化，占据更高能态的概率增加。

4.6　示　　例

例 1　两能态系统。

考虑一个两能级系统，其能级为 ε_o 和 ε_1，体积为 V，温度为 T，独立粒子总数为 N。根据能级、粒子数和温度，写出系统的亥姆霍兹自由能、熵、内能和化学势的函数表达式。

解　由于每个粒子都有两种可能的能态，并且所有粒子都是独立的，所以在恒定温度 T 和体积 V 下，N 个粒子两能级系统的正则配分函数为

$$Z_{\mathrm{C}} = \sum_{\{\Omega\}} \mathrm{e}^{-\frac{\sum_{i=1}^{N} \varepsilon_i}{k_{\mathrm{B}}T}} = \left(\mathrm{e}^{-\frac{\varepsilon_\mathrm{o}}{k_{\mathrm{B}}T}} + \mathrm{e}^{-\frac{\varepsilon_1}{k_{\mathrm{B}}T}} \right)^N$$

其中，Ω 代表 N 个独立粒子系统的所有可能的组态。

因此，系统的亥姆霍兹自由能为

$$F = -k_{\mathrm{B}}T\ln Z_{\mathrm{C}} = -Nk_{\mathrm{B}}T\ln \left(\mathrm{e}^{-\frac{\varepsilon_\mathrm{o}}{k_{\mathrm{B}}T}} + \mathrm{e}^{-\frac{\varepsilon_1}{k_{\mathrm{B}}T}} \right)$$

系统的熵为

$$S(T,V,N) = -\left(\frac{\partial F}{\partial T}\right)_{V,N} = Nk_{\mathrm{B}}\ln \left(\mathrm{e}^{-\frac{\varepsilon_\mathrm{o}}{k_{\mathrm{B}}T}} + \mathrm{e}^{-\frac{\varepsilon_1}{k_{\mathrm{B}}T}} \right) + Nk_{\mathrm{B}}T \frac{\frac{\varepsilon_\mathrm{o}}{k_{\mathrm{B}}T^2}\mathrm{e}^{-\frac{\varepsilon_\mathrm{o}}{k_{\mathrm{B}}T}} + \frac{\varepsilon_1}{k_{\mathrm{B}}T^2}\mathrm{e}^{-\frac{\varepsilon_1}{k_{\mathrm{B}}T}}}{\left(\mathrm{e}^{-\frac{\varepsilon_\mathrm{o}}{k_{\mathrm{B}}T}} + \mathrm{e}^{-\frac{\varepsilon_1}{k_{\mathrm{B}}T}} \right)}$$

简化上式为

$$S(T,V,N) = Nk_{\mathrm{B}}\ln \left(\mathrm{e}^{-\frac{\varepsilon_\mathrm{o}}{k_{\mathrm{B}}T}} + \mathrm{e}^{-\frac{\varepsilon_1}{k_{\mathrm{B}}T}} \right) + \frac{N}{T} \frac{\varepsilon_\mathrm{o}\mathrm{e}^{-\frac{\varepsilon_\mathrm{o}}{k_{\mathrm{B}}T}} + \varepsilon_1\mathrm{e}^{-\frac{\varepsilon_1}{k_{\mathrm{B}}T}}}{\mathrm{e}^{-\frac{\varepsilon_\mathrm{o}}{k_{\mathrm{B}}T}} + \mathrm{e}^{-\frac{\varepsilon_1}{k_{\mathrm{B}}T}}}$$

系统的内能为

$$U(T,V,N) = -\left[\frac{\partial \ln Z_{\mathrm{C}}}{\partial (1/k_{\mathrm{B}}T)} \right]_{V,N} = N \frac{\varepsilon_\mathrm{o}\mathrm{e}^{-\frac{\varepsilon_\mathrm{o}}{k_{\mathrm{B}}T}} + \varepsilon_1\mathrm{e}^{-\frac{\varepsilon_1}{k_{\mathrm{B}}T}}}{\mathrm{e}^{-\frac{\varepsilon_\mathrm{o}}{k_{\mathrm{B}}T}} + \mathrm{e}^{-\frac{\varepsilon_1}{k_{\mathrm{B}}T}}}$$

系统的化学势为

$$\mu(T,V,N) = \left(\frac{\partial F}{\partial N}\right)_{T,V} = -k_{\mathrm{B}}T\ln\left(\mathrm{e}^{-\frac{\varepsilon_0}{k_{\mathrm{B}}T}} + \mathrm{e}^{-\frac{\varepsilon_1}{k_{\mathrm{B}}T}}\right)$$

例 2　橡胶的统计热力学性质。

在一定温度 T 下，橡胶可视为由 N 个长度为 a 的棒状单体组成的聚合物链。假设每个单体可以指向两个方向之一：$\pm z$，这两个方向上能量是简并的。现在，我们使橡胶沿 $\pm z$ 方向受到恒定作用力，这分别沿 $\pm z$ 方向以能级 $\mp af$ 提升了单体的简并性。

(a) 写出系统的配分函数；

(b) 导出系统的吉布斯自由能作为 T、f 和 N 的函数表达式；

(c) 导出聚合物链的长度作为 T、f 和 N 的函数表达式；

(d) 导出聚合物链的熵作为 T、f 和 N 的函数表达式。

解　(a) 与例 1 类似，在恒定温度 T、恒定作用力 f 和恒定单体数目 N 条件下，每个单体有两个能态，聚合物链的配分函数为

$$Z_{\mathrm{Tf}}(T,f,N) = \left(\mathrm{e}^{\frac{af}{k_{\mathrm{B}}T}} + \mathrm{e}^{-\frac{af}{k_{\mathrm{B}}T}}\right)^N = \left[2\cosh\left(\frac{af}{k_{\mathrm{B}}T}\right)\right]^N$$

(b) 由于热力学条件是恒定温度 T、恒定作用力 f 和恒定数量的单体 N，吉布斯自由能 G 作为温度 T、作用力 f 和单体数目 N 的函数表达式为

$$G(T,f,N) = -k_{\mathrm{B}}T\ln Z_{\mathrm{Tf}} = -Nk_{\mathrm{B}}T\ln\left[2\cosh\left(\frac{af}{k_{\mathrm{B}}T}\right)\right]$$

(c) 聚合物链的长度作为温度 T、作用力 f 和单体数目 N 的函数表达式为

$$L = -\left(\frac{\partial G}{\partial f}\right)_{T,N} = Na\frac{2\sinh\left(\dfrac{af}{k_{\mathrm{B}}T}\right)}{2\cosh\left(\dfrac{af}{k_{\mathrm{B}}T}\right)} = Na\tanh\left(\frac{af}{k_{\mathrm{B}}T}\right)$$

(d) 聚合物链的熵作为温度 T、作用力 f 和单体数目 N 的函数表达式为

$$S = -\left(\frac{\partial G}{\partial T}\right)_{f,N} = Nk_{\mathrm{B}}\ln\left[2\cosh\left(\frac{af}{k_{\mathrm{B}}T}\right)\right] - \frac{Naf}{T}\tanh\left(\frac{af}{k_{\mathrm{B}}T}\right)$$

例 3　理想气体。

对于包含 N 个原子、体积为 V、内能为 U 的单原子理想气体的孤立系统, 微正则系综的配分函数或可达到的微观态数目为

$$Z_{\mathrm{MC}}(U, V, N) = \frac{V^N}{N!h^{3N}} \frac{(2\pi mU)^{3N/2}}{(3N/2)!}$$

其中, h 是普朗克常量, m 是原子质量。

(a) 推导用熵 $S(U, V, N)$ 表示的热力学基本方程;

(b) 写出化学势 $\mu(U, V, N)$ 的函数表达式。

解　(a) 根据玻尔兹曼方程, 系统的熵与微正则系综配分函数的关系为

$$S(U, V, N) = k_{\mathrm{B}} \ln Z_{\mathrm{MC}}(U, V, N) = k_{\mathrm{B}} \ln\left[\frac{V^N}{N!h^{3N}} \frac{(2\pi mU)^{3N/2}}{(3N/2)!}\right]$$

式中, k_{B} 是玻尔兹曼常量。由于 N 是一个非常大的数, 我们使用斯特林近似 $\ln N! = N \ln N - N$ 和 $\ln(3N/2)! = (3N/2)\ln(3N/2) - (3N/2)$,得到用熵 $S(U, V, N)$ 表示的热力学基本方程为

$$S(U, V, N) = Nk_{\mathrm{B}} \left\{\frac{5}{2} + \ln\left[\frac{V}{N}\left(\frac{4\pi mU}{3h^2 N}\right)^{3/2}\right]\right\}$$

(b) 化学势可以由熵的状态方程获得, 即

$$\left(\frac{\partial S}{\partial N}\right)_{U,V} = -\frac{\mu}{T} = k_{\mathrm{B}}\left\{\frac{5}{2} + \ln\left[\frac{V}{N}\left(\frac{4\pi mU}{3h^2 N}\right)^{3/2}\right]\right\} - \frac{5}{2}k_{\mathrm{B}}$$

因此

$$\mu(U, V, N) = -k_{\mathrm{B}}T\ln\left[\frac{V}{N}\left(\frac{4\pi mU}{3h^2 N}\right)^{3/2}\right]$$

例 4　半导体的导带电子。

将温度 T 下体积为 V 的半导体中的 N 个导带电子视为电子气, 正则系综中相应的配分函数为

$$Z_{\mathrm{C}}(T, V, N) = \frac{(2V)^N}{N!}\left(\frac{2\pi mk_{\mathrm{B}}T}{h^2}\right)^{3N/2} \mathrm{e}^{-\frac{NE_{\mathrm{c}}}{k_{\mathrm{B}}T}}$$

其中, m 是电子的有效质量, h 是普朗克常量, k_{B} 是玻尔兹曼常量, E_{c} 是导带底能量。

(a) 用亥姆霍兹自由能写出导带电子的热力学基本方程；

(b) 写出导带电子的化学势作为温度 T、体积 V 和电子数 N 的函数表达式 $\mu(T, V, N)$。

解　(a) 正则系综中，亥姆霍兹自由能与配分函数的简单关系为

$$F(T, V, N) = -k_B T \ln Z_C(T, V, N) = -k_B T \ln \left\{ \frac{(2V)^N}{N!} \left(\frac{2\pi m k_B T}{h^2} \right)^{3N/2} e^{-\frac{N E_c}{k_B T}} \right\}$$

N 是一个非常大的数，我们可以使用斯特林近似，$\ln N! = N \ln N - N$，有

$$F(T, V, N) = N E_c - N k_B T \left\{ 1 + \ln \left[\frac{2V}{N} \left(\frac{2\pi m k_B T}{h^2} \right)^{3/2} \right] \right\}$$

(b) 化学势可通过亥姆霍兹自由能的一个状态方程求得

$$\mu(T, V, N) = \left(\frac{\partial F}{\partial N} \right)_{T,V} = E_c - k_B T \ln \left[\frac{2V}{N} \left(\frac{2\pi m k_B T}{h^2} \right)^{3/2} \right]$$

例 5　二元理想气体混合物。

如果气体中量子态数目远远超过粒子数目，粒子可看成独立粒子，那么整个系统的配分函数 $Z_C(T, V, N)$ 可以用单个原子的配分函数 $q(T, V)$ 来表示

$$Z_C(T, V, N) = \frac{[q(T, V)]^N}{N!}$$

例如，对于温度为 T、体积为 V，由 N_A 个 A 原子和 N_B 个 B 原子组成的单原子理想气体二元混合物系统，其正则配分函数由下式给出

$$Z_C(T, V, N_A, N_B) = \frac{q_A^{N_A} q_B^{N_B}}{N_A! N_B!}$$

式中

$$q = \frac{V}{\Lambda^3}, \quad \Lambda = \left(\frac{h^2}{2\pi m k_B T} \right)^{1/2}$$

式中，m 是原子质量，h 是普朗克常量，k_B 是玻尔兹曼常量。

(a) 写出亥姆霍兹自由能作为温度 T、体积 V 和原子数 N_A 和 N_B 的函数表达式；

(b) 写出二元系统的熵作为温度 T、体积 V 和原子数 N_A 和 N_B 的函数表达式；

(c) 写出内能作为温度 T、原子数 N_A 和 N_B 的函数表达式；

(d) 写出 A 原子和 B 原子的化学势作为温度 T、体积 V 和原子数 N_A 和 N_B 的函数表达式。

解　(a) 我们将单个原子的配分函数 q_A 和 q_B 写成

$$q_A = \frac{V}{\Lambda_A^3}, \quad q_B = \frac{V}{\Lambda_B^3}$$

式中

$$\Lambda_A = \left(\frac{h^2}{2\pi m_A k_B T}\right)^{1/2}, \quad \Lambda_B = \left(\frac{h^2}{2\pi m_B k_B T}\right)^{1/2}$$

因此二元系统的配分函数为

$$Z_C(T, V, N) = \frac{V^{N_A} V^{N_B}}{N_A! N_B! \Lambda_A^3 \Lambda_B^3}$$

亥姆霍兹自由能为

$$F = -k_B T \ln Z_C(T, V, N_A, N_B) = -k_B T \ln \left(\frac{V^{N_A} V^{N_B}}{N_A! N_B! \Lambda_A^3 \Lambda_B^3}\right)$$

可简化为

$$F(T, V, N_A, N_B) = -k_B T \left[(N_A + N_B) + N_A \ln \frac{V}{N_A \Lambda_A^3} + N_B \ln \frac{V}{N_B \Lambda_B^3}\right]$$

(b) 二元系统的熵作为温度 T、体积 V 及原子数 N_A 和 N_B 的函数由下式给出

$$S(T, V, N_A, N_B) = -\left(\frac{\partial F}{\partial T}\right)_{V, N_A, N_B} = k_B \left[\frac{5}{2}(N_A + N_B) + N_A \ln \frac{V}{N_A \Lambda_A^3} + N_B \ln \frac{V}{N_B \Lambda_B^3}\right]$$

(c) 二元系统的内能作为温度 T、原子数 N_A 和 N_B 的函数为

$$U = F + TS = \frac{3}{2} N k_B T = \frac{3}{2}(N_A + N_B) k_B T$$

(d) 二元系统中 A 原子和 B 原子的化学势作为温度 T、体积 V 及原子数 N_A 和 N_B 的函数，可写为

$$\mu_A(T, V, N_A, N_B) = \left(\frac{\partial F}{\partial N_A}\right)_{T, V, N_B} = -k_B T \ln \frac{V}{N_A \Lambda_A^3}$$

$$\mu_{\mathrm{B}}(T, V, N_{\mathrm{A}}, N_{\mathrm{B}}) = \left(\frac{\partial F}{\partial N_{\mathrm{B}}}\right)_{T, V, N_{\mathrm{A}}} = -k_{\mathrm{B}}T\ln\frac{V}{N_{\mathrm{B}}\Lambda_{\mathrm{B}}^3}$$

二元混合物的化学势为

$$\mu(T, V, N_{\mathrm{A}}, N_{\mathrm{B}}) = \frac{N_{\mathrm{A}}}{N_{\mathrm{A}} + N_{\mathrm{B}}}\mu_{\mathrm{A}}(T, V, N_{\mathrm{A}}, N_{\mathrm{B}}) + \frac{N_{\mathrm{B}}}{N_{\mathrm{A}} + N_{\mathrm{B}}}\mu_{\mathrm{B}}(T, V, N_{\mathrm{A}}, N_{\mathrm{B}})$$

$$\mu(T, V, N_{\mathrm{A}}, N_{\mathrm{B}}) = -k_{\mathrm{B}}T\left(\frac{N_{\mathrm{A}}}{N_{\mathrm{A}} + N_{\mathrm{B}}}\ln\frac{V}{N_{\mathrm{A}}\Lambda_{\mathrm{A}}^3} + \frac{N_{\mathrm{B}}}{N_{\mathrm{A}} + N_{\mathrm{B}}}\ln\frac{V}{N_{\mathrm{B}}\Lambda_{\mathrm{B}}^3}\right)$$

例 6　朗缪尔等温吸附。

考虑一个在温度 T 下处于平衡的固–气系统，将固体表面划分为 N 个位点的二维格子，并假设气体近似为单原子气体。固体表面的每个格点位置要么被吸附的气体原子占据，要么空着。假设被吸附的气体原子之间没有相互作用，吸附能 ε 是表面吸附的气体原子和气相中的气体原子之间的能量差。假设表面吸附的气体原子数为 n，气相中原子的化学势为

$$\mu^{\mathrm{g}} = -k_{\mathrm{B}}T\ln\left[\frac{(2\pi m)^{3/2}(k_{\mathrm{B}}T)^{5/2}}{ph^3}\right]$$

式中，p 是蒸气压，T 是温度，m 是原子质量，k_{B} 是玻尔兹曼常量，h 是普朗克常量。试推导固体表面被占据的格点分数 n/N 作为蒸气压 p 的函数表达式。

解　具有 N 个晶格位点的固体表面上，吸附着 n 个气体原子，吸附原子和空位的可能排列组态总数为

$$\frac{N!}{(N-n)!n!}$$

设每个组态的能量为 $n\varepsilon$，那么固体表面的正则配分函数为

$$Z_{\mathrm{C}} = \frac{N!}{(N-n)!n!}\mathrm{e}^{-\frac{n\varepsilon}{k_{\mathrm{B}}T}}$$

亥姆霍兹自由能为

$$F = -k_{\mathrm{B}}T\ln Z_{\mathrm{C}} = -k_{\mathrm{B}}T\ln\left[\frac{N!}{(N-n)!n!}\mathrm{e}^{-\frac{n\varepsilon}{k_{\mathrm{B}}T}}\right]$$

采用斯特林近似，有

$$F = n\varepsilon - k_{\mathrm{B}}T\left[-\left(\frac{N-n}{N}\right)\ln\left(\frac{N-n}{N}\right) - \frac{n}{N}\ln\frac{n}{N}\right]$$

因此，固体表面原子的化学势为

$$\mu^{\mathrm{s}} = \left(\frac{\partial F}{\partial n}\right)_{T,N} = \varepsilon - k_{\mathrm{B}}T\left[\ln(N - n) - \ln n\right]$$

相应的气相中原子的化学势为

$$\mu^{\mathrm{g}} = -k_{\mathrm{B}}T\ln\left[\frac{(2\pi m)^{3/2}(k_{\mathrm{B}}T)^{5/2}}{ph^3}\right]$$

在热力学平衡时，$\mu^{\mathrm{s}} = \mu^{\mathrm{g}}$，

$$\varepsilon - k_{\mathrm{B}}T[\ln(N - n) - \ln n] = -k_{\mathrm{B}}T\ln\left[\frac{(2\pi m)^{3/2}(k_{\mathrm{B}}T)^{5/2}}{ph^3}\right]$$

因此

$$\ln\left(\frac{n}{N - n}\right) = \ln\left(\frac{\theta}{1 - \theta}\right) = \ln\frac{ph^3}{(2\pi m)^{3/2}(k_{\mathrm{B}}T)^{5/2}}\mathrm{e}^{-\frac{\varepsilon}{k_{\mathrm{B}}T}}$$

式中，$\theta = n/N$ 表示固体表面吸附的气体原子覆盖率或吸附率。求解上述含表面吸附率 θ 的方程，可得

$$\theta = \frac{Kp}{Kp + 1}$$

式中

$$K = \frac{h^3}{(2\pi m)^{3/2}(k_{\mathrm{B}}T)^{5/2}}\mathrm{e}^{-\frac{\varepsilon}{k_{\mathrm{B}}T}}$$

　　气相中原子比固体表面原子具有更大的熵，为了有效吸附，需要 $\varepsilon < 0$。这样，从能量角度来讲，原子更有利于吸附在固体表面上；从熵的角度来讲，它们更倾向于在气相中。

4.7　习　　题

　　1. 根据爱因斯坦固体模型，假设含 N 个原子的固体具有 $3N$ 个相同频率 ω 的独立振动模式，已知其量子态能级为

$$\varepsilon_i = \left(i + \frac{1}{2}\right)h\omega$$

根据能级 ε_i，试推导内能 U 和熵 S 作为温度 T 的函数表达式。

2. 一个体积为 V、温度为 T 的盒子中含有 N 个原子组成的单原子理想气体，正则配分函数由下式给出

$$Z_{\mathrm{C}} = \frac{V^N}{N!} \left(\frac{2\pi m k_{\mathrm{B}} T}{h^2} \right)^{3N/2}$$

式中，m 是质量，k_{B} 是玻尔兹曼常量，h 是普朗克常量。

(a) 写出系统的亥姆霍兹自由能 F 作为 T、V 和 N 的函数表达式；

(b) 写出系统的熵 S 作为 T、V 和 N 的函数表达式；

(c) 写出系统的内能 U 作为 T、V 和 N 的函数表达式；

(d) 写出系统的化学势 μ 作为 T、V 和 N 的函数表达式。

3. 在恒温 T 和恒压 p 下，由 N 个原子组成的单原子理想气体的等温–等压配分函数为

$$Z_{\mathrm{Tp}}(T, p, N) = \left[\frac{k_{\mathrm{B}} T}{p} \frac{(2\pi m k_{\mathrm{B}} T)^{3/2}}{h^3} \right]^N$$

式中，m 是质量，k_{B} 是玻尔兹曼常量，h 是普朗克常量。

(a) 写出系统的吉布斯自由能 G 作为 T、p 和 N 的函数表达式 $G(T, p, N)$；

(b) 写出系统的熵 S 作为 T、p 和 N 的函数表达式 $S(T, p, N)$；

(c) 写出系统的内能 U 作为 T、p 和 N 的函数表达式 $U(T, p, N)$；

(d) 写出系统的化学势 μ 作为 T、p 和 N 的函数表达式 $\mu(T, p, N)$。

4. 在恒定温度 T 和化学势 μ 下，体积 V 中包含 N 个原子的单原子理想气体，其巨正则配分函数为

$$Z_{\mathrm{G}}(T, V, \mu) = \mathrm{e}^{\left(\frac{2\pi m k_{\mathrm{B}} T}{h^2} \right)^{3/2} V \mathrm{e}^{\mu/(k_{\mathrm{B}} T)}}$$

式中，m 是质量，k_{B} 是玻尔兹曼常量，h 是普朗克常量。

(a) 写出系统的巨势能 Ξ 作为 T、V 和 μ 的函数表达式；

(b) 写出系统的熵 S 作为 T、V 和 μ 的函数表达式；

(c) 写出系统的平均原子数目 N 作为 T、V 和 μ 的函数表达式；

(d) 将化学势 μ 表示为含 T、V 和 N 的函数表达式。

5. 在体积为 V、温度为 T 的盒子中盛有 N 个原子的范德瓦耳斯气体，配分函数为

$$Z_{\mathrm{C}} = \frac{(V - Nb)^N}{N!} \left(\frac{2\pi m k_{\mathrm{B}} T}{h^2} \right)^{3N/2} \exp\left(\frac{aN^2}{V k_{\mathrm{B}} T} \right)$$

式中，m 是质量，k_{B} 是玻尔兹曼常量，h 是普朗克常量，a 和 b 是常数。

(a) 写出系统的亥姆霍兹自由能 F 作为 T、V 和 N 的函数表达式；

(b) 写出系统的熵 S 作为 T、V 和 N 的函数表达式；

(c) 写出系统的内能 U 作为 T、V 和 N 的函数表达式。

6. 将半导体的导带电子视为理想电子气，微正则配分函数可近似为

$$Z_{\mathrm{MC}}(N,V,U) = \frac{(2V)^N}{N!h^{3N}} \frac{[2\pi m(U-NE_{\mathrm{c}})]^{3N/2}}{(3N/2)!}$$

其中，N 是电子数，V 是晶体体积，U 是导带电子内能，m 是有效电子质量，h 是普朗克常量，E_{c} 是导带底能量。

(a) 写出用熵 $S(U,V,N)$ 表示的导带电子的热力学基本方程；

(b) 导出导带电子的化学势 $\mu(U,V,N)$。

7. 将半导体的导带电子视为理想电子气，恒温恒压吉布斯配分函数近似为

$$Z_{\mathrm{Tp}}(T,p,N) = \left[\frac{2k_{\mathrm{B}}T}{p} \left(\frac{2\pi m k_{\mathrm{B}}T}{h^2} \right)^{3/2} \right]^N \mathrm{e}^{-\frac{NE_{\mathrm{c}}}{k_{\mathrm{B}}T}}$$

其中，N 是电子数，p 是压强，T 是温度，m 是有效电子质量，k_{B} 是玻尔兹曼常量，h 是普朗克常量，E_{c} 是导带底能量。

(a) 写出用吉布斯自由能 G 作为 T、p 和 N 的函数 $G(T,p,N)$ 表示的导带电子的热力学基本方程；

(b) 导出导带电子的化学势 μ 作为 T 和 p 的函数表达式 $\mu(T,p)$。

8. 将半导体的导带电子视为理想电子气，巨正则配分函数可写为

$$Z_{\mathrm{G}}(T,V,\mu) = \mathrm{e}^{\left[2V \left(\frac{2\pi m k_{\mathrm{B}}T}{h^2} \right)^{3/2} \right] \mathrm{e}^{\frac{\mu-E_{\mathrm{c}}}{k_{\mathrm{B}}T}}}$$

其中，μ 是化学势或导带电子的费米能级，V 是晶体体积，m 是有效电子质量，k_{B} 是玻尔兹曼常量，h 是普朗克常量，E_{c} 是导带底能。

(a) 写出用巨势能函数 $\Xi(T,V,\mu)$ 表示的导带电子的热力学基本方程；

(b) 写出电子气压强 p 作为 T 和 μ 的函数的表达式；

(c) 写出电子气压强 p 作为 T、V 和 N 的函数表达式；

(d) 写出电子浓度 (N/V) 作为 T 和 μ 的函数表达式；

(e) 写出电子化学势 μ 作为 T 和电子浓度 (N/V) 函数表达式；

(f) 写出导带电子的热能 (TS) 作为 T、V 和 N 的函数表达式；

(g) 写出导带电子每个电子的内能 u 作为 T 的函数表达式。

9. 某元素的晶体中共有 N 个晶格位点，其中形成了 n_{v} 个空位。假设形成能或自由能 (不包括结构熵贡献) 为 Δg_{v}，

(a) 写出系统的正则系综配分函数表达式；

(b) 推导出空位的化学势 μ_v 作为温度 T、n_v 和 N 的函数表达式；

(c) 已知在平衡状态下，空位的化学势 μ_v 为零，写出平衡空位分数 (n_v/V) 作为温度 T 的函数。

10. 在温度 T 下，一个二元系统含有 N_A 个 A 原子和 N_B 个 B 原子分布在 $N(=N_A+N_B)$ 个晶格点上。假设系统的体积由晶格点数固定，即 $V=Nv$，其中 v 是晶格单元的体积。配分函数由下式给出

$$Z_C(T,N_A,N_B) = \frac{N!}{N_A!N_B!}\exp\left[-\frac{z}{2k_BT}\left(N_A E_{AA}+N_B E_{BB}-\frac{N_A N_B \varepsilon_{AB}}{N}\right)\right]$$

$$\varepsilon_{AB} = E_{AA}+E_{BB}-2E_{AB}$$

式中，E_{AA}、E_{BB} 和 E_{AB} 是 A-A 原子、B-B 原子和 A-B 原子的最近邻键能，z 是最近邻数量，k_B 是玻尔兹曼常量，ε_{AB} 是有效交换能。

(a) 写出系统的亥姆霍兹自由能 F 作为 T、N_A 和 N_B 的函数的表达式；

(b) 写出系统的熵 S 作为 T、N_A 和 N_B 的函数的表达式；

(c) 写出 A 原子的化学势 μ_A 作为 T、x_A 和 x_B 的函数的表达式，其中 $x_A=N_A/N$ 和 $x_B=N_B/N$；

(d) 写出 B 原子的化学势 μ_B 作为 T、x_A 和 x_B 的函数的表达式；

(e) 写出系统的内能 U 作为 T、N_A 和 N_B 的函数的表达式。

参 考 文 献

[1] J. W. Gibbs, Elementary Principles in Statistical Mechanics, New York: Charles Scribner's Sons, 1902.

[2] Donald A. McQuarrie, Statistical Mechanics, Harper & Row, 1976.

第 5 章 从热力学基本方程到热力学性质

热力学基本方程包含了材料平衡状态的所有信息，从中可以推导出材料的所有热力学性质。比如我们可以通过热力学能量函数对某一个或者某一对热力学变量的二阶导数得到常见的热容、机械压缩系数和热膨胀系数等。

5.1 热力学能量函数的一阶导数

为了便于讨论，我们再次写出热力学能量函数常见的微分形式

$$\mathrm{d}U = T\mathrm{d}S - p\mathrm{d}V + \mu\mathrm{d}N \tag{5.1}$$

$$\mathrm{d}F = -S\mathrm{d}T - p\mathrm{d}V + \mu\mathrm{d}N \tag{5.2}$$

$$\mathrm{d}H = T\mathrm{d}S + V\mathrm{d}p + \mu\mathrm{d}N \tag{5.3}$$

$$\mathrm{d}G = -S\mathrm{d}T + V\mathrm{d}p + \mu\mathrm{d}N \tag{5.4}$$

式中，U、F、H 和 G 分别是系统的内能、亥姆霍兹自由能、焓和吉布斯自由能。从上面的微分形式可以很容易地看出来，热力学变量温度 T、压强 p、熵 S、体积 V 和化学势 μ 可以从这些能量函数对它们的自然变量求一阶导数得到。也可以说，热力学能量函数对某一热力学变量求一阶导数就等于同一热力学变量共轭对中的另一个热力学变量。例如，由式 (5.1) 可知，在体积 V 和摩尔数 N 都恒定的条件下，热力学共轭对 (T, S) 中的温度 T 可以从内能 U 对熵 S 求一阶导数得到

$$T = \left(\frac{\partial U}{\partial S}\right)_{V,N} \tag{5.5}$$

由式 (5.3) 可知，温度 T 也可以由焓 H 对熵 S 的一阶导数得到

$$T = \left(\frac{\partial H}{\partial S}\right)_{p,N} \tag{5.6}$$

同理，有

$$p = -\left(\frac{\partial U}{\partial V}\right)_{S,N} = -\left(\frac{\partial F}{\partial V}\right)_{T,N} \tag{5.7}$$

$$S = -\left(\frac{\partial F}{\partial T}\right)_{V,N} = -\left(\frac{\partial G}{\partial T}\right)_{p,N} \tag{5.8}$$

$$V = \left(\frac{\partial H}{\partial p}\right)_{S,N} = \left(\frac{\partial G}{\partial p}\right)_{T,N} \tag{5.9}$$

$$\mu = \left(\frac{\partial U}{\partial N}\right)_{S,V} = \left(\frac{\partial H}{\partial N}\right)_{S,p} = \left(\frac{\partial F}{\partial N}\right)_{T,V} = \left(\frac{\partial G}{\partial N}\right)_{T,p} \tag{5.10}$$

所有上述方程都属于状态方程，也就是系统平衡状态热力学变量的相互关系。这些方程是由热力学基本方程对其中一个自然变量取一阶导数得到的。

用 G 表示的热力学基本方程可以用化学势 $\mu(T,p)$ 来替换表示。在式 (5.4) 中设置 $N = 1\text{mol}$ 就可以获得化学势的微分形式。对于 1mol 的材料，吉布斯自由能 G 的大小等于化学势 μ 的大小，熵用摩尔熵 s 表示，体积用摩尔体积 v 表示，$\text{d}N$ 为零，即

$$\text{d}\mu = -s\text{d}T + v\text{d}p \tag{5.11}$$

这也是单组分体系的吉布斯–杜亥姆关系。因此，可以从化学势 μ 获得摩尔熵 s 和摩尔体积 v 分别为

$$s = -\left(\frac{\partial \mu}{\partial T}\right)_p \tag{5.12}$$

$$v = \left(\frac{\partial \mu}{\partial p}\right)_T \tag{5.13}$$

5.2 热力学能量函数的二阶导数

热力学能量函数对热力学变量的二阶导数表示能量函数的表面曲率，从而可以描述材料储存物质的容量，或者材料对于任一热力学变量变化的敏感度或刚度。常见的热力学性质都与某一能量函数的二阶导数有关。例如，材料的容量描述了系统储存物质的能力，定义为每增加单位势所增加的物质的量，即

$$容量 \propto \frac{\text{d}\,(物质的量)}{\text{d}\,(势)} \tag{5.14}$$

式中，d 表示微分。上述方程中的物质的量或势可以分别表示为能量函数对势或者物质的量的一阶导数。因此，简单系统的容量可以表示为同一能量函数对相应热力学势变量 (例如温度、压强或化学势) 的二阶导数。

类似地，材料的敏感度表示材料对外部势的变化或者外加场的响应程度，通常被定义为在每单位相应的势中增加的物质的量的相对变化

$$\text{敏感度} \propto \frac{\mathrm{d}\,(\text{物质的量})}{(\text{物质的量}) \times \mathrm{d}\,(\text{势})} \tag{5.15}$$

或者每单位相应的场中物质密度的变化

$$\text{敏感度} \propto \frac{\mathrm{d}\,(\text{物质密度})}{\mathrm{d}\,(\text{场})} \tag{5.16}$$

可见，敏感度也可以表示为热力学势能函数对一个热力学势变量或场变量的二阶导数。常见例子有机械压缩系数、弹性柔度、介电常数和磁导率等。

材料的刚度或模量与材料的敏感度互为倒数，最典型的例子是机械体积模量和弹性刚度。也可以类似地定义其他类型的模量，例如介电刚度或磁刚度。

5.2.1　热容

根据式 (5.14)，热能的容量被定义为材料每发生单位温度 (热势) 变化时可以存储或释放的热物质的量，即熵的量

$$C_{\mathrm{T}} = \frac{\mathrm{d}S}{\mathrm{d}T} \tag{5.17}$$

也可以称之为熵容。在实验上，热容通常定义为材料发生每单位温度变化 $\mathrm{d}T$ 可以存储或释放的热量 $\mathrm{d}Q(= T\mathrm{d}S)$，

$$C = \frac{\mathrm{d}Q}{\mathrm{d}T} = T\frac{\mathrm{d}S}{\mathrm{d}T} \tag{5.18}$$

在恒容或恒压条件下，材料的热容是不同的。

根据热力学第一定律，在恒容条件下，材料吸收的热等于该材料内能的增加，材料的恒容热容可以定义为

$$C_V = \left(\frac{\mathrm{d}Q}{\mathrm{d}T}\right)_{V,N} = \left(\frac{\partial U}{\partial T}\right)_{V,N} = T\left(\frac{\mathrm{d}S}{\mathrm{d}T}\right)_{V,N} \tag{5.19}$$

根据式 (5.8)，C_V 也可以表示为亥姆霍兹自由能 F 对温度的二阶导数

$$C_V = T\left(\frac{\partial S}{\partial T}\right)_{V,N} = -T\left(\frac{\partial^2 F}{\partial T^2}\right)_{V,N} \tag{5.20}$$

即体积 V 和摩尔数 N 恒定时，恒容热容可以通过亥姆霍兹自由能 F 对温度 T 求二阶导数直接得到。

另一方面，在恒压条件下，材料吸收的热等于焓的增加，材料的恒压热容可以定义为

$$C_p = \left(\frac{\mathrm{d}Q}{\mathrm{d}T} \right)_{p,N} = \left(\frac{\partial H}{\partial T} \right)_{p,N} = T \left(\frac{\mathrm{d}S}{\mathrm{d}T} \right)_{p,N} \tag{5.21}$$

根据式 (5.8)，C_p 可以表示为吉布斯自由能 G 对温度的二阶导数

$$C_p = T \left(\frac{\partial S}{\partial T} \right)_{p,N} = -T \left(\frac{\partial^2 G}{\partial T^2} \right)_{p,N} \tag{5.22}$$

即压强 p 和摩尔数 N 恒定时，恒压热容可以通过吉布斯自由能 G 对温度 T 求二阶导数直接得到。

我们定义 1mol 物质的热容为摩尔热容，可以由下式得到

$$c_v = \left(\frac{\partial u}{\partial T} \right)_v = T \left(\frac{\partial s}{\partial T} \right)_v = -T \left(\frac{\partial^2 f}{\partial T^2} \right)_v \tag{5.23}$$

$$c_p = \left(\frac{\partial h}{\partial T} \right)_p = T \left(\frac{\partial s}{\partial T} \right)_p = -T \left(\frac{\partial^2 \mu}{\partial T^2} \right)_p \tag{5.24}$$

式中，u、s、f、h 和 μ 分别是摩尔内能、摩尔熵、摩尔亥姆霍兹自由能、摩尔焓和化学势。在式 (5.24) 中，我们使用化学势 μ 替代了摩尔吉布斯自由能 g。

总热容和摩尔热容之间由摩尔数 N 相联系

$$C_p = N c_p \tag{5.25}$$

需要注意的一点是，在一些文献中经常采用每千克或每克的物质来表示比热容，不一定用每摩尔。

5.2.2　压缩系数或机械敏感度、模量

压缩系数描述的是每发生单位压强变化时相对体积的变化，可以理解为机械敏感度。材料的压缩系数也跟热力学条件有关。例如，等温压缩系数 β_T 是恒定温度下的体积压缩率

$$\beta_T = -\frac{1}{V} \left(\frac{\partial V}{\partial p} \right)_{T,N} \tag{5.26}$$

稳定物质的体积随着压强的增加而减小，因此在式 (5.26) 中引入负号以使压缩系数为正。利用式 (5.9) 所表示的体积 V 和吉布斯自由能 G 之间的关系，我

们可以用恒定温度和恒定摩尔数下吉布斯自由能对压强 p 的二阶导数来表示等温压缩系数

$$\beta_T = -\frac{1}{V}\left(\frac{\partial^2 G}{\partial p^2}\right)_{T,N} \tag{5.27}$$

绝热压缩系数 β_S 是在熵恒定 (即系统与环境之间没有熵交换的可逆绝热条件) 时测量的材料压缩系数，也可以在熵和摩尔数都恒定的条件下，通过材料的焓 H 对压强 p 的二阶导数求得

$$\beta_S = -\frac{1}{V}\left(\frac{\partial V}{\partial p}\right)_{S,N} = -\frac{1}{V}\left(\frac{\partial^2 H}{\partial p^2}\right)_{S,N} \tag{5.28}$$

材料的等温体积模量 B_T 和绝热体积模量 B_S 是相应压缩系数的倒数，即

$$B_T = \frac{1}{\beta_T} = -V\left(\frac{\partial p}{\partial V}\right)_{T,N} = V\left(\frac{\partial^2 F}{\partial V^2}\right)_{T,N} = -\frac{V}{\left(\dfrac{\partial^2 G}{\partial p^2}\right)_{T,N}} \tag{5.29}$$

和

$$B_S = \frac{1}{\beta_S} = -V\left(\frac{\partial p}{\partial V}\right)_{S,N} = V\left(\frac{\partial^2 U}{\partial V^2}\right)_{S,N} = -\frac{V}{\left(\dfrac{\partial^2 H}{\partial p^2}\right)_{S,N}} \tag{5.30}$$

机械压缩系数 β_T、绝热压缩系数 β_s、等温体积模量 B_T 和绝热体积模量 B_s 也可以分别用化学势 μ、摩尔亥姆霍兹自由能 f、摩尔焓 h 和摩尔内能 u 的二阶导数来表示，即

$$\beta_T = -\frac{1}{v}\left(\frac{\partial^2 \mu}{\partial p^2}\right)_T \tag{5.31}$$

$$\beta_s = -\frac{1}{v}\left(\frac{\partial^2 h}{\partial p^2}\right)_s \tag{5.32}$$

$$B_T = v\left(\frac{\partial^2 f}{\partial v^2}\right)_T = -\frac{v}{\left(\dfrac{\partial^2 \mu}{\partial p^2}\right)_T} \tag{5.33}$$

$$B_s = v\left(\frac{\partial^2 u}{\partial v^2}\right)_s = -\frac{v}{\left(\dfrac{\partial^2 h}{\partial p^2}\right)_s} \tag{5.34}$$

5.2.3　化学容 [1]

类似于热容和压缩系数，化学容可以定义为

$$C_{\mathrm{C}} = \frac{\partial N}{\partial \mu} = \frac{1}{\dfrac{\partial \mu}{\partial N}} \tag{5.35}$$

化学容也跟热力学条件有关。例如，对于单组分系统，化学势仅是温度 T 和压强 p 的函数，与摩尔数 N 无关

$$\left(\frac{\partial \mu}{\partial N} \right)_{T,p} = 0$$

因此，

$$C_{\mathrm{C}} = \left(\frac{\partial N}{\partial \mu} \right)_{T,p} = \frac{1}{\left(\dfrac{\partial \mu}{\partial N} \right)_{T,p}} = \frac{1}{\left(\dfrac{\partial^2 G}{\partial N^2} \right)_{T,p}} = \infty (\text{未定义}) \tag{5.36}$$

　　由于势之间的吉布斯–杜亥姆关系，在恒温恒压下的单组分体系的化学容没有意义。然而，单组分体系在其他热力学条件 (如恒温恒容、恒熵恒压或者恒熵恒容) 下的化学容，或者在恒温恒压下的二元或多元体系中的化学容都有明确的定义。例如，简单组分系统在恒温恒容下的化学容可以定义为

$$C_{\mathrm{C}} = \left(\frac{\partial N}{\partial \mu} \right)_{T,V} = -\left(\frac{\partial^2 \Xi}{\partial \mu^2} \right)_{T,V} = \frac{1}{\left(\dfrac{\partial \mu}{\partial N} \right)_{T,V}} = \frac{1}{\left(\dfrac{\partial^2 F}{\partial N^2} \right)_{T,V}} \tag{5.37}$$

式中，Ξ 是巨势能，F 是亥姆霍兹自由能。

　　需要注意的是，类似于恒压和恒容条件下的热容大小不同，或者等温和绝热条件下的压缩系数大小不同，不同条件下的化学容也是不同的。例如，绝热和恒容条件下或者绝热和恒压条件下的化学容，将不同于等温恒容条件下的化学容。

5.2.4　电容

电容 C_{E} 等于每单位电势变化 $\mathrm{d}\phi$ 时介电电容器可以存储或释放的电荷量 $\mathrm{d}q$，即

$$C_{\mathrm{E}} = \frac{\mathrm{d}q}{\mathrm{d}\phi} \tag{5.38}$$

我们还可以用能量函数对电荷 q 的二阶导数来表示电容

$$C_{\mathrm{E}} = \frac{\mathrm{d}q}{\mathrm{d}\phi} = -\left(\frac{\partial^2 G'}{\partial \phi^2} \right)_{T,p,N} \tag{5.39}$$

式中，G' 是以电势 ϕ 作为自然变量的电势能函数。

5.3　体积热膨胀系数

热膨胀系数描述的是材料的热机械耦合效应，也就是温度每发生 1°C 的变化引起的体积的相对变化量，

$$\alpha = \frac{1}{V}\left(\frac{\partial V}{\partial T}\right)_{p,N} \tag{5.40}$$

利用吉布斯自由能 G 对压强 p 的一阶导数替换式 (5.40) 中的 V，可以得到用吉布斯自由能对温度和压强求混合二阶导数表示的热膨胀系数，

$$\alpha = \frac{1}{V}\left(\frac{\partial^2 G}{\partial T \partial p}\right)_N \tag{5.41}$$

热膨胀系数也可以用化学势 μ 对温度 T 和压强 p 的二阶导数来表示

$$\alpha = \frac{1}{v}\frac{\partial^2 \mu}{\partial T \partial p} \tag{5.42}$$

实验中通常使用线胀系数膨胀计来测量材料的热膨胀系数。固体的热膨胀系数很小，通常在 $10^{-6}\mathrm{K}^{-1}$ 数量级，因此可以使用线性热膨胀系数 α_1 近似获得体积热膨胀系数 α，

$$\alpha = \frac{1}{v}\left(\frac{\partial v}{\partial T}\right)_p \approx 3\alpha_1 = 3\frac{1}{L}\left(\frac{\partial L}{\partial T}\right)_{p,N} \tag{5.43}$$

式中，L 是用于测量线性热膨胀系数的杆的长度。

5.4　均匀晶体的热效应、机械效应、电效应和磁效应[2]

晶体的许多性质是各向异性的，因此常用张量和矢量来表示。例如，机械应力 σ_{ij} 和应变 ε_{ij} 之间的关系有

$$\sigma_{ij} = C_{ijkl}\varepsilon_{kl}, \quad \varepsilon_{ij} = s_{ijkl}\sigma_{kl} \tag{5.44}$$

式中，C_{ijkl} 和 s_{ijkl} 分别是四阶弹性刚度张量和柔度张量。

晶体中电场 E_i 和电位移 D_i 之间的关系为

$$D_i = \epsilon_0 E_i + P_i = \epsilon_0\left(\delta_{ij} + \chi_{ij}\right)E_j = \epsilon_0 K_{ij}E_j = k_{ij}E_j, \quad P_i = \epsilon_0\chi_{ij}E_j \tag{5.45}$$

式中，ϵ_0 为真空介电常数 $(8.854 \times 10^{-12}\text{F/m}$，$\text{C}/(\text{V} \cdot \text{m}))$；$P_i$ 是极化强度 (单位体积内的极化电偶极矩矢量和，或者垂直于极化方向的单位面积内的极化电荷矢量)；δ_{ij} 为 Kronecker-delta 函数；χ_{ij} 为介电极化率张量；K_{ij} 为相对介电常数或者介电常数；k_{ij} 为介电常数张量。

晶体中磁场强度 H_i 与磁感应强度 B_i 之间的关系为

$$B_i = \mu_0 H_i + I_i = \mu_0 \left(\delta_{ij} + \psi_{ij}\right) H_j = \mu_0 M_{ij} H_j = \mu_{ij} H_j, \quad I_i = k_0 \psi_{ij} H_j \quad (5.46)$$

其中，μ_0 是真空磁导率 $(4\pi/10^7 \text{H/m}$，$\text{N/A}^2)$，I_i 为单位体积的磁化强度或磁矩，ψ_{ij} 为磁化率张量，M_{ij} 为相对磁导率张量，μ_{ij} 为磁导率张量。

对于涉及电能、机械能、磁能和重力势能的晶体，其内能的微分形式为

$$\mathrm{d}U = T\mathrm{d}S + \mu\mathrm{d}N + \phi\mathrm{d}q + V\sigma_{ij}\mathrm{d}\varepsilon_{ij} + VE_i\mathrm{d}D_i + VH_i\mathrm{d}B_i + gz\mathrm{d}m \quad (5.47)$$

式中，U 是内能，T 是温度，S 是熵，μ 是化学势，N 是摩尔数，ϕ 是电势，q 是电荷，σ_{ij} 和 ε_{ij} 分别是应力和应变的第 ij 组分量，E_i 和 D_i 分别是电场和电位移的第 i 组分量，H_i 和 B_i 分别是磁场和磁感应强度的第 i 组分量，g 是重力，z 是高度，m 是质量。在式 (5.44) $\sim$ 式 (5.47) 中的重复相同的下标项是采用了爱因斯坦求和约定。

假设压强–体积项包含在应力–应变项中，例如在静水压强的情况下，有

$$\sigma_{ij} = -p\delta_{ij} \quad (5.48)$$

式中，δ_{ij} 是 Kronecker-delta 函数，如果 $i = j$，$\delta_{ij} = 1$，否则 $\delta_{ij} = 0$。因此，在静水压强下，有

$$V\sigma_{ij}\mathrm{d}\varepsilon_{ij} = -Vp\delta_{ij}\mathrm{d}\varepsilon_{ij} = -pV\mathrm{d}\left(\varepsilon_{11} + \varepsilon_{22} + \varepsilon_{33}\right) = -p\mathrm{d}V \quad (5.49)$$

对于带电物质 i，化学项、电荷项和重力项可以合并成一项，即

$$\mu_i\mathrm{d}N + \phi\mathcal{F}z_i\mathrm{d}N + gzM\mathrm{d}N = \left(\mu_i + \phi\mathcal{F}z_i + gzM\right)\mathrm{d}N \quad (5.50)$$

式中，μ_i 是带电物质 i 的化学势，$\mathcal{F}$ 是法拉第常数，z_i 是带电物质 i 的化合价，z 是高度，M 是摩尔质量。因此，如果我们把微分形式的化学势理解为包括化学势、电势和重力势的总势，就可以得到更简短的热力学基本方程的微分形式

$$\mathrm{d}U = T\mathrm{d}S + \mu\mathrm{d}N + V\sigma_{ij}\mathrm{d}\varepsilon_{ij} + VE_i\mathrm{d}D_i + VH_i\mathrm{d}B_i \quad (5.51)$$

相应的积分形式为

$$U = TS + \mu N + V\sigma_{ij}\varepsilon_{ij} + VE_iD_i + VH_iB_i \quad (5.52)$$

一个系统的总能量包含系统与环境之间所有的相互作用能，各自具有不同的能量名称，例如电自由能或电自由焓、磁自由能、巨势自由能等。

对于 1mol 物质，式 (5.52) 可以写为

$$u = Ts + \mu + v\left(\sigma_{ij}\varepsilon_{ij} + E_i D_i + H_i B_i\right) \tag{5.53}$$

式中，u，s，μ 和 v 分别是摩尔内能、摩尔熵、化学势和摩尔体积。

对于单位体积的物质，我们也可以用密度改写式 (5.52) 为

$$u_v = Ts_v + \mu c + \sigma_{ij}\varepsilon_{ij} + E_i D_i + H_i B_i \tag{5.54}$$

微分形式为

$$\mathrm{d}u_v = T\mathrm{d}s_v + \mu\mathrm{d}c + \sigma_{ij}\mathrm{d}\varepsilon_{ij} + E_i\mathrm{d}D_i + H_i\mathrm{d}B_i \tag{5.55}$$

式中，s_v 是单位体积的熵，或称为熵密度；c 是单位体积的摩尔数。

接下来我们将基于单位体积进行计算，因此方程中的下标 v 省略不计，式 (5.54) 和式 (5.55) 可以写为

$$u = Ts + \mu c + \sigma_{ij}\varepsilon_{ij} + E_i D_i + H_i B_i \tag{5.56}$$

$$\mathrm{d}u = T\mathrm{d}s + \mu\mathrm{d}c + \sigma_{ij}\mathrm{d}\varepsilon_{ij} + E_i\mathrm{d}D_i + H_i\mathrm{d}B_i \tag{5.57}$$

相应的亥姆霍兹自由能密度为

$$f = \mu c + \sigma_{ij}\varepsilon_{ij} + E_i D_i + H_i B_i \tag{5.58}$$

$$\mathrm{d}f = -s\mathrm{d}T + \mu\mathrm{d}c + \sigma_{ij}\mathrm{d}\varepsilon_{ij} + E_i\mathrm{d}D_i + H_i\mathrm{d}B_i \tag{5.59}$$

式中，s 是熵密度。

如果选择势和场作为自然变量，更合适的热力学势为

$$g = u - Ts - \sigma_{ij}\varepsilon_{ij} - E_i D_i - H_i B_i \tag{5.60}$$

$$\mathrm{d}g = -s\mathrm{d}T + \mu\mathrm{d}c - \left(\varepsilon_{ij}\mathrm{d}\sigma_{ij} + D_i\mathrm{d}E_i + B_i\mathrm{d}H_i\right) \tag{5.61}$$

式中，g 是吉布斯自由能密度，其实就是化学能密度或单位体积的化学能。

5.5 主 要 性 质

所有常见的热力学性质，都可以通过下面两种微分形式的热力学基本方程进行定义

$$\mathrm{d}f = -s\mathrm{d}T + \mu\mathrm{d}c + \sigma_{ij}\mathrm{d}\varepsilon_{ij} + E_i\mathrm{d}D_i + H_i\mathrm{d}B_i \tag{5.62}$$

$$\mathrm{d}g = -s\mathrm{d}T + \mu\mathrm{d}c - (\varepsilon_{ij}\mathrm{d}\sigma_{ij} + D_i\mathrm{d}E_i + B_i\mathrm{d}H_i) \tag{5.63}$$

需要注意的是，上述两个方程中所有项都具有每单位体积的能量量纲。为了减少方程数量，我们假设物质的体积密度是一个常数，有

$$\mathrm{d}f = -s\mathrm{d}T + \sigma_{ij}\mathrm{d}\varepsilon_{ij} + E_i\mathrm{d}D_i + H_i\mathrm{d}B_i \tag{5.64}$$

$$\mathrm{d}g = -s\mathrm{d}T - (\varepsilon_{ij}\mathrm{d}\sigma_{ij} + D_i\mathrm{d}E_i + B_i\mathrm{d}H_i) \tag{5.65}$$

接下来就可以基于亥姆霍兹自由能密度和吉布斯自由能密度的一阶导数，定义应力、电场和磁场分别为

$$\left(\frac{\partial f}{\partial \varepsilon_{ij}}\right)_{T,D,B} = \sigma_{ij}, \quad \left(\frac{\partial f}{\partial D_i}\right)_{T,\varepsilon,B} = E_i, \quad \left(\frac{\partial f}{\partial B_i}\right)_{T,\varepsilon,D} = H_i \tag{5.66}$$

$$\left(\frac{\partial g}{\partial \sigma_{ij}}\right)_{T,E,H} = -\varepsilon_{ij}, \quad \left(\frac{\partial g}{\partial E_i}\right)_{T,\sigma,H} = -D_i, \quad \left(\frac{\partial g}{\partial H_i}\right)_{T,\sigma,E} = -B_i \tag{5.67}$$

晶体的主要物理性质是对特定的热力学变量求二阶导数给出的。例如，在恒定的应力、电场和磁场下，吉布斯自由能对温度求二阶导数与热容相关。

1. 热容

$$\left(\frac{\partial^2 g}{\partial T^2}\right)_{\sigma,E,H} = -\left(\frac{\partial S}{\partial T}\right)_{\sigma,E,H} = -\frac{c_p}{T} \tag{5.68}$$

这里的热容是单位体积物质的热容。

2. 弹性刚度和柔度常数

亥姆霍兹自由能密度对应变求二阶导数为

$$\left(\frac{\partial^2 f}{\partial \varepsilon_{ij}\partial \varepsilon_{kl}}\right)_{T,D,B} = \left(\frac{\partial \sigma_{ij}}{\partial \varepsilon_{kl}}\right)_{T,D,B} = C_{ijkl} \tag{5.69}$$

其中，C_{ijkl} 是四阶弹性刚度张量，C_{ijkl} 线性连接了二阶弹性应力张量 σ_{ij} 和二阶弹性应变张量 ε_{ij}。

吉布斯自由能密度对应力求二阶导数为

$$\left(\frac{\partial^2 g}{\partial \sigma_{ij}\partial \sigma_{kl}}\right)_{T,E,H} = -\left(\frac{\partial \varepsilon_{ij}}{\partial \sigma_{kl}}\right)_{T,E,H} = -C_{ijkl}^{-1} = -s_{ijkl} \tag{5.70}$$

其中，C_{ijkl}^{-1} 是弹性刚度张量的倒数，s_{ijkl} 是四阶弹性柔度张量。

3. 介电常数张量

吉布斯自由能密度对电场的二阶导数为

$$\left(\frac{\partial^2 g}{\partial E_i \partial E_j}\right)_{T,\sigma,H} = -\left(\frac{\partial D_i}{\partial E_j}\right)_{T,\sigma,H} = -\kappa_{ij} \tag{5.71}$$

式中，κ_{ij} 是二阶介电常数 (或电容率) 张量。

亥姆霍兹自由能密度对电位移求二阶导数为

$$\left(\frac{\partial^2 f}{\partial D_i \partial D_j}\right)_{T,\varepsilon,B} = \left(\frac{\partial E_i}{\partial D_j}\right)_{T,\varepsilon,B} = \kappa_{ij}^{-1} \tag{5.72}$$

式中，二阶电容率 (介电常数) 张量的倒数 κ_{ij}^{-1} 也可以称为二阶介电刚度张量。

有时也可以将电极化 (而不是电位移) 作为独立的热力学变量，有

$$D_i = \kappa_{ij} E_j = (\delta_{ij} + \chi_{ij})\epsilon_0 E_j = \epsilon_0 E_i + P_i \tag{5.73}$$

式中，ϵ_0 为真空电容率，χ_{ij} 为二阶极化率张量。真空电容率与极化率张量有如下关系

$$\kappa_{ij} = (\delta_{ij} + \chi_{ij})\epsilon_0 \tag{5.74}$$

式中 $(\delta_{ij} + \chi_{ij})$ 是介电常数张量。

需要指出的是，D_i，P_i 或者 E_i 可以作为独立的热力学变量，但不能同时使用其中的两个作为独立热力学变量。使用电极化 P_i 而不使用电位移 D_i 作为独立热力学变量的方程如下：

$$\mathrm{d}g = -s\mathrm{d}T - \varepsilon_{ij}\mathrm{d}\sigma_{ij} - P_i\mathrm{d}E_i - B_i\mathrm{d}H_i \tag{5.75}$$

$$\left(\frac{\partial^2 g}{\partial E_i \partial E_j}\right)_{T,\sigma,H} = -\left(\frac{\partial P_i}{\partial E_j}\right)_{T,\sigma,H} = -\epsilon_\circ\chi_{ij} \tag{5.76}$$

4. 磁导率张量

吉布斯自由能密度对磁场强度 H 求二阶导数等于负的二阶磁导率张量，可以写为

$$\left(\frac{\partial^2 g}{\partial H_i \partial H_j}\right)_{T,\sigma,E} = -\left(\frac{\partial B_i}{\partial H_j}\right)_{T,\sigma,E} = -\mu_{ij} \tag{5.77}$$

式中，μ_{ij} 是磁导率张量。同理，亥姆霍兹自由能密度相对于磁感应强度 B 求二阶导数为

$$\left(\frac{\partial^2 f}{\partial B_i \partial B_i}\right)_{T,\varepsilon,D} = \left(\frac{\partial H_i}{\partial B_j}\right)_{T,\varepsilon,D} = \mu_{ij}^{-1} \tag{5.78}$$

式中，二阶磁导率张量的倒数 μ_{ij}^{-1} 也可以称为二阶磁模量张量。

5.6　耦　合　性　质

1. 热弹效应——热膨胀系数

晶体的耦合物理性质由能量函数对两个热力学变量求二阶混合导数给出。例如，吉布斯自由能密度对温度和应力求二阶导数是

$$\frac{\partial^2 g}{\partial T \partial \sigma_{ij}} = -\left(\frac{\partial \varepsilon_{ij}}{\partial T}\right)_{\sigma, E, H} = -\alpha_{ij} \tag{5.79}$$

$$\frac{\partial^2 g}{\partial \sigma_{ij} \partial T} = -\left(\frac{\partial s}{\partial \sigma_{ij}}\right)_{T, E, H} = -\alpha'_{ij} \tag{5.80}$$

式中，α_{ij} 为二阶热膨胀系数张量，α'_{ij} 为二阶弹热张量。

2. 热电效应

吉布斯自由能密度对温度和电场求两个混合二阶导数是

$$\frac{\partial^2 g}{\partial T \partial E_i} = -\left(\frac{\partial D_i}{\partial T}\right)_{\sigma, E, H} = -p_i \tag{5.81}$$

$$\frac{\partial^2 g}{\partial E_i \partial T} = -\left(\frac{\partial s}{\partial E_i}\right)_{T, \sigma, H} = -p'_i \tag{5.82}$$

式中，p_i 是热电矢量，p'_i 是电热矢量。

3. 热磁效应

热磁效应可以用吉布斯自由能密度对温度和磁场求混合二阶导数来表示

$$\frac{\partial^2 g}{\partial T \partial H_i} = -\left(\frac{\partial B_i}{\partial T}\right)_{\sigma, E, H} = -\pi_i \tag{5.83}$$

$$\frac{\partial^2 g}{\partial H_i \partial T} = -\left(\frac{\partial s}{\partial H_i}\right)_{T, \sigma, E} = -\pi'_i \tag{5.84}$$

式中，π_i 是热磁矢量，π'_i 是磁热矢量。

4. 压电效应

吉布斯自由能密度对应力和电场求混合二阶导数是

$$\frac{\partial^2 g}{\partial \sigma_{jk} \partial E_i} = -\left(\frac{\partial D_i}{\partial \sigma_{jk}}\right)_{T, E, H} = -d_{ijk} \tag{5.85}$$

$$\frac{\partial^2 g}{\partial E_k \partial \varepsilon_{ij}} = -\left(\frac{\partial \varepsilon_{ij}}{\partial E_k}\right)_{T, \sigma, H} = -d'_{ijk} \tag{5.86}$$

式中，d_{ijk} 是三阶压电张量，d'_{ijk} 是三阶逆压电张量。

5. 压磁效应

压磁效应可以用吉布斯自由能密度对应力和磁场的混合二阶导数来表示

$$\frac{\partial^2 g}{\partial \sigma_{jk} \partial H_i} = -\left(\frac{\partial B_i}{\partial \sigma_{jk}}\right)_H = -z_{ijk} \tag{5.87}$$

$$\frac{\partial^2 g}{\partial H_k \partial \varepsilon_{ij}} = -\left(\frac{\partial \varepsilon_{ij}}{\partial H_k}\right)_\sigma = -z'_{ijk} \tag{5.88}$$

式中，z_{ijk} 是三阶压磁张量，z'_{ijk} 是三阶逆压磁张量。

6. 磁电效应

磁电效应可以用吉布斯自由能密度对电场和磁场求混合二阶导数来表示

$$\frac{\partial^2 g}{\partial H_j \partial E_i} = -\left(\frac{\partial D_i}{\partial H_j}\right)_E = -\beta_{ij} \tag{5.89}$$

$$\frac{\partial^2 g}{\partial E_j \partial H_i} = -\left(\frac{\partial B_i}{\partial E_j}\right)_H = -\beta'_{ij} \tag{5.90}$$

式中，β_{ij} 是二阶磁电张量，β'_{ij} 是二阶逆磁电张量。

5.7 导数与性质关系的总结

在材料科学和工程领域最常见的实验条件是恒温恒压，表 5.1 是最常用的热力学性质的定义及其与化学势二阶导数的关系。

表 5.1 由化学势对温度和压强求一阶导数和二阶导数定义的热力学性质

$\mu = \left(\frac{\partial G}{\partial N}\right)_{T,p}$	$\mathrm{d}\mu = -s\mathrm{d}T + v\mathrm{d}p$	$c_p = \left(\frac{\partial h}{\partial T}\right)_p$	$\beta_T = -\frac{1}{v}\left(\frac{\partial v}{\partial p}\right)_T$	$\alpha = \frac{1}{v}\left(\frac{\partial v}{\partial T}\right)_p$
$s = -\left(\frac{\partial \mu}{\partial T}\right)_p$	$v = \left(\frac{\partial \mu}{\partial p}\right)_T$	$c_p = -T\left(\frac{\partial^2 \mu}{\partial T^2}\right)_p$	$\beta_T = -\frac{1}{v}\left(\frac{\partial^2 \mu}{\partial p^2}\right)_T$	$\alpha = \frac{1}{v}\frac{\partial^2 \mu}{\partial T \partial p}$

下面，我们还总结了一些关于热力学能量函数对一个或多个热力学变量求导数，以及一个热力学变量对另一个热力学变量求导数获得热力学性质的一般规律。

(1) 基本热力学能量函数对某一热力学变量求一阶导数，就得到该热力学变量共轭对中的另一个热力学变量。例如，

$$T = \left(\frac{\partial U}{\partial S}\right)_{V,N} = \left(\frac{\partial H}{\partial S}\right)_{p,N}, \quad S = -\left(\frac{\partial F}{\partial T}\right)_{V,N} = -\left(\frac{\partial G}{\partial T}\right)_{p,N} = -\left(\frac{\partial \Xi}{\partial T}\right)_{V,\mu}$$

$$V = \left(\frac{\partial H}{\partial p}\right)_{S,N} = \left(\frac{\partial G}{\partial p}\right)_{T,N}, \quad p = -\left(\frac{\partial U}{\partial V}\right)_{S,N} = -\left(\frac{\partial F}{\partial V}\right)_{T,N} = -\left(\frac{\partial \Xi}{\partial V}\right)_{T,\mu}$$

$$\mu = \left(\frac{\partial U}{\partial N}\right)_{S,V} = \left(\frac{\partial H}{\partial N}\right)_{S,p} = \left(\frac{\partial F}{\partial N}\right)_{T,V} = \left(\frac{\partial G}{\partial N}\right)_{T,p}, \quad N = -\left(\frac{\partial \Xi}{\partial \mu}\right)_{T,V}$$

(2) 化学势 μ 对热力学变量温度 T 和压强 p 求一阶导数，分别得到摩尔熵 s 和摩尔体积 v，有

$$s = -\left(\frac{\partial \mu}{\partial T}\right)_p, \quad v = \left(\frac{\partial \mu}{\partial p}\right)_T$$

(3) 热力学能量密度函数对热力学矢量或张量变量的分量求一阶导数，得到同一热力学变量共轭对中另一个热力学变量张量的对应分量。例如

$$\left(\frac{\partial f}{\partial \varepsilon_{ij}}\right)_{T,D,B} = \sigma_{ij}, \quad \left(\frac{\partial f}{\partial D_i}\right)_{T,\varepsilon,B} = E_i, \quad \left(\frac{\partial f}{\partial B_i}\right)_{T,\varepsilon,D} = H_i$$

$$\left(\frac{\partial g}{\partial \sigma_{ij}}\right)_{T,E,H} = -\varepsilon_{ij}, \quad \left(\frac{\partial g}{\partial E_i}\right)_{T,\sigma,H} = -D_i, \quad \left(\frac{\partial g}{\partial H_i}\right)_{T,\sigma,E} = -B_i$$

(4) 广度热力学变量 $(S,\ V,\ N)$ 对强度热力学变量 $(T,\ p,\ \mu)$ 求一阶导数，可以表示材料对外界环境刺激的敏感度或每单位势变化可储存多少物质。例如，

$$\left(\frac{\partial S}{\partial T}\right)_{V,N} = -\left(\frac{\partial^2 F}{\partial T^2}\right)_{V,N} = \frac{C_V}{T}, \quad \left(\frac{\partial S}{\partial T}\right)_{p,N} = -\left(\frac{\partial^2 G}{\partial T^2}\right)_{p,N} = \frac{C_p}{T}$$

$$\left(\frac{\partial V}{\partial p}\right)_{T,N} = \left(\frac{\partial^2 G}{\partial p^2}\right)_{T,N} = -V\beta_T, \quad \left(\frac{\partial V}{\partial p}\right)_{S,N} = \left(\frac{\partial^2 H}{\partial p^2}\right)_{S,N} = -V\beta_S$$

(5) 强度热力学变量 $(T,\ p,\ \mu)$ 对广度热力学变量 $(S,\ V,\ N)$ 求一阶导数可得到材料模量，包括热模量、机械模量 (K_T) 和化学模量。例如，

$$\left(\frac{\partial T}{\partial S}\right)_{p,N} = \left(\frac{\partial^2 H}{\partial S^2}\right)_{p,N} = \frac{T}{C_p}$$

$$\left(\frac{\partial p}{\partial V}\right)_{T,N} = -\left(\frac{\partial^2 F}{\partial V^2}\right)_{T,N} = -\frac{1}{V\beta_T} = -\frac{B_T}{V}$$

(6) 广度热力学变量密度 $(\varepsilon_{ij},\ D_i,\ B_i)$ 对其相应的热力学场 $(\sigma_{ij},\ E_i,\ H_i)$ 求一阶导数可得到材料敏感度张量，如弹性柔度张量、介电常数张量、磁导率张量。例如，对于一个封闭系统有

$$\left(\frac{\partial \varepsilon_{ij}}{\partial \sigma_{kl}}\right)_{T,E,H} = -\left(\frac{\partial^2 g}{\partial \sigma_{ij} \partial \sigma_{kl}}\right)_{T,E,H} = s^E_{ijkl} \quad \left(\frac{\partial D_i}{\partial E_j}\right)_{T,\sigma,H} = -\left(\frac{\partial^2 g}{\partial E_i \partial E_j}\right)_{T,\sigma,H} = \kappa^\sigma_{ij}$$

$$\left(\frac{\partial \varepsilon_{ij}}{\partial \sigma_{kl}}\right)_{T,D,H} = -\left(\frac{\partial^2 g}{\partial \sigma_{ij} \partial \sigma_{kl}}\right)_{T,D,H} = s_{ijkl}^D, \quad \left(\frac{\partial D_i}{\partial E_j}\right)_{T,\varepsilon,H} = -\left(\frac{\partial^2 g}{\partial E_i \partial E_j}\right)_{T,\varepsilon,H} = \kappa_{ij}^\varepsilon$$

(7) 热力学场 (σ_{ij}, E_i, H_i) 对广度热力学变量密度 (ε_{ij}, D_i, B_i) 求一阶导数是材料模量张量, 如弹性刚度或弹性模量张量、介电刚度或介电模量张量和磁刚度或磁模量张量。例如,

$$\left(\frac{\partial \sigma_{ij}}{\partial \varepsilon_{kl}}\right)_{T,E,H} = \left(\frac{\partial^2 f}{\partial \varepsilon_{ij} \partial \varepsilon_{kl}}\right)_{T,E,H} = C_{ijkl}^E, \quad \left(\frac{\partial E_i}{\partial D_j}\right)_{T,\sigma,H} = \left(\frac{\partial^2 f}{\partial D_i \partial D_j}\right)_{T,\sigma,H} = \left(\kappa_{ij}^\sigma\right)^{-1}$$

$$\left(\frac{\partial \sigma_{ij}}{\partial \varepsilon_{kl}}\right)_{T,D,H} = \left(\frac{\partial^2 f}{\partial \varepsilon_{ij} \partial \varepsilon_{kl}}\right)_{T,D,H} = C_{ijkl}^D, \quad \left(\frac{\partial E_i}{\partial D_j}\right)_{T,\varepsilon,H} = \left(\frac{\partial^2 f}{\partial D_i \partial D_j}\right)_{T,\varepsilon,H} = \left(\kappa_{ij}^\varepsilon\right)^{-1}$$

5.8 示 例

例 1 导带电子的每电子内能 (u) 可以近似为 $(3/2)k_BT + E_c$, 其中 k_B 是玻尔兹曼常量, T 是温度, E_c 是导带边缘底部能量或最小电子势能。求恒定体积下电子的热容。

解 导带中自由电子的恒容热容为

$$c_v = \left(\frac{\partial u}{\partial T}\right)_v = \frac{3}{2}k_B \quad (\text{每电子热容})$$

例 2 已知原子数为 N 的单原子理想气体的吉布斯自由能 G 作为温度 T 和压强 p 的函数为

$$G(T,p,N) = Nk_BT\left\{\ln\left[\frac{2k_BT}{p}\left(\frac{2\pi m k_BT}{h^2}\right)^{3/2}\right]\right\}$$

式中, k_B 是玻尔兹曼常量, m 是电子的有效质量, h 是普朗克常量。

(a) 求恒压热容;

(b) 求等温压缩系数。

解 (a) 恒压热容为

$$C_p = -T\left(\frac{\partial^2 G}{\partial T^2}\right)_{p,N} = \frac{5}{2}Nk_B$$

(b) 等温压缩系数为

$$\beta_T = -\frac{1}{V}\left(\frac{\partial^2 G}{\partial p^2}\right)_{T,N} = \frac{1}{p}$$

例 3　一个两能级系统，其能级为 ε_o 和 ε_1，体积为 V，独立的粒子数为 N，以能级、粒子数和温度作为变量，则系统的亥姆霍兹自由能、熵和内能的函数表达式为

$$F(T,V,N) = -Nk_\mathrm{B}T\ln\left(\mathrm{e}^{-\frac{\varepsilon_\mathrm{o}}{k_\mathrm{B}T}} + \mathrm{e}^{-\frac{\varepsilon_1}{k_\mathrm{B}T}}\right)$$

$$S(T,V,N) = Nk_\mathrm{B}\ln\left(\mathrm{e}^{-\frac{\varepsilon_\mathrm{o}}{k_\mathrm{B}T}} + \mathrm{e}^{-\frac{\varepsilon_1}{k_\mathrm{B}T}}\right) + \frac{N}{T}\frac{\varepsilon_\mathrm{o}\mathrm{e}^{-\frac{\varepsilon_\mathrm{o}}{k_\mathrm{B}T}} + \varepsilon_1\mathrm{e}^{-\frac{\varepsilon_1}{k_\mathrm{B}T}}}{\mathrm{e}^{-\frac{\varepsilon_\mathrm{o}}{k_\mathrm{B}T}} + \mathrm{e}^{-\frac{\varepsilon_1}{k_\mathrm{B}T}}}$$

$$U(T,V,N) = N\frac{\varepsilon_\mathrm{o}\mathrm{e}^{-\frac{\varepsilon_\mathrm{o}}{k_\mathrm{B}T}} + \varepsilon_1\mathrm{e}^{-\frac{\varepsilon_1}{k_\mathrm{B}T}}}{\mathrm{e}^{-\frac{\varepsilon_\mathrm{o}}{k_\mathrm{B}T}} + \mathrm{e}^{-\frac{\varepsilon_1}{k_\mathrm{B}T}}}$$

请根据 $F(T,V,N)$、$S(T,V,N)$ 和 $U(T,V,N)$ 来求得恒容热容。

解　恒容热容由下式给出

$$C_V = \left(\frac{\partial U}{\partial T}\right)_{V,N} = T\left(\frac{\partial S}{\partial T}\right)_{V,N} = -T\left(\frac{\partial^2 F}{\partial T^2}\right)_{V,N} = \frac{Nk_\mathrm{B}\left(\dfrac{\varepsilon_1 - \varepsilon_\mathrm{o}}{k_\mathrm{B}T}\right)^2 \mathrm{e}^{-\frac{\varepsilon_1 - \varepsilon_\mathrm{o}}{k_\mathrm{B}T}}}{\left(1 + \mathrm{e}^{-\frac{\varepsilon_1 - \varepsilon_\mathrm{o}}{k_\mathrm{B}T}}\right)^2}$$

例 4　温度为 T、体积为 V 的黑体辐射的亥姆霍兹自由能由下式给出

$$F(T,V) = -\frac{4\sigma}{3c}VT^4$$

其中，σ 是斯特藩–玻尔兹曼常量，c 是真空中的光速。

(a) 写出恒容热容与 T 和 V 的函数关系式；

(b) 写出等温体积模量与 T 和 V 的函数关系式。

解　(a) 恒容热容

$$C_V = -T\left(\frac{\partial^2 F}{\partial T^2}\right)_V = \frac{16\sigma}{c}VT^3$$

(b) 等温体积模量

$$K_T = V\left(\frac{\partial^2 F}{\partial V^2}\right)_T = 0$$

例 5　假设作为电子化学势函数的半导体导带边缘底部的电子密度 n 遵循电子的玻尔兹曼分布，有

$$n = N_\mathrm{c}\exp\left(\frac{E_\mathrm{f} - E_\mathrm{c}}{k_\mathrm{B}T}\right)$$

式中，E_f 是费米能级或电子的化学势，E_c 是导带底部能量，N_c 是导带底部态密度。求单位体积电子的化学容 C_e 作为温度和电子密度的函数关系式。

解 每单位体积电子的化学容由下式给出

$$C_e = \left(\frac{\mathrm{d}n}{\mathrm{d}\mu}\right)_{T,V} = \left(\frac{\mathrm{d}n}{\mathrm{d}E_f}\right)_{T,V} = \frac{n}{k_B T}$$

5.9 习 题

1. 已知单原子理想气体的内能仅是温度 T 和摩尔数 N 的函数

$$U(T,N) = \frac{3}{2}NRT$$

试计算单原子理想气体的恒容热容 C_V 和摩尔恒容热容 c_v。

2. 已知单原子理想气体的焓仅是温度 T 的函数

$$H(T) = \frac{5}{2}NRT$$

试计算单原子理想气体的恒压热容 C_p 和摩尔恒压热容 c_p。

3. 试计算温度为 T 的 1mol 理想气体的 c_p 和 c_v 之差。

4. 我们认为在一定温度 T 下，橡胶是由 N 个长度为 a 的棒状单体组成的聚合物链。已知吉布斯自由能 G 与温度 T、力 f 和单体数 N 的函数关系为

$$G(T,f,N) = -Nk_B T \ln\left[2\cosh\left(\frac{af}{k_B T}\right)\right]$$

其中，k_B 是玻尔兹曼常量。

(a) 求 f 和 N 恒定时的热容；

(b) 求 f 和 N 恒定时的热膨胀系数。

5. 已知晶体的振动亥姆霍兹自由能

$$F(T) = Nu_0 - 3Nk_B T \ln\frac{\exp(-\theta_E/T)}{1-\exp(-\theta_E/T)}$$

其中，u_0 和 θ_E 是与温度 T 无关的常数，k_B 是玻尔兹曼常量，N 是原子数，T 是温度。请推导恒容热容 C_V 关于温度 T 和原子数 N 的函数表达式。

6. 单原子理想气体的化学势 μ 作为温度 T 和压强 p 的函数为

$$\mu(T,p) = -RT\left\{\ln\left[\frac{k_B T}{p}\left(\frac{2\pi m k_B T}{h^2}\right)^{3/2}\right]\right\}$$

其中，R 是气体常量，m 是原子质量，k_B 是玻尔兹曼常量，h 是普朗克常量。

(a) 写出单原子理想气体的摩尔体积关于温度和压强的函数表达式；

(b) 写出单原子理想气体的摩尔恒压热容关于温度和压强的函数表达式；

(c) 写出单原子理想气体的摩尔恒容热容关于温度和压强的函数表达式；

(d) 写出单原子理想气体的等温压缩系数关于温度和压强的函数表达式；

(e) 写出单原子理想气体的等温体积模量关于温度和压强的函数表达式；

(f) 写出单原子理想气体的绝热压缩系数关于温度和压强的函数表达式；

(g) 写出单原子理想气体的绝热体积模量关于温度和压强的函数表达式；

(h) 写出恒压时的体积热膨胀系数关于温度和压强的函数表达式。

7. 下面是理想气体的三种不同形式的热力学基本方程

$$\Xi(T, V, \mu) = -V k_B T \left(\frac{2\pi m k_B T}{h^2} \right)^{3/2} e^{\frac{\mu}{k_B T}}$$

$$\mu\left(T, \frac{V}{N}\right) = -k_B T \left\{ 1 + \ln\left[\frac{V}{N} \left(\frac{2\pi m k_B T}{h^2} \right)^{3/2} \right] \right\}$$

$$F(T, V, N) = -N k_B T \left\{ 1 + \ln\left[\frac{V}{N} \left(\frac{2\pi m k_B T}{h^2} \right)^{3/2} \right] \right\}$$

式中，Ξ 是巨势能，μ 是化学势，F 是亥姆霍兹自由能，N 是原子数，T 是温度，k_B 是玻尔兹曼常量，V 是体积，m 是原子质量，h 是普朗克常量。试证明在恒温恒容下理想气体的化学容为

$$C_C = -\left(\frac{\partial^2 \Xi}{\partial \mu^2} \right)_{T,V} = \frac{1}{\left(\dfrac{\partial \mu}{\partial N} \right)_{T,V}} = \frac{1}{\left(\dfrac{\partial^2 F}{\partial N^2} \right)_{T,V}} = \frac{N}{k_B T}$$

8. 某材料的化学势 $\mu(\text{G})$ 作为温度 $T(\text{K})$ 和压强 $p(\text{bar})$ 的函数可近似为

$$\mu(T, p) = A_0 + A_1 T + A_2 T \ln T + A_3 T^2 + A_4 p + A_5 T p + A_6 p^2$$

式中，A_0、A_1、A_2、A_3、A_4、A_5 和 A_6 是常数。

(a) 写出材料的摩尔熵对温度和压强的函数表达式；

(b) 写出材料的摩尔焓对温度和压强的函数表达式；

(c) 写出体积热膨胀系数对温度和压强的函数表达式；

(d) 写出材料的等温压缩系数对温度和压强的函数表达式；

(e) 在 1bar 条件下，将 1mol 物质的温度升高 100K 需要多少热量？(用化学势表达式中的常数 $A_0 \sim A_6$ 来表示结果)

(f) 写出摩尔恒容热容作为温度和压强的函数表达式。

9. 用亥姆霍兹自由能近似表示原子质量为 m 的单原子范德瓦耳斯气体的热力学基本方程为

$$F(T, V, N) = -\frac{aN^2}{V} - Nk_{\mathrm{B}}T \left\{ 1 + \ln \left[\frac{V - Nb}{N} \left(\frac{2\pi m k_{\mathrm{B}}T}{h^2} \right)^{3/2} \right] \right\}$$

式中, a 和 b 是常数, N 是原子数, T 是温度, k_{B} 是玻尔兹曼常量, V 是体积, h 是普朗克常量。

(a) 将恒容热容表示为 T、V 和 N 的函数;

(b) 将等温体积模量表示为 T、V 和 N 的函数;

(c) 将恒温恒容下的化学容表示为 T、V 和 N 的函数。

10. 以金刚石结构 Si 的焓作为参考 (来自 SGTE 数据库), 给出了在 1bar 条件下, 金刚石结构 (d) 和液态 (l) 中的 Si 作为温度的函数的化学势如下:

$$\mu_{\mathrm{Si}}^{\mathrm{d}} = -8162.6 + 137.23T - 22.832T\ln T - 1.9129 \times 10^{-3}T^2$$
$$-0.003552 \times 10^{-6}T^3 + 17667T^{-1} \quad \mathrm{G} \quad (298\mathrm{K} < T < 1687\mathrm{K})$$

$$\mu_{\mathrm{Si}}^{\mathrm{d}} = -9457.6 + 167.28T - 27.196T\ln T - 420.37 \times 10^{28}T^{-9} \quad \mathrm{G} \quad (1687\mathrm{K} < T < 3600\mathrm{K})$$

$$\mu_{\mathrm{Si}}^{l} = 42534 + 107.14T - 22.832T\ln T - 1.9129 \times 10^{-3}T^2 - 0.003552 \times 10^{-6}T^3$$
$$+ 17667T^{-1} + 209.31 \times 10^{-23}T^7 \quad \mathrm{G} \quad (298\mathrm{K} < T < 1687\mathrm{K})$$

$$\mu_{\mathrm{Si}}^{l} = 40371.0 + 137.72T - 27.196T\ln T \quad \mathrm{G} \quad (1687\mathrm{K} < T < 3600\mathrm{K})$$

(a) 写出金刚石结构 Si 的摩尔焓、摩尔熵和摩尔热容关于温度的函数表达式;

(b) 写出液态 Si 的摩尔焓、摩尔熵和摩尔热容关于温度的函数表达式。

参 考 文 献

[1] Joachim Maier, Chemical resistance and chemical capacitance, Zeitschrift für Naturforschung, 75(1-2)b: 15-22, (2020).

[2] J. F. Nye, Physical Properties of Crystals, Their Representation by Tensors and Matrices, Oxford University Press, Oxford Science Publications 1995.

第 6 章　热力学性质之间的关系

从热力学基本方程求一阶导数和二阶导数得到的热力学性质在数学上互有联系，不是独立的。我们利用不同热力学性质之间的关系，可以获得难以进行实验测量或理论计算的性质，还可以检验从不同来源获得的性质是否一致。因此，热力学性质之间的关系非常有用。其中，最有用的关系之一是麦克斯韦关系，它将基本能量或熵函数对不同共轭变量对的两个变量求混合二阶导数得到的热力学性质联系了起来，即简单系统中热、机械和化学变量之间的耦合性质。例如，热膨胀系数和压热效应，这两个性质都涉及机械变量和热变量之间的耦合，它们之间一定是相关的。再如，晶体性质通常与力学、热、电和磁等有关，其耦合性质就包括热膨胀、热电、热释电、压电、压磁和磁电等张量性质。

6.1　麦克斯韦关系

麦克斯韦关系可以将状态函数对两个共轭变量的混合导数联系起来。我们以最常用的吉布斯自由能函数为例，从其微分形式的热力学基本方程开始

$$\mathrm{d}G = -S\mathrm{d}T + V\mathrm{d}p + \mu\mathrm{d}N \tag{6.1}$$

由方程 (6.1)，可以写出吉布斯自由能 G 对温度 T、压强 p 和摩尔数 N 求一阶导数如下：

$$\left(\frac{\partial G}{\partial T}\right)_{p,N} = -S, \ \left(\frac{\partial G}{\partial p}\right)_{T,N} = V, \ \left(\frac{\partial G}{\partial N}\right)_{T,p} = \mu \tag{6.2}$$

再写出吉布斯自由能 G 对温度 T 和压强 p 求混合二阶导数为

$$\left\{\frac{\partial}{\partial p}\left[\left(\frac{\partial G}{\partial T}\right)_{p,N}\right]\right\}_{T,N} = -\left(\frac{\partial S}{\partial p}\right)_{T,N}, \ \left\{\frac{\partial}{\partial T}\left[\left(\frac{\partial G}{\partial p}\right)_{T,N}\right]\right\}_{p,N} = \left(\frac{\partial V}{\partial T}\right)_{p,N}$$
$$\tag{6.3}$$

吉布斯自由能是系统的状态函数。一个状态函数的混合二阶导数与求导顺序无关，即

$$\left\{\frac{\partial}{\partial p}\left[\left(\frac{\partial G}{\partial T}\right)_{p,N}\right]\right\}_{T,N} = \left\{\frac{\partial}{\partial T}\left[\left(\frac{\partial G}{\partial p}\right)_{T,N}\right]\right\}_{p,N} \tag{6.4}$$

由此，我们可以得到一个麦克斯韦关系式如下：

$$-\left(\frac{\partial S}{\partial p}\right)_{T,N} = \left(\frac{\partial V}{\partial T}\right)_{p,N} \tag{6.5}$$

利用**体积热膨胀系数** α 的定义，可得

$$\left(\frac{\partial S}{\partial p}\right)_{T,N} = -\left(\frac{\partial V}{\partial T}\right)_{p,N} = -V\alpha \tag{6.6}$$

目前还没有通用仪器能直接测量压强引起的熵变化，而由于材料的热膨胀系数比较容易测量，我们通过方程 (6.6)，利用与压强有关的热膨胀系数 α，就可以计算或估计压强引起的熵变化 ΔS。例如，压强从 p_1 变化到 p_2 引起的熵变化为

$$\Delta S = \int_{p_1}^{p_2}\left(\frac{\partial S}{\partial p}\right)_{T,N}\mathrm{d}p = -\int_{p_1}^{p_2}\left(\frac{\partial V}{\partial T}\right)_{p,N}\mathrm{d}p = -\int_{p_1}^{p_2}V\alpha\mathrm{d}p \tag{6.7}$$

恒定温度下压强变化导致的熵变化 $(\partial S/\partial p)_{T,N}$ 叫做**压热效应**。

类似地，可以写出吉布斯自由能函数 G 关于 T 和 N 的混合二阶导数

$$\left\{\frac{\partial}{\partial N}\left[\left(\frac{\partial G}{\partial T}\right)_{p,N}\right]\right\}_{T,p} = -\left[\frac{\partial S}{\partial N}\right]_{T,p}, \quad \left\{\frac{\partial}{\partial T}\left[\left(\frac{\partial G}{\partial N}\right)_{T,p}\right]\right\}_{p,N} = \left(\frac{\partial \mu}{\partial T}\right)_{p,N} \tag{6.8}$$

得到另一个麦克斯韦关系

$$-\left(\frac{\partial S}{\partial N}\right)_{T,p} = \left(\frac{\partial \mu}{\partial T}\right)_{p,N} \tag{6.9}$$

$(\partial S/\partial N)_{T,p}$ 是摩尔熵 s，$(\partial \mu/\partial T)_{p,N}$ 是 $-s$，故

$$-\left(\frac{\partial S}{\partial N}\right)_{T,p} = \left(\frac{\partial \mu}{\partial T}\right)_{p,N} = -s \tag{6.10}$$

可见，吉布斯自由能对温度和摩尔数求混合导数都得到了负摩尔熵，并没有产生新的关系。

我们也可以根据方程 (6.1) 写出关于压强和摩尔数的麦克斯韦关系式

$$\left\{\frac{\partial}{\partial N}\left[\left(\frac{\partial G}{\partial p}\right)_{T,N}\right]\right\}_{T,p} = \left(\frac{\partial V}{\partial N}\right)_{T,p} = v$$

$$\left\{\frac{\partial}{\partial p}\left[\left(\frac{\partial G}{\partial N}\right)_{T,p}\right]\right\}_{T,N} = \left(\frac{\partial \mu}{\partial p}\right)_{T,N} = v \qquad (6.11)$$

因此

$$\left(\frac{\partial V}{\partial N}\right)_{T,p} = \left(\frac{\partial \mu}{\partial p}\right)_{T,N} = v \qquad (6.12)$$

式中，v 是摩尔体积。可见，吉布斯自由能对压强和摩尔数的二阶混合导数得到的是摩尔体积，也没有产生新的关系。

从上面的讨论我们可以知道，通过化学势直接对温度和压强求一阶导数就可以得到摩尔熵和摩尔体积，并不需要通过吉布斯自由能对温度、压强和摩尔数求二阶混合导数来计算。化学势 $\mu(T,p)$ 表示的微分形式热力学基本方程本质上是单组分系统或者化学成分固定的多组分系统的吉布斯–杜亥姆关系

$$\mathrm{d}\mu = -s\mathrm{d}T + v\mathrm{d}p \qquad (6.13)$$

式中，s 和 v 分别是摩尔熵和摩尔体积。根据 G 和 μ 的关系及公式 (6.6)，可以很快写出麦克斯韦关系式，如

$$-\left(\frac{\partial s}{\partial p}\right)_T = \left(\frac{\partial v}{\partial T}\right)_p = v\alpha \qquad (6.14)$$

基于内能、亥姆霍兹自由能和焓所表示的微分形式热力学基本方程，不难写出类似的麦克斯韦关系式

$$\mathrm{d}U = T\mathrm{d}S - p\mathrm{d}V + \mu\mathrm{d}N, \quad \left(\frac{\partial T}{\partial V}\right)_{S,N} = -\left(\frac{\partial p}{\partial S}\right)_{V,N} \qquad (6.15)$$

$$\mathrm{d}F = -S\mathrm{d}T - p\mathrm{d}V + \mu\mathrm{d}N, \quad \left(\frac{\partial S}{\partial V}\right)_{T,N} = \left(\frac{\partial p}{\partial T}\right)_{V,N} \qquad (6.16)$$

$$\mathrm{d}H = T\mathrm{d}S + V\mathrm{d}p + \mu\mathrm{d}N, \quad \left(\frac{\partial T}{\partial p}\right)_{S,N} = \left(\frac{\partial V}{\partial S}\right)_{p,N} \qquad (6.17)$$

表 6.1 总结了简单封闭系统中常用的麦克斯韦关系式。

表 6.1　简单封闭系统中常用的麦克斯韦关系式

$\left(\frac{\partial S}{\partial p}\right)_T = -\left(\frac{\partial V}{\partial T}\right)_p$	$\left(\frac{\partial T}{\partial V}\right)_s = -\left(\frac{\partial p}{\partial S}\right)_V$	$\left(\frac{\partial S}{\partial V}\right)_T = \left(\frac{\partial p}{\partial T}\right)_V$	$\left(\frac{\partial T}{\partial p}\right)_s = \left(\frac{\partial V}{\partial S}\right)_p$
$\left(\frac{\partial s}{\partial p}\right)_T = -\left(\frac{\partial v}{\partial T}\right)_p$	$\left(\frac{\partial T}{\partial v}\right)_s = -\left(\frac{\partial p}{\partial s}\right)_v$	$\left(\frac{\partial s}{\partial v}\right)_T = \left(\frac{\partial p}{\partial T}\right)_v$	$\left(\frac{\partial T}{\partial p}\right)_s = \left(\frac{\partial v}{\partial s}\right)_p$

6.2 几种有用的热力学性质关系推导方法

我们在推导热力学性质之间的关系，或者使用容易测量的性质来表示热力学导数的时候，常常采用如下四种数学工具：

(1) 微分形式热力学基本方程；

(2) 热力学能量函数一阶导数和二阶导数定义的性质；

(3) 麦克斯韦关系式；

(4) 导数的两个运算公式

$$\left(\frac{\partial z}{\partial x}\right)_y = \frac{(\partial z/\partial w)_y}{(\partial x/\partial w)_y} \tag{6.18}$$

$$\left(\frac{\partial y}{\partial x}\right)_z = -\frac{(\partial z/\partial x)_y}{(\partial z/\partial y)_x} \tag{6.19}$$

下面总结了用已知的热力学性质表示导数并推导其他热力学性质的六种方法。

方法 1：对于导数 $(\partial z/\partial x)_y$，如果 z 或 x 是一个广度热力学量，其他两个都是强度热力学量，那么可以用热容、压缩系数、体积模量或者热膨胀系数等已经明确定义的热力学性质来表示导数。如果不能直接表示为这些已经定义的性质，则可以利用麦克斯韦关系将它转换为另一个导数，从而表示为另一个已经定义的、可测量的热力学性质。

方法 2：对于导数 $(\partial z/\partial x)_y$，如果 z 和 x 都是表示能量或者物质的量的广度热力学量，而 y 是强度热力学量，比如化学势、温度或压强等势，则可以选择另一个不同于 y 的强度量 w，用式 (6.18) 将该导数表示为两个导数的比值，然后用方法 1 将其表示为两个已经定义的热力学性质的比值。

方法 3：对于导数 $(\partial y/\partial x)_z$，如果 x、y 或两者都是强度变量，而 z 是表示能量或熵的广度变量，则使用方程 (6.19) 将该导数表示为另两个导数的比值，然后使用方法 1 将其表示为两个已经定义的热力学性质的比值。

方法 4：对于导数 $(\partial z/\partial x)_y$，如果 z 是热力学能量函数，而 x 和 y 都不是 z 的自然变量，则从用 z 的微分形式热力学基本方程开始，使用上述方法定义的热力学性质表示导数。

方法 5：推导不同测量条件下材料对某种势的敏感度，或容纳某种物质的量的方程，譬如恒容或恒压条件下的热容，第一步是写出热容定义里的广度热力学变量 (这里是熵 S)，然后分别对恒容热容定义里的强度变量 (即温度) 和测量的热力学条件，即系统的体积 V，求全微分，即

$$dS = \left(\frac{\partial S}{\partial T}\right)_V dT + \left(\frac{\partial S}{\partial V}\right)_T dV \tag{6.20}$$

方法 6：要导出一种材料的某个热力学量对不同测量条件的敏感度，譬如弹性柔度张量，在恒定电场 (电自由条件) 和恒定电位移 (电束缚条件) 条件下测的差，我们首先要写出柔度张量定义里的广度量的密度、位移的梯度（应变张量 ε_{ij}），以电束缚弹性柔度张量 s^D_{ijkl} 定义里的强度量（应力 σ_{kl}）和测量的热力学条件（封闭系统中恒定的电位移 D_m）作为自变量的全微分，即

$$\mathrm{d}\varepsilon_{ij} = \left(\frac{\partial \varepsilon_{ij}}{\partial \sigma_{kl}}\right)_D \mathrm{d}\sigma_{kl} + \left(\frac{\partial \varepsilon_{ij}}{\partial D_k}\right)_\sigma \mathrm{d}D_k \tag{6.21}$$

6.3   麦克斯韦关系的应用示例

6.3.1   压热效应

如上所述，麦克斯韦关系式的应用之一是利用实验上容易测量的性质来获得测量困难的性质。压热效应是固体热力学中力和热的耦合性质。它可以定义为在外加压强的作用下，固体中等温时熵的变化或者绝热时温度的变化，即

$$\left(\frac{\partial S}{\partial p}\right)_T \text{ 或 } \left(\frac{\partial T}{\partial p}\right)_S \tag{6.22}$$

事实上，我们很难直接测量压强变化引起的熵变，但可以通过测量外加压强作用下产生的热量来计算熵变。此时，我们可以利用麦克斯韦关系式，将等温条件下熵随压强的变化与等压条件下体积随温度的变化联系起来 (方法 1)，即

$$\left(\frac{\partial S}{\partial p}\right)_T = -\left(\frac{\partial V}{\partial T}\right)_P = -V\alpha \tag{6.23}$$

式中，α 是相对容易测量的体积热膨胀系数。

为了将恒温熵变化与绝热温度变化联系起来，我们来看一下熵随温度和压强的变化 (方法 4)。在可逆绝热条件下，有

$$\mathrm{d}S = \left(\frac{\partial S}{\partial T}\right)_p \mathrm{d}T + \left(\frac{\partial S}{\partial p}\right)_T \mathrm{d}p = 0 \tag{6.24}$$

因此 (方法 1)，

$$\mathrm{d}T = -\frac{(\partial S/\partial p)_T}{(\partial S/\partial T)_p}\mathrm{d}p = -\frac{-V\alpha}{(C_p/T)}\mathrm{d}p = \frac{TV\alpha}{C_p}\mathrm{d}p \tag{6.25}$$

这表明压热效应与热膨胀系数 α 成正比，即压热效应与体积随温度变化的速率成正比。

由压热效应引起的温度变化也可以得到

$$\mathrm{d}T = \left(\frac{\partial T}{\partial p}\right)_S \mathrm{d}p = -\frac{(\partial S/\partial p)_T}{(\partial S/\partial T)_p}\mathrm{d}p = \frac{TV\alpha}{C_p}\mathrm{d}p \tag{6.26}$$

其中

$$\left(\frac{\partial T}{\partial p}\right)_S \tag{6.27}$$

是实际测量的压热效应，即由于压强变化引起的绝热温度的变化率。由于一种稳定材料中的 T、V 和 C_p 总是正的，热膨胀系数 α 可以是正的，也可以是负的，所以压热效应可以是正的，也可以是负的。

6.3.2 等温下体积对熵的影响

通常认为，在恒定温度条件下材料体积的增加总是会使材料的熵增加。我们写出熵的热力学表达式来研究其等温体积依赖性，如

$$\left(\frac{\partial S}{\partial V}\right)_T \tag{6.28}$$

可以用方法 2 将式 (6.28) 写成两个导数的比值

$$\left(\frac{\partial S}{\partial V}\right)_T = \frac{(\partial S/\partial p)_T}{(\partial V/\partial p)_T} \tag{6.29}$$

现在根据麦克斯韦关系式，采用实验上容易测量的性质来表示方程 (6.29) 右边的两个导数

$$\left(\frac{\partial S}{\partial V}\right)_T = \frac{(\partial S/\partial p)_T}{(\partial V/\partial p)_T} = -\frac{(\partial V/\partial T)_p}{(\partial V/\partial p)_T} = \frac{\alpha}{\beta_T} \tag{6.30}$$

式中，β_T 是等温压缩系数，α 是热膨胀系数。对于一种稳定材料，等温压缩系数总是正的。然而，有一小部分材料的热膨胀系数是负的。热膨胀系数为负的材料，在恒温条件下，材料的熵随体积的增大而减小，当然这种情况比较少见。

6.3.3 焦耳膨胀效应

在焦耳实验中，一定量的气体向真空绝热膨胀，这个过程也叫气体的自由膨胀。这个绝热膨胀过程是高度不可逆的，气体向压强为零的真空中膨胀，系统和环境之间不存在功的相互作用。根据热力学第一定律，这个过程中内能守恒，也可以称之为等内能膨胀过程。虽然这个过程高度不可逆，由于温度是系统的一个状态性质，对于相同的体积变化，温度变化与过程路径无关，所以我们可以假设

一个可逆过程来计算温度的变化。焦耳膨胀效应可以定量地定义为体积变化导致的等内能温度变化，即

$$\left(\frac{\partial T}{\partial V}\right)_U \tag{6.31}$$

为了将这种效应与常见的容易测量的热力学性质联系起来，使用数学关系式 (方程 (6.19)，方法 3) 将导数表达式 (6.31) 改写为两个导数的比值

$$\left(\frac{\partial T}{\partial V}\right)_U = -\frac{(\partial U/\partial V)_T}{(\partial U/\partial T)_V} \tag{6.32}$$

可以发现方程 (6.32) 右边的分母是恒容热容

$$\left(\frac{\partial U}{\partial T}\right)_V = C_V \tag{6.33}$$

为了得到由体积变化引起的等温内能变化，我们研究了内能 U 表示的微分形式封闭系统热力学基本方程，由于温度 T 不是内能 U 的自然变量 (方法 4)，

$$dU = TdS - pdV \tag{6.34}$$

等式 (6.34) 两边同时除以 dV，有

$$\frac{dU}{dV} = T\frac{dS}{dV} - p \tag{6.35}$$

保持温度不变，对上述方程求导并使用数学关系式 (6.18) (方法 2)，因为 S 和 V 都是广度量，而 T 是强度量，所以可以把方程 (6.35) 改写为

$$\left(\frac{\partial U}{\partial V}\right)_T = T\left(\frac{\partial S}{\partial V}\right)_T - p = T\frac{(\partial S/\partial p)_T}{(\partial V/\partial p)_T} - p \tag{6.36}$$

利用麦克斯韦关系式

$$\left(\frac{\partial S}{\partial p}\right)_T = -\left(\frac{\partial V}{\partial T}\right)_p \tag{6.37}$$

可以得到

$$\left(\frac{\partial U}{\partial V}\right)_T = T\frac{-(\partial V/\partial T)_p}{(\partial V/\partial p)_T} - p \tag{6.38}$$

利用等压体积热膨胀系数 α 和等温压缩系数 β_T 的定义，可以得到

$$\left(\frac{\partial U}{\partial V}\right)_T = T\frac{(1/V)(\partial V/\partial T)_p}{-(1/V)(\partial V/\partial p)_T} - p = \frac{T\alpha}{\beta_T} - p = T\alpha B_T - p \tag{6.39}$$

式中，B_T 是恒温体积弹性模量。由此，我们可以写出在恒定内能下的焦耳膨胀效应，或恒定内能下温度变化率 $\mathrm{d}T$ 相对于体积变化率 $\mathrm{d}V$ 的关系

$$\left(\frac{\partial T}{\partial V}\right)_U = -\frac{(\partial U/\partial V)_T}{(\partial U/\partial T)_V} = -\frac{1}{C_V}\left(\frac{T\alpha}{\beta_T} - p\right) = -\frac{1}{C_V}\left(T\alpha B_T - p\right) \tag{6.40}$$

当体积发生变化时，必须对上述方程进行积分，才能得到自由膨胀过程的温度变化，这需要利用式 (6.40) 右边的量与体积的关系。根据式 (6.40)，因为理想气体 $T\alpha = 1$，$\beta_T p = 1$，很容易证明理想气体的焦耳膨胀效应为零。

6.3.4 焦耳–汤姆孙膨胀效应

焦耳–汤姆孙膨胀效应是流体在焓不变的情况下，由于压强变化而引起的温度变化，它有许多应用，包括制冷和气体液化。在热力学中，流体的焦耳–汤姆孙膨胀效应的数值为

$$\left(\frac{\partial T}{\partial p}\right)_H \tag{6.41}$$

利用数学关系式 (6.19) 和方法 3，由于 T 和 p 是强度量，H 是一个广度量，我们可以将上述导数式 (6.41) 改写为

$$\left(\frac{\partial T}{\partial p}\right)_H = -\frac{(\partial H/\partial p)_T}{(\partial H/\partial T)_p} \tag{6.42}$$

可以发现式 (6.42) 等号右边的分母是恒压热容

$$\left(\frac{\partial H}{\partial T}\right)_p = C_p \tag{6.43}$$

为了将式 (6.42) 分子上的偏导数与常见的热力学性质联系起来，由于温度 T 不是 H 的自然变量，我们用焓表示的微分形式热力学基本方程 (方法 4)，有

$$\mathrm{d}H = T\mathrm{d}S + V\mathrm{d}p \tag{6.44}$$

将式 (6.44) 两边同时除以 $\mathrm{d}p$，得到

$$\frac{\mathrm{d}H}{\mathrm{d}p} = T\frac{\mathrm{d}S}{\mathrm{d}p} + V \tag{6.45}$$

保持式 (6.45) 中两个导数的温度恒定，可以改写为

$$\left(\frac{\partial H}{\partial p}\right)_T = T\left(\frac{\partial S}{\partial p}\right)_T + V \tag{6.46}$$

利用麦克斯韦关系式 (方法 1),

$$\left(\frac{\partial S}{\partial p}\right)_T = -\left(\frac{\partial V}{\partial T}\right)_p \tag{6.47}$$

可以得到

$$\left(\frac{\partial H}{\partial p}\right)_T = -T\left(\frac{\partial V}{\partial T}\right)_p + V \tag{6.48}$$

利用等压体积热膨胀系数 α 的定义, 得到

$$\left(\frac{\partial H}{\partial p}\right)_T = V\left(1 - T\alpha\right) \tag{6.49}$$

因此, 流体的焦耳–汤姆孙效应为

$$\left(\frac{\partial T}{\partial p}\right)_H = -\frac{(\partial H/\partial p)_T}{(\partial H/\partial T)_p} = \frac{V\left(T\alpha - 1\right)}{C_p} \tag{6.50}$$

很容易看出, 对于理想气体, $T\alpha = 1$, 焦耳–汤姆孙效应为零。但是, 在真实气体和液体中, 焦耳–汤姆孙效应不为零。

6.3.5　格律乃森参数

格律乃森 (Grüneisen) 参数表示材料在绝热可逆压缩时的温度增量。对于绝热可逆过程, 材料的熵是恒定的, 而压缩程度是由体积的相对变化 dV/V 来衡量的。因此, 无量纲的格律乃森参数 Υ 是在熵恒定的条件下, 体积相对变化导致的温度相对变化 (dT/T), 即

$$\Upsilon = -\left[\frac{(\partial T/T)}{(\partial V/V)}\right]_S = -\left(\frac{\partial \ln T}{\partial \ln V}\right)_S = -\frac{V}{T}\left(\frac{\partial T}{\partial V}\right)_S = V\left(\frac{\partial p}{\partial U}\right)_V \tag{6.51}$$

式中, 使用负号是为了确保 Υ 为正。这是因为在等熵压缩过程中, 材料的温度随着体积减小而升高。

我们可以通过麦克斯韦关系式和数学计算, 用实验容易测量的性质来表示格律乃森参数。例如, 利用数学关系 (方程 (6.19), 方法 3) 给出

$$\left(\frac{\partial T}{\partial V}\right)_S = -\frac{(\partial S/\partial V)_T}{(\partial S/\partial T)_V} \tag{6.52}$$

从而可以把式 (6.51) 改写为

$$\Upsilon = -\frac{V}{T}\left(\frac{\partial T}{\partial V}\right)_S = \frac{V}{T}\frac{(\partial S/\partial V)_T}{(\partial S/\partial T)_V} \tag{6.53}$$

然后利用如下数学关系 (式 (6.18)，方法 2)，

$$\left(\frac{\partial S}{\partial V}\right)_T = \frac{(\partial S/\partial p)_T}{(\partial V/\partial p)_T} \tag{6.54}$$

把式 (6.53) 改写为

$$\Upsilon = \frac{V}{T} \frac{(\partial S/\partial p)_T}{(\partial S/\partial T)_V (\partial V/\partial p)_T} \tag{6.55}$$

再利用麦克斯韦关系式 (方法 1)，有

$$-\left(\frac{\partial S}{\partial p}\right)_T = \left(\frac{\partial V}{\partial T}\right)_p \tag{6.56}$$

把式 (6.55) 改写为

$$\Upsilon = \frac{V}{T} \frac{-(\partial V/\partial T)_p}{(\partial S/\partial T)_V (\partial V/\partial p)_T} \tag{6.57}$$

再把热膨胀系数 α、摩尔恒容热容 c_v 和等温压缩系数 β_T 的定义式代入式 (6.57)，有

$$\Upsilon = \frac{V\alpha}{Nc_v\beta_T} = \frac{v\alpha}{c_v\beta_T} = \frac{\alpha}{cc_v\beta_T} \tag{6.58}$$

式中，v 是摩尔体积 (V/N)，$c = N/V$。因此，对于热膨胀系数为零的谐波型晶体，格律乃森参数为零。

根据等温压缩系数、绝热压缩系数与体积模量、恒容热容和恒压热容的关系，格律乃森参数也可以写成

$$\Upsilon = \frac{\alpha_p}{cc_p\beta_S} = \frac{\alpha B_T}{cc_v} = \frac{\alpha B_S}{cc_p} \tag{6.59}$$

式中，β_S 是绝热压缩系数，B_T 是恒温体积模量，B_S 是绝热体积模量，c_p 是摩尔恒压热容。

对于单原子理想气体，$\alpha_p = 1/T$，$c_v = 3R/2$，$\beta_T = 1/p$，故

$$\Upsilon = \frac{\alpha}{cc_v\beta_T} = \frac{1/T}{c(3R/2)(1/p)} = \frac{pV}{NT(3R/2)} = \frac{2}{3} \tag{6.60}$$

6.3.6 晶体中耦合性质的关系

接下来我们考虑热、力、电和磁等作用对晶体的热力学会产生怎样的贡献。一个热力学能量函数对两个热力学变量求混合二阶导数可以给出晶体的耦合物理性质，这些耦合物理性质可以通过麦克斯韦关系联系起来。

1. 热应变与弹热效应

热应变和弹热效应是热和力作用的耦合。仅包括热和力作用的单位体积吉布斯自由能 g 的微分形式为

$$\mathrm{d}g = -s\mathrm{d}T - \varepsilon_{ij}\mathrm{d}\sigma_{ij} \tag{6.61}$$

式中，s 是单位体积熵 (注意：在本节中，我们省略了下标 v 来表示单位体积的密度值)。麦克斯韦关系是

$$\left(\frac{\partial \varepsilon_{ij}}{\partial T}\right)_{\sigma,E,H} = \alpha_{ij} = \left(\frac{\partial s}{\partial \sigma_{ij}}\right)_{T,E,H} = \alpha'_{ij} \tag{6.62}$$

式中，α_{ij} 是二阶热膨胀系数张量，α'_{ij} 是二阶弹性热系数张量。

2. 热电效应和电热效应

热电效应和电热效应涉及热作用和介电作用之间的耦合。只考虑热和电贡献的吉布斯自由能密度的微分形式是

$$\mathrm{d}g = -s\mathrm{d}T - D_i\mathrm{d}E_i \tag{6.63}$$

麦克斯韦关系是

$$\left(\frac{\partial D_i}{\partial T}\right)_{\sigma,E,H} = p_i = \left(\frac{\partial s}{\partial E_i}\right)_{T,\sigma,H} = p'_i \tag{6.64}$$

式中，p_i 是热电系数向量，p'_i 是电热系数向量。

3. 热磁效应和磁热效应

热磁效应和磁热效应是热作用和磁作用之间的耦合，只有热和磁贡献的微分形式吉布斯自由能密度为

$$\mathrm{d}g = -s\mathrm{d}T - B_i\mathrm{d}H_i \tag{6.65}$$

麦克斯韦关系是

$$\left(\frac{\partial B_i}{\partial T}\right)_{\sigma,E,H} = \pi_i = \left(\frac{\partial s}{\partial H_i}\right)_{T,\sigma,E} = \pi'_i \tag{6.66}$$

式中，π_i 是热磁系数向量，π'_i 是磁热系数向量。

4. 压电效应

正、逆压电效应是机械和介电作用之间的耦合。只有机械 (力) 和介电贡献的吉布斯自由能密度的微分形式是

$$\mathrm{d}g = -\varepsilon_{ij}\mathrm{d}\sigma_{ij} - D_i\mathrm{d}E_i \tag{6.67}$$

麦克斯韦关系是

$$\left(\frac{\partial D_i}{\partial \sigma_{jk}}\right)_{T,E,H} = d_{ijk} = \left(\frac{\partial \varepsilon_{ij}}{\partial E_k}\right)_{T,\sigma,H} = d'_{ijk} \tag{6.68}$$

式中，d_{ijk} 是三阶正压电常数张量，d'_{ijk} 是三阶逆压电常数张量。

5. 压磁效应

正和逆压磁效应是力和磁作用之间的耦合，只有机械和磁性贡献的吉布斯自由能密度的微分形式为

$$\mathrm{d}g = -\varepsilon_{ij}\mathrm{d}\sigma_{ij} - B_i\mathrm{d}H_i \tag{6.69}$$

麦克斯韦关系式是

$$\left(\frac{\partial B_i}{\partial \sigma_{jk}}\right)_H = z_{ijk} = \left(\frac{\partial \varepsilon_{ij}}{\partial H_k}\right)_\sigma = z'_{ijk} \tag{6.70}$$

式中，z_{ijk} 是三阶正压磁常数张量，z'_{ijk} 是三阶逆压磁常数张量。

6. 磁电效应

磁电效应是磁和电作用之间的耦合，只有磁和电贡献的吉布斯自由能密度的微分形式如下

$$\mathrm{d}g = -D_i\mathrm{d}E_i - B_i\mathrm{d}H_i \tag{6.71}$$

麦克斯韦关系式是

$$\left(\frac{\partial D_i}{\partial H_j}\right)_E = \beta_{ij} = \left(\frac{\partial B_i}{\partial E_i}\right)_H = \beta'_{ij} \tag{6.72}$$

式中，β_{ij} 是二阶磁电常数张量，β'_{ij} 是二阶电磁常数张量。

6.4 耦合性质关系小结

在前几节讨论的基础上，我们可以总结一些关于耦合性质及导数与性质关系的一般性规律。

(1) 广度变量 (例如 V, S) 关于强度变量 (例如 T, p) 一阶导数, 或广度变量的密度 (例如 D_i, ε_{ij}) 关于热力学场 (例如 σ_{jk}, E_k) 的一阶导数均属于耦合性质。两个对应的耦合性质可以通过麦克斯韦关系联系起来, 例如,

$$\left(\frac{\partial V}{\partial T}\right)_p = \left(\frac{\partial^2 G}{\partial T \partial p}\right) = V\alpha, \quad -\left(\frac{\partial S}{\partial p}\right)_T = \left(\frac{\partial^2 G}{\partial p \partial T}\right) = V\alpha, \quad \left(\frac{\partial V}{\partial T}\right)_p = -\left(\frac{\partial S}{\partial p}\right)_T$$

$$\left(\frac{\partial D_i}{\partial \sigma_{jk}}\right)_E = -\left(\frac{\partial^2 g}{\partial \sigma_{jk} \partial E_i}\right) = d_{ijk}, \quad \left(\frac{\partial \varepsilon_{ij}}{\partial E_k}\right)_\sigma = -\left(\frac{\partial^2 g}{\partial E_k \partial \sigma_{ij}}\right) = d'_{ijk}, \quad d_{ijk} = d'_{ijk}$$

(2) 广度变量 (例如 S) 关于另一个广度变量 (例如 V) 的一阶导数, 或广度变量的密度 (例如 D_i, ε_{ij}) 关于另一个广度变量的密度 (例如 ε_{jk}, D_k) 的一阶导数均为两个热力学变量的比值 (例如 α 和 β_T), 见上面的方法 2 和方法 1。例如,

$$\left(\frac{\partial S}{\partial V}\right)_T = \frac{\left(\frac{\partial S}{\partial p}\right)_T}{\left(\frac{\partial V}{\partial p}\right)_T} = \frac{-\left(\frac{\partial V}{\partial T}\right)_p}{\left(\frac{\partial V}{\partial p}\right)_T} = \frac{\alpha}{\beta_T}$$

$$\left(\frac{\partial D_i}{\partial \varepsilon_{jk}}\right)_E = \left(\frac{\partial D_i}{\partial \sigma_{lm}}\right)_E \left[\left(\frac{\partial \varepsilon_{jk}}{\partial \sigma_{lm}}\right)_E\right]^{-1} = d_{ilm}^E \left(S_{jklm}^E\right)^{-1}$$

$$\left(\frac{\partial \varepsilon_{ij}}{\partial D_k}\right)_\sigma = \left(\frac{\partial \varepsilon_{ij}}{\partial E_l}\right)_\sigma \left[\left(\frac{\partial D_k}{\partial E_l}\right)_\sigma\right]^{-1} = d_{ijl}^\sigma \left(\kappa_{kl}^\sigma\right)^{-1}$$

(3) 强度变量 (例如 T) 关于另一个强度变量 (例如 p) 的一阶导数, 或热力学场 (例如 E_i) 关于另一个场 (例如 σ_{jk}) 的一阶导数也是两个热力学性质的比值 (参见上面的方法 3 和方法 1)。例如,

$$\left(\frac{\partial T}{\partial p}\right)_S = -\frac{\left(\frac{\partial S}{\partial p}\right)_T}{\left(\frac{\partial S}{\partial T}\right)_p} = -\frac{-\left(\frac{\partial V}{\partial T}\right)_p}{\frac{C_p}{T}} = \frac{TV\alpha}{C_p} = \frac{Tv\alpha}{c_p}$$

$$\left(\frac{\partial E_i}{\partial \sigma_{jk}}\right)_D = -\left(\frac{\partial D_l}{\partial \sigma_{jk}}\right)_E \left[\left(\frac{\partial D_l}{\partial E_i}\right)_\sigma\right]^{-1} = -d_{ljk}^E \left(k_{li}^\sigma\right)^{-1}$$

6.5　示　例

例 1　写出在绝热、体积自由膨胀过程中, 焓相对体积变化的变化率。

解　由于这是一个绝热、自由膨胀过程，既没有热量传递也没有功的相互作用，这个过程中内能是恒定的。当热力学 (内) 能恒定时，焓变化与体积变化的关系由下式给出

$$\left(\frac{\partial H}{\partial V}\right)_U = \left[\frac{\partial\,(U+pV)}{\partial V}\right]_U = p+V\left(\frac{\partial p}{\partial V}\right)_U = p-V\frac{\left(\dfrac{\partial U}{\partial V}\right)_p}{\left(\dfrac{\partial U}{\partial p}\right)_V} = p-V\frac{T\left(\dfrac{\partial S}{\partial V}\right)_p - p}{T\left(\dfrac{\partial S}{\partial p}\right)_V}$$

用容易测量的性质来表示上式中的导数，可以得到

$$\left(\frac{\partial H}{\partial V}\right)_U = p - V\frac{\dfrac{C_p}{V\alpha} - p}{\dfrac{C_V\beta_T}{\alpha}} = p - \frac{C_p - pV\alpha}{C_V\beta_T} = p - \frac{c_p - pv\alpha}{c_v\beta_T}$$

例 2　利用内能 U 关于温度 T 和体积 V 的混合二阶导数的麦克斯韦关系式，证明恒温下恒容热容与体积的关系

$$\left(\frac{\partial C_V}{\partial V}\right)_T = T\left(\frac{\partial^2 p}{\partial T^2}\right)_V$$

解

$$\left(\frac{\partial C_V}{\partial V}\right)_T = \left[\frac{\partial}{\partial V}\left(\frac{\partial U}{\partial T}\right)_V\right]_T = \left[\frac{\partial}{\partial T}\left(\frac{\partial U}{\partial V}\right)_T\right]_V = \left[\frac{\partial}{\partial T}\left(T\left(\frac{\partial S}{\partial V}\right)_T - p\right)\right]_V$$

因此

$$\left(\frac{\partial C_V}{\partial V}\right)_T = \left[\frac{\partial}{\partial T}\left(T\left(\frac{\partial p}{\partial T}\right)_V - p\right)\right]_V = T\left(\frac{\partial^2 p}{\partial T^2}\right)_V$$

例 3　求证：恒压热容与恒容热容之差 $c_p - c_v$ 为：$c_p - c_v = vT\dfrac{\alpha^2}{\beta_T}$ ，v 是摩尔体积，T 是温度，α 是体积热膨胀系数，β_T 是等温压缩系数。

解　由于热容包含摩尔熵变 $\mathrm{d}s$ 与温度变化 $\mathrm{d}T$ 的关系，要确定在等容或等压条件下熵相对于温度的变化，首先把摩尔熵变化 $\mathrm{d}s$ 表示为温度变化 $\mathrm{d}T$ 和摩尔体积变化 $\mathrm{d}v$ 的结果 (参见方法 5)，即

$$\mathrm{d}s = \left(\frac{\partial s}{\partial T}\right)_v \mathrm{d}T + \left(\frac{\partial s}{\partial v}\right)_T \mathrm{d}v$$

保持压强 p 不变, 将上式两边都除以 $\mathrm{d}T$, 再都乘以 T, 得到

$$T\left(\frac{\partial s}{\partial T}\right)_p = T\left(\frac{\partial s}{\partial T}\right)_v + T\left(\frac{\partial s}{\partial v}\right)_T\left(\frac{\partial v}{\partial T}\right)_p$$

根据用摩尔熵表示的恒容热容和恒压热容的定义 (参见方法 1), 可以将上式改写为

$$c_p = c_v + T\left(\frac{\partial s}{\partial v}\right)_T\left(\frac{\partial v}{\partial T}\right)_p$$

然后使用前面讨论过的数学方法 (方法 2) 和麦克斯韦关系式 (方法 1), 以及热膨胀系数和等温压缩系数的定义, 重写上式为

$$c_p = c_v + T\left(\frac{\partial s/\partial p}{\partial v/\partial p}\right)_T\left(\frac{\partial v}{\partial T}\right)_p = c_v - T\frac{(\partial v/\partial T)_p}{(\partial v/\partial p)_T}\left(\frac{\partial v}{\partial T}\right)_p$$

或

$$c_p - c_v = vT\frac{\alpha^2}{\beta_T}$$

也可以写为

$$c_p = c_v\left(1 + \Upsilon\alpha T\right)$$

式中, Υ 是格律乃森参数 (参见方程 (6.58))。

　　例 4　试证明: 在无外加约束条件下 (恒定应力或无应力) 的介电常数 κ_{ij}^σ 和在有外加约束条件下 (恒定应变) 的介电常数 κ_{ij}^ε 在恒温下的差为

$$\kappa_{ij}^\sigma - \kappa_{ij}^\varepsilon = C_{mnkl}^E d_{imn} d_{jkl}$$

d_{imn} 和 d_{jkl} 是压电系数张量, C_{mnkl}^E 是恒定电场 (或电自由) 下的弹性刚度张量。

　　解　首先写出由于电场 $\mathrm{d}E_j$ 和应变 $\mathrm{d}\varepsilon_{kl}$ 的变化引起的电位移矢量变化 $\mathrm{d}D_i$ (见方法 6)

$$\mathrm{d}D_i = \left(\frac{\partial D_i}{\partial E_j}\right)_\varepsilon \mathrm{d}E_j + \left(\frac{\partial D_i}{\partial \varepsilon_{kl}}\right)_E \mathrm{d}\varepsilon_{kl}$$

保持应力 σ_{ij} 不变, 将上式两边同时除以 $\mathrm{d}E_j$, 得到

$$\left(\frac{\partial D_i}{\partial E_j}\right)_\sigma = \left(\frac{\partial D_i}{\partial E_j}\right)_\varepsilon + \left(\frac{\partial D_i}{\partial \varepsilon_{kl}}\right)_E\left(\frac{\partial \varepsilon_{kl}}{\partial E_j}\right)_\sigma$$

可以改写为 (见方法 2)

$$\left(\frac{\partial D_i}{\partial E_j}\right)_\sigma = \left(\frac{\partial D_i}{\partial E_j}\right)_\varepsilon + \left(\frac{\partial D_i/\partial \sigma_{mn}}{\partial \varepsilon_{kl}/\partial \sigma_{mn}}\right)_E\left(\frac{\partial \varepsilon_{kl}}{\partial E_j}\right)_\sigma$$

或

$$\left(\frac{\partial D_i}{\partial E_j}\right)_\sigma = \left(\frac{\partial D_i}{\partial E_j}\right)_\varepsilon + \left(\frac{\partial \sigma_{mn}}{\partial \varepsilon_{kl}}\right)_E \left(\frac{\partial D_i}{\partial \sigma_{mn}}\right)_E \left(\frac{\partial \varepsilon_{jk}}{\partial E_l}\right)_\sigma$$

因此

$$\left(\frac{\partial D_i}{\partial E_j}\right)_\sigma - \left(\frac{\partial D_i}{\partial E_j}\right)_\varepsilon = \left(\frac{\partial \sigma_{mn}}{\partial \varepsilon_{kl}}\right)_E \left(\frac{\partial D_i}{\partial \sigma_{mn}}\right)_E \left(\frac{\partial \varepsilon_{jk}}{\partial E_l}\right)_\sigma$$

通过介电常数、弹性模量和压电系数的定义 (见方法 1)，可以得到

$$\kappa_{ij}^\sigma - \kappa_{ij}^\varepsilon = C_{mnkl}^E d_{imn} d_{jkl}$$

6.6 习　题

1. 已知室温下固体 Si 的如下性质：摩尔恒压热容 $c_p = 19.789 \mathrm{J/(mol \cdot K)}$，密度 $\rho = 2.3290 \mathrm{g/cm^3}$，线性热膨胀系数 $\alpha_1 = 2.6 \times 10^{-6} \mathrm{K^{-1}}$，等温体积模量 $B_T = 97.6 \mathrm{GPa}$，计算室温下 Si 的摩尔恒容热容 c_v。

2. 利用习题 1 中有关 Si 的数据和以下两种不同的假设，计算在室温和 1bar 条件下，Si 等温压缩至 10MPa 后的摩尔熵变：

(a) 假设热膨胀系数与压强无关，并且 Si 是不可压缩的；

(b) 假设热膨胀系数和压缩系数 (或体积模量) 均为常数，并且与压强无关。

3. 证明：恒容热容和恒压热容的相对差可以表示为

$$\frac{c_p - c_v}{c_v} = \Upsilon \alpha T$$

式中，Υ 是格律乃森参数，α 是体积热膨胀系数，T 是温度。

4. 证明：如果

$$\left(\frac{\partial c_p}{\partial p}\right)_T = 0,$$

则体积热膨胀系数为 (提示：可使用方法 1)

$$\alpha = \frac{1}{T}$$

5. 证明：在封闭系统中，有 (提示：可使用方法 4)

$$\left(\frac{\partial U}{\partial V}\right)_T = \frac{T\alpha}{\beta_T} - p$$

6. 证明：对于一个封闭系统，有

$$\left(\frac{\partial U}{\partial V}\right)_T = T^2\left[\frac{\partial}{\partial T}\left(\frac{p}{T}\right)\right]_V$$

(提示：最好使用熵函数表达的热力学基本方程，以 $1/T$ 和 V 作为自然变量。)

7. 证明：对于一个封闭系统，有

$$V\left(\frac{\partial p}{\partial U}\right)_V = -\frac{V}{T}\left[\frac{\partial T}{\partial V}\right]_S$$

(提示：利用简单封闭系统的微分形式热力学基本方程，从麦克斯韦关系入手，已知体积 V 恒定和 $T\mathrm{d}S = \mathrm{d}U$。)

8. 通过焓 H 关于温度 T 和压强 p 的混合二阶导数和麦克斯韦关系式，证明

$$\left(\frac{\partial C_p}{\partial p}\right)_T = -TV\left[\alpha^2 + \left(\frac{\partial \alpha}{\partial T}\right)_p\right]$$

其中，α 是体积热膨胀系数。

9. 证明：等温压缩系数 β_T 和绝热压缩系数 β_S 之差为 (提示：使用方法 5)

$$\beta_T = \beta_S + vT\frac{\alpha^2}{c_p}$$

其中，v 是摩尔体积，T 是温度，α 是体积热膨胀系数，c_p 是摩尔恒压热容。

10. 利用 c_p、α 和 β_T，把材料的摩尔体积 v 表示为温度 T 和压强 p 的函数，假设 c_p、α 和 β_T 是与温度和压强无关的常数。(提示：从函数 $v(T,p)$ 的微分形式开始。)

11. 证明：在恒定电场下，等温弹性柔度张量 s_{ijkl}^T 和绝热弹性柔度张量 s_{ijkl}^S 之差为

$$s_{ijkl}^T - s_{ijkl}^S = \frac{T\alpha_{ij}\alpha_{kl}}{c_\sigma}$$

式中，α_{ij} 是热膨胀系数张量，c_σ 是在恒定应力下测得的单位体积热容。(提示：使用方法 5。)

12. 证明：在恒温下，无电场约束时的弹性柔度张量 s_{ijkl}^E 和有电场约束时的弹性柔度 s_{ijkl}^D 张量之差为

$$s_{ijkl}^E - s_{ijkl}^D = \left(\kappa_{mn}^{-1}\right)^\sigma d_{mij}d_{nkl}$$

式中, d_{mij} 和 d_{nkl} 是压电张量, κ_{mn}^{-1} 是介电常数张量 κ_{mn} 的逆。(提示: 方法 6。)

　　13. 证明: 在恒容 V 和恒定摩尔数 N 下测得的热容 $C_{V,N}$ 与在恒容 V 和恒定化学势 μ 下测得的热容 $C_{V,\mu}$ 的关系为 (提示: 方法 5 或方法 6):

$$C_{V,N} = C_{V,\mu} - T \left(\frac{\partial N}{\partial \mu} \right)_{T,V} \left(\frac{\partial \mu}{\partial T} \right)_{V,N}^{2}$$

第 7 章　热力学平衡态与稳定性

本章主要讨论系统的平衡状态条件及其稳定性判据。平衡态是一种静止状态。当处于平衡状态时，系统的性质不再随着时间变化，并且系统中没有物质通量，既没有质量扩散，没有热传输，也没有电流通过等。

当系统的广度性质热力学势能函数处于全域最小值时，系统达到稳定的平衡态，此时系统对任何波动都是稳定的，称为稳态。当系统对于微小扰动仍能保持稳定，但受到大扰动时变得不稳定，从而达到另一个相对更稳定的状态，这就是亚稳态。如图 7.1 所示，稳态处于势能曲线的最小值处，亚稳态位于势能曲线的局部最小值处。非稳态则位于势能曲线的局部最大值处，曲率为负。

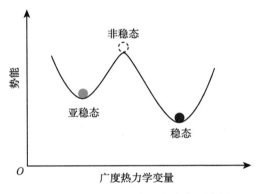

图 7.1　稳态、亚稳态及非稳态示意图

在本章中，我们将讨论判断系统达到平衡的热力学原理、势能平衡条件，以及平衡态稳定性判据。系统的初始非平衡态通常是由外部条件变化导致系统某些热力学参数变化而引起的。我们可以使用两个等效的基本原理来确定系统的热力学平衡：一个是最大熵原理，另一个是最小内能原理。

7.1　最大熵原理

我们首先考虑孤立系统的平衡条件。若该系统的初始熵为 S，化学物质的量为 N，体积为 V，其刚度边界不能渗透任何化学物质，也不能传导热或熵，即

$$dS^e = dV^e = dN^e = 0 \tag{7.1}$$

式中，dS^e、dV^e 和 dN^e 分别是系统与环境交换的无限小量的熵、体积和化学物质的量。系统与环境之间没有相互作用，根据热力学第一定律，系统的内能是一个常数 $(dU = 0)$。

该孤立系统从初始非平衡态演化至最终平衡态的过程中，根据热力学第二定律，有

$$dS = dS^e + dS^{ir} = dS^{ir} = \frac{D}{T}d\xi > 0 \tag{7.2}$$

其中，D 是系统热力学驱动力，ξ 是过程进行的程度。在系统由初始非平衡态 $(D > 0,\ \xi = 0)$ 到最终平衡态 $(D = 0$、$\xi = \xi_{eq}$，ξ_{eq} 为使熵最大化的不可逆过程的平衡程度) 的不可逆过程中，由于耗散内能，或者说消耗热力学驱动力，以及产生熵，系统的熵增加。当达到平衡态后，系统的熵不再增加

$$dS = dS^{ir} = \frac{D}{T}d\xi = 0 \tag{7.3}$$

即系统达到平衡后熵达到最大化。因此，利用最大熵原理可以得出如下平衡条件。

一个处于热力学平衡态的孤立系统，内能恒定 $dU = 0$，体积恒定 $dV = 0$，物质的量恒定 $dN = 0$，系统的熵 S 最大，可以用微分和积分来表示该最大熵原理如下

$$(dS)_{U,V,N} = 0 \tag{7.4}$$

$$\left(\delta^2 S\right)_{U,V,N} < 0 \tag{7.5}$$

式中，$\left(\delta^2 S\right)_{U,V,N}$ 是当 U、V 和 N 保持恒定时 S 的二阶变分。

式 (7.4) 表明平衡系统的熵处于极值 (最大值或最小值)，而式 (7.5) 表明该极值为最大值，即在保持系统 U、V 和 N 恒定的条件下，对平衡态的任何微小扰动都会降低系统的熵。

7.2　最小内能原理

利用上述基于孤立系统得到的最大熵原理，结合热力学第一定律和热力学第二定律，我们可以推导出最小内能原理。在体积和摩尔数恒定的条件下

$$dV = dV^e = 0, \quad dN = dN^e = 0$$

根据热力学第一定律，有

$$dU = TdS^e \tag{7.6}$$

此时，系统熵的变化 dS 等于从环境转移到系统的熵 dS^e 和系统产生的熵 dS^{ir} 之和，即

$$dS = dS^e + dS^{ir} \tag{7.7}$$

因此

$$dU = TdS^e = TdS - TdS^{ir} \tag{7.8}$$

在最大熵原理中，孤立系统从初始非平衡态到最终平衡态的不可逆转变过程中，熵不断增加直到最大化，而内能保持不变。假设该系统的熵保持恒定，即

$$dS = 0$$

则式 (7.8) 变为

$$dU = -TdS^{ir} = -Dd\xi \leqslant 0 \tag{7.9}$$

可见，如果保持孤立系统的熵不变，那么在不可逆过程中内能必须下降。为了保持系统的熵恒定，在产生熵的不可逆过程中，必须从系统中移除熵。在这种情况下，系统不再孤立 (因为熵是从系统中去除的)，而系统的内能在这个过程中也由于熵的去除而降低。

当系统中建立热力学平衡后，驱动力 D 被消耗殆尽，熵也不再产生，内能 U 达到最小值并且不再随时间变化

$$(dU)_{S,V,N} = 0 \tag{7.10}$$

即如果热力学变量 (熵、体积和摩尔数) 保持不变，宏观系统在平衡态时，系统的内能处于极值。

为了使平衡系统的内能最小化，需要满足

$$(\delta^2 U)_{S,V,N} > 0 \tag{7.11}$$

式中，$(\delta^2 U)_{S,V,N}$ 是 U 在恒定 S、V 和 N 下的二阶变分。

式 (7.10) 和式 (7.11) 定义了系统的最小内能原理和平衡条件：在熵 S、体积 V 和物质量 N 不变的情况下，系统的内能 U 在平衡时达到最小化；在保持系统的 S、V 和 N 不变的同时，对平衡状态的任何扰动都会增加系统的内能 U。

7.3   最小焓原理

在压强和摩尔数恒定的条件下

$$dV = dV^e, \quad dN = dN^e = 0$$

热力学第一定律变为

$$dU = TdS^e - pdV \tag{7.12}$$

此时，在热力学第二定律中引入产生的熵 dS^{ir}，则热力学第一定律与第二定律的联合公式可写为

$$dU = TdS^e - pdV = TdS - TdS^{ir} - pdV \tag{7.13}$$

把式 (7.13) 中 pdV 项移到公式左边，得到

$$dU + pdV = TdS^e = TdS - TdS^{ir} \tag{7.14}$$

在恒熵恒压条件下，

$$dU + pdV = d(U + pV) = dH = -TdS^{ir} = -Dd\xi \leqslant 0 \tag{7.15}$$

也就是说，如果保持系统在不可逆过程中压强和熵不变，系统的焓必须下降。当系统达到热力学平衡时，焓 H 达到最小值。在平衡时

$$(dH)_{S,p,N} = 0 \tag{7.16}$$

即如果热力学变量，如熵、压强和摩尔数都保持恒定，宏观系统处于平衡态时的焓是一个极值。

为了使平衡系统的焓是最小值，需要满足

$$\left(\delta^2 H\right)_{S,p,N} > 0 \tag{7.17}$$

式中，$\left(\delta^2 H\right)_{S,p,N}$ 是 H 在恒定 S、p 和 N 下的二阶变分。

因此，在熵 S、压强 p 和物质的量 N 保持不变的情况下，系统处于平衡态时，系统的焓 H 是最小值。保持上述条件不变，对平衡态的任何扰动都会增加系统的焓 H。

7.4 最小亥姆霍兹自由能原理

恒容封闭系统的热力学第一定律和第二定律的联合公式为

$$dU = TdS^e = T\left(dS - dS^{ir}\right) = TdS - TdS^{ir} \tag{7.18}$$

把式 (7.18) 中的 TdS 这一项移到等式左边

$$dU - TdS = -TdS^{ir} \tag{7.19}$$

假设系统的温度恒定，有

$$dU - TdS = d(U - TS) = dF = -TdS^{ir} = -Dd\xi \leqslant 0 \qquad (7.20)$$

即如果系统的温度和体积保持不变，亥姆霍兹自由能一定在不可逆过程中不断减小。系统达到热力学平衡后，亥姆霍兹自由能达到最小。在平衡时

$$(dF)_{T,V,N} = 0 \qquad (7.21)$$

即如果热力学变量，如温度、体积和摩尔数都保持恒定，宏观系统处于平衡态时的亥姆霍兹自由能是一个极值。

为了使平衡系统的亥姆霍兹自由能有最小值，需要满足

$$\left(\delta^2 F\right)_{T,V,N} > 0 \qquad (7.22)$$

式中，$\left(\delta^2 F\right)_{T,V,N}$ 为 F 在恒定 T、V 和 N 下的二阶变分。

因此，在保持温度 T、体积 V 和物质的量 N 不变的情况下，当系统处于平衡态时，亥姆霍兹自由能 F 是最小值。在保持上述条件不变的同时，对平衡态的任何扰动都会使系统的亥姆霍兹自由能 F 增加。

7.5　最小吉布斯自由能原理

对于封闭系统，热力学第一定律和热力学第二定律的联合公式为

$$dU = T\left(dS - dS^{ir}\right) - pdV = TdS - TdS^{ir} - pdV \qquad (7.23)$$

把式 (7.23) 中的 TdS 和 $-pdV$ 两项移到公式左边，有

$$dU - TdS + pdV = -TdS^{ir} \qquad (7.24)$$

假设系统恒温恒压，则

$$dU - TdS + pdV = d(U - TS + pV) = dG = -TdS^{ir} = -Dd\xi \leqslant 0 \qquad (7.25)$$

即如果系统的温度和压强保持恒定，系统在不可逆过程中的吉布斯自由能一定不断降低。当系统达到热力学平衡时，吉布斯自由能达到最小。在平衡态时

$$(dG)_{T,p,N} = 0 \qquad (7.26)$$

即如果热力学变量，如温度、压强和摩尔数都保持恒定，宏观系统处于平衡态时的吉布斯自由能是一个极值。

为了使系统的吉布斯自由能有最小值，需要满足

$$\left(\delta^2 G\right)_{T,p,N} > 0 \tag{7.27}$$

式中，$\left(\delta^2 G\right)_{T,p,N}$ 为 G 在 T、p 和 N 恒定时的二阶变分。

从式 (7.26) 和式 (7.27) 可见，在保持恒定温度 T、恒定压强 p 和物质的量 N 不变的条件下，平衡系统的吉布斯自由能或自由焓 G 有最小值。在保持上述条件不变的同时，对平衡态的任何扰动都会使系统的吉布斯自由能 G 增加。

7.6 势的平衡条件

在热力学平衡时，孤立系统的熵在恒定的内能、体积和摩尔数下最大化，或者系统的能量函数在一组特定的热力学条件下最小化。现在我们研究平衡条件对系统的热力学势，即温度 T、压强 p 和化学势 μ 的影响。

例 1 温度 T 的平衡条件。

考虑一个孤立系统，它包含两个假想的子系统，由一堵墙壁隔开。墙壁是固定的，不可渗透化学物质，但可以传热，可以进行热或熵的传递，如图 7.2 所示。根据最大熵原理，在总能量恒定 ($dU_1 + dU_2 = 0$)、总体积恒定 ($dV_1 + dV_2 = 0$) 和总摩尔数恒定 ($dN_1 + dN_2 = 0$) 的情况下，平衡态时孤立复合系统的总熵最大化，即

$$dS_{\text{tot}} = dS_1 + dS_2 \tag{7.28}$$

要达到最大值。

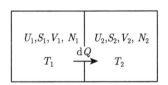

图 7.2 两个子系统之间的热平衡

由于隔离两个子系统的墙壁是固定的，即 $dV_1 = dV_2 = 0$，并且不进行物质交换，即 $dN_1 = dN_2 = 0$，因此

$$dS_{\text{tot}} = dS_1 + dS_2 = \frac{dU_1}{T_1} + \frac{dU_2}{T_2} = \left(\frac{1}{T_2} - \frac{1}{T_1}\right) dQ = 0 \tag{7.29}$$

由于可以进行热交换 $dQ \neq 0$，熵的最大化需要满足

$$\frac{1}{T_2} - \frac{1}{T_1} = 0$$

或

$$T_1 = T_2 \tag{7.30}$$

也就是说，整个孤立系统在热力学平衡时的温度是均匀的。

例 2　压强 p 的平衡条件。

假设一个包含两个子系统的复合系统,温度恒定 ($dT = 0$),总体积恒定 ($dV = 0$),总物质的量也恒定 ($dN = 0$), 如图 7.3 所示。隔离两个子系统的内部墙壁是可移动的, 但仍然不能进行物质交换, $dN_1 = dN_2 = 0$。在这种情况下, 使用亥姆霍兹自由能 F 比较方便。亥姆霍兹自由能 F 表示的热力学基本方程微分形式为

$$dF = -SdT - pdV + \mu dN$$

因此

$$dF_{tot} = dF_1 + dF_2 = -p_1 dV_1 - p_2 dV_2 \tag{7.31}$$

由于总体积恒定 ($dV_1 + dV_2 = 0$)，在平衡态时

$$dF_{tot} = (p_2 - p_1)\, dV_1 = 0 \tag{7.32}$$

由于体积变化量 dV_1 是任意的，因此在平衡态时压强必须保持均匀，

$$p_1 = p_2 \tag{7.33}$$

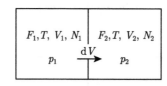

图 7.3　两个子系统之间的力平衡

例 3　化学势 μ 的平衡条件。

吉布斯自由能表示的热力学基本方程的微分形式为

$$dG = -SdT + Vdp + \mu dN$$

假设两个温度和压强都相同的子系统，其化学势分别为 μ_1 和 μ_2，如图 7.4 所示。由于 T 和 p 都保持均匀，有

$$dG = \mu dN \tag{7.34}$$

如果隔离两个子系统的墙壁允许进行物质交换，则

$$dG_{tot} = dG_1 + dG_2 = -\mu_1 dN + \mu_2 dN \tag{7.35}$$

在平衡态时

$$dG_{tot} = 0 = (\mu_2 - \mu_1)\, dN \Longrightarrow \mu_1 = \mu_2 = \mu \tag{7.36}$$

也就是说，系统处于平衡态时，整个系统内部的化学势必须保持均匀。

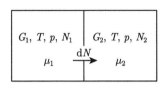

图 7.4   两个子系统之间的化学平衡

7.7   势的广义平衡条件

通常，一个简单系统处于平衡态时所有的势都是均匀的：T、p 和 μ 都是均匀的。

如果其中任意一个势的空间分布存在梯度，有不均匀性，那系统就处于非平衡态，系统就会存在相应的热、力或化学物质的传输。热势或温度梯度会导致热或熵的传递，压强梯度会导致体积的流动，化学物质的化学势梯度会导致物质的传输。

如果势能在同一位置存在差异，则该位置将会发生相应的动力学过程。例如，如果相平衡或稳定性转变或者化学反应可以减小给定空间位置的单组分或多组分的化学势，就可能发生相变或化学反应。所有这些过程都会耗散化学能并产生熵，本质上是将化学能转化为热能。

需要注意的是，均匀势的平衡条件，其推导前提是系统内不存在阻碍相应物质传输的内部约束或非均相因素。例如，在一个多相系统中，如果某一种化学物质不溶于某一相或某一空间区域，就意味着该物质在该相或区域中的化学势一定高于系统的其他区域。这类似于一个有许多小岛的湖泊的水位情况。湖泊中的水位在平衡时是均匀的，但岛屿上的水位可能会比湖泊中的水位高一些，当然岛屿上如果有水位低于湖面的水井，则岛屿井中的水位会比较低，前提是岛屿水井与湖泊之间不能发生水的输送转移。

7.8   热 力 学 场

我们把"势"定义为每单位量相应物质所具有的特定形式的能量，即能量强度。"场"可以定义为负的势梯度。例如，电场 $\boldsymbol{E}$ 是负电势梯度，$-\nabla\phi$；化学场是化学物质 i 的负化学势梯度，$-\nabla\mu_i$，或者最终态与初始态之间的负化学势差，也就是热力学驱动力 D，$D = -\Delta\mu = \mu^{初态} - \mu^{终态}$。

如果系统中某一种或几种物质的化学势不均匀，该物质将从化学势高的区域转移到化学势低的区域，直至化学势均匀达到平衡，或者该物质的化学势会降低，直至在给定位置达到最小值。如果一个过程是由于不同位置的化学势差而发生了化学扩散或流动，则化学势梯度就是驱动力，这类似于物体在重力场下由高度差驱动沿着斜坡向下运动。

如果一个过程在相同的空间位置、温度、压强和成分下发生，例如，没有成分变化的相变，或具有成分变化的化学反应或相变 (相分解或沉淀反应)，那么化学势变化是驱动力，同时每种单独元素的总成分保持恒定。这类似于在重力势场作用下，物体在同一位置的高度变化。

如果系统中的温度不均匀，则存在着热场，就是负的温度梯度，$-\nabla T$。热或熵将从温度较高的区域流向温度较低的区域，直至达到温度均匀的平衡态。

如果材料中的压强或应力分布不均匀，则存在着力场，就是压强梯度，∇p，或负的应力梯度，$-\nabla \sigma_{ij}$。体积将从低压区域流向高压区域，或高压区域会向低压区域膨胀，直到在均匀压强下实现平衡。

7.9   热力学平衡态稳定性判据

热力学平衡态可以是稳定的、亚稳的或不稳定的。这里，我们进一步讨论如何判断热力学状态是稳态、亚稳态或非稳态的标准。

如果系统是处在一个稳定的平衡态，系统变量，如熵、温度、体积、压强、摩尔数及化学势等热力学量的任何扰动，无论大小，系统都会自发地回落到原来的平衡态。当系统处于亚稳平衡态时，它在系统变量微小扰动下是稳定的，但在足够大的扰动下将变得不稳定。如果一个系统是在一个不稳定的平衡态，任何微小的扰动，系统都会自发演化到另一个更稳定的平衡态。

热力学稳定性判据有以下几种。

第一种方法是熵判据，当孤立系统处于稳定平衡态时熵最大。在保持总内能、体积和物质的量恒定的条件下，对稳定平衡态的任何扰动，都会使熵减少。

第二种方法是能量判据，例如，内能判据 (熵、体积和摩尔数保持恒定)、焓判据 (熵、压强和摩尔数保持恒定)、亥姆霍兹自由能判据 (温度、体积和摩尔数恒定) 和吉布斯自由能判据 (温度、压强和摩尔数恒定)。在不同的热力学条件下，对稳定平衡态的任何扰动会增加系统的内能、焓、亥姆霍兹自由能或吉布斯自由能。

第三种方法是考虑平衡态受到扰动时产生的熵。扰动稳定平衡态所产生的熵是负值。

根据热力学第二定律，对稳定平衡态的微小扰动所引起的熵、内能、自由焓、亥姆霍兹自由能及吉布斯自由能的微小变化，即 $\mathrm{d}S$、$\mathrm{d}U$、$\mathrm{d}H$、$\mathrm{d}F$ 和 $\mathrm{d}G$，都与

不同热力学条件下产生的熵 dS^{ir} 直接相关，即

$$dS^{ir} = Dd\xi/T = \begin{cases} dS, & \text{内能、体积和摩尔数恒定} \\ -dU/T, & \text{熵、体积和摩尔数恒定} \\ -dH/T, & \text{熵、压强和摩尔数恒定} \\ -dF/T, & \text{温度、体积和摩尔数恒定} \\ -dG/T, & \text{温度、压强和摩尔数恒定} \end{cases}$$

因此，不同热力学条件下的稳定性判据，可以使用当稳定平衡态受到微小扰动时产生的熵来公式化。为了简单起见，我们首先只考虑对热变量和机械变量 (熵 S 和温度 T、体积 V 和压强 p) 的扰动。我们将在关于二元或多组分溶液的第 12 章中讨论平衡态相对于化学变量 (化学势和每种物质或相的摩尔数) 的稳定性。

我们考虑一个简单的稳定平衡系统，其总内能为 $2U$、总熵为 $2S$、总体积为 $2V$ 及总摩尔数为 $2N$。假设它分离成两个相同的子系统，每个系统都有能量 U、熵 S 和体积 V，加上微小扰动 $\pm dU$、$\pm dS$ 和 $\pm dV$，同时保持它们的总熵、总体积和总摩尔数不变，如图 7.5 所示。需要指出的是，由于热力学变量是相互耦合的，内能、熵和体积的微小扰动 dU、dS 和 dV 会引起温度和压强的微小扰动。Kondepudi 和 Prigogine 指出 [1]，对稳定平衡状态施加微小扰动 dS、dT、dV 和 dp 所产生的熵 ΔS^{ir}，通过扰动系统的熵对初始稳定状态进行二阶泰勒级数展开 $\delta^2 S$ 得到

$$\Delta S^{ir} = \delta^2 S = -\frac{1}{T}(dSdT - dVdp) < 0 \tag{7.37}$$

需要注意的是，由于初始状态是平衡状态，所有热力学变量都是均匀的，在该初始均匀的内能、体积和摩尔数的条件下，熵的一阶变分为零，$\delta S = 0$。

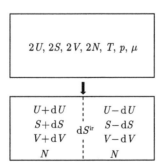

图 7.5　对初始平衡态的微小扰动导致形成两个系统，保持总内能 $2U$、总体积 $2V$ 和总摩尔数 $2N$ 不变

现在讨论不同热力学条件下的不同能量判据表达式。例如一个内能为 U、熵为 S 和体积为 V 的初始平衡系统，在保持恒定的总熵 S 和总体积 V 的条件下，

由于熵和体积的扰动 $\mathrm{d}S$ 和 $\mathrm{d}V$ 引起的内能增加为

$$\Delta U = -T\Delta S^{\mathrm{ir}} = \mathrm{d}S\mathrm{d}T - \mathrm{d}V\mathrm{d}p > 0 \tag{7.38}$$

温度和压强的扰动可以用熵和体积的扰动来表示

$$\mathrm{d}T = \left(\frac{\partial T}{\partial S}\right)_V \mathrm{d}S + \left(\frac{\partial T}{\partial V}\right)_S \mathrm{d}V \tag{7.39}$$

$$\mathrm{d}p = \left(\frac{\partial p}{\partial S}\right)_V \mathrm{d}S + \left(\frac{\partial p}{\partial V}\right)_S \mathrm{d}V \tag{7.40}$$

将式 (7.39)、式 (7.40) 代入式 (7.38) 有

$$\Delta U = \mathrm{d}S\left[\left(\frac{\partial T}{\partial S}\right)_V \mathrm{d}S + \left(\frac{\partial T}{\partial V}\right)_S \mathrm{d}V\right] - \mathrm{d}V\left[\left(\frac{\partial p}{\partial S}\right)_V \mathrm{d}S + \left(\frac{\partial p}{\partial V}\right)_S \mathrm{d}V\right] > 0 \tag{7.41}$$

或

$$\Delta U = \left(\frac{\partial T}{\partial S}\right)_V (\mathrm{d}S)^2 + \left(\frac{\partial T}{\partial V}\right)_S \mathrm{d}S\mathrm{d}V - \left(\frac{\partial p}{\partial S}\right)_V \mathrm{d}V\mathrm{d}S - \left(\frac{\partial p}{\partial V}\right)_S (\mathrm{d}V)^2 > 0 \tag{7.42}$$

如果初始平衡态是稳态或亚稳态，则任何微小的扰动都会使系统的内能增加，$\Delta U > 0$。例如，如果只考虑熵的扰动，即式 (7.42) 中的 $\mathrm{d}V = 0$，有

$$\Delta U = \left(\frac{\partial T}{\partial S}\right)_V (\mathrm{d}S)^2 = \left(\frac{\partial^2 U}{\partial S^2}\right)_V (\mathrm{d}S)^2 > 0 \tag{7.43}$$

由于 $(\mathrm{d}S)^2$ 总是正的，对于稳定平衡态或亚稳平衡态，则有以下判据

$$\left(\frac{\partial^2 U}{\partial S^2}\right)_V > 0 \tag{7.44}$$

类似地，如果只考虑体积的扰动，即式 (7.42) 中的 $\mathrm{d}S = 0$，有

$$\Delta U = -\left(\frac{\partial p}{\partial V}\right)_S (\mathrm{d}V)^2 = \left(\frac{\partial^2 U}{\partial V^2}\right)_S (\mathrm{d}V)^2 > 0 \tag{7.45}$$

由于 $(\mathrm{d}V)^2$ 总是正的，则稳定或亚稳平衡态的判据为

$$\left(\frac{\partial^2 U}{\partial V^2}\right)_S > 0 \tag{7.46}$$

如果同时考虑熵和体积的微小扰动，有

$$\Delta U = \left(\frac{\partial T}{\partial S}\right)_V (\mathrm{d}S)^2 + \left(\frac{\partial T}{\partial V}\right)_S \mathrm{d}S\mathrm{d}V - \left(\frac{\partial p}{\partial S}\right)_V \mathrm{d}V\mathrm{d}S - \left(\frac{\partial p}{\partial V}\right)_S (\mathrm{d}V)^2$$

$$= \left(\frac{\partial^2 U}{\partial S^2}\right)_V (\mathrm{d}S)^2 + \left(\frac{\partial T}{\partial V}\right)_S \mathrm{d}S\mathrm{d}V - \left(\frac{\partial p}{\partial S}\right)_V \mathrm{d}V\mathrm{d}S + \left(\frac{\partial^2 U}{\partial V^2}\right)_S (\mathrm{d}V)^2 > 0$$

$$(7.47)$$

引入 $(\partial T/\partial V)_S$ 和 $-(\partial p/\partial S)_V$ 之间的麦克斯韦关系，上式可改写为

$$\Delta U = \left(\frac{\partial^2 U}{\partial S^2}\right)_V (\mathrm{d}S)^2 + 2\frac{\partial^2 U}{\partial S\partial V}\mathrm{d}S\mathrm{d}V + \left(\frac{\partial^2 U}{\partial V^2}\right)_S (\mathrm{d}V)^2 > 0 \qquad (7.48)$$

整理式 (7.48)，得到

$$\Delta U = \left(\frac{\partial^2 U}{\partial S^2}\right)_V \left[\mathrm{d}S + \frac{\dfrac{\partial^2 U}{\partial S\partial V}}{\left(\dfrac{\partial^2 U}{\partial S^2}\right)_V}\mathrm{d}V\right]^2 + \left[\left(\frac{\partial^2 U}{\partial V^2}\right)_S - \frac{\left(\dfrac{\partial^2 U}{\partial S\partial V}\right)^2}{\left(\dfrac{\partial^2 U}{\partial S^2}\right)_V}\right](\mathrm{d}V)^2 > 0$$

$$(7.49)$$

已知稳定平衡态有 $(\partial^2 U/\partial S^2)_V > 0$，因此要保证系统处于稳定或亚稳的热力学平衡态，需要满足

$$\left[\left(\frac{\partial^2 U}{\partial V^2}\right)_S - \frac{\left(\dfrac{\partial^2 U}{\partial S\partial V}\right)^2}{\left(\dfrac{\partial^2 U}{\partial S^2}\right)_V}\right] = \left[\frac{\left(\dfrac{\partial^2 U}{\partial S^2}\right)_V \left(\dfrac{\partial^2 U}{\partial V^2}\right)_S - \left(\dfrac{\partial^2 U}{\partial S\partial V}\right)^2}{\left(\dfrac{\partial^2 U}{\partial S^2}\right)_V}\right] > 0 \quad (7.50)$$

或

$$\left(\frac{\partial^2 U}{\partial S^2}\right)_V \left(\frac{\partial^2 U}{\partial V^2}\right)_S - \left(\frac{\partial^2 U}{\partial S\partial V}\right)^2 = \begin{vmatrix} \left(\dfrac{\partial^2 U}{\partial S^2}\right)_V & \dfrac{\partial^2 U}{\partial S\partial V} \\ \dfrac{\partial^2 U}{\partial S\partial V} & \left(\dfrac{\partial^2 U}{\partial V^2}\right)_S \end{vmatrix} > 0 \qquad (7.51)$$

我们可以采用易于测量或计算的热力学性质来表示上述稳定性判据。例如，第一个稳定性判据为

$$\left(\frac{\partial^2 U}{\partial S^2}\right)_V = \left(\frac{\partial T}{\partial S}\right)_{V,N} = \frac{T}{C_V} > 0 \Rightarrow C_V > 0 \qquad (7.52)$$

即对于一个热力学稳定平衡态或亚稳平衡态，其恒容热容必须为正。

第二个稳定性判据为

$$\left(\frac{\partial^2 U}{\partial V^2}\right)_S = -\left(\frac{\partial p}{\partial V}\right)_S = \frac{1}{V\beta_S} > 0 \Rightarrow \beta_S > 0 \tag{7.53}$$

即对于一个热力学稳定平衡态或亚稳平衡态，其绝热压缩系数必须为正。

第三个稳定性判据，可以通过将第一个判据公式 (7.50) 改写为 [2]

$$\left[\left(\frac{\partial^2 U}{\partial V^2}\right)_S - \frac{\left(\frac{\partial^2 U}{\partial S\partial V}\right)^2}{\left(\frac{\partial^2 U}{\partial S^2}\right)_V}\right] = \left(\frac{\partial^2 F}{\partial V^2}\right)_T > 0 \tag{7.54}$$

式中，F 是亥姆霍兹自由能。则有

$$\left(\frac{\partial^2 F}{\partial V^2}\right)_{T,N} = -\left(\frac{\partial p}{\partial V}\right)_{T,N} = \frac{1}{V\beta_T} > 0 \Rightarrow \beta_T > 0 \tag{7.55}$$

即对于一个热力学稳定或亚稳平衡态，等温压缩系数必须为正。

此外，不等式 (7.54) 可改写为

$$\left(\frac{\partial^2 F}{\partial V^2}\right)_T - \left(\frac{\partial^2 U}{\partial V^2}\right)_S = \frac{\left(\frac{\partial^2 U}{\partial S\partial V}\right)^2}{\left(\frac{\partial^2 U}{\partial S^2}\right)_V} < 0 \tag{7.56}$$

由式 (7.56) 可得，当材料或过程趋于不稳定时，导数 $\left(\partial^2 F/\partial V^2\right)_T$ 的值会先于 $\left(\partial^2 U/\partial V^2\right)_S$ 成为 0。因此，当材料或过程接近不稳定时，将首先违反**第三个稳定性判据**，然后才违反**第二个稳定性判据**。实际上，第三个稳定性判据公式 (7.55) 足以保证式 (7.52)、式 (7.53) 和式 (7.55) 三条判据都能得到满足。

类似地，我们可以在恒定熵和压强的条件下，对稳定平衡状态施加扰动，有

$$\Delta H = -T\Delta S^{\mathrm{ir}} = \mathrm{d}S\mathrm{d}T - \mathrm{d}V\mathrm{d}p > 0 \tag{7.57}$$

在这种情况下，我们用熵和压强的扰动来表示温度和体积的扰动

$$\mathrm{d}T = \left(\frac{\partial T}{\partial S}\right)_p \mathrm{d}S + \left(\frac{\partial T}{\partial p}\right)_S \mathrm{d}p \tag{7.58}$$

$$\mathrm{d}V = \left(\frac{\partial V}{\partial S}\right)_p \mathrm{d}S + \left(\frac{\partial V}{\partial p}\right)_S \mathrm{d}p \tag{7.59}$$

将式 (7.58) 和式 (7.59) 代入式 (7.57) 有

$$\Delta H = -T\Delta S^{ir} = \left(\frac{\partial T}{\partial S}\right)_p (dS)^2 - \left(\frac{\partial V}{\partial p}\right)_S (dp)^2 > 0 \tag{7.60}$$

或

$$\Delta H = -T\Delta S^{ir} = \left(\frac{\partial^2 H}{\partial S^2}\right)_p (dS)^2 - \left(\frac{\partial^2 H}{\partial p^2}\right)_S (dp)^2 > 0 \tag{7.61}$$

因此，对于一个热力学稳态系统，有

$$\left(\frac{\partial^2 H}{\partial S^2}\right)_p > 0, \quad \left(\frac{\partial^2 H}{\partial p^2}\right)_S < 0 \tag{7.62}$$

这意味着对于稳定平衡状态，有

$$\left(\frac{\partial^2 H}{\partial S^2}\right)_p = \frac{T}{C_p} > 0 \Longrightarrow C_p > 0, \quad \left(\frac{\partial^2 H}{\partial p^2}\right)_S = -V\beta_S < 0 \Longrightarrow \beta_S > 0 \tag{7.63}$$

在温度和体积恒定的条件下，稳定平衡状态的微小扰动为

$$\Delta F = -T\Delta S^{ir} = dSdT - dVdp > 0 \tag{7.64}$$

在这种情况下，我们用温度和体积的扰动来表示熵和压强的扰动为

$$dS = \left(\frac{\partial S}{\partial T}\right)_V dT + \left(\frac{\partial S}{\partial V}\right)_T dV \tag{7.65}$$

$$dp = \left(\frac{\partial p}{\partial T}\right)_V dT + \left(\frac{\partial p}{\partial V}\right)_T dV \tag{7.66}$$

将式 (7.65) 和式 (7.66) 代入式 (7.64) 有

$$\Delta F = -T\Delta S^{ir} = \left(\frac{\partial S}{\partial T}\right)_V (dT)^2 - \left(\frac{\partial p}{\partial V}\right)_T (dV)^2 > 0 \tag{7.67}$$

或

$$\Delta F = -T\Delta S^{ir} = -\left(\frac{\partial^2 F}{\partial T^2}\right)_V (dT)^2 + \left(\frac{\partial^2 F}{\partial V^2}\right)_T (dV)^2 > 0 \tag{7.68}$$

因此，对于热力学稳定状态，有

$$\left(\frac{\partial^2 F}{\partial T^2}\right)_V < 0, \quad \left(\frac{\partial^2 F}{\partial V^2}\right)_T > 0 \tag{7.69}$$

这意味着对于稳定平衡状态，有

$$\left(\frac{\partial^2 F}{\partial T^2}\right)_V = -\frac{C_V}{T} < 0 \Longrightarrow C_V > 0, \quad \left(\frac{\partial^2 F}{\partial V^2}\right)_T = \frac{1}{V\beta_T} > 0 \Rightarrow \beta_T > 0 \tag{7.70}$$

在温度和压强恒定的条件下，稳定平衡状态的微小扰动为

$$\Delta G = -T\Delta S^{\mathrm{ir}} = \mathrm{d}S\mathrm{d}T - \mathrm{d}V\mathrm{d}p > 0 \tag{7.71}$$

在这种情况下，用温度和压强的扰动来表示熵和体积的扰动

$$\mathrm{d}S = \left(\frac{\partial S}{\partial T}\right)_p \mathrm{d}T + \left(\frac{\partial S}{\partial p}\right)_T \mathrm{d}p \tag{7.72}$$

$$\mathrm{d}V = \left(\frac{\partial V}{\partial T}\right)_p \mathrm{d}T + \left(\frac{\partial V}{\partial p}\right)_T \mathrm{d}p \tag{7.73}$$

将式 (7.72) 和式 (7.73) 代入式 (7.71) 有

$$\Delta G = \left(\frac{\partial S}{\partial T}\right)_p (\mathrm{d}T)^2 + \left(\frac{\partial S}{\partial p}\right)_T \mathrm{d}T\mathrm{d}p - \left(\frac{\partial V}{\partial T}\right)_p \mathrm{d}T\mathrm{d}p - \left(\frac{\partial V}{\partial p}\right)_T (\mathrm{d}p)^2 > 0 \tag{7.74}$$

或

$$\Delta G = -\left(\frac{\partial^2 G}{\partial T^2}\right)_p (\mathrm{d}T)^2 - \frac{\partial^2 G}{\partial p\partial T}\mathrm{d}T\mathrm{d}p - \frac{\partial^2 G}{\partial T\partial p}\mathrm{d}T\mathrm{d}p - \left(\frac{\partial^2 G}{\partial p^2}\right)_T (\mathrm{d}p)^2 > 0 \tag{7.75}$$

因此，对于热力学稳定状态，有

$$\left(\frac{\partial^2 G}{\partial T^2}\right)_p < 0, \left(\frac{\partial^2 G}{\partial p^2}\right)_T < 0 \tag{7.76}$$

$$\begin{vmatrix} -\left(\dfrac{\partial^2 G}{\partial T^2}\right)_p & -\dfrac{\partial^2 G}{\partial T\partial p} \\ -\dfrac{\partial^2 G}{\partial p\partial T} & -\left(\dfrac{\partial^2 G}{\partial p^2}\right)_T \end{vmatrix} = \left(\frac{\partial^2 G}{\partial T^2}\right)_p \left(\frac{\partial^2 G}{\partial p^2}\right)_T - \left(\frac{\partial^2 G}{\partial T\partial p}\right)^2 > 0 \tag{7.77}$$

这意味着对于稳定平衡状态，有

$$\left(\frac{\partial^2 G}{\partial T^2}\right)_p = -\frac{C_p}{T} < 0 \Rightarrow C_p > 0, \quad \left(\frac{\partial^2 G}{\partial p^2}\right)_T = -V\beta_T < 0 \Rightarrow \beta_T > 0 \tag{7.78}$$

$$\left(\frac{\partial^2 G}{\partial T^2}\right)_p \left(\frac{\partial^2 G}{\partial p^2}\right)_T - \left(\frac{\partial^2 G}{\partial T\partial p}\right)^2 = \frac{C_p V\beta_T}{T} - V^2\alpha^2 = \frac{VC_p\beta_S}{T} = \frac{VC_V\beta_T}{T} > 0$$

$$\tag{7.79}$$

因此，从以上讨论可以看出，处于稳定平衡态或亚稳平衡态时，系统的热力学能量函数是其广度变量的凸函数，是其强度变量的凹函数，即

$$\left(\frac{\partial^2 U}{\partial S^2}\right)_V > 0, \quad \left(\frac{\partial^2 U}{\partial V^2}\right)_S > 0, \quad \left(\frac{\partial^2 H}{\partial S^2}\right)_p > 0, \quad \left(\frac{\partial^2 F}{\partial V^2}\right)_T > 0 \qquad (7.80)$$

$$\left(\frac{\partial^2 H}{\partial p^2}\right)_S < 0, \quad \left(\frac{\partial^2 F}{\partial T^2}\right)_V < 0, \quad \left(\frac{\partial^2 G}{\partial T^2}\right)_p < 0, \quad \left(\frac{\partial^2 G}{\partial p^2}\right)_T < 0 \qquad (7.81)$$

如果把稳定性条件由依据导数转化为依据性质，则可以证明，对于稳态或亚稳态平衡系统，由能量函数对热力学变量的二阶导数定义的所有物理性质都应该为正。例如，

$$\left(\frac{\partial^2 H}{\partial p^2}\right)_S = \left(\frac{\partial V}{\partial p}\right)_S = -V\beta_S < 0 \Rightarrow \beta_S > 0 \qquad (7.82)$$

$$\left(\frac{\partial^2 F}{\partial T^2}\right)_V = -\left(\frac{\partial S}{\partial T}\right)_V = -\frac{C_V}{T} < 0 \Rightarrow C_V > 0 \qquad (7.83)$$

$$\left(\frac{\partial^2 G}{\partial T^2}\right)_p = -\left(\frac{\partial S}{\partial T}\right)_p = -\frac{C_p}{T} < 0 \Rightarrow C_p > 0 \qquad (7.84)$$

$$\left(\frac{\partial^2 G}{\partial p^2}\right)_T = \left(\frac{\partial V}{\partial p}\right)_T = -V\beta_T < 0 \Rightarrow \beta_T > 0 \qquad (7.85)$$

如果某一物理性质变为负值，则表示材料失稳发生相变成为另一种状态。应该注意的是，稳定材料的能量函数对两个变量求混合二阶导数所定义的性质并不一定总是正值，例如热膨胀系数可能是负值。

对于 1mol 物质，有相应的摩尔热力学性质，如摩尔焓 h、摩尔亥姆霍兹自由能 f、摩尔熵 s、摩尔体积 v 和化学势 μ 等。那么，稳定性判据可以用摩尔性质表示如下：

$$\left(\frac{\partial^2 h}{\partial p^2}\right)_s = \left(\frac{\partial v}{\partial p}\right)_s = -v\beta_s < 0 \Rightarrow \beta_s > 0 \qquad (7.86)$$

$$\left(\frac{\partial^2 f}{\partial T^2}\right)_v = -\left(\frac{\partial s}{\partial T}\right)_v = -\frac{c_v}{T} < 0 \Rightarrow c_v > 0 \qquad (7.87)$$

$$\left(\frac{\partial^2 \mu}{\partial T^2}\right)_p = -\left(\frac{\partial s}{\partial T}\right)_p = -\frac{c_p}{T} < 0 \Rightarrow c_p > 0 \qquad (7.88)$$

$$\left(\frac{\partial^2 \mu}{\partial p^2}\right)_T = \left(\frac{\partial v}{\partial p}\right)_T = -v\beta_T < 0 \Rightarrow \beta_T > 0 \qquad (7.89)$$

我们之前已经证明过恒压热容大于恒容热容,等温压缩系数大于绝热压缩系数,即

$$c_p - c_v > 0 \tag{7.90}$$

和

$$\beta_T - \beta_s > 0 \tag{7.91}$$

因此,要使材料处于稳定平衡状态,有

$$c_p > c_v > 0, \quad \beta_T > \beta_s > 0 \tag{7.92}$$

当任何一个热力学模量,例如热模量 (c_v、c_p)、机械模量 (β_s、β_T) 或化学模量中的任意一个,变为负值时,材料会发生内在本征的热力学失稳。

应该指出的是,真实的晶体可能经历其他类型的材料失稳,例如晶体剪切变形、电极化失稳等。此时需要采用另外的稳定性判据,例如通过引入相应的应变能、介电能等对热力学平衡和稳定性的贡献来建立这些判据。

示例:范德瓦耳斯 (van der Waals) 流体的热力学稳定性。

范德瓦耳斯流体的亥姆霍兹自由能可写为温度 T、体积 V 和摩尔数 N 的函数

$$F(T,V,N) = -\frac{aN^2}{V} - Nk_{\mathrm{B}}T\left\{1 + \ln\left[\frac{V - Nb}{N}\left(\frac{2\pi mk_{\mathrm{B}}T}{h^2}\right)^{\frac{3}{2}}\right]\right\}$$

式中,a、b 分别为度量分子间相互作用力和分子体积的范德瓦耳斯参数,m 为分子质量,k_{B} 为玻尔兹曼常量,h 为普朗克常量。范德瓦耳斯流体的临界点描述了一种热力学状态,在该状态下,均相态开始发生失稳,分离为具有不同密度的两相。在临界点,$T = T_{\mathrm{c}}$,$p = p_{\mathrm{c}}$,$V = V_{\mathrm{c}}$,在温度和摩尔数恒定条件下,亥姆霍兹自由能对体积求二阶导数和三阶导数都为零。因此,临界温度、临界压强和临界体积可以通过范德瓦耳斯参数 a、b 和摩尔数 N 表示为

$$T_{\mathrm{c}} = \frac{8a}{27k_{\mathrm{B}}b}, \quad p_{\mathrm{c}} = \frac{a}{27b^2}, \quad V_{\mathrm{c}} = 3Nb$$

然后,我们可以采用归一化温度 ($\tau = T/T_{\mathrm{c}}$) 和归一化体积 ($v = V/V_{\mathrm{c}}$) 来表示亥姆霍兹自由能 (以 $3Nk_{\mathrm{B}}T_{\mathrm{c}}/8$ 归一化)

$$f(\tau,v) = -\frac{3}{v} - \frac{8\tau}{3}\left\{1 + \ln(3v-1) + \frac{3}{2}\ln\tau + \ln\left[\left(\frac{2\pi mk_{\mathrm{B}}T_{\mathrm{c}}}{h^2}\right)^{\frac{3}{2}}\frac{k_{\mathrm{B}}T_{\mathrm{c}}}{8p_{\mathrm{c}}}\right]\right\}$$

(a) 推导归一化压强作为归一化温度和体积的函数表达式;

(b) 推导归一化体模量作为归一化温度和体积的函数表达式;

(c) 绘制归一化体模量作为在 $0.75T_c$ 到 $1.25T_c$ 的温度之间归一化体积的函数, 并指出热力学不稳定的均相流体在各温度下的体积范围。

解　(a) 归一化压强可以由归一化亥姆霍兹自由能得到

$$p = -\left(\frac{\partial f}{\partial v}\right)_T = -\frac{3}{v^2} + \frac{8\tau}{3v-1}$$

(b) 归一化体模量可以由归一化压强作为归一化体积的函数得到

$$B_T = -v\left(\frac{\partial p}{\partial v}\right)_T = 6\left[\frac{4\tau v}{(3v-1)^2} - \frac{1}{v^2}\right]$$

(c) 在一系列归一化温度下, 归一化体模量作为归一化体积的函数曲线绘制于图 7.6 中。在从 $0.75T_c$ 到 T_c 的每个温度下, 都存在产生负体模量的体积范围。在这些温度和体积范围内, 均相流体是热力学不稳定的 (可能失稳分离成两相)。虚线表示临界温度 T_c ($\tau = 1.0$) 下作为归一化体积函数的归一化体模量。如图 7.6 中空心圆所示, 在归一化温度 T_c 和归一化体积 V_c ($v = 1$) 时, 归一化体模量为零。

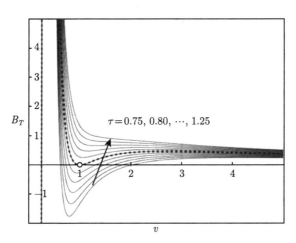

图 7.6　归一化体模量作为归一化体积的函数

7.10　习　　题

1. 判断对错: 如果将一种物质的大小增加一倍, 那么该物质的化学势也增加一倍。(　)

2. 判断对错：在 0℃ 和 1bar 下的冰水混合物中，冰的体积分数是 80%，那么冰的化学势是水的化学势的 4 倍。(　　　)

3. 将 1mol 的 −10℃ 的冰和 1mol 的 25℃ 的水混合，然后封闭在一个柔性绝热容器中，那么系统的最终温度是多少？冰和水的量是多少？已知：冰的摩尔恒压热容约为 38J/(mol·K)，水的摩尔恒压热容约为 75J/(mol·K)，冰的摩尔熔化热是 6007J/mol。

4. 判断对错：体积恒定时，亥姆霍兹自由能–温度曲线的曲率总是负的。
(　　　)

5. 判断对错：温度恒定时，亥姆霍兹自由能–体积曲线的曲率总是负的。
(　　　)

6. 证明下式

$$\left(\frac{\partial^2 U}{\partial S^2}\right)(\mathrm{d}S)^2 + 2\left(\frac{\partial^2 U}{\partial S \partial V}\right)\mathrm{d}S\mathrm{d}V + \left(\frac{\partial^2 U}{\partial V^2}\right)(\mathrm{d}V)^2 > 0$$

可以写成

$$\left[\left(\frac{\partial^2 U}{\partial S^2}\right)\mathrm{d}S + \left(\frac{\partial^2 U}{\partial S \partial V}\right)\mathrm{d}V\right]^2 + \left[\left(\frac{\partial^2 U}{\partial S^2}\right)\left(\frac{\partial^2 U}{\partial V^2}\right) - \left(\frac{\partial^2 U}{\partial S \partial V}\right)^2\right](\mathrm{d}V)^2 > 0$$

7. 已知

$$\left(\frac{\partial^2 U}{\partial S^2}\right)\left(\frac{\partial^2 U}{\partial V^2}\right) - \left(\frac{\partial^2 U}{\partial S \partial V}\right)^2$$

(a) 将上式用热容、体积热膨胀系数、压缩系数和温度等材料性质表示；

(b) 根据本章讨论的材料性质和稳定性判据，判断对于稳定材料，上式的值是正的还是负的。

8. 证明对于一种稳定的材料，其恒压热容大于恒容热容。

9. 证明对于一种稳定的材料，等温压缩系数大于绝热压缩系数。

10. 利用单原子理想气体的热力学基本方程，证明理想气体是一种稳定状态，也就是说，它满足所有的热力学稳定性判据。

11. 已知

$$\left(\frac{\partial^2 G}{\partial T^2}\right)_p \left(\frac{\partial^2 G}{\partial p^2}\right)_T - \left(\frac{\partial^2 G}{\partial T \partial p}\right)^2$$

(a) 将上式用热容、体积热膨胀系数、压缩系数和温度等材料性质表示；

(b) 根据本章讨论的材料性质和稳定性判据，判断对于稳定材料，上式的值是正的还是负的？

参 考 文 献

[1] Dilip Kondepudi and Ilya Prigogine, Modern Thermodynamics: From Heat Engines to Dissipative Structures, John Wiley & Sons, England, 1998.

[2] Michael Modell and Robert C. Reid, Thermodynamics and Its Applications, Second Edition, Prentice-Hall International, 1983.

第 8 章　材料过程热力学计算

材料过程，指材料从一种热力学状态变化到另一种热力学状态。通常有三类材料过程：

(a) 由于温度和压强等热力学变量 (或理论计算中的体积，或应力、电场和磁场等外场作用) 发生变化而引起的材料热力学状态的变化；

(b) 在给定温度和压强下发生相变，从一种物理状态 (如固体、液体、气体) 到另一种物理状态，或从一种晶体结构到另一种晶体结构，或从单相状态到多相状态，反之亦然；

(c) 在给定温度和压强下发生化学反应，导致不同化学物质之间的化学键的变化，从而引起化学组成和成分的变化。

本章将讨论在给定的热力学条件下，怎样计算材料过程中不同形式的热力学能量和熵函数的变化。比如，已知热容、机械压缩系数或模量、热膨胀系数、焓变或相变热 (潜热) 等，加上给定参考状态，譬如室温 298K、环境压强 1bar 的纯物质的热力学性质。通过这些计算，我们就可以确定材料过程的热力学驱动力，从而明确相变和化学反应的方向，以及系统与环境之间的热交换、熵交换，或相互作用功。

通常，在实验上，测量强度势 (如温度和压强) 或者场 (如应力场、电场和磁场等) 比较方便，而做计算的时候，调控体积 (如恒容条件) 更为方便。譬如一个晶体在固定体积的原子间相互作用能现在可以直接用密度泛函理论计算得到。结合密度泛函理论、晶格动力学和统计热力学，可以计算出在恒定体积下晶格振动对内能、熵和亥姆霍兹自由能的贡献。因此，作为温度和压强函数的摩尔焓和化学势 (摩尔吉布斯自由能) 通常通过实验测量得到，而作为温度和体积函数的摩尔内能、熵和亥姆霍兹自由能通常通过计算得到。如果要把实验测量的性质 (如化学势) 和理论计算的性质 (如内能、熵和亥姆霍兹自由能) 联系起来，我们需要计算各种能量函数和熵函数随不同热力学条件的变化。

在本章中，我们首先讨论如何从热力学基本方程和从实验测量或理论计算得到的性质，推导出各种能量函数和熵函数随温度、压强或体积变化的方程；然后讨论如何计算在给定的温度和压强下，由于相变和化学反应引起的焓、熵和化学势或吉布斯自由能的变化。

8.1 恒容条件下热力学性质随温度的变化

在摩尔体积 v 保持不变的条件下,为了计算当温度发生变化 ΔT 时,摩尔内能的变化 Δu、摩尔焓的变化 Δh、摩尔熵的变化 Δs、摩尔亥姆霍兹自由能的变化 Δf 及化学势的变化 $\Delta \mu$,我们首先用导数来表示它们在恒定摩尔体积下随温度变化的变化率

$$\left(\frac{\partial u}{\partial T}\right)_v, \quad \left(\frac{\partial h}{\partial T}\right)_v, \quad \left(\frac{\partial s}{\partial T}\right)_v, \quad \left(\frac{\partial f}{\partial T}\right)_v, \quad \left(\frac{\partial \mu}{\partial T}\right)_v \tag{8.1}$$

它们相应的无穷小变化 $\mathrm{d}u$、$\mathrm{d}h$、$\mathrm{d}s$、$\mathrm{d}f$ 和 $\mathrm{d}\mu$ 分别如下

$$\mathrm{d}u = \left(\frac{\partial u}{\partial T}\right)_v \mathrm{d}T, \quad \mathrm{d}h = \left(\frac{\partial h}{\partial T}\right)_v \mathrm{d}T, \quad \mathrm{d}s = \left(\frac{\partial s}{\partial T}\right)_v \mathrm{d}T, \tag{8.2}$$

$$\mathrm{d}f = \left(\frac{\partial f}{\partial T}\right)_v \mathrm{d}T, \quad \mathrm{d}\mu = \left(\frac{\partial \mu}{\partial T}\right)_v \mathrm{d}T \tag{8.3}$$

下一步是使用实验可测量的性质表示上述变化率,如果实验可测量的性质不能表示上述变化率,则采用 u、h、s、f 和 μ 的微分形式基本方程来表示偏导数。例如,

$$\left(\frac{\partial u}{\partial T}\right)_v = c_v \tag{8.4}$$

$$\left(\frac{\partial h}{\partial T}\right)_v = \left(\frac{T\mathrm{d}s + v\mathrm{d}p}{\mathrm{d}T}\right)_v = T\left(\frac{\mathrm{d}s}{\mathrm{d}T}\right)_v + v\left(\frac{\mathrm{d}p}{\mathrm{d}T}\right)_v = c_v + v\left(\frac{\mathrm{d}p}{\mathrm{d}T}\right)_v \tag{8.5}$$

$$\left(\frac{\partial s}{\partial T}\right)_v = \frac{c_v}{T} \tag{8.6}$$

$$\left(\frac{\partial f}{\partial T}\right)_v = -s \tag{8.7}$$

$$\left(\frac{\partial \mu}{\partial T}\right)_v = \left(\frac{-s\mathrm{d}T + v\mathrm{d}p}{\mathrm{d}T}\right)_v = -s + v\left(\frac{\mathrm{d}p}{\mathrm{d}T}\right)_v \tag{8.8}$$

式中,c_v 是摩尔恒容热容

$$c_v = \left(\frac{\partial u}{\partial T}\right)_v = T\left(\frac{\mathrm{d}s}{\mathrm{d}T}\right)_v \tag{8.9}$$

然后，利用数学等式①将式 (8.5) 和式 (8.8) 右侧第二项中的 $\left(\dfrac{\mathrm{d}p}{\mathrm{d}T}\right)_v$ 转化为两个偏导数之比，从而得到两个可测量的热力学性质之比，如

$$\left(\frac{\mathrm{d}p}{\mathrm{d}T}\right)_v = -\frac{\left(\dfrac{\mathrm{d}v}{\mathrm{d}T}\right)_p}{\left(\dfrac{\mathrm{d}v}{\mathrm{d}p}\right)_T} = \frac{\alpha}{\beta_T} \tag{8.10}$$

式中，α 为体积热膨胀系数，β_T 为等温压缩系数，分别定义为

$$\alpha = \frac{1}{v}\left(\frac{\partial v}{\partial T}\right)_p, \quad \beta_T = -\frac{1}{v}\left(\frac{\partial v}{\partial p}\right)_T \tag{8.11}$$

除式 (8.7) 和式 (8.8) 右边的摩尔熵不能被直接测量外，在恒容条件下，如下所有函数 u、h、s、f 和 μ 随温度变化的变化率都可以利用可测量的性质来表示，譬如

$$\left(\frac{\partial u}{\partial T}\right)_v = c_v \tag{8.12}$$

$$\left(\frac{\partial h}{\partial T}\right)_v = c_v + \frac{v\alpha}{\beta_T} \tag{8.13}$$

$$\left(\frac{\partial s}{\partial T}\right)_v = \frac{c_v}{T} \tag{8.14}$$

$$\left(\frac{\partial f}{\partial T}\right)_v = -s \tag{8.15}$$

$$\left(\frac{\partial \mu}{\partial T}\right)_v = -s + \frac{v\alpha}{\beta_T} \tag{8.16}$$

由于温度变化而导致的 u、h、s、f 和 μ 的变化为

$$\Delta u = u\left(T,v_\mathrm{o}\right) - u\left(T_\mathrm{o},v_\mathrm{o}\right) = \int_{T_\mathrm{o}}^{T}\left(\frac{\partial u}{\partial T}\right)_v \mathrm{d}T = \int_{T_\mathrm{o}}^{T} c_v \mathrm{d}T \tag{8.17}$$

$$\Delta h = h\left(T,v_\mathrm{o}\right) - h\left(T_\mathrm{o},v_\mathrm{o}\right) = \int_{T_\mathrm{o}}^{T}\left(\frac{\partial h}{\partial T}\right)_v \mathrm{d}T = \int_{T_\mathrm{o}}^{T}\left(c_v + \frac{v_\mathrm{o}\alpha}{\beta_T}\right)\mathrm{d}T \tag{8.18}$$

---

① $\left(\dfrac{\partial x}{\partial y}\right)_z = -\dfrac{\left(\dfrac{\partial z}{\partial y}\right)_x}{\left(\dfrac{\partial z}{\partial x}\right)_y}$。

$$\Delta s = s\left(T, v_\mathrm{o}\right) - s\left(T_\mathrm{o}, v_\mathrm{o}\right) = \int_{T_\mathrm{o}}^{T} \left(\frac{\partial s}{\partial T}\right)_v \mathrm{d}T = \int_{T_\mathrm{o}}^{T} \frac{c_v}{T} \mathrm{d}T \tag{8.19}$$

$$\Delta f = f\left(T, v_\mathrm{o}\right) - f\left(T_\mathrm{o}, v_\mathrm{o}\right) = \int_{T_\mathrm{o}}^{T} \left(\frac{\partial f}{\partial T}\right)_v \mathrm{d}T = -\int_{T_\mathrm{o}}^{T} s \mathrm{d}T \tag{8.20}$$

$$\Delta \mu = \mu\left(T, v_\mathrm{o}\right) - \mu\left(T_\mathrm{o}, v_\mathrm{o}\right) = \int_{T_\mathrm{o}}^{T} \left(\frac{\partial \mu}{\partial T}\right)_v \mathrm{d}T = \int_{T_\mathrm{o}}^{T} \left(-s + \frac{v_\mathrm{o}\alpha}{\beta_T}\right) \mathrm{d}T \tag{8.21}$$

式中，T_o 是初始温度，v_o 是初始摩尔体积。此时想要计算摩尔亥姆霍兹自由能 (式 (8.20)) 和化学势 (式 (8.21)) 随温度的变化率，则需要知道摩尔熵 s 与温度的函数关系。摩尔熵可从式 (8.19) 得到

$$s\left(T, v_\mathrm{o}\right) = s\left(T_\mathrm{o}, v_\mathrm{o}\right) + \Delta s = s\left(T_\mathrm{o}, v_\mathrm{o}\right) + \int_{T_\mathrm{o}}^{T} \frac{c_v}{T} \mathrm{d}T$$

式中，$s\left(T_\mathrm{o}, v_\mathrm{o}\right)$ 是初始状态的摩尔熵。由此我们可以利用可测量的热力学性质和初始摩尔熵来表示摩尔亥姆霍兹自由能和化学势

$$\Delta f = -\int_{T_\mathrm{o}}^{T} \left(s\left(T_\mathrm{o}, v_\mathrm{o}\right) + \int_{T_\mathrm{o}}^{T} \frac{c_v}{T} \mathrm{d}T\right) \mathrm{d}T \tag{8.22}$$

$$\Delta \mu = \int_{T_\mathrm{o}}^{T} \left\{-\left[s\left(T_\mathrm{o}, v_\mathrm{o}\right) + \int_{T_\mathrm{o}}^{T} \frac{c_v}{T} \mathrm{d}T\right] + \frac{v_\mathrm{o}\alpha}{\beta_T}\right\} \mathrm{d}T \tag{8.23}$$

对上述两个方程进行分部积分[①]可得

$$\Delta f = -s\left(T_\mathrm{o}, v_\mathrm{o}\right)\left(T - T_\mathrm{o}\right) + \int_{T_\mathrm{o}}^{T} c_v \mathrm{d}T - T\int_{T_\mathrm{o}}^{T} \frac{c_v}{T} \mathrm{d}T \tag{8.24}$$

$$\Delta \mu = -s\left(T_\mathrm{o}, v_\mathrm{o}\right)\left(T - T_\mathrm{o}\right) + \int_{T_\mathrm{o}}^{T} \left(c_v + \frac{v_\mathrm{o}\alpha}{\beta_T}\right) \mathrm{d}T - T\int_{T_\mathrm{o}}^{T} \frac{c_v}{T} \mathrm{d}T \tag{8.25}$$

因此，利用可测量或计算的性质，恒容条件下温度变化引起的 u、h、s、f 和 μ 的变化可以表示为

$$\Delta u = \int_{T_\mathrm{o}}^{T} c_v \mathrm{d}T \tag{8.26}$$

$$\Delta h = \int_{T_\mathrm{o}}^{T} \left(c_v + \frac{v_\mathrm{o}\alpha}{\beta_T}\right) \mathrm{d}T \tag{8.27}$$

---

① $\int_{T_\mathrm{o}}^{T} \left(\int_{T_\mathrm{o}}^{T} \frac{c_v}{T} \mathrm{d}T\right) \mathrm{d}T = T\int_{T_\mathrm{o}}^{T} \frac{c_v}{T} \mathrm{d}T - \int_{T_\mathrm{o}}^{T} c_v \mathrm{d}T。$

$$\Delta s = \int_{T_o}^{T} \frac{c_v}{T} \mathrm{d}T \tag{8.28}$$

$$\Delta f = -s\left(T_o, v_o\right)\left(T - T_o\right) + \int_{T_o}^{T} c_v \mathrm{d}T - T \int_{T_o}^{T} \frac{c_v}{T} \mathrm{d}T \tag{8.29}$$

$$\Delta \mu = -s\left(T_o, v_o\right)\left(T - T_o\right) + \int_{T_o}^{T} \left(c_v + \frac{v_o \alpha}{\beta_T}\right) \mathrm{d}T - T \int_{T_o}^{T} \frac{c_v}{T} \mathrm{d}T \tag{8.30}$$

当温度由 T_o 变化到 T，恒容系统的摩尔热能 Δu_T、摩尔机械能 Δu_M 和摩尔化学能 Δu_C 分别为

$$\Delta u_\mathrm{T} = \int_{T_o}^{T} \mathrm{d}\left(Ts\right) = \int_{T_o}^{T} s \mathrm{d}T + \int_{T_o}^{T} T \mathrm{d}s = -\Delta f + \Delta u = -f + Q \tag{8.31}$$

$$\Delta u_\mathrm{M} = -\int_{T_o}^{T} \mathrm{d}\left(pv\right) = -v_o \int_{T_o}^{T} \left(\frac{\partial p}{\partial T}\right)_v \mathrm{d}T = -v_o \int_{T_o}^{T} \frac{\alpha}{\beta_T} \mathrm{d}T = \Delta f - \Delta \mu \tag{8.32}$$

$$\Delta u_\mathrm{C} = \Delta \mu \tag{8.33}$$

式中，Q 为在此过程中系统从环境吸收的热量。

热容 c_v、等温压缩系数 β_T 和热膨胀系数 α 通常都与温度有关，因此我们必须进行积分才能得到上述变化。如果假设热容 c_v、等温压缩系数 β_T 和热膨胀系数 α 都与温度无关，则在恒容条件下因温度变化而导致的 u、h、s、f 和 μ 的变化可简化为

$$\Delta u = c_v\left(T - T_o\right) \tag{8.34}$$

$$\Delta h = \left(c_v + \frac{v_o \alpha}{\beta_T}\right)\left(T - T_o\right) \tag{8.35}$$

$$\Delta s = c_v \ln\left(T/T_o\right) \tag{8.36}$$

$$\Delta f = \left[c_v - s\left(T_o, v_o\right)\right]\left(T - T_o\right) - c_v T \ln\left(T/T_o\right) \tag{8.37}$$

$$\Delta \mu = \left[c_v + \frac{v_o \alpha}{\beta_T} - s\left(T_o, v_o\right)\right]\left(T - T_o\right) - c_v T \ln\left(T/T_o\right) \tag{8.38}$$

当温度变化时，理想气体的热容不变，但压缩系数和热膨胀系数却不恒定。例如，单原子理想气体中，$c_v = 3R/2$，$\alpha = 1/T$，$\beta_T = 1/p$，故 $(v_o \alpha)/\beta_T = R$，其中 R 为气体常数。因此，当温度发生变化时，恒容条件下理想气体的 u、h、s、f 和 μ 的变化为

$$\Delta u = c_v\left(T - T_o\right) \tag{8.39}$$

$$\Delta h = c_p \left(T - T_o \right) \tag{8.40}$$

$$\Delta s = c_v \ln \left(T / T_o \right) \tag{8.41}$$

$$\Delta f = \left[c_v - s \left(T_o, v_o \right) \right] \left(T - T_o \right) - c_v T \ln \left(T / T_o \right) \tag{8.42}$$

$$\Delta \mu = \left[c_p - s \left(T_o, v_o \right) \right] \left(T - T_o \right) - c_v T \ln \left(T / T_o \right) \tag{8.43}$$

8.2 恒压条件下热力学性质随温度的变化

当压强保持不变而温度发生变化时，为了计算材料的摩尔内能变化 $\Delta\mu$、摩尔焓变化 Δh、摩尔熵变化 Δs、摩尔亥姆霍兹自由能变化 Δf 和化学势变化 $\Delta\mu$，我们再次首先用导数表示它们在恒压下随温度变化的变化率

$$\left(\frac{\partial u}{\partial T} \right)_p, \quad \left(\frac{\partial h}{\partial T} \right)_p, \quad \left(\frac{\partial s}{\partial T} \right)_p, \quad \left(\frac{\partial f}{\partial T} \right)_p 和 \left(\frac{\partial \mu}{\partial T} \right)_p \tag{8.44}$$

它们相应的无穷小变化 $\mathrm{d}u$、$\mathrm{d}h$、$\mathrm{d}s$、$\mathrm{d}f$ 和 $\mathrm{d}\mu$ 分别如下

$$\mathrm{d}u = \left(\frac{\partial u}{\partial T} \right)_p \mathrm{d}T, \quad \mathrm{d}h = \left(\frac{\partial h}{\partial T} \right)_p \mathrm{d}T, \quad \mathrm{d}s = \left(\frac{\partial s}{\partial T} \right)_p \mathrm{d}T \tag{8.45}$$

$$\mathrm{d}f = \left(\frac{\partial f}{\partial T} \right)_p \mathrm{d}T, \quad \mathrm{d}\mu = \left(\frac{\partial \mu}{\partial T} \right)_p \mathrm{d}T \tag{8.46}$$

接下来我们仍然利用函数的定义和实验可测量的相应性质表示上述变化率

$$\left(\frac{\partial u}{\partial T} \right)_p = \left(\frac{T\mathrm{d}s - p\mathrm{d}v}{\mathrm{d}T} \right)_p = c_p - p \left(\frac{\mathrm{d}v}{\mathrm{d}T} \right)_p = c_p - pv\alpha \tag{8.47}$$

$$\left(\frac{\partial h}{\partial T} \right)_p = c_p \tag{8.48}$$

$$\left(\frac{\partial s}{\partial T} \right)_p = \frac{c_p}{T} \tag{8.49}$$

$$\left(\frac{\partial f}{\partial T} \right)_p = \left(\frac{-s\mathrm{d}T - p\mathrm{d}v}{\mathrm{d}T} \right)_p = -s - p \left(\frac{\mathrm{d}v}{\mathrm{d}T} \right)_p = -s - pv\alpha \tag{8.50}$$

$$\left(\frac{\partial \mu}{\partial T} \right)_p = -s \tag{8.51}$$

式中，c_p 为恒压摩尔热容

$$c_p = \left(\frac{\partial h}{\partial T}\right)_p = T\left(\frac{\partial s}{\partial T}\right)_p \tag{8.52}$$

因此，恒压条件下温度发生变化导致的 u、h、s、f 和 μ 的变化为

$$\Delta u = u\left(T,p_\mathrm{o}\right) - u\left(T_\mathrm{o},p_\mathrm{o}\right) = \int_{T_\mathrm{o}}^{T}\left(\frac{\partial u}{\partial T}\right)_p \mathrm{d}T = \int_{T_\mathrm{o}}^{T}\left(c_p - p_\mathrm{o}v\alpha\right)\mathrm{d}T \tag{8.53}$$

$$\Delta h = h\left(T,p_\mathrm{o}\right) - h\left(T_\mathrm{o},p_\mathrm{o}\right) = \int_{T_\mathrm{o}}^{T}\left(\frac{\partial h}{\partial T}\right)_p \mathrm{d}T = \int_{T_\mathrm{o}}^{T}c_p\mathrm{d}T \tag{8.54}$$

$$\Delta s = s\left(T,p_\mathrm{o}\right) - s\left(T_\mathrm{o},p_\mathrm{o}\right) = \int_{T_\mathrm{o}}^{T}\left(\frac{\partial s}{\partial T}\right)_p \mathrm{d}T = \int_{T_\mathrm{o}}^{T}\frac{c_p}{T}\mathrm{d}T \tag{8.55}$$

$$\Delta f = f\left(T,p_\mathrm{o}\right) - f\left(T_\mathrm{o},p_\mathrm{o}\right) = \int_{T_\mathrm{o}}^{T}\left(\frac{\partial f}{\partial T}\right)_p \mathrm{d}T = -\int_{T_\mathrm{o}}^{T}\left(s + p_\mathrm{o}v\alpha\right)\mathrm{d}T \tag{8.56}$$

$$\Delta\mu = \mu\left(T,p_\mathrm{o}\right) - \mu\left(T_\mathrm{o},p_\mathrm{o}\right) = \int_{T_\mathrm{o}}^{T}\left(\frac{\partial\mu}{\partial T}\right)_p \mathrm{d}T = -\int_{T_\mathrm{o}}^{T}s\mathrm{d}T \tag{8.57}$$

式中，p_o 是初始状态压强。由式 (8.55) 可得恒压条件下摩尔熵与温度的函数关系为

$$s\left(T,p_\mathrm{o}\right) = s\left(T_\mathrm{o},p_\mathrm{o}\right) + \Delta s = s\left(T_\mathrm{o},p_\mathrm{o}\right) + \int_{T_\mathrm{o}}^{T}\frac{c_p}{T}\mathrm{d}T$$

式中，$s\left(T,p_\mathrm{o}\right)$ 是初始状态摩尔熵。把上式代入式 (8.56) 和式 (8.57)，摩尔亥姆霍兹自由能和化学势的变化可改写为

$$\Delta f = -\int_{T_\mathrm{o}}^{T}\left(s + p_\mathrm{o}v\alpha\right)\mathrm{d}T = -\int_{T_\mathrm{o}}^{T}\left[s\left(T_\mathrm{o},p_\mathrm{o}\right) + \int_{T_\mathrm{o}}^{T}\frac{c_p}{T}\mathrm{d}T + p_\mathrm{o}v\alpha\right]\mathrm{d}T \tag{8.58}$$

$$\Delta\mu = \int_{T_\mathrm{o}}^{T}\left\{-\left[s\left(T_\mathrm{o},p_\mathrm{o}\right) + \int_{T_\mathrm{o}}^{T}\frac{c_p}{T}\mathrm{d}T\right]\right\}\mathrm{d}T \tag{8.59}$$

对式 (8.58) 和式 (8.59) 进行分部积分[①]可得

$$\Delta f = -s\left(T_\mathrm{o},p_\mathrm{o}\right)\left(T - T_\mathrm{o}\right) + \int_{T_\mathrm{o}}^{T}\left(c_p - p_\mathrm{o}v\alpha\right)\mathrm{d}T - T\int_{T_\mathrm{o}}^{T}\frac{c_p}{T}\mathrm{d}T \tag{8.60}$$

---

① $\int_{T_\mathrm{o}}^{T}\left(\int_{T_\mathrm{o}}^{T}\frac{c_p}{T}\mathrm{d}T\right)\mathrm{d}T = T\int_{T_\mathrm{o}}^{T}\frac{c_p}{T}\mathrm{d}T - \int_{T_\mathrm{o}}^{T}c_p\mathrm{d}T$。

$$\Delta \mu = -s\left(T_{\mathrm{o}}, p_{\mathrm{o}}\right)\left(T - T_{\mathrm{o}}\right) + \int_{T_{\mathrm{o}}}^{T} c_p \mathrm{d}T - T \int_{T_{\mathrm{o}}}^{T} \frac{c_p}{T} \mathrm{d}T \tag{8.61}$$

因此，我们利用实验容易测量的性质，可以把恒压条件下温度变化引起的 u、h、s、f 和 μ 的变化写为

$$\Delta u = \int_{T_{\mathrm{o}}}^{T} \left(c_p - p_{\mathrm{o}} v \alpha\right) \mathrm{d}T \tag{8.62}$$

$$\Delta h = \int_{T_{\mathrm{o}}}^{T} c_p \mathrm{d}T \tag{8.63}$$

$$\Delta s = \int_{T_{\mathrm{o}}}^{T} \frac{c_p}{T} \mathrm{d}T \tag{8.64}$$

$$\Delta f = -s\left(T_{\mathrm{o}}, p_{\mathrm{o}}\right)\left(T - T_{\mathrm{o}}\right) + \int_{T_{\mathrm{o}}}^{T} \left(c_p - p_{\mathrm{o}} v \alpha\right) \mathrm{d}T - T \int_{T_{\mathrm{o}}}^{T} \frac{c_p}{T} \mathrm{d}T \tag{8.65}$$

$$\Delta \mu = -s\left(T_{\mathrm{o}}, p_{\mathrm{o}}\right)\left(T - T_{\mathrm{o}}\right) + \int_{T_{\mathrm{o}}}^{T} c_p \mathrm{d}T - T \int_{T_{\mathrm{o}}}^{T} \frac{c_p}{T} \mathrm{d}T \tag{8.66}$$

在恒压条件下，系统的温度从 T_{o} 变化到 T，所引起的摩尔热能的变化 Δu_{T}、摩尔机械能的变化 Δu_{M} 和摩尔化学能的变化 Δu_{C} 分别为

$$\Delta u_{\mathrm{T}} = \int_{T_{\mathrm{o}}}^{T} \mathrm{d}\left(Ts\right) = \int_{T_{\mathrm{o}}}^{T} s \mathrm{d}T + \int_{T_{\mathrm{o}}}^{T} T \mathrm{d}s = -\Delta \mu + \Delta h = -\Delta \mu + Q \tag{8.67}$$

$$\Delta u_{\mathrm{M}} = -\int_{T_{\mathrm{o}}}^{T} \mathrm{d}\left(pv\right) = -p_{\mathrm{o}} \int_{T_{\mathrm{o}}}^{T} \left(\frac{\partial v}{\partial T}\right)_p \mathrm{d}T = -p_{\mathrm{o}} \int_{T_{\mathrm{o}}}^{T} v \alpha \mathrm{d}T = -p_{\mathrm{o}}\left(v - v_o\right) = W \tag{8.68}$$

$$\Delta u_{\mathrm{C}} = \Delta \mu \tag{8.69}$$

式中，Q 是系统从环境吸收的热量，W 是环境对系统所做的可逆功。

假设式 (8.62) 和式 (8.65) 中的热膨胀系数 α 和热容 c_p 与温度无关，根据热膨胀系数 α 的定义

$$\alpha = \frac{1}{v\left(T, p_{\mathrm{o}}\right)} \frac{\mathrm{d}v\left(T, p_{\mathrm{o}}\right)}{\mathrm{d}T} \tag{8.70}$$

有

$$\mathrm{d}\ln v\left(T, p_{\mathrm{o}}\right) = \alpha \mathrm{d}T \tag{8.71}$$

对上式的两边从 T_o 到 T 进行积分，有

$$\int_{T_\mathrm{o}}^{T} \mathrm{d}\ln v\,(T,p_\mathrm{o}) = \int_{T_\mathrm{o}}^{T} \alpha \mathrm{d}T \tag{8.72}$$

可得

$$\ln \frac{v\,(T,p_\mathrm{o})}{v_\mathrm{o}\,(T_\mathrm{o},p_\mathrm{o})} = \alpha\,(T - T_\mathrm{o}) \tag{8.73}$$

式中，$v_\mathrm{o}\,(T_\mathrm{o},p_\mathrm{o})$ 是初始状态摩尔体积。式 (8.73) 可写为

$$v\,(T,p_\mathrm{o}) = v_\mathrm{o}\,(T_\mathrm{o},p_\mathrm{o})\,\mathrm{e}^{\alpha(T-T_\mathrm{o})} = v_\mathrm{o}\mathrm{e}^{\alpha(T-T_\mathrm{o})} \tag{8.74}$$

这样，我们利用热膨胀系数得到了恒压下体积与温度的关系式。

将式 (8.74) 代入式 (8.62) 和式 (8.65) 可得

$$\Delta u = c_p\,(T - T_\mathrm{o}) - p_\mathrm{o}\alpha v_\mathrm{o} \int_{T_\mathrm{o}}^{T} \mathrm{e}^{\alpha(T-T_\mathrm{o})}\mathrm{d}T \tag{8.75}$$

$$\Delta f = [c_p - s\,(T_\mathrm{o},p_\mathrm{o})]\,(T - T_\mathrm{o}) - p_\mathrm{o}\alpha v_\mathrm{o} \int_{T_\mathrm{o}}^{T} \mathrm{e}^{\alpha(T-T_\mathrm{o})}\mathrm{d}T - c_p T \ln\,(T/T_\mathrm{o}) \tag{8.76}$$

对上述两个公式进行积分可得

$$\Delta u = c_p\,(T - T_\mathrm{o}) - p_\mathrm{o} v_\mathrm{o} \left[\mathrm{e}^{\alpha(T-T_\mathrm{o})} - 1\right] \tag{8.77}$$

$$\Delta f = [c_p - s\,(T_\mathrm{o},p_\mathrm{o})]\,(T - T_\mathrm{o}) - p_\mathrm{o} v_\mathrm{o} \left[\mathrm{e}^{\alpha(T-T_\mathrm{o})} - 1\right] - c_p T \ln\,(T/T_\mathrm{o}) \tag{8.78}$$

因此，假设热容 c_p 和热膨胀系数 α 都是与温度无关的常数，则在恒压条件下由温度变化而导致 u、h、s、f 和 μ 的变化可改写为

$$\Delta u = c_p\,(T - T_\mathrm{o}) - p_\mathrm{o} v_\mathrm{o} \left[\mathrm{e}^{\alpha(T-T_\mathrm{o})} - 1\right] \tag{8.79}$$

$$\Delta h = c_p\,(T - T_\mathrm{o}) \tag{8.80}$$

$$\Delta s = c_p T \ln\,(T/T_\mathrm{o}) \tag{8.81}$$

$$\Delta f = [c_p - s\,(T_\mathrm{o},p_\mathrm{o})]\,(T - T_\mathrm{o}) - p_\mathrm{o} v_\mathrm{o} \left[\mathrm{e}^{\alpha(T-T_\mathrm{o})} - 1\right] - c_p T \ln\,(T/T_\mathrm{o}) \tag{8.82}$$

$$\Delta \mu = [c_p - s\,(T_\mathrm{o},p_\mathrm{o})]\,(T - T_\mathrm{o}) - c_p T \ln\,(T/T_\mathrm{o}) \tag{8.83}$$

固体热膨胀系数通常很小，我们可作如下近似[①]

$$\mathrm{e}^{\alpha(T-T_\mathrm{o})} - 1 \approx \alpha\,(T - T_\mathrm{o})$$

---

① $\mathrm{e}^x \approx 1 + x$，$x \ll 1$。

根据这个近似, 摩尔内能和摩尔亥姆霍兹自由能的变化为

$$\Delta u \approx (c_p - p_\mathrm{o} v_\mathrm{o} a)(T - T_\mathrm{o}) \tag{8.84}$$

$$\Delta f \approx [c_p - p_\mathrm{o} v_\mathrm{o} \alpha - s(T_\mathrm{o}, p_\mathrm{o})](T - T_\mathrm{o}) - c_p T \ln(T/T_\mathrm{o}) \tag{8.85}$$

对于理想气体, c_p 是常数, $\alpha = 1/T$, 因此在恒压条件下由温度变化引起的 u、h、s、f 和 μ 的变化为

$$\Delta u = c_v(T - T_\mathrm{o}) \tag{8.86}$$

$$\Delta h = c_p(T - T_\mathrm{o}) \tag{8.87}$$

$$\Delta s = c_p \ln(T/T_\mathrm{o}) \tag{8.88}$$

$$\Delta f = [c_v - s(T_\mathrm{o}, p_\mathrm{o})](T - T_\mathrm{o}) - c_p T \ln(T/T_\mathrm{o}) \tag{8.89}$$

$$\Delta \mu = [c_p - s(T_\mathrm{o}, p_\mathrm{o})](T - T_\mathrm{o}) - c_p T \ln(T/T_\mathrm{o}) \tag{8.90}$$

8.3　恒温条件下热力学性质随体积的变化

当温度保持不变而体积发生变化 Δv 时, 为了计算材料摩尔内能的变化 Δu、摩尔焓变化 Δh、摩尔熵变化 Δs、摩尔亥姆霍兹自由能变化 Δf 和化学势的变化 $\Delta \mu$, 我们同样首先用导数表示这些函数在恒温条件下随体积的变化率

$$\left(\frac{\partial u}{\partial v}\right)_T, \quad \left(\frac{\partial h}{\partial v}\right)_T, \quad \left(\frac{\partial s}{\partial v}\right)_T, \quad \left(\frac{\partial f}{\partial v}\right)_T, \quad \left(\frac{\partial \mu}{\partial v}\right)_T \tag{8.91}$$

它们相应的无穷小变化 $\mathrm{d}u$、$\mathrm{d}h$、$\mathrm{d}s$、$\mathrm{d}f$ 和 $\mathrm{d}\mu$ 分别为

$$\mathrm{d}u = \left(\frac{\partial u}{\partial v}\right)_T \mathrm{d}v, \quad \mathrm{d}h = \left(\frac{\partial h}{\partial v}\right)_T \mathrm{d}v, \quad \mathrm{d}s = \left(\frac{\partial s}{\partial v}\right)_T \mathrm{d}v \tag{8.92}$$

$$\mathrm{d}f = \left(\frac{\partial f}{\partial v}\right)_T \mathrm{d}v, \quad \mathrm{d}\mu = \left(\frac{\partial \mu}{\partial v}\right)_T \mathrm{d}v \tag{8.93}$$

接下来我们还利用实验可测量的性质表示上述变化率

$$\left(\frac{\partial u}{\partial v}\right)_T = T\left(\frac{\partial s}{\partial v}\right)_T - p = \frac{T\alpha}{\beta_T} - p \tag{8.94}$$

$$\left(\frac{\partial h}{\partial v}\right)_T = T\left(\frac{\partial s}{\partial v}\right)_T + v\left(\frac{\partial p}{\partial v}\right)_T = \frac{T\alpha}{\beta_T} - \frac{1}{\beta_T} = \frac{1}{\beta_T}(T\alpha - 1) \tag{8.95}$$

$$\left(\frac{\partial s}{\partial v}\right)_T = \frac{\alpha}{\beta_T} \tag{8.96}$$

$$\left(\frac{\partial f}{\partial v}\right) = -p \tag{8.97}$$

$$\left(\frac{\partial \mu}{\partial v}\right)_T = v\left(\frac{\partial p}{\partial v}\right)_T = -\frac{1}{\beta_T} \tag{8.98}$$

因此，在恒温条件下，体积发生变化引起的 u、h、s、f 和 μ 的变化可以表示为

$$\Delta u = u\left(T_{\text{o}},v\right) - u\left(T_{\text{o}},v_{\text{o}}\right) = \int_{v_{\text{o}}}^{v} \left(\frac{\partial u}{\partial v}\right)_T \mathrm{d}v = \int_{v_{\text{o}}}^{v} \left(\frac{T\alpha}{\beta_T} - p\right) \mathrm{d}v \tag{8.99}$$

$$\Delta h = h\left(T_{\text{o}},v\right) - h\left(T_{\text{o}},v_{\text{o}}\right) = \int_{v_{\text{o}}}^{v} \left(\frac{\partial h}{\partial v}\right)_T \mathrm{d}v = \int_{v_{\text{o}}}^{v} \frac{1}{\beta_T}\left(T\alpha - 1\right)\mathrm{d}v \tag{8.100}$$

$$\Delta s = s\left(T_{\text{o}},v\right) - s\left(T_{\text{o}},v_{\text{o}}\right) = \int_{v_{\text{o}}}^{v} \left(\frac{\partial s}{\partial v}\right)_T \mathrm{d}v = \int_{v_{\text{o}}}^{v} \frac{\alpha}{\beta_T}\mathrm{d}v \tag{8.101}$$

$$\Delta f = f\left(T_{\text{o}},v\right) - f\left(T_{\text{o}},v_{\text{o}}\right) = \int_{v_{\text{o}}}^{v} \left(\frac{\partial f}{\partial v}\right)_T \mathrm{d}v = -\int_{v_{\text{o}}}^{v} p\mathrm{d}v \tag{8.102}$$

$$\Delta \mu = \mu\left(T_{\text{o}},v\right) - \mu\left(T_{\text{o}},v_{\text{o}}\right) = \int_{v_{\text{o}}}^{v} \left(\frac{\partial \mu}{\partial v}\right)_T \mathrm{d}v = -\int_{v_{\text{o}}}^{v} \left(\frac{1}{\beta_T}\right)\mathrm{d}v \tag{8.103}$$

恒温条件下体积发生变化引起的摩尔热能变化 Δu_{T}、摩尔机械能变化 Δu_{M}、摩尔化学能变化 Δu_{C} 可表示为

$$\Delta u_{\text{T}} = T_{\text{o}}\Delta s = Q \tag{8.104}$$

$$\Delta u_{\text{M}} = -\int_{v_{\text{o}}}^{v} \left(\frac{\partial (pv)}{\partial v}\right)_T \mathrm{d}v = -\int_{v_{\text{o}}}^{v} p\mathrm{d}v + \int_{v_{\text{o}}}^{v} \left(\frac{1}{\beta_T}\right)\mathrm{d}v = W - \Delta\mu \tag{8.105}$$

$$\Delta u_{\text{C}} = \Delta\mu \tag{8.106}$$

式中，Q 是系统从环境吸收的热量，W 是环境对系统做的可逆功。

如果假设热膨胀系数和等温压缩系数都与摩尔体积无关，根据等温压缩系数的定义

$$\beta_T = -\frac{1}{v}\left(\frac{\partial v}{\partial p}\right)_T = -\left(\frac{\partial \ln v}{\partial p}\right)_T \tag{8.107}$$

对上式同时从 v_{o} 到 v 和从 p_{o} 到 p 进行积分，可得

$$v\left(T_{\text{o}},p\right) = v_{\text{o}}\left(T_{\text{o}},p_{\text{o}}\right)\mathrm{e}^{-\beta_T(p-p_{\text{o}})} = v_{\text{o}}\mathrm{e}^{-\beta_T(p-p_{\text{o}})} \tag{8.108}$$

这样，我们利用等温压缩系数得到了等温条件下体积随压强变化的函数关系式。

从式 (8.108) 可得

$$p = p_{\mathrm{o}} - \frac{1}{\beta_T} \ln \frac{v}{v_{\mathrm{o}}} \tag{8.109}$$

利用式 (8.109) 压强与体积的关系，积分可得

$$\int_{v_{\mathrm{o}}}^{v} p \mathrm{d}v = \int_{v_{\mathrm{o}}}^{v} \left(p_{\mathrm{o}} - \frac{1}{\beta_T} \ln \frac{v}{v_{\mathrm{o}}} \right) \mathrm{d}v \tag{8.110}$$

对上式进行分部积分[①]可得

$$\int_{v_{\mathrm{o}}}^{v} p \mathrm{d}v = \left(\frac{1}{\beta_T} + p_{\mathrm{o}} \right) (v - v_{\mathrm{o}}) - \frac{1}{\beta_T} \left(v \ln \frac{v}{v_{\mathrm{o}}} \right) \tag{8.111}$$

因此，对于恒定的热膨胀系数和等温压缩系数，恒温下由体积变化引起 u、h、s、f 和 μ 的变化分别为

$$\Delta u = \int_{v_{\mathrm{o}}}^{v} \left(\frac{T_{\mathrm{o}}\alpha}{\beta_T} - p \right) \mathrm{d}v = \left(\frac{T_{\mathrm{o}}\alpha - 1}{\beta_T} - p_{\mathrm{o}} \right) (v - v_{\mathrm{o}}) + \frac{1}{\beta_T} \left(v \ln \frac{v}{v_{\mathrm{o}}} \right) \tag{8.112}$$

$$\Delta h = \int_{v_{\mathrm{o}}}^{v} \frac{1}{\beta_T} (T_{\mathrm{o}}\alpha - 1) \mathrm{d}v = \frac{1}{\beta_T} (T_{\mathrm{o}}\alpha - 1) (v - v_{\mathrm{o}}) \tag{8.113}$$

$$\Delta s = \int_{v_{\mathrm{o}}}^{v} \frac{\alpha}{\beta_T} \mathrm{d}v = \frac{\alpha}{\beta_T} (v - v_{\mathrm{o}}) \tag{8.114}$$

$$\Delta f = - \int_{v_{\mathrm{o}}}^{v} p \mathrm{d}v = - \left(\frac{1}{\beta_T} + p_{\mathrm{o}} \right) (v - v_{\mathrm{o}}) + \frac{1}{\beta_T} \left(v \ln \frac{v}{v_{\mathrm{o}}} \right) \tag{8.115}$$

$$\Delta \mu = - \int_{v_{\mathrm{o}}}^{v} \frac{1}{\beta_T} \mathrm{d}v = - \frac{1}{\beta_T} (v - v_{\mathrm{o}}) \tag{8.116}$$

需要注意的是，因为对于热力学稳定材料，等温压缩系数总是正的，所以当热膨胀系数为正时，材料的熵随体积的增加而增加；当热膨胀系数为负时，材料的熵随体积的增加而减少。

对于理想气体，$\alpha = 1/T$，$\beta_T = 1/p$，因此在恒温条件下由体积变化引起的 u、h、s、f 和 μ 的变化分别为

$$\Delta u = \int_{v_{\mathrm{o}}}^{v} \left(\frac{T\alpha}{\beta_T} - p \right) \mathrm{d}v = 0 \tag{8.117}$$

---

① $\int \ln x \mathrm{d}x = x \ln x - x$。

$$\Delta h = \int_{v_o}^{v} \frac{1}{\beta_T}\,(T\alpha-1)\,\mathrm{d}v = 0 \tag{8.118}$$

$$\Delta s = \int_{v_o}^{v} \frac{\alpha}{\beta_T}\mathrm{d}v = \int_{v_o}^{v} \frac{p}{T}\mathrm{d}v = \int_{v_o}^{v} \frac{R}{v}\mathrm{d}v = R\ln\frac{v}{v_o} \tag{8.119}$$

$$\Delta f = -\int_{v_o}^{v} p\mathrm{d}v = -RT_o\ln\frac{v}{v_o} \tag{8.120}$$

$$\Delta \mu = -\int_{v_o}^{v} \frac{1}{\beta_T}\mathrm{d}v = -\int_{v_o}^{v} \frac{1}{\beta_T}\mathrm{d}v = -RT_o\ln\frac{v}{v_o} \tag{8.121}$$

8.4　恒温条件下热力学性质随压强的变化

当温度保持不变而压强发生变化时，为了计算材料的摩尔内能变化 $\Delta\mu$、摩尔焓变化 Δh、摩尔熵变化 Δs、摩尔亥姆霍兹自由能变化 Δf 和化学势变化 $\Delta\mu$，我们还是首先用导数表示它们在恒温下随压强变化的变化率

$$\left(\frac{\partial u}{\partial p}\right)_T,\quad \left(\frac{\partial h}{\partial p}\right)_T,\quad \left(\frac{\partial s}{\partial p}\right)_T,\quad \left(\frac{\partial f}{\partial p}\right)_T,\quad \left(\frac{\partial \mu}{\partial p}\right)_T \tag{8.122}$$

上述热力学性质的相应的无穷小变化 $\mathrm{d}u$、$\mathrm{d}h$、$\mathrm{d}s$、$\mathrm{d}f$ 和 $\mathrm{d}\mu$ 分别为

$$\mathrm{d}u = \left(\frac{\partial u}{\partial p}\right)_T\mathrm{d}p,\quad \mathrm{d}h = \left(\frac{\partial h}{\partial p}\right)_T\mathrm{d}p,\quad \mathrm{d}s = \left(\frac{\partial s}{\partial p}\right)_T\mathrm{d}p \tag{8.123}$$

$$\mathrm{d}f = \left(\frac{\partial f}{\partial p}\right)_T\mathrm{d}p,\quad \mathrm{d}\mu = \left(\frac{\partial \mu}{\partial p}\right)_T\mathrm{d}p \tag{8.124}$$

接下来仍然利用容易测量的相应性质来表示式 (8.122) 中的变化率

$$\left(\frac{\partial u}{\partial p}\right)_T = \left(\frac{T\mathrm{d}s - p\mathrm{d}v}{\mathrm{d}p}\right)_T = T\left(\frac{\partial s}{\partial p}\right)_T - p\left(\frac{\partial v}{\partial p}\right)_T = -Tv\alpha + pv\beta_T \tag{8.125}$$

$$\left(\frac{\partial h}{\partial p}\right)_T = \left(\frac{T\mathrm{d}s + v\mathrm{d}p}{\mathrm{d}p}\right)_T = T\left(\frac{\partial s}{\partial p}\right)_T + v = -Tv\alpha + v = v\,(1-T\alpha) \tag{8.126}$$

$$\left(\frac{\partial s}{\partial p}\right)_T = -v\alpha \tag{8.127}$$

$$\left(\frac{\partial f}{\partial p}\right)_T = \left(\frac{-s\mathrm{d}T - p\mathrm{d}v}{\mathrm{d}p}\right)_T = pv\beta_T \tag{8.128}$$

$$\left(\frac{\partial \mu}{\partial p}\right)_T = v \tag{8.129}$$

恒温条件下压强发生变化引起的 u、h、s、f 和 μ 的变化分别为

$$\Delta u = u\left(T_{\mathrm{o}},p\right) - u\left(T_{\mathrm{o}},p_{\mathrm{o}}\right) = \int_{p_{\mathrm{o}}}^{p}\left(\frac{\partial u}{\partial p}\right)_T \mathrm{d}p = \int_{p_{\mathrm{o}}}^{p} v\left(p\beta_T - T_{\mathrm{o}}\alpha\right)\mathrm{d}p \tag{8.130}$$

$$\Delta h = h\left(T_{\mathrm{o}},p\right) - h\left(T_{\mathrm{o}},p_{\mathrm{o}}\right) = \int_{p_{\mathrm{o}}}^{p}\left(\frac{\partial h}{\partial p}\right)_T \mathrm{d}p = \int_{p_{\mathrm{o}}}^{p} v\left(1 - T_{\mathrm{o}}\alpha\right)\mathrm{d}p \tag{8.131}$$

$$\Delta s = s\left(T_{\mathrm{o}},p\right) - s\left(T_{\mathrm{o}},p_{\mathrm{o}}\right) = \int_{p_{\mathrm{o}}}^{p}\left(\frac{\partial s}{\partial p}\right)_T \mathrm{d}p = -\int_{p_{\mathrm{o}}}^{p} v\alpha\mathrm{d}p \tag{8.132}$$

$$\Delta f = f\left(T_{\mathrm{o}},p\right) - f\left(T_{\mathrm{o}},p_{\mathrm{o}}\right) = \int_{p_{\mathrm{o}}}^{p}\left(\frac{\partial f}{\partial p}\right)_T \mathrm{d}p = \int_{p_{\mathrm{o}}}^{p} pv\beta_T\mathrm{d}p \tag{8.133}$$

$$\Delta \mu = \mu\left(T_{\mathrm{o}},p\right) - \mu\left(T_{\mathrm{o}},p_{\mathrm{o}}\right) = \int_{p_{\mathrm{o}}}^{p}\left(\frac{\partial \mu}{\partial p}\right)_T \mathrm{d}p = \int_{p_{\mathrm{o}}}^{p} v\mathrm{d}p \tag{8.134}$$

恒温条件下，压强发生变化引起的系统摩尔热能的变化 Δu_{T}、摩尔机械能的变化 Δu_{M} 和摩尔化学能的变化 Δu_{C} 分别为

$$\Delta u_{\mathrm{T}} = T_{\mathrm{o}}\Delta s = Q \tag{8.135}$$

$$\Delta u_{\mathrm{M}} = -\int_{p_{\mathrm{o}}}^{p}\left[\frac{\partial\left(pv\right)}{\partial p}\right]_T \mathrm{d}p = -\int_{p_{\mathrm{o}}}^{p} v\mathrm{d}p + \int_{p_{\mathrm{o}}}^{p} pv\beta_T\mathrm{d}p = -\Delta\mu + W \tag{8.136}$$

$$\Delta u_{\mathrm{C}} = \Delta\mu \tag{8.137}$$

式中，Q 为系统从环境吸收的热量，W 为环境对系统做的可逆功。

如上述式 (8.108)，我们已经利用等温压缩系数得到了恒温下体积与压强的关系

$$v\left(T_{\mathrm{o}},p\right) = v_{\mathrm{o}}\left(T_{\mathrm{o}},p_{\mathrm{o}}\right)\mathrm{e}^{-\beta_T(p-p_{\mathrm{o}})} = v_{\mathrm{o}}\mathrm{e}^{-\beta_T(p-p_{\mathrm{o}})}$$

对上式两边从 p_{o} 到 p 进行积分，可得

$$\int_{p_{\mathrm{o}}}^{p} v\mathrm{d}p = v_{\mathrm{o}}\int_{p_{\mathrm{o}}}^{p} \mathrm{e}^{-\beta_T(p-p_{\mathrm{o}})}\mathrm{d}p = -\frac{v_{\mathrm{o}}}{\beta_T}\left[\mathrm{e}^{-\beta_T(p-p_{\mathrm{o}})} - 1\right]$$

和

$$\int_{p_{\mathrm{o}}}^{p} vp\beta_T\mathrm{d}p = \beta_T v_{\mathrm{o}}\int_{p_{\mathrm{o}}}^{p} p\mathrm{e}^{-\beta_T(p-p_{\mathrm{o}})}\mathrm{d}p \tag{8.138}$$

对式 (8.138) 右边进行分部积分①，可得

$$\beta_T \int_{p_\mathrm{o}}^{p} vp\mathrm{d}p = -v_\mathrm{o}\left[p\mathrm{e}^{-\beta_T(p-p_\mathrm{o})}-p_\mathrm{o}\right] - \frac{v_\mathrm{o}}{\beta_T}\left[\mathrm{e}^{-\beta_T(p-p_\mathrm{o})}-1\right] \tag{8.139}$$

假设热膨胀系数和等温压缩系数都是跟压强无关的常数，那么恒温下压强发生变化引起的 u、h、s、f 和 μ 的变化分别为

$$\Delta u = v_\mathrm{o}\left[\left(p_\mathrm{o}-\frac{T_\mathrm{o}\alpha-1}{\beta_T}\right)-\left(p-\frac{T_\mathrm{o}\alpha-1}{\beta_T}\right)\mathrm{e}^{-\beta_T(p-p_\mathrm{o})}\right] \tag{8.140}$$

$$\Delta h = \frac{(T_\mathrm{o}\alpha-1)\,v_\mathrm{o}}{\beta_T}\left[\mathrm{e}^{-\beta_T(p-p_\mathrm{o})}-1\right] \tag{8.141}$$

$$\Delta s = \frac{\alpha v_\mathrm{o}}{\beta_T}\left[\mathrm{e}^{-\beta_T(p-p_\mathrm{o})}-1\right] \tag{8.142}$$

$$\Delta f = -v_\mathrm{o}\left\{\left[p\mathrm{e}^{-\beta_T(p-p_\mathrm{o})}-p_\mathrm{o}\right]+\frac{1}{\beta_T}\left[\mathrm{e}^{-\beta_T(p-p_\mathrm{o})}-1\right]\right\} \tag{8.143}$$

$$\Delta\mu = -\frac{v_\mathrm{o}}{\beta_T}\left[\mathrm{e}^{-\beta_T(p-p_\mathrm{o})}-1\right] \tag{8.144}$$

我们假设热膨胀系数和等温压缩系数都是很小的常数，就有：$\mathrm{e}^{-\beta_T(p-p_\mathrm{o})} \approx 1-\beta_T\,(p-p_\mathrm{o})+1/2\left[\beta_T\,(p-p_\mathrm{o})\right]^2$，那么恒温下压强变化引起的 u、h、s、f 和 μ 的变化可以重写为

$$\Delta u = v_\mathrm{o}\left(\left(p_\mathrm{o}+\frac{1-T\alpha}{\beta_T}\right)-\left(p+\frac{1-T\alpha}{\beta_T}\right)\left\{1-\beta_T\,(p-p_\mathrm{o})+\frac{1}{2}\left[\beta_T\,(p-p_\mathrm{o})\right]^2\right\}\right) \tag{8.145}$$

$$\Delta h = v_\mathrm{o}\,(1-T\alpha)\left[(p-p_\mathrm{o})-\frac{\beta_T}{2}\,(p-p_\mathrm{o})^2\right] \tag{8.146}$$

$$\Delta s = -v_\mathrm{o}\alpha\left[(p-p_\mathrm{o})-\frac{\beta_T}{2}\,(p-p_\mathrm{o})^2\right] \tag{8.147}$$

$$\Delta f = v_\mathrm{o}\beta_T\left[p\,(p-p_\mathrm{o})-\frac{1}{2}\,(p-p_\mathrm{o})^2-\frac{\beta_T}{2}p\,(p-p_\mathrm{o})^2\right] \tag{8.148}$$

$$\Delta\mu = v_\mathrm{o}\left[(p-p_\mathrm{o})-\frac{\beta_T}{2}\,(p-p_\mathrm{o})^2\right] \tag{8.149}$$

---

① $\int xe^x\mathrm{d}x = (x-1)\,\mathrm{e}^x$; $\int x\mathrm{e}^{ax}\mathrm{d}x = \dfrac{\mathrm{e}^{ax}}{a^2}\,(ax-1)$。

假设凝聚相是不可压缩的,即 $\beta_T = 0$。同时热膨胀系数是一个常数,我们可以进一步简化恒温下由压强变化引起的 u、h、s、f 和 μ 变化的表达式分别为

$$\Delta u = -T_{\mathrm{o}} \alpha v_{\mathrm{o}} (p - p_{\mathrm{o}}) \tag{8.150}$$

$$\Delta h = (1 - T_{\mathrm{o}} \alpha) v_{\mathrm{o}} (p - p_{\mathrm{o}}) \tag{8.151}$$

$$\Delta s = -\alpha v_{\mathrm{o}} (p - p_{\mathrm{o}}) \tag{8.152}$$

$$\Delta f = 0 \tag{8.153}$$

$$\Delta \mu = v_{\mathrm{o}} (p - p_{\mathrm{o}}) \tag{8.154}$$

对于理想气体,恒温下由压强变化引起的 u、h、s、f 和 μ 的变化分别为

$$\Delta u = \int_{p_{\mathrm{o}}}^{p} v (p \beta_T - T_{\mathrm{o}} \alpha) \, \mathrm{d}p = 0 \tag{8.155}$$

$$\Delta h = \int_{p_{\mathrm{o}}}^{p} v (1 - T_{\mathrm{o}} \alpha) \, \mathrm{d}p = 0 \tag{8.156}$$

$$\Delta s = -\int_{p_{\mathrm{o}}}^{p} v \alpha \mathrm{d}p = -R \ln \frac{p}{p_{\mathrm{o}}} \tag{8.157}$$

$$\Delta f = \int_{p_{\mathrm{o}}}^{p} p v \beta_T \mathrm{d}p = RT \ln \frac{p}{p_{\mathrm{o}}} \tag{8.158}$$

$$\Delta \mu = \int_{p_{\mathrm{o}}}^{p} v \mathrm{d}p = RT \ln \frac{p}{p_{\mathrm{o}}} \tag{8.159}$$

8.5 热力学性质随温度和体积的变化

当系统的温度和体积同时发生变化,例如,从 $(T_{\mathrm{o}}, v_{\mathrm{o}})$ 变化到 (T, v) 时,系统的摩尔内能变化 Δu、摩尔焓变化 Δh、摩尔熵变化 Δs、摩尔亥姆霍兹自由能变化 Δf 和化学势变化 $\Delta \mu$ 的数学表达式分别为

$$\Delta u = u(T, v) - u(T_{\mathrm{o}}, v_{\mathrm{o}}) = \int_{T_{\mathrm{o}}, v_{\mathrm{o}}}^{T, v} \left[\left(\frac{\partial u}{\partial T} \right)_v \mathrm{d}T + \left(\frac{\partial u}{\partial v} \right)_T \mathrm{d}v \right] \tag{8.160}$$

$$\Delta h = h(T, v) - h(T_{\mathrm{o}}, v_{\mathrm{o}}) = \int_{T_{\mathrm{o}}, v_{\mathrm{o}}}^{T, v} \left[\left(\frac{\partial h}{\partial T} \right)_v \mathrm{d}T + \left(\frac{\partial h}{\partial v} \right)_T \mathrm{d}v \right] \tag{8.161}$$

$$\Delta s = s(T, v) - s(T_{\mathrm{o}}, v_{\mathrm{o}}) = \int_{T_{\mathrm{o}}, v_{\mathrm{o}}}^{T, v} \left[\left(\frac{\partial s}{\partial T} \right)_v \mathrm{d}T + \left(\frac{\partial s}{\partial v} \right)_T \mathrm{d}v \right] \tag{8.162}$$

$$\Delta f = f\left(T,v\right) - f\left(T_{\mathrm{o}},v_{\mathrm{o}}\right) = \int_{T_{\mathrm{o}},v_{\mathrm{o}}}^{T,v} \left[\left(\frac{\partial f}{\partial T}\right)_v \mathrm{d}T + \left(\frac{\partial f}{\partial v}\right)_T \mathrm{d}v\right] \tag{8.163}$$

$$\Delta \mu = \mu\left(T,v\right) - \mu\left(T_{\mathrm{o}},v_{\mathrm{o}}\right) = \int_{T_{\mathrm{o}},v_{\mathrm{o}}}^{T,v} \left[\left(\frac{\partial \mu}{\partial T}\right)_v \mathrm{d}T + \left(\frac{\partial \mu}{\partial v}\right)_T \mathrm{d}v\right] \tag{8.164}$$

我们把恒容时温度变化引起的和恒温时体积变化引起的 u、h、s、f 和 μ 的变化相结合，可以得到上述热力学性质变化的表达式：

$$\Delta u = \int_{T_{\mathrm{o}},v_{\mathrm{o}}}^{T,v_{\mathrm{o}}} c_v \mathrm{d}T + \int_{T,v_{\mathrm{o}}}^{T,v} \left(\frac{T\alpha}{\beta_T} - p\right) \mathrm{d}v \tag{8.165}$$

$$\Delta h = \int_{T_{\mathrm{o}},v_{\mathrm{o}}}^{T,v_{\mathrm{o}}} \left(c_v + v_{\mathrm{o}}\frac{\alpha}{\beta_T}\right) \mathrm{d}T + \int_{T,v_{\mathrm{o}}}^{T,v} \frac{1}{\beta_T}\left(T\alpha-1\right) \mathrm{d}v \tag{8.166}$$

$$\Delta s = \int_{T_{\mathrm{o}},v_{\mathrm{o}}}^{T,v_{\mathrm{o}}} \frac{c_v}{T}\mathrm{d}T + \int_{T,v_{\mathrm{o}}}^{T,v} \frac{\alpha}{\beta_T}\mathrm{d}v \tag{8.167}$$

$$\Delta f = \int_{T_{\mathrm{o}},v_{\mathrm{o}}}^{T,v_{\mathrm{o}}} \left[c_v - s\left(T_{\mathrm{o}},v_{\mathrm{o}}\right)\right] \mathrm{d}T - T \int_{T_{\mathrm{o}},v_{\mathrm{o}}}^{T,v_{\mathrm{o}}} \frac{c_v}{T}\mathrm{d}T - \int_{T,v_{\mathrm{o}}}^{T,v} p\mathrm{d}v \tag{8.168}$$

$$\Delta \mu = \int_{T_{\mathrm{o}},v_{\mathrm{o}}}^{T,v_{\mathrm{o}}} \left[c_v + \frac{v_{\mathrm{o}}\alpha}{\beta_T} - s\left(T_{\mathrm{o}},v_{\mathrm{o}}\right)\right] \mathrm{d}T - T \int_{T_{\mathrm{o}},v_{\mathrm{o}}}^{T,v_{\mathrm{o}}} \frac{c_v}{T}\mathrm{d}T - \int_{T,v_{\mathrm{o}}}^{T,v} \frac{1}{\beta_T}\mathrm{d}v \tag{8.169}$$

如果 c_v、β_T 和 α 都是与温度和体积无关的常数，则有

$$\Delta u = c_v\left(T - T_{\mathrm{o}}\right) + \left(\frac{T\alpha-1}{\beta_T} - p_{\mathrm{o}}\right)\left(v - v_{\mathrm{o}}\right) + \frac{1}{\beta_T}\left(v \ln \frac{v}{v_{\mathrm{o}}}\right) \tag{8.170}$$

$$\Delta h = \left(c_v + \frac{v_{\mathrm{o}}\alpha}{\beta_T}\right)\left(T - T_{\mathrm{o}}\right) + \frac{1}{\beta_T}\left(T\alpha-1\right)\left(v - v_{\mathrm{o}}\right) \tag{8.171}$$

$$\Delta s = c_v \ln \frac{T}{T_{\mathrm{o}}} + \frac{\alpha}{\beta_T}\left(v - v_{\mathrm{o}}\right) \tag{8.172}$$

$$\Delta f = \left[c_v - s\left(T_{\mathrm{o}},v_{\mathrm{o}}\right)\right]\left(T - T_{\mathrm{o}}\right) - c_v T \ln \frac{T}{T_{\mathrm{o}}} - \left(\frac{1}{\beta_T} + p_{\mathrm{o}}\right)\left(v - v_{\mathrm{o}}\right) + \frac{1}{\beta_T}\left(v \ln \frac{v}{v_{\mathrm{o}}}\right) \tag{8.173}$$

$$\Delta \mu = \left[c_v + \frac{v_{\mathrm{o}}\alpha}{\beta_T} - s\left(T_{\mathrm{o}},v_{\mathrm{o}}\right)\right]\left(T - T_{\mathrm{o}}\right) - c_v T \ln \frac{T}{T_{\mathrm{o}}} - \frac{1}{\beta_T}\left(v - v_{\mathrm{o}}\right) \tag{8.174}$$

对于理想气体，有

$$\Delta u = c_v\left(T - T_{\mathrm{o}}\right) \tag{8.175}$$

$$\Delta h = c_p \left(T - T_\mathrm{o}\right) \tag{8.176}$$

$$\Delta s = c_v \ln \frac{T}{T_\mathrm{o}} + R \ln \frac{v}{v_\mathrm{o}} \tag{8.177}$$

$$\Delta f = \left[c_v - s^\mathrm{o}\left(T_\mathrm{o},v_\mathrm{o}\right)\right]\left(T - T_\mathrm{o}\right) - c_v T \ln \frac{T}{T_\mathrm{o}} - RT \ln \frac{v}{v_\mathrm{o}} \tag{8.178}$$

$$\Delta \mu = \left[c_p - s^\mathrm{o}\left(T_\mathrm{o},v_\mathrm{o}\right)\right]\left(T - T_\mathrm{o}\right) - c_v T \ln \frac{T}{T_\mathrm{o}} - RT \ln \frac{v}{v_\mathrm{o}} \tag{8.179}$$

8.6 热力学性质随温度和压强的变化

当系统的温度和压强同时发生变化时，系统的摩尔内能变化 Δu、摩尔焓变化 Δh、摩尔熵变化 Δs、摩尔亥姆霍兹自由能变化 Δf 和化学势变化 $\Delta \mu$ 分别为

$$\Delta u = u\left(T,p\right) - u\left(T_\mathrm{o},p_\mathrm{o}\right) = \int_{T_\mathrm{o},p_\mathrm{o}}^{T,p} \left[\left(\frac{\partial u}{\partial T}\right)_p \mathrm{d}T + \left(\frac{\partial u}{\partial p}\right)_T \mathrm{d}p\right] \tag{8.180}$$

$$\Delta h = h\left(T,p\right) - h\left(T_\mathrm{o},p_\mathrm{o}\right) = \int_{T_\mathrm{o},p_\mathrm{o}}^{T,p} \left[\left(\frac{\partial h}{\partial T}\right)_p \mathrm{d}T + \left(\frac{\partial h}{\partial p}\right)_T \mathrm{d}p\right] \tag{8.181}$$

$$\Delta s = s\left(T,p\right) - s\left(T_\mathrm{o},p_\mathrm{o}\right) = \int_{T_\mathrm{o},p_\mathrm{o}}^{T,p} \left[\left(\frac{\partial s}{\partial T}\right)_p \mathrm{d}T + \left(\frac{\partial s}{\partial p}\right)_T \mathrm{d}p\right] \tag{8.182}$$

$$\Delta f = f\left(T,p\right) - f\left(T_\mathrm{o},p_\mathrm{o}\right) = \int_{T_\mathrm{o},p_\mathrm{o}}^{T,p} \left[\left(\frac{\partial f}{\partial T}\right)_p \mathrm{d}T + \left(\frac{\partial f}{\partial p}\right)_T \mathrm{d}p\right] \tag{8.183}$$

$$\Delta \mu = \mu\left(T,p\right) - \mu\left(T_\mathrm{o},p_\mathrm{o}\right) = \int_{T_\mathrm{o},p_\mathrm{o}}^{T,p} \left[\left(\frac{\partial \mu}{\partial T}\right)_p \mathrm{d}T + \left(\frac{\partial \mu}{\partial p}\right)_T \mathrm{d}p\right] \tag{8.184}$$

8.2 节和 8.4 节中给出了 Δu、Δh、Δs、Δf 和 $\Delta \mu$ 与温度和压强的关系，我们可以使用实验可测的量来表示这些热力学性质的变化

$$\Delta u = \int_{T_\mathrm{o},p_\mathrm{o}}^{T,p_\mathrm{o}} \left(c_p - pv\alpha\right)\mathrm{d}T + \int_{T,p_\mathrm{o}}^{T,p} v\left(p\beta_T - T\alpha\right)\mathrm{d}p \tag{8.185}$$

$$\Delta h = \int_{T_\mathrm{o},p_\mathrm{o}}^{T,p_\mathrm{o}} c_p \mathrm{d}T + \int_{T,p_\mathrm{o}}^{T,p} v\left(1 - T\alpha\right)\mathrm{d}p \tag{8.186}$$

$$\Delta s = \int_{T_\mathrm{o},p_\mathrm{o}}^{T,p_\mathrm{o}} \frac{c_p}{T}\mathrm{d}T - \int_{T,p_\mathrm{o}}^{T,p} v\alpha \mathrm{d}p \tag{8.187}$$

$$\Delta f = \int_{T_\mathrm{o},p_\mathrm{o}}^{T,p_\mathrm{o}} \left[c_p - s\left(T_\mathrm{o},p_\mathrm{o}\right) - pv\alpha \right] \mathrm{d}T - T\int_{T,p_\mathrm{o}}^{T,p_\mathrm{o}} \frac{c_p}{T}\mathrm{d}T + \int_{T,p_\mathrm{o}}^{T,p} pv\beta_T \mathrm{d}p \quad (8.188)$$

$$\Delta\mu = \int_{T_\mathrm{o},p_\mathrm{o}}^{T,p_\mathrm{o}} \left[c_p - s\left(T_\mathrm{o},p_\mathrm{o}\right) \right] \mathrm{d}T - T\int_{T,p_\mathrm{o}}^{T,p_\mathrm{o}} \frac{c_p}{T}\mathrm{d}T + \int_{T,p_\mathrm{o}}^{T,p} v\mathrm{d}p \quad (8.189)$$

假设热膨胀系数 α 与温度无关,根据式 (8.74),我们可以得到体积与温度的关系为

$$v\left(T,p_\mathrm{o}\right) = v_\mathrm{o}\left(T_\mathrm{o},p_\mathrm{o}\right)\mathrm{e}^{\alpha(T-T_\mathrm{o})} = v_\mathrm{o}\mathrm{e}^{\alpha(T-T_\mathrm{o})} \quad (8.190)$$

同理, 假设等温压缩系数 β_T 与压强无关, 我们可以得到体积与压强的关系为

$$v\left(T,p\right) = v\left(T,p_\mathrm{o}\right)\mathrm{e}^{-\beta_T(p-p_\mathrm{o})} \quad (8.191)$$

把体积和温度的关系、体积和压强的关系结合起来, 就可以得到体积与温度、压强的关系

$$v\left(T,p\right) = v_\mathrm{o}\left(T_\mathrm{o},p_\mathrm{o}\right)\mathrm{e}^{\alpha(T-T_\mathrm{o})-\beta_T(p-p_\mathrm{o})} = v_\mathrm{o}\mathrm{e}^{\alpha(T-T_\mathrm{o})-\beta_T(p-p_\mathrm{o})} \quad (8.192)$$

因此, 以 T_o 和 p_o 为初始状态, 假设热容、热膨胀系数和压缩系数保持恒定, 那么 u、h、s、f 和 μ 随温度和压强同时变化的一般表达式分别为

$$\Delta u = c_p\left(T - T_\mathrm{o}\right) - p_\mathrm{o}v_\mathrm{o}\left[\mathrm{e}^{\alpha(T-T_\mathrm{o})}-1\right]$$
$$+ v_\mathrm{o}\mathrm{e}^{\alpha(T-T_\mathrm{o})}\left[\left(p_\mathrm{o} + \frac{1-T\alpha}{\beta_T}\right) - \left(p + \frac{1-T\alpha}{\beta_T}\right)\mathrm{e}^{-\beta_T(p-p_\mathrm{o})}\right] \quad (8.193)$$

$$\Delta h = c_p\left(T - p_\mathrm{o}\right) - \frac{v_\mathrm{o}\mathrm{e}^{\alpha(T-T_\mathrm{o})}\left(1-T\alpha\right)}{\beta_T}\left[\mathrm{e}^{-\beta_T(p-p_\mathrm{o})}-1\right] \quad (8.194)$$

$$\Delta s = c_p\ln\left(T/T_\mathrm{o}\right) + \frac{v_\mathrm{o}\mathrm{e}^{\alpha(T-T_\mathrm{o})}\alpha}{\beta_T}\left[\mathrm{e}^{-\beta_T(p-p_\mathrm{o})}-1\right] \quad (8.195)$$

$$\Delta f = \left[c_p - s\left(T_\mathrm{o},p_\mathrm{o}\right)\right]\left(T - T_\mathrm{o}\right) - p_\mathrm{o}v_\mathrm{o}\left[\mathrm{e}^{\alpha(T-T_\mathrm{o})}-1\right] - c_pT\ln\left(T/T_\mathrm{o}\right)$$
$$- v_\mathrm{o}\mathrm{e}^{\alpha(T-T_\mathrm{o})}\left\{\left[p\mathrm{e}^{-\beta_T(p-p_\mathrm{o})} - p_\mathrm{o}\right] + \frac{1}{\beta_T}\left[\mathrm{e}^{-\beta_T(p-p_\mathrm{o})}-1\right]\right\} \quad (8.196)$$

$$\Delta\mu = \left[c_p - s\left(T_\mathrm{o},p_\mathrm{o}\right)\right]\left(T - T_\mathrm{o}\right) - c_pT\ln\left(T/T_\mathrm{o}\right) - \frac{v_\mathrm{o}\mathrm{e}^{\alpha(T-T_\mathrm{o})}}{\beta_T}\left[\mathrm{e}^{-\beta_T(p-p_\mathrm{o})}-1\right]$$
$$(8.197)$$

大多数固体的热膨胀系数和等温压缩系数都很小，可近似为 $e^{\alpha(T-T_o)} \approx 1 + \alpha(T-T_o)$ 和 $e^{-\beta_T(p-p_o)} \approx 1 - \beta_T(p-p_o) + 1/2[\beta_T(p-p_o)]^2$。基于这两种近似，温度和压强同时变化引起的热力学性质的变化如下

$$\Delta u = (c_p - p_o v_o \alpha)(T - T_o) + v_o[1 + \alpha(T - T_o)]\left\{\left(p_o + \frac{1 - T\alpha}{\beta_T}\right)\right.$$
$$\left. - \left(p + \frac{1 - T\alpha}{\beta_T}\right)\left[1 - \beta_T(p - p_o) + \frac{1}{2}[\beta_T(p - p_o)]^2\right]\right\} \tag{8.198}$$

$$\Delta h = c_p(T - T_o) + v_o[1 + \alpha(T - T_o)](1 - T\alpha)\left[(p - p_o) - \frac{\beta_T}{2}(p - p_o)^2\right] \tag{8.199}$$

$$\Delta s = c_p T\ln(T/T_o) - v_o[1 + \alpha(T - T_o)]\left[(p - p_o) - \frac{\beta_T}{2}(p - p_o)^2\right] \tag{8.200}$$

$$\Delta f = [c_p - s(T_o, p_o) - p_o v_o \alpha](T - T_o) - c_p T\ln(T/T_o)$$
$$+ v_o[1 + \alpha(T - T_o)]\beta_T\left[p(p - p_o) - \frac{1}{2}(p - p_o)^2 - \frac{\beta_T}{2}p(p - p_o)^2\right] \tag{8.201}$$

$$\Delta \mu = [c_p - s(T_o, p_o)](T - T_o) - c_p T\ln(T/T_o)$$
$$+ v_o[1 + \alpha(T - T_o)]\left[(p - p_o) - \frac{\beta_T}{2}(p - p_o)^2\right] \tag{8.202}$$

我们进一步假设该材料是不可压缩的，即 $\beta_T = 0$，且体积与压强无关，那么温度和压强同时变化引起的热力学性质变化为

$$\Delta u = (c_p - p_o v_o \alpha)(T - T_o) - v_o[1 + \alpha(T - T_o)]T\alpha(p - p_o) \tag{8.203}$$

$$\Delta h = c_p(T - T_o) + v_o[1 + \alpha(T - T_o)](1 - T\alpha)(p - p_o) \tag{8.204}$$

$$\Delta s = c_p\ln(T/T_o) - v_o[1 + \alpha(T - T_o)](p - p_o) \tag{8.205}$$

$$\Delta f = [c_p - s(T_o, p_o) - p_o v_o \alpha](T - T_o) - c_p T\ln(T/T_o) \tag{8.206}$$

$$\Delta \mu = [c_p - s(T_o, p_o)](T - T_o) - c_p T\ln(T/T_o) + v_o[1 + \alpha(T - T_o)](p - p_o) \tag{8.207}$$

对于理想气体，温度和压强同时变化引起的热力学性质的变化为

$$\Delta u = c_v(T - T_o) \tag{8.208}$$

$$\Delta h = c_p \left(T - T_{\mathrm{o}} \right) \tag{8.209}$$

$$\Delta s = c_p \ln \left(T/T_{\mathrm{o}} \right) - R \ln \left(p/p_{\mathrm{o}} \right) \tag{8.210}$$

$$\Delta f = \left[c_v - s \left(T_{\mathrm{o}}, p_{\mathrm{o}} \right) \right] \left(T - T_{\mathrm{o}} \right) - c_p T \ln \left(T/T_{\mathrm{o}} \right) + RT \ln \left(p/p_{\mathrm{o}} \right) \tag{8.211}$$

$$\Delta \mu = \left[c_p - s \left(T_{\mathrm{o}}, p_{\mathrm{o}} \right) \right] \left(T - T_{\mathrm{o}} \right) - c_p T \ln \left(T/T_{\mathrm{o}} \right) + RT \ln \left(p/p_{\mathrm{o}} \right) \tag{8.212}$$

8.7　相变中热力学性质的变化

当温度或压强或两者同时发生变化时，材料可能发生相变。例如，固体熔化成液体，液体凝固成固体，从一种晶体结构转变为另一种晶体结构，以及晶体中的自发极化等。我们认为在一定的温度和压强下发生相变，如果没有特别指明，就默认压强是 1bar。

当系统的温度 (热势) 和压强 (机械势) 保持不变时，系统总是倾向于降低其化学势。因此，系统的化学势变化决定着相变的自发方向。

我们假设在温度 T 和压强 p 下发生相变，即

$$\alpha \xrightarrow{T,p} \beta$$

式中，α 和 β 分别表示母相和新相。相变中的化学势变化 $\Delta\mu$、摩尔焓变 Δh 和摩尔熵变 Δs 可分别表示为

$$\Delta \mu = \mu^{\beta} \left(T,p \right) - \mu^{\alpha} \left(T,p \right) \tag{8.213}$$

$$\Delta h = h^{\beta} \left(T,p \right) - h^{\alpha} \left(T,p \right) \tag{8.214}$$

$$\Delta s = s^{\beta} \left(T,p \right) - s^{\alpha} \left(T,p \right) \tag{8.215}$$

式中，μ^{β}、h^{β}、s^{β} 分别为新相的化学势、摩尔焓和摩尔熵；μ^{α}、h^{α}、s^{α} 分别为母相的化学势、摩尔焓和摩尔熵。

在相变过程中吸收或释放的热量 Q 等于焓变 Δh，因此，相变中的焓变 Δh 也被称为相变热或相变潜热。例如，熔 (融) 化焓或者熔 (融) 化热是 1mol 固体完全熔 (融) 化成液体所需要的热量或焓。蒸发焓或蒸发热是完全蒸发 1mol 液体所需要的热量或焓，升华焓或升华热是完全汽化 1mol 固体所需要的热量或焓。相变过程中熵的变化也通常简称为相变熵。

我们已经知道，在一定温度和压强下发生的相变，化学势变化 $\Delta\mu$ 与焓变 Δh、熵变化 Δs 之间存在如下简单关系

$$\Delta \mu \left(T,p \right) = \Delta h \left(T,p \right) - T \Delta s \left(T,p \right) \tag{8.216}$$

此时相变的热力学驱动力 D、产生的熵 Δs^{ir} 和化学势变化 $-\Delta\mu$ 之间的关系为

$$D = T\Delta s^{ir} = -\Delta\mu \tag{8.217}$$

可见，如果 $\Delta\mu$ 为负，则驱动力 D 为正，此时相变是不可逆的，该不可逆相变所产生的熵为 Δs^{ir}。驱动力 D 越大，产生的熵 Δs^{ir} 越多，相变的不可逆程度越高。

我们假设平衡相变的温度和压强分别为 T_e 和 p_e，那么

$$D(T_e, p_e) = T_e\Delta s^{ir}(T_e, p_e) = -\Delta\mu^{\circ}(T_e, p_e) = 0 \tag{8.218}$$

可见，相变达到平衡时，化学势不再变化，相变驱动力为零。我们把在平衡温度 T_e 和平衡压强 p_e 下相变的焓变和熵变分别标记为 $\Delta h^{\circ}(T_e, p_e)$ 和 $\Delta s^{\circ}(T_e, p_e)$，它们都满足如下平衡条件

$$\Delta\mu^{\circ}(T_e, p_e) = \Delta h^{\circ}(T_e, p_e) - T_e\Delta s^{\circ}(T_e, p_e) = 0 \tag{8.219}$$

材料相变中常用的热力学数据有：平衡相变温度 T_e $(p_e = 1\text{bar})$、平衡相变焓 $\Delta h^{\circ}(T_e, p_e = 1\text{bar})$ 以及母相和新相的恒压热容 $c_p^{\alpha}(T, p_e = 1\text{bar})$、$c_p^{\beta}(T, p_e = 1\text{bar})$，恒压热容是温度的函数。同时我们知道化学势、焓和熵都是系统的性质，是状态函数，状态函数的变化与路径无关。这样，我们就可以把相变假想地分解为三个可逆步骤，来计算在另一个温度 T、压强 1bar 下的焓变或相变热 (图 8.1)。第一步是将母相 α 从感兴趣的温度 T 变到平衡温度 T_e；第二步是在平衡相变温度 T_e 下从母相 α 转变为新相 β；第三步是将新相 β 从平衡温度 T_e 改回到温度 T。由于焓是状态函数，有

$$\Delta h(T) = \Delta h^{\alpha}(T \to T_e) + \Delta h^{\circ}(T_e) + \Delta h^{\beta}(T_e \to T) \tag{8.220}$$

利用热容与温度的关系，可得

$$\Delta h(T) = \int_T^{T_e} c_p^{\alpha}\mathrm{d}T + \Delta h^{\circ}(T_e) + \int_{T_e}^T c_p^{\beta}\mathrm{d}T \tag{8.221}$$

或者

$$\Delta h(T) = \Delta h^{\circ}(T_e) + \int_{T_e}^T \Delta c_p\mathrm{d}T \tag{8.222}$$

式中

$$\Delta c_p = c_p^{\beta} - c_p^{\alpha}$$

如果已知相变焓 $\Delta h(T)$，我们就可以得到相变化学势的变化

$$\left\{ \frac{\partial \left[\Delta\mu\left(T\right)/T\right]}{\Delta T} \right\}_p = -\frac{\Delta h\left(T\right)}{T^2} \tag{8.223}$$

对上式进行积分，可得

$$\frac{\Delta\mu\left(T\right)}{T} = \frac{\Delta\mu^{\circ}\left(T_{\mathrm{e}}\right)}{T_{\mathrm{e}}} - \int_{T_{\mathrm{e}}}^{T}\left[\frac{\Delta h\left(T\right)}{T^2}\right]\mathrm{d}T \tag{8.224}$$

我们知道，在平衡温度和平衡压强下相变过程的焓 Δh° 和熵 Δs° 的关系为

$$\Delta h^{\circ}\left(T_{\mathrm{e}},p_{\mathrm{e}}\right) = T_{\mathrm{e}}\Delta s^{\circ}\left(T_{\mathrm{e}},p_{\mathrm{e}}\right) \tag{8.225}$$

如果把上式中的焓 Δh° 和相变热 Q_{e} 关联起来，则可简单地由相变热和平衡相变温度得到熵变

$$\Delta s^{\circ}\left(T_{\mathrm{e}},p_{\mathrm{e}}\right) = \frac{\Delta h^{\circ}\left(T_{\mathrm{e}},p_{\mathrm{e}}\right)}{T_{\mathrm{e}}} = \frac{Q_{\mathrm{e}}}{T_{\mathrm{e}}} \tag{8.226}$$

在平衡温度和平衡压强下发生的相变是可逆过程，母相和新相都处于平衡态；在另一个温度和压强下发生的相变是不可逆的，存在相变驱动力。由于不可逆过程中会有熵产生，我们不能简单地用式 (8.226) 来通过相变热或相变焓计算相变熵。

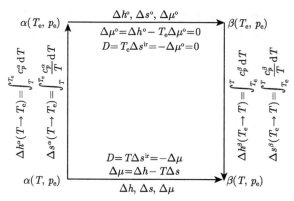

图 8.1 假想的三步可逆路径示意图，用于计算非相变温度下发生相变引起的化学势、摩尔焓和摩尔熵的变化

类似于计算不同于平衡温度下的相变焓，可以设计三步可逆过程来计算不同于平衡温度下的相变熵

$$\Delta s\left(T,p_{\mathrm{e}}\right) = \Delta s^{\circ}\left(T_{\mathrm{e}},p_{\mathrm{e}}\right) + \int_{T_{\mathrm{e}}}^{T}\frac{\Delta c_p}{T}\mathrm{d}T \tag{8.227}$$

式中，$\Delta s\,(T,p_{\mathrm{e}})$ 是在温度 T 和压强 p_{e} 下的摩尔相变熵，$\Delta s^{\circ}\,(T_{\mathrm{e}},p_{\mathrm{e}})$ 是在平衡温度 T_{e} 和压强 p_{e} 下的摩尔相变熵。

只要知道 $\Delta s\,(T,p_{\mathrm{e}})$，我们就可以得到该相变的化学势变化

$$\Delta \mu\,(T,p_{\mathrm{e}}) = \Delta \mu^{\circ}\,(T_{\mathrm{e}},p_{\mathrm{e}}) - \int_{T_{\mathrm{e}}}^{T} \Delta s\,(T,p_{\mathrm{e}})\,\mathrm{d}T \tag{8.228}$$

如果同时知道相变的 Δh 和 Δs 与温度的关系，就不难计算出化学势变化与温度的关系

$$\Delta \mu\,(T,p_{\mathrm{e}}) = \Delta h\,(T,p_{\mathrm{e}}) - T\Delta s\,(T,p_{\mathrm{e}}) \tag{8.229}$$

将式 (8.222) 和式 (8.227) 代入式 (8.229)，可得

$$\Delta \mu\,(T,p_{\mathrm{e}}) = \Delta h^{\circ}\,(T_{\mathrm{e}},p_{\mathrm{e}}) + \int_{T_{\mathrm{e}}}^{T} \Delta c_p \mathrm{d}T - T\left[\Delta s^{\circ}\,(T_{\mathrm{e}},p_{\mathrm{e}}) + \int_{T_{\mathrm{e}}}^{T} \frac{\Delta c_p}{T}\mathrm{d}T\right] \tag{8.230}$$

可改写为

$$\Delta \mu\,(T,p_{\mathrm{e}}) = \Delta h^{\circ}\,(T_{\mathrm{e}},p_{\mathrm{e}}) - T\Delta s^{\circ}\,(T_{\mathrm{e}},p_{\mathrm{e}}) + \int_{T_{\mathrm{e}}}^{T} \Delta c_p \mathrm{d}T - T\int_{T_{\mathrm{e}}}^{T} \frac{\Delta c_p}{T}\mathrm{d}T \tag{8.231}$$

假设新相和母相间的等压热容之差 Δc_p 是与温度无关的常数，有

$$\Delta h\,(T,p_{\mathrm{e}}) = \Delta h^{\circ}\,(T_{\mathrm{e}},p_{\mathrm{e}}) + \Delta c_p\,(T - T_{\mathrm{e}}) \tag{8.232}$$

$$\Delta s\,(T,p_{\mathrm{e}}) = \Delta s^{\circ}\,(T_{\mathrm{e}},p_{\mathrm{e}}) + \Delta c_p \ln\,(T/T_{\mathrm{e}}) \tag{8.233}$$

$$\Delta \mu\,(T,p_{\mathrm{e}}) = \Delta h^{\circ}\,(T_{\mathrm{e}},p_{\mathrm{e}}) - T\Delta s^{\circ}\,(T_{\mathrm{e}},p_{\mathrm{e}}) + \Delta c_p\,(T - T_{\mathrm{e}}) - \Delta c_p T\ln\,(T/T_{\mathrm{e}}) \tag{8.234}$$

进一步假设 $\Delta c_p = 0$，即母相和新相的热容相等，或假设 $\Delta h\,(T,p_{\mathrm{e}})$ 是一个与温度无关的常数，则

$$\Delta \mu\,(T,p_{\mathrm{e}}) = \Delta h^{\circ}\,(T_{\mathrm{e}},p_{\mathrm{e}}) - T\Delta s^{\circ}\,(T_{\mathrm{e}},p_{\mathrm{e}}) \tag{8.235}$$

利用 $\Delta \mu^{\circ}\,(T_{\mathrm{e}},p_{\mathrm{e}}) = \Delta h^{\circ}\,(T_{\mathrm{e}},p_{\mathrm{e}}) - T_{\mathrm{e}}\Delta s^{\circ}\,(T_{\mathrm{e}},p_{\mathrm{e}}) = 0$，上式可改写为

$$\Delta \mu\,(T,p_{\mathrm{e}}) = \Delta h^{\circ}\,(T_{\mathrm{e}},p_{\mathrm{e}}) - T\frac{\Delta h^{\circ}\,(T_{\mathrm{e}},p_{\mathrm{e}})}{T_{\mathrm{e}}} = -\frac{\Delta h^{\circ}\,(T_{\mathrm{e}},p_{\mathrm{e}})\,\Delta T}{T_{\mathrm{e}}} \tag{8.236}$$

式中，$\Delta T = T - T_{\mathrm{e}}$。

我们还可以通过引入机械贡献来计算 $\Delta \mu$ 的压强依赖性。类似于计算不同于平衡相变温度下的焓和熵，我们也可以计算不同于平衡相变压强下的相变化学势，

同样把给定压强 p 下的相变 $\alpha \to \beta$ 设计分解为三个假想的可逆过程 (图 8.2)。第一步将母相 α 从给定压强 p 改变到平衡相变压强 p_e；第二步为平衡相变压强 p_e 下的相变；第三步为新相 β 从平衡相变压强 p_e 到给定压强 p 的过程。

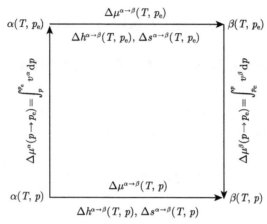

图 8.2　假想的三步可逆路径示意图，用于计算不同于平衡相变压强下的化学势、摩尔焓和摩尔熵

我们知道化学势是一个状态函数，在压强为 p 的 $\alpha \to \beta$ 相变中体系的化学势变化与上述三个分步骤中化学势变化的总和相等，即

$$\Delta\mu\,(T,p) = \Delta\mu^{\alpha}\,(p \to p_e) + \Delta\mu^{\alpha \to \beta}\,(T, p_e) + \Delta\mu^{\beta}\,(p_e \to p) \tag{8.237}$$

利用各相的化学势变化 $\Delta\mu^{\alpha}\,(p \to p_e)$、$\Delta\mu^{\beta}\,(p_e \to p)$ 与摩尔体积 v^{α}、v^{β} 及与压强的关系可得

$$\Delta\mu\,(T,p) = \int_{T,p}^{T,p_e} v^{\alpha}\mathrm{d}p + \Delta\mu^{\alpha \to \beta}\,(T,p_e) + \int_{T,p_e}^{T,p} v^{\beta}\mathrm{d}p \tag{8.238}$$

即

$$\Delta\mu\,(T,p) = \Delta\mu^{\alpha \to \beta}\,(T,p_e) + \int_{T,p_e}^{T,p} \Delta v\mathrm{d}p \tag{8.239}$$

式中，$\Delta v = v^{\beta} - v^{\alpha}$ 为新相和母相的摩尔体积之差。

结合式 (8.231) 中相变化学势与温度、压强的关系，上式可写为

$$\Delta\mu\,(T,p) = \Delta h^{\circ} - T\Delta s^{\circ} + \int_{T_e}^{T} \Delta c_p\mathrm{d}T - T\int_{T_e}^{T} \frac{\Delta c_p}{T}\mathrm{d}T + \int_{T,p_e}^{T,p} \Delta v\mathrm{d}p \tag{8.240}$$

进一步假设 Δc_p 和 Δv 均与温度和压强无关，上式变为

$$\Delta\mu\left(T,p\right) = \Delta h^\circ - T\Delta s^\circ + \Delta c_p\left(T - T_\mathrm{e} - T\ln\frac{T}{T_\mathrm{e}}\right) + \Delta v\left(p - p_\mathrm{e}\right) \tag{8.241}$$

假设 Δv 是常数，相当于忽略了新相和母相的可压缩性。我们也可以利用方程 (8.241)，通过下式来确定在外加压强 p 下新的平衡温度

$$\Delta\mu\left(T,p\right) = 0 \tag{8.242}$$

譬如，要将相变温度移动 ΔT，那么需要施加的压强 $\Delta p = (p - p_\mathrm{e})$ 为

$$\Delta p = \frac{\Delta T\Delta s^\circ - \Delta c_p\left[\Delta T - (T_\mathrm{e} + \Delta T)\ln\dfrac{T_\mathrm{e} + \Delta T}{T_\mathrm{e}}\right]}{\Delta v} \tag{8.243}$$

如果 $\Delta T \ll T_\mathrm{e}$，近似解为

$$\Delta p = \frac{\Delta T}{\Delta v}\left(\frac{\Delta h^\circ + \Delta c_p\Delta T}{T_\mathrm{e}}\right) \tag{8.244}$$

式 (8.244) 正是我们将在第 11 章讨论的单组分体系的压强温度平衡的克拉珀龙方程 (Clapeyron 方程)。

对于晶体的相变，可以考虑施加应力对相变化学势的影响，从而考虑外加应力引起的相变温度的变化

$$\Delta\mu\left(T,\sigma_{ij}\right) = \Delta h^\circ - T\Delta s^\circ + \int_{T_\mathrm{e}}^{T}\Delta c_p\mathrm{d}T - T\int_{T_\mathrm{e}}^{T}\frac{\Delta c_p}{T}\mathrm{d}T + \int_{T,p_\mathrm{e}}^{T,\sigma_{ij}}v\varepsilon_{ij}^\circ\mathrm{d}\sigma_{ij} \tag{8.245}$$

式中，v 是母相的摩尔体积；ε_{ij}° 是无应力相变应变[①]，表示新相与母相之间无应力晶格参数的变化；σ_{ij} 为外加应力。类似于压强对相变温度的影响，我们可以通过施加应力 σ_{ij} 来调节结构相变温度。

如果已知相变化学势与温度和压强的关系 $\Delta\mu(T,p)$，我们就可以得到相变熵 Δs

$$\Delta s\left(T,p\right) = -\left[\frac{\partial\Delta\mu\left(T,p\right)}{\partial T}\right]_p \tag{8.246}$$

同理，相变焓 (或相变热) $\Delta h(T,p)$ 也可以直接从相变化学势 $\Delta\mu(T,p)$ 得到

$$\Delta h\left(T,p\right) = -T^2\left[\frac{\partial\left(\Delta\mu\left(T,p\right)/T\right)}{\partial T}\right]_p = \Delta\mu\left(T,p\right) + T\Delta s\left(T,p\right) \tag{8.247}$$

---

① 例如，对于从立方相到四方相的转变，$\varepsilon_{11}^\circ = \dfrac{a_\mathrm{t} - a_\mathrm{c}}{a_\mathrm{c}}$，$\varepsilon_{22}^\circ = \dfrac{a_\mathrm{t} - a_\mathrm{c}}{a_\mathrm{c}}$，$\varepsilon_{33}^\circ = \dfrac{c_\mathrm{t} - a_\mathrm{c}}{a_\mathrm{c}}$，$\varepsilon_{12}^\circ = \varepsilon_{21}^\circ = \varepsilon_{13}^\circ = \varepsilon_{31}^\circ = \varepsilon_{23}^\circ = \varepsilon_{32}^\circ = 0$，其中，$a_\mathrm{t}$ 和 c_t 是在无应力条件下测量的四方相的晶格参数，a_c 是在无应力条件下测量的立方相的晶格参数。

我们还可以利用相变化学势 $\Delta\mu\left(T,p\right)$ 对压强求偏导数得到体积差

$$\Delta v\left(T,p\right)=\left[\frac{\partial\Delta\mu\left(T,p\right)}{\partial p}\right]_T \tag{8.248}$$

最后，相变熵 $\Delta s^{\mathrm{ir}}\left(T,p\right)$ 为

$$\Delta s^{\mathrm{ir}}\left(T,p\right)=-\frac{\Delta\mu\left(T,p\right)}{T} \tag{8.249}$$

式中，$\Delta\mu\left(T,p\right)$ 是相变化学势。如果在一定温度和压强下的相变过程中出现化学势降低，就会产生熵，该相变是不可逆的，耗散的化学能为 $-\Delta\mu\left(T,p\right)$，这也是相变驱动力 D。

8.8　化学反应中热力学性质的变化

对化学反应进行热力学计算与对相变进行热力学计算类似，在很多情况下不加以区分。尽管获取热力学性质与压强的关系并不困难，相变和化学反应的大多数计算还是在压强为 1bar 下进行的。

化学反应与相变之间的主要区别包括：①化学反应的反应物和生成物中都可能涉及一种以上物质，而相变通常只考虑单个组分，除非涉及二元和多组分体系中有成分变化的相变；②化学反应的热力学计算通常使用常温常压 (298K，1bar) 下反应物和产物的热力学性质，以及所有相关的热容数据作为 1bar 下温度的函数，而相变热力学计算通常采用在平衡相变温度和压强 1bar 下测量或计算的热力学性质数据，以及 1bar 下与温度有关的热容数据；③在平衡温度和压强下发生的相变是可逆过程，但在室温 298K 和环境压强 1bar 下发生的化学反应几乎总是不可逆过程。

我们考虑一个在温度 T、压强 p 下的化学反应

$$\nu_{\mathrm{A}}\mathrm{A}+\nu_{\mathrm{B}}\mathrm{B}\Longrightarrow\nu_{\mathrm{C}}\mathrm{C}+\nu_{\mathrm{D}}\mathrm{D} \tag{8.250}$$

式中，ν_{A}、ν_{B}、ν_{C} 和 ν_{D} 是反应的化学计量系数，用来保证反应物和生成物之间的质量守恒。我们关注的是化学反应中化学键变化引起的化学能变化，那么在一个或一组化学反应前后，物质的质量必须守恒。否则，与静止质量有关的能量比化学键能量变化引起的能量变化大多个数量级。每个反应物和产物都有各自的化学势、焓和熵，我们也可以定义以反应物或产物形式存在的固定质量的化学势及其相关的焓和熵。但是，这里我们仍将反应物和产物的总化学势称为反应物或产物的吉布斯自由能，以避免本章的讨论与现有文献混淆。

我们把某一反应中反应物的焓、熵和吉布斯自由能分别记作 H^R、S^R 和 G^R，产物的焓、熵和吉布斯自由能分别记作 H^P、S^P 和 G^P。在给定温度 T 和压强 p 下，该化学反应的焓、熵和吉布斯自由能的变化分别为

$$\Delta H(T,p) = H^P(T,p) - H^R(T,p) \tag{8.251}$$

$$\Delta S(T,p) = S^P(T,p) - S^R(T,p) \tag{8.252}$$

$$\Delta G(T,p) = G^P(T,p) - G^R(T,p) \tag{8.253}$$

式中，$\Delta H(T,p)$ 也被称为反应热，这是由于恒压下化学反应热与反应焓相等。根据热力学第一定律，封闭系统恒压过程的焓变 ΔH 等于系统吸收或释放的热量 (或热能)Q，即

$$\Delta H(T,p) = Q$$

如果 $Q > 0$，系统吸收热量，为吸热反应；如果 $Q < 0$，系统放出热量，为放热反应。吸热反应使系统的焓增加，放热反应使系统的焓降低。

应该指出的是，尽管恒压过程中系统的焓等于恒压热，但焓和热的概念完全不同。焓是一个系统性质，是状态函数，与过程无关；而热是过程函数，与路径有关。如果该过程在恒压下进行，那么该恒压热与系统的焓变相等。

我们可以用参与反应的每种物质的化学势、摩尔焓和摩尔熵来表示反应物和生成物的吉布斯自由能、焓和熵，即

$$G^R(T,p) = \nu_A \mu_A(T,p) + \nu_B \mu_B(T,p) \tag{8.254}$$

$$H^R(T,p) = \nu_A h_A(T,p) + \nu_B h_B(T,p) \tag{8.255}$$

$$S^R(T,p) = \nu_A s_A(T,p) + \nu_B s_B(T,p) \tag{8.256}$$

$$G^P(T,p) = \nu_C \mu_C(T,p) + \nu_D \mu_D(T,p) \tag{8.257}$$

$$H^P(T,p) = \nu_C h_C(T,p) + \nu_D h_D(T,p) \tag{8.258}$$

$$S^P(T,p) = \nu_C s_C(T,p) + \nu_D s_D(T,p) \tag{8.259}$$

其中，参与反应的每种物质 i $(i = A、B、C 和 D)$ 的化学势为

$$\mu_i(T,p) = h_i(T,p) - T s_i(T,p) \tag{8.260}$$

化学反应的吉布斯自由能变化 $\Delta G(T,p)$ 决定着反应的自发方向，因为当温度和压强保持不变时，系统总是倾向于降低其吉布斯自由能。

在相同的温度和压强下，反应的吉布斯自由能变化 $\Delta G(T,p)$ 与反应的焓变 $\Delta H(T,p)$ 和熵变 $\Delta S(T,p)$ 的关系为

$$\Delta G(T,p) = \Delta H(T,p) - T\Delta S(T,p) \tag{8.261}$$

在化学反应计算中，通常使用每种化学物质在常温常压 (298K 和 1bar) 下的热力学性质数据，以及 1bar 下作为温度函数的热容数据。因此，在室温 298K 和压强 1bar 下，化学反应的吉布斯自由能、焓和熵的变化可分别用每种物质的化学势、摩尔焓和摩尔熵来计算

$$\Delta G^{\circ}_{298K,1bar} = (\nu_C \mu^{\circ}_C + \nu_D \mu^{\circ}_D) - (\nu_A \mu^{\circ}_A + \nu_B \mu^{\circ}_B) \tag{8.262}$$

$$\Delta H^{\circ}_{298K,1bar} = (\nu_C h^{\circ}_C + \nu_D h^{\circ}_D) - (\nu_A h^{\circ}_A + \nu_B h^{\circ}_B) \tag{8.263}$$

$$\Delta S^{\circ}_{298K,1bar} = (\nu_C s^{\circ}_C + \nu_D s^{\circ}_D) - (\nu_A s^{\circ}_A + \nu_B s^{\circ}_B) \tag{8.264}$$

$$\Delta G^{\circ}_{298K,1bar} = \Delta H^{\circ}_{298K,1bar} - 298\Delta S^{\circ}_{298K,1bar} \tag{8.265}$$

应该注意的是，在 298K、1bar 下的化学反应，或者在 1bar 和任何不是平衡温度下的化学反应，都是不可逆的，因为

$$\Delta G^{\circ}_{298K,1bar} \neq 0 \tag{8.266}$$

当存在不可逆过程时，系统的熵变除了与环境之间的熵交换外，还必须包括不可逆反应产生的熵。此时不能用反应热和反应温度来计算室温下反应的熵变，即

$$\Delta S^{\circ}_{298K,1bar} \neq \frac{\Delta H^{\circ}_{298K,1bar}}{298K}$$

与相变类似，已知在 298K、1bar 下反应的吉布斯自由能变化、焓 (热) 变化、熵变化，以及参与化学反应的每种物质的热容，就可以计算任何其他温度下反应的吉布斯自由能变化、焓 (热) 变化和熵变化。

对于在室温之外的不同温度下发生的化学反应，有两种方法可以计算其反应焓或反应热。一种方法是计算所有反应物和生成物在反应温度下的摩尔焓、摩尔熵和化学势，然后取反应物和产物的总焓、总熵和总吉布斯自由能之差。另一种方法是将反应过程分解成三个假想步骤 (图 8.3)。第一步是将反应物的温度从反应温度 T 变化到 298K，第二步是假想在 298K 下发生的化学反应，第三步是生成物的温度从 298K 转变到真实反应温度 T。焓、熵和吉布斯自由能都是状态函数，它们的变化与反应路径无关。例如，在温度 T 和 1bar 下的反应焓为

$$\Delta H(T, 1bar) = \int_T^{298K} c_p^R dT + \Delta H^{\circ}_{298K,1bar} + \int_{298K}^T c_p^P dT \tag{8.267}$$

上式中 c_p^{R} 和 c_p^{P} 分别为

$$c_p^{\mathrm{R}} = \nu_{\mathrm{A}} c_{p,\mathrm{A}} + \nu_{\mathrm{B}} c_{p,\mathrm{B}} \tag{8.268}$$

$$c_p^{\mathrm{P}} = \nu_{\mathrm{C}} c_{p,\mathrm{C}} + \nu_{\mathrm{D}} c_{p,\mathrm{D}} \tag{8.269}$$

式中，$c_{p,\mathrm{A}}$、$c_{p,\mathrm{B}}$、$c_{p,\mathrm{C}}$ 和 $c_{p,\mathrm{D}}$ 分别为 A、B、C 和 D 的摩尔热容。式 (8.267) 可改写为

$$\Delta H\left(T, 1\mathrm{bar}\right) = \Delta H^{\circ}_{298\mathrm{K}, 1\mathrm{bar}} + \int_{298\mathrm{K}}^{T} \Delta C_p \mathrm{d}T \tag{8.270}$$

式中，ΔC_p 是产物的总热容和反应物的总热容之差，即

$$\Delta C_p = C_p^{\mathrm{P}} - C_p^{\mathrm{R}}$$

只要知道化学反应焓与温度的关系 $\Delta H\left(T, 1\mathrm{bar}\right)$，就可以得到反应的吉布斯自由能变化与温度的关系

$$\left[\frac{\partial\left(\Delta G\left(T, p\right)/T\right)}{\partial T}\right]_p = -\frac{\Delta H\left(T, p\right)}{T^2} \tag{8.271}$$

对上式进行积分

$$\frac{\Delta G\left(T, 1\mathrm{bar}\right)}{T} = \frac{\Delta G^{\circ}_{298\mathrm{K}, 1\mathrm{bar}}}{298\mathrm{K}} - \int_{298\mathrm{K}}^{T}\left[\frac{\Delta H\left(T, 1\mathrm{bar}\right)}{T^2}\right]\mathrm{d}T \tag{8.272}$$

根据式 (8.270)，假设反应物和生成物的总热容相等，此时 $\Delta H\left(T, p\right)$ 才与温度无关，则上式可写为

$$\frac{\Delta G\left(T, 1\mathrm{bar}\right)}{T} - \frac{\Delta G^{\circ}_{298\mathrm{K}, 1\mathrm{bar}}}{298\mathrm{K}} = \Delta H^{\circ}_{298\mathrm{K}, 1\mathrm{bar}}\left(\frac{1}{T} - \frac{1}{298\mathrm{K}}\right) \tag{8.273}$$

根据上式，如果已知常温常压下反应的吉布斯自由能变化 $\Delta G^{\circ}_{298\mathrm{K}, 1\mathrm{bar}}$ 和反应焓变 $\Delta H^{\circ}_{298\mathrm{K}, 1\mathrm{bar}}$，我们就可以计算任意其他温度 T 下化学反应的吉布斯自由能变化 $\Delta G\left(T, 1\mathrm{bar}\right)$。

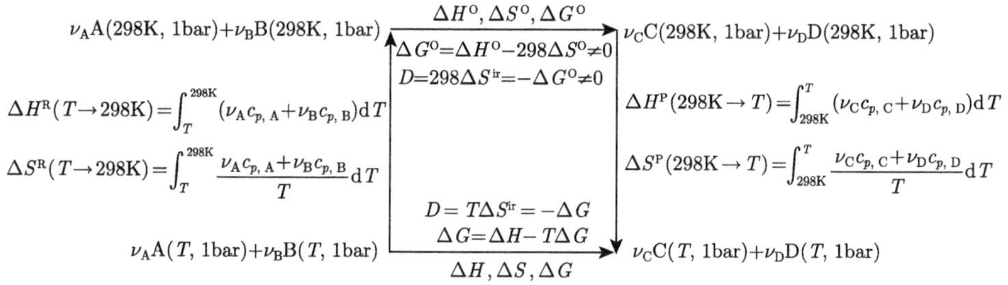

图 8.3 假想的三步可逆过程示意图，用于计算不同于室温的化学反应的吉布斯自由能变化、焓变和熵变

　　计算在不同于室温的其他温度 T 下反应的熵变，可以通过计算温度 T 下化学反应的生成物和反应物的熵得到，也可以与计算化学反应焓一样，将其分解为三个假想可逆过程来计算。两者的计算结果相同，都是

$$\Delta S\left(T,1\text{bar}\right) = \Delta S^{\circ}_{298\text{K},1\text{bar}} + \int_{298\text{K}}^{T} \frac{\Delta C_p}{T}\mathrm{d}T \tag{8.274}$$

式中，$\Delta S\left(T,1\text{bar}\right)$ 为温度 T 和 1bar 下反应的熵变，$\Delta S^{\circ}_{298\text{K},1\text{bar}}$ 为温度 298K 和 1bar 下反应的熵变。

　　只要已知 $\Delta S\left(T,1\text{bar}\right)$，我们就可以得到反应中吉布斯自由能的变化 $\Delta G(T,1\text{bar})$ 为

$$\Delta G\left(T,1\text{bar}\right) = \Delta G^{\circ}_{298\text{K},1\text{bar}} - \int_{298\text{K}}^{T} \Delta S\left(T,1\text{bar}\right)\mathrm{d}T \tag{8.275}$$

　　最后，如果同时已知在 1bar 下反应的 $\Delta H\left(T,1\text{bar}\right)$ 和 $\Delta S\left(T,1\text{bar}\right)$，二者都与温度有关，那么我们很容易得到 1bar 下吉布斯自由能的变化 $\Delta G\left(T,1\text{bar}\right)$ 为

$$\Delta G\left(T,1\text{bar}\right) = \Delta H\left(T,1\text{bar}\right) - T\Delta S\left(T,1\text{bar}\right) \tag{8.276}$$

　　另外，如果已知某个反应的吉布斯自由能的变化 $\Delta G\left(T,p\right)$，就可以得到该反应的熵变 $\Delta S\left(T,p\right)$ 为

$$\Delta S\left(T,p\right) = -\left[\frac{\partial \Delta G\left(T,p\right)}{\partial T}\right]_p \tag{8.277}$$

类似地，我们也可以直接由吉布斯自由能变化 (作为温度和压强的函数)，计算反应焓或反应热

$$\Delta H\left(T,p\right) = -T^2\left[\frac{\partial\left(\Delta G\left(T,p\right)/T\right)}{\partial T}\right]_p = \Delta G\left(T,p\right) + T\Delta S\left(T,p\right) \tag{8.278}$$

如果忽略反应物和生成物的可压缩性的差异，即假设 ΔV 恒定，类似于式 (8.239) 所示的相变中与压强有关的化学势变化，我们也可得到在某个温度 T 下化学反应中吉布斯自由能变化与压强的关系 $\Delta G\left(T,p\right)$ 为

$$\Delta G\left(T,p\right) = \Delta G\left(T,p_{\circ}\right) + \int_{1\text{bar}}^{p} \Delta V\mathrm{d}p \tag{8.279}$$

有

$$\Delta G\left(T,p\right) \approx \Delta G\left(T,1\text{bar}\right) + \Delta V\left(p - 1\text{bar}\right) = \Delta G\left(T,1\text{bar}\right) + \Delta V\Delta p \tag{8.280}$$

式中，ΔV 是反应的体积变化量，$\Delta p = p - 1\text{bar}$。

如果 $\Delta G(T,p) = 0$，即吉布斯自由能没有发生变化，表明反应的驱动力为零，反应物和生成物处于平衡状态，相应的温度和压强也处于平衡的 T_{e} 和 p_{e}。由

$$\Delta H(T_{\mathrm{e}},p_{\mathrm{e}}) - T_{\mathrm{e}}\Delta S(T_{\mathrm{e}},p_{\mathrm{e}}) = 0 \tag{8.281}$$

可得

$$T_{\mathrm{e}} = \frac{\Delta H(T_{\mathrm{e}},p_{\mathrm{e}})}{\Delta S(T_{\mathrm{e}},p_{\mathrm{e}})} \tag{8.282}$$

恒温恒压反应中产生的熵 ΔS^{ir}，或消耗的驱动力 D，与吉布斯自由能的变化 (或耗散) 直接联系如下

$$D = -\Delta G = T\Delta S^{\mathrm{ir}} \tag{8.283}$$

若 ΔG 为负，为自发反应。在该自发反应中有数量为 $-\Delta G$ 或 D 的化学能转化成热能 $T\Delta S^{\mathrm{ir}}$，导致熵增加 ΔS^{ir}。

需要指出的是，如果化学反应在恒温恒容条件下发生，那么反应中产生的熵 ΔS^{ir} 为

$$\Delta S^{\mathrm{ir}} = \Delta S(T,V) - \frac{\Delta U(T,V)}{T} = -\frac{\Delta F(T,V)}{T} \tag{8.284}$$

式中，$\Delta F(T,V)$ 是在温度 T、体积 V 下发生的反应中亥姆霍兹自由能的变化。如果恒温恒容下反应亥姆霍兹自由能减少，即 $\Delta F(T,V)$ 为负，就会产生熵，因此反应是不可逆的。

如果化学反应在恒压 (例如，1bar)、绝热条件下发生，产生的熵 ΔS^{ir} 为

$$\Delta S^{\mathrm{ir}} = \Delta S = S(T,1\text{bar}) - S(T_{\mathrm{o}},1\text{bar}) \tag{8.285}$$

式中，$S(T,1\text{bar})$ 是温度为 T、压强为 1bar 时的终态熵，$S(T_{\mathrm{o}},1\text{bar})$ 是温度为 T_{o}、压强为 1bar 时的初态熵。

如果化学反应在恒容、绝热条件下发生，产生的熵 ΔS^{ir} 为

$$\Delta S^{\mathrm{ir}} = \Delta S = S(T,V) - S(T_{\mathrm{o}},V) \tag{8.286}$$

式中，$S(T,V)$ 是在温度 T、体积 V 时的终态熵，$S(T_{\mathrm{o}},V)$ 是在温度 T_{o}、体积 V 时的初态熵。最终温度 T 也被称为反应的理论火焰温度，或者反应中可以达到的最高温度，反应产生的所有热量或热能都用来提高反应产物或所有剩余物质的温度。

8.9　示　　例

例 1　当 1mol 材料的摩尔体积 v 保持不变，温度从 T_0 升温到 T 时，压强增量 Δp 是多少？对于理想气体是多少？

解　体积保持不变时，材料的压强随着温度变化的关系式为

$$\left(\frac{\partial p}{\partial T}\right)_v = -\frac{\left(\frac{\partial v}{\partial T}\right)_p}{\left(\frac{\partial v}{\partial p}\right)_T} = \frac{\frac{1}{v}\left(\frac{\partial v}{\partial T}\right)_p}{-\frac{1}{v}\left(\frac{\partial v}{\partial p}\right)_T} = \frac{\alpha}{\beta_T}$$

式中，α 为体积热膨胀系数，β_T 为等温压缩系数。因此，恒容时温度变化引起的压强变化为

$$\Delta p = \int_{T_0}^T \mathrm{d}p = \int_{T_0}^T \left(\frac{\partial p}{\partial T}\right)_v \mathrm{d}T = \int_{T_0}^T \frac{\alpha}{\beta_T}\mathrm{d}T$$

假设热膨胀系数 α 和等温压缩系数 β_T 都与温度无关，则

$$\Delta p = \frac{\alpha}{\beta_T}(T - T_0)$$

对于理想气体，

$$\Delta p = \int_{T_0}^T \frac{\alpha}{\beta_T}\mathrm{d}T = \int_{T_0}^T \frac{p}{T}\mathrm{d}T = \int_{T_0}^T \frac{R}{v}\mathrm{d}T = \frac{R}{v}(T - T_0)$$

式中，R 是气体常数。

例 2　某双原子理想气体经历了等熵（绝热可逆）过程，体积从 v_0 变化到 v，试：

(a) 根据初始状态下的热容、压缩系数、热膨胀系数，以及温度、压强、体积或摩尔熵，推导这个过程中的温度变化 ΔT、摩尔内能变化 Δu、摩尔焓变化 Δh、摩尔熵变化 Δs、摩尔亥姆霍兹自由能变化 Δf 和化学势 $\Delta \mu$ 的表达式。

(b) 假设氧气 (O_2) 是理想气体，其恒压热容为 $7R/2$（R 为气体常数），摩尔熵 $S^{\mathrm{o}}_{298\mathrm{K},1\mathrm{bar}}$ 为 205J/(mol·K)，计算初始温度为 298K、压强为 1bar 的氧气 (O_2) 经历了可逆绝热过程、体积膨胀 10 倍后的 ΔT、Δu、Δh、Δs、Δf 和 $\Delta \mu$。

解　(a) 计算如下。

(1) 对于可逆绝热过程，系统的熵保持不变，在此熵恒定条件下，温度随着体积的变化为

$$\left(\frac{\partial T}{\partial v}\right)_s = -\frac{(\partial s/\partial v)_T}{(\partial s/\partial T)_v} = -\frac{(\partial s/\partial p)_T}{(\partial v/\partial p)_T(c_v/T)} = \frac{(\partial v/\partial T)_p}{(\partial v/\partial p)_T(c_v/T)} = -\frac{T\alpha}{\beta_T c_v}$$

对于理想气体，有 $T\alpha = 1$ 且 $\beta_T = 1/p$，因此

$$\left(\frac{\partial T}{\partial v}\right)_s = -\frac{T\alpha}{\beta_T c_v} = -\frac{p}{c_v} = -\frac{RT}{vc_v}$$

为了求解上式的一阶常微分方程，可将其改写为

$$\frac{c_v}{T}\mathrm{d}T = -\frac{R}{v}\mathrm{d}v$$

或

$$\mathrm{d}\ln T^{c_v} + \mathrm{d}\ln v^R = 0$$

对上式两边积分可得

$$T^{c_v}v^R = C$$

式中，C 为积分常数。假设初始温度为 T_o，初始摩尔体积为 v_o，我们就可以确定常数 C 的值为

$$T^{c_v}v^R = C = T_\mathrm{o}^{c_v}v_\mathrm{o}^R$$

求解上式，得到温度 T 与体积 v 的关系

$$T = T_\mathrm{o}\left(\frac{v_\mathrm{o}}{v}\right)^{\frac{R}{c_v}} = T_\mathrm{o}\left(\frac{v}{v_\mathrm{o}}\right)^{-\frac{R}{c_v}}$$

由此，可得温度变化 ΔT 与体积的关系

$$\Delta T = T - T_\mathrm{o} = T_\mathrm{o}\left[\left(\frac{v}{v_\mathrm{o}}\right)^{-\frac{R}{c_v}} - 1\right]$$

(2) 为了得到恒熵条件下内能随体积的变化，我们首先写出恒熵时摩尔内能随体积的变化率为

$$\left(\frac{\partial u}{\partial v}\right)_s = -p$$

熵不变，摩尔内能随体积的变化为

$$\Delta u = -\int_{s_\mathrm{o},v_\mathrm{o}}^{s_\mathrm{o},v} p\mathrm{d}v$$

因此，恒熵下 1mol 理想气体的摩尔内能随体积的变化为

$$\Delta u = -\int_{s_\mathrm{o},v_\mathrm{o}}^{s_\mathrm{o},v} p\mathrm{d}v = -\int_{s_\mathrm{o},v_\mathrm{o}}^{s_\mathrm{o},v} \frac{RT}{v}\mathrm{d}v$$

把 (1) 中 T 与 v 的关系式代入上式中，得到

$$\Delta u = -\int_{s_o,v_o}^{s_o,v} \frac{RT}{v}\mathrm{d}v = -RT_o v_o^{\frac{R}{c_v}} \int_{s_o,v_o}^{s_o,v} \frac{v^{-\frac{R}{c_v}}}{v}\mathrm{d}v = -RT_o v_o^{\frac{R}{c_v}} \int_{s_o,v_o}^{s_o,v} v^{-\frac{c_p}{c_v}}\mathrm{d}v$$

对上式进行积分

$$\Delta u = -RT_o v_o^{\frac{c_p-c_v}{c_v}} \int_{s_o,v_o}^{s_o,v} v^{-\frac{c_p}{c_v}}\mathrm{d}v = -RT_o v_o^{\frac{c_p}{c_v}-1}\left(\frac{v^{1-\frac{c_p}{c_v}}}{1-\frac{c_p}{c_v}} - \frac{v_o^{1-\frac{c_p}{c_v}}}{1-\frac{c_p}{c_v}}\right)$$

化简上式

$$\Delta u = c_v T_o\left[\left(\frac{v}{v_o}\right)^{-\frac{R}{c_v}}-1\right] = c_v\left(T - T_o\right)$$

(3) 恒熵可逆绝热过程中，摩尔焓随体积的变化率为

$$\left(\frac{\partial h}{\partial v}\right)_s = v\left(\frac{\partial p}{\partial v}\right)_s = -B_s = -\frac{1}{\beta_s}$$

或

$$\left(\frac{\partial h}{\partial v}\right)_s = v\left(\frac{\partial p}{\partial v}\right)_s = v\left(\frac{\frac{\partial p}{\partial T}}{\frac{\partial v}{\partial T}}\right)_s = v\frac{\left(\frac{\partial p}{\partial T}\right)_s}{\left(\frac{\partial v}{\partial T}\right)_s} = v\frac{\left(\frac{\partial s}{\partial T}\right)_p\left(\frac{\partial s}{\partial v}\right)_T}{\left(\frac{\partial s}{\partial p}\right)_T\left(\frac{\partial s}{\partial T}\right)_v} = -\frac{c_p}{c_v\beta_T}$$

对于理想气体，有

$$\left(\frac{\partial h}{\partial v}\right)_s = -\frac{c_p}{c_v\beta_T} = -\frac{c_p}{c_v}p = -\frac{c_p}{c_v}\frac{RT}{v}$$

此处把 (1) 中得到的绝热可逆过程温度与体积的关系 $T = T_o\left(\frac{v_o}{v}\right)^{\frac{R}{c_v}} = T_o\left(\frac{v}{v_o}\right)^{-\frac{R}{c_v}}$ 代入上式，就可以得到恒熵条件下理想气体由体积变化引起的摩尔焓变化为

$$\Delta h = \int_{s_o,v_o}^{s_o,v}\left(\frac{\partial h}{\partial v}\right)_s \mathrm{d}v = -\frac{c_p}{c_v}RT_o v_o^{\frac{R}{c_v}}\int_{s_o,v_o}^{s_o,v} v^{-\frac{c_p}{c_v}}\mathrm{d}v$$

对上式进行积分，可得

$$\Delta h = c_p T_{\mathrm{o}} \left[\left(\frac{v}{v_{\mathrm{o}}} \right)^{-\frac{R}{c_v}} - 1 \right] = c_p \left(T - T_{\mathrm{o}} \right)$$

(4) 根据定义，绝热可逆过程的熵变化 Δs 为零。

(5) 熵恒定时，由体积变化引起的摩尔亥姆霍兹自由能变化 Δf 为

$$\Delta f = \int_{s_{\mathrm{o}}, v_{\mathrm{o}}}^{s_{\mathrm{o}}, v} \left(\frac{\partial f}{\partial v} \right)_s \mathrm{d}v$$

为了得到恒熵下摩尔亥姆霍兹自由能对体积的变化率，我们先写出其微分形式

$$\mathrm{d}f = -s\mathrm{d}T - p\mathrm{d}v$$

保持恒熵条件求导数，等式两边同时除以 $\mathrm{d}v$，有

$$\left(\frac{\partial f}{\partial v} \right)_s = -s \left(\frac{\partial T}{\partial v} \right)_s - p = s \frac{\left(\dfrac{\partial s}{\partial v} \right)_T}{\left(\dfrac{\partial s}{\partial T} \right)_v} - p = \frac{sT\alpha}{\beta_T c_v} - p$$

对于理想气体，$T\alpha = 1$，$\beta_T = 1/p$，有

$$\left(\frac{\partial f}{\partial v} \right)_s = \left(\frac{s}{c_v} - 1 \right) p = \left(\frac{s}{c_v} - 1 \right) \frac{RT}{v}$$

因此

$$\Delta f = \int_{s_{\mathrm{o}}, v_{\mathrm{o}}}^{s_{\mathrm{o}}, v} \left(\frac{\partial f}{\partial v} \right)_s \mathrm{d}v = \int_{s_{\mathrm{o}}, v_{\mathrm{o}}}^{s_{\mathrm{o}}, v} \left(\frac{s}{c_v} - 1 \right) \frac{RT}{v} \mathrm{d}v = \left(\frac{s_{\mathrm{o}}}{c_v} - 1 \right) RT_{\mathrm{o}} v_{\mathrm{o}}^{\frac{R}{c_v}} \int_{s_{\mathrm{o}}, v_{\mathrm{o}}}^{s_{\mathrm{o}}, v} v^{-\frac{c_p}{c_v}} \mathrm{d}v$$

对上式进行积分，可得摩尔亥姆霍兹自由能的变化为

$$\Delta f = \left(c_v - s_{\mathrm{o}} \right) T_{\mathrm{o}} \left[\left(\frac{v}{v_{\mathrm{o}}} \right)^{-\frac{R}{c_v}} - 1 \right] = \left(c_v - s_{\mathrm{o}} \right) \left(T - T_{\mathrm{o}} \right)$$

对于理想气体，也可以直接从摩尔内能变化得到该等熵过程中摩尔亥姆霍兹自由能的变化

$$\Delta f = \Delta u - s_{\mathrm{o}} \left(T - T_{\mathrm{o}} \right) = c_v \left(T - T_{\mathrm{o}} \right) - s_{\mathrm{o}} \left(T - T_{\mathrm{o}} \right) = \left(c_v - s_{\mathrm{o}} \right) \left(T - T_{\mathrm{o}} \right)$$

(6) 等熵可逆绝热过程中由体积变化引起的化学势的变化为

$$\Delta\mu = \int_{s_o,v_o}^{s_o,v} \left(\frac{\partial\mu}{\partial v}\right)_s \mathrm{d}v$$

为了得到恒熵下化学势关于体积的变化率，我们可以使用微分形式的吉布斯–杜亥姆公式

$$\mathrm{d}\mu = -s\mathrm{d}T + v\mathrm{d}p$$

上式两边同时除以 $\mathrm{d}v$，并保持在熵不变条件下求导数，有

$$\left(\frac{\partial\mu}{\partial v}\right)_s = -s\left(\frac{\partial T}{\partial v}\right)_s + v\left(\frac{\partial p}{\partial v}\right)_s = s\frac{\left(\frac{\partial s}{\partial v}\right)_T}{\left(\frac{\partial s}{\partial T}\right)_v} - \frac{1}{\beta_s} = \frac{sT\alpha}{\beta_T c_v} - \frac{c_p}{c_v\beta_T}$$

对于理想气体，$T\alpha = 1$，$\beta_T = 1/p$，上式可写为

$$\left(\frac{\partial\mu}{\partial v}\right)_s = \frac{1}{c_v}\left(s - c_p\right)p = \frac{R}{c_v}\left(s - c_p\right)\frac{T}{v}$$

因此，

$$\Delta\mu = \frac{R}{c_v}\left(s_o - c_p\right)\int_{s_o,v_o}^{s_o,v}\frac{T}{v}\mathrm{d}v = \left(c_p - s_o\right)T_o\left[\left(\frac{v}{v_o}\right)^{-\frac{R}{c_v}} - 1\right] = \left(c_p - s_o\right)\left(T - T_o\right)$$

对于理想气体，我们也可以直接从摩尔焓变化得到等熵过程化学势变化

$$\Delta\mu = \Delta h - s_o\left(T - T_o\right) = c_p\left(T - T_o\right) - s_o\left(T - T_o\right) = \left(c_p - s_o\right)\left(T - T_o\right)$$

(b) 氧气 (O_2) 在等熵膨胀过程中体积增加到 10 倍的温度变化为

$$\Delta T = T - T_o = T_o\left[\left(\frac{v}{v_o}\right)^{-\frac{R}{c_v}} - 1\right] = 298\times\left(10^{-\frac{2}{5}} - 1\right) = -179.4\mathrm{K}$$

因此，摩尔内能、摩尔焓、亥姆霍兹自由能和化学势的变化分别为

$$\Delta u = c_v\left(T - T_o\right) = \frac{5}{2}R\left(T - T_o\right) = \frac{5}{2}\times 8.314\times\left(-179.4\right) = -3729\mathrm{J/mol}$$

$$\Delta h = c_p\left(T - T_o\right) = \frac{7}{2}R\left(T - T_o\right) = \frac{7}{2}\times 8.314\times\left(-179.4\right) = -5220\mathrm{J/mol}$$

$$\Delta f = (c_v - s_\text{o})(T - T_\text{o}) = \left(\frac{5}{2} \times 8.314 - 205\right) \times (-179.4) = 33048 \text{J/mol}$$

$$\Delta \mu = (c_p - s_\text{o})(T - T_\text{o}) = \left(\frac{7}{2} \times 8.314 - 205\right) \times (-179.4) = 31557 \text{G}$$

例 3　请用初始状态下的热容、压缩系数、热膨胀系数，以及温度、压强、体积或摩尔熵，写出下列过程中的摩尔内能变化 Δu、摩尔焓变化 Δh、摩尔熵变化 Δs、摩尔亥姆霍兹自由能变化 Δf 和化学势变化 $\Delta \mu$ 的一般表达式：

(a) 恒容条件下温度由 T_o 变化至 T；

(b) 恒压条件下温度由 T_o 变化至 T；

(c) 等温条件下体积由 v_o 变化至 v；

(d) 等温条件下压强由 p_o 变化至 p。

假设氧气 (O_2) 为理想气体，恒压热容为 $7R/2$ (R 是气体常数)，摩尔熵 $s_{O_2(298\text{K},1\text{bar})}^\circ$ 为 205 J/(mol·K)，请计算：

(e) 温度从 298K 变化至 600K，同时体积增加到 10 倍，氧气 (O_2) 的 Δu、Δh、Δs、Δf 和 $\Delta \mu$；

(f) 温度从 298K 变化至 600K，同时压强从 1bar 增加到 10bar，氧气 (O_2) 的 Δu、Δh、Δs、Δf 和 $\Delta \mu$。

解　(a) 本章式 (8.26) ~ 式 (8.30) 给出了在恒容条件下温度从 T_o 变化至 T 时，体系的摩尔内能变化 Δu、摩尔焓变化 Δh、摩尔熵变化 Δs、摩尔亥姆霍兹自由能变化 Δf 和化学势变化 $\Delta \mu$ 的表达式如下

$$\Delta u = \int_{T_\text{o}}^{T} c_v \mathrm{d}T$$

$$\Delta h = \int_{T_\text{o}}^{T} \left(c_v + v\frac{\alpha}{\beta_T}\right) \mathrm{d}T$$

$$\Delta s = \int_{T_\text{o}}^{T} \frac{c_v}{T} \mathrm{d}T$$

$$\Delta f = \int_{T_\text{o}}^{T} [c_v - s(T_\text{o},v)] \mathrm{d}T - T\int_{T_\text{o}}^{T} \frac{c_v}{T} \mathrm{d}T$$

$$\Delta \mu = \int_{T_\text{o}}^{T} \left[c_v + v\frac{\alpha}{\beta_T} - s(T_\text{o},v)\right] \mathrm{d}T - T\int_{T_\text{o}}^{T} \frac{c_v}{T} \mathrm{d}T$$

(b) 本章式 (8.62) ~ 式 (8.66) 给出了在恒压条件下温度从 T_o 变化至 T 时，体系的摩尔内能变化 Δu、摩尔焓变化 Δh、摩尔熵变化 Δs、摩尔亥姆霍兹自由

能变化 Δf 和化学势变化 $\Delta \mu$ 的表达式如下

$$\Delta u = \int_{T_o}^{T} (c_p - pv\alpha)\, \mathrm{d}T$$

$$\Delta h = \int_{T_o}^{T} c_p \mathrm{d}T$$

$$\Delta s = \int_{T_o}^{T} \frac{c_p}{T} \mathrm{d}T$$

$$\Delta f = \int_{T_o}^{T} [c_p - s(T_o, p) - pv\alpha]\, \mathrm{d}T - T \int_{T_o}^{T} \frac{c_p}{T} \mathrm{d}T$$

$$\Delta \mu = \int_{T_o}^{T} [c_p - s(T_o, p)]\, \mathrm{d}T - T \int_{T_o}^{T} \frac{c_p}{T} \mathrm{d}T$$

(c) 根据本章式 (8.99) ~ 式 (8.104)，等温条件下体积从 v_o 变化至 v，体系的摩尔内能变化 Δu、摩尔焓变化 Δh、摩尔熵变化 Δs、摩尔亥姆霍兹自由能变化 Δf 和化学势变化 $\Delta \mu$，可重新写为

$$\Delta u = \int_{v_o}^{v} \left(T \frac{\alpha}{\beta_T} - p \right) \mathrm{d}v$$

$$\Delta h = \int_{v_o}^{v} \frac{1}{\beta_T} (T\alpha - 1)\, \mathrm{d}v$$

$$\Delta s = \int_{v_o}^{v} \frac{\alpha}{\beta_T} \mathrm{d}v$$

$$\Delta f = - \int_{v_o}^{v} p \mathrm{d}v$$

$$\Delta \mu = - \int_{v_o}^{v} B_T \mathrm{d}v = - \int_{v_o}^{v} \frac{1}{\beta_T} \mathrm{d}v$$

(d) 根据本章式 (8.130) ~ 式 (8.134)，可以得到等温条件下压强从 p_o 变化至 p，体系的摩尔内能变化 Δu、摩尔焓变化 Δh、摩尔熵变化 Δs、摩尔亥姆霍兹自由能变化 Δf 和化学势变化 $\Delta \mu$ 分别为

$$\Delta u = \int_{p_o}^{p} v (p\beta_T - T\alpha)\, \mathrm{d}p$$

$$\Delta h = \int_{p_o}^{p} v \left(1 - T\alpha\right) \mathrm{d}p$$

$$\Delta s = -\int_{p_o}^{p} v\alpha \mathrm{d}p$$

$$\Delta f = \int_{p_o}^{p} pv\beta_T \mathrm{d}p$$

$$\Delta \mu = \int_{p_o}^{p} v \mathrm{d}p$$

(e) 根据式 (8.165) $\sim$ 式 (8.169)，可以得到当温度和体积同时变化时，氧气 (O_2) 的摩尔内能变化 Δu、摩尔焓变化 Δh、摩尔熵变化 Δs、摩尔亥姆霍兹自由能变化 Δf 和化学势变化 $\Delta \mu$ 分别为

$$\Delta u = \int_{T_o,v_o}^{T,v_o} c_v \mathrm{d}T + \int_{T,v_o}^{T,v} \left(\frac{T\alpha}{\beta_T} - p\right) \mathrm{d}v$$

$$\Delta h = \int_{T_o,v_o}^{T,v_o} \left(c_v + v_o \frac{\alpha}{\beta_T}\right) \mathrm{d}T + \int_{T,v_o}^{T,v} \frac{1}{\beta_T} \left(T\alpha - 1\right) \mathrm{d}v$$

$$\Delta s = \int_{T_o,v_o}^{T,v_o} \frac{c_v}{T} \mathrm{d}T + \int_{T,v_o}^{T,v} \frac{\alpha}{\beta_T} \mathrm{d}v$$

$$\Delta f = \int_{T_o,v_o}^{T,v_o} \left[c_v - s\left(T_o, v_o\right)\right] \mathrm{d}T - T \int_{T_o,v_o}^{T,v_o} \frac{c_v}{T} \mathrm{d}T - \int_{T,v_o}^{T,v} p \mathrm{d}v$$

$$\Delta \mu = \int_{T_o,v_o}^{T,v_o} \left[c_v + \frac{v_o \alpha}{\beta_T} - s\left(T_o, v\right)\right] \mathrm{d}T - T \int_{T_o,v_o}^{T,v_o} \frac{c_v}{T} \mathrm{d}T - \int_{T,v_o}^{T,v} \frac{1}{\beta_T} \mathrm{d}v$$

对于理想气体，上述公式简化为

$$\Delta u = c_v \left(T - T_o\right)$$

$$\Delta h = c_p \left(T - T_o\right)$$

$$\Delta s = c_v \ln\frac{T}{T_o} + R\ln\frac{v}{v_o}$$

$$\Delta f = \left[c_v - s^o\left(T_o, v_o\right)\right] \left(T - T_o\right) - c_v T\ln\frac{T}{T_o} - RT\ln\frac{v}{v_o}$$

$$\Delta u = \left[c_p - s^o\left(T_o, v_o\right)\right] \left(T - T_o\right) - c_v T\ln\frac{T}{T_o} - RT\ln\frac{v}{v_o}$$

当氧气温度从 298K 变化至 600K，同时体积增加 10 倍，有

$$\Delta u = c_v\,(T - T_\mathrm{o}) = \frac{5}{2}R\,(600 - 298) = 6277\,\mathrm{J/mol}$$

$$\Delta h = c_p\,(T - T_\mathrm{o}) = \frac{7}{2}R\,(600 - 298) = 8788\,\mathrm{J/mol}$$

$$\Delta s = c_v\ln\frac{T}{T_\mathrm{o}} + R\ln\frac{v}{v_\mathrm{o}} = R\left(\frac{5}{2}\ln\frac{600}{298} + \ln 10\right) = R\,(1.750 + 2.303) = 33.70\,\mathrm{J/(mol\cdot K)}$$

$$\Delta f = \left(\frac{5}{2}R - 205\right)\times(600 - 298) - 600\times\left[R\left(\frac{5}{2}\ln\frac{600}{298} + \ln 10\right)\right] = -75847\,\mathrm{J/mol}$$

$$\Delta\mu = \left(\frac{7}{2}R - 205\right)\times(600 - 298) - 600\times\left[R\left(\frac{5}{2}\ln\frac{600}{298} + \ln 10\right)\right] = -73336\,\mathrm{G}$$

(f) 根据式 (8.185) ～ 式 (8.189)，当温度和压强同时变化时，氧气 (O_2) 的摩尔内能变化 Δu、摩尔焓变化 Δh、摩尔熵变化 Δs、摩尔亥姆霍兹自由能变化 Δf 和化学势变化 $\Delta\mu$ 分别为

$$\Delta u = \int_{T_\mathrm{o},p_\mathrm{o}}^{T,p_\mathrm{o}} (c_p - pv\alpha)\,\mathrm{d}T + \int_{T,p_\mathrm{o}}^{T,p} v\,(p\beta_T - T\alpha)\,\mathrm{d}p$$

$$\Delta h = \int_{T_\mathrm{o},p_\mathrm{o}}^{T,p_\mathrm{o}} c_p\mathrm{d}T + \int_{T,p_\mathrm{o}}^{T,p} v\,(1 - T\alpha)\,\mathrm{d}p$$

$$\Delta s = \int_{T_\mathrm{o},p_\mathrm{o}}^{T,p_\mathrm{o}} \frac{c_p}{T}\mathrm{d}T - \int_{T,p_\mathrm{o}}^{T,p} v\alpha\mathrm{d}p$$

$$\Delta f = \int_{T_\mathrm{o},p_\mathrm{o}}^{T,p_\mathrm{o}} [c_p - s\,(T_\mathrm{o},p_\mathrm{o}) - pv\alpha]\,\mathrm{d}T - T\int_{T_\mathrm{o},p_\mathrm{o}}^{T,p_\mathrm{o}} \frac{c_p}{T}\mathrm{d}T + \int_{T,p_\mathrm{o}}^{T,p} pv\beta_T\mathrm{d}p$$

$$\Delta\mu(T,p) = \int_{T_\mathrm{o},p_\mathrm{o}}^{T,p_\mathrm{o}} [c_p - s\,(T_\mathrm{o},p_\mathrm{o})]\,\mathrm{d}T - T\int_{T_\mathrm{o},p_\mathrm{o}}^{T,p_\mathrm{o}} \frac{c_p}{T}\mathrm{d}T + \int_{T,p_\mathrm{o}}^{T,p} v\mathrm{d}p$$

对于理想气体，上述公式简化为

$$\Delta u = c_v\,(T - T_\mathrm{o})$$

$$\Delta h = c_p\,(T - T_\mathrm{o})$$

$$\Delta s = c_p\ln\frac{T}{T_\mathrm{o}} - R\ln\frac{p}{p_\mathrm{o}}$$

$$\Delta f = [c_v - s(T_\mathrm{o}, p_\mathrm{o})](T - T_\mathrm{o}) - c_p T \ln\frac{T}{T_\mathrm{o}} + RT\ln\frac{p}{p_\mathrm{o}}$$

$$\Delta\mu = [c_p - s(T_\mathrm{o}, p_\mathrm{o})](T - T_\mathrm{o}) - c_p T \ln\frac{T}{T_\mathrm{o}} + RT\ln\frac{p}{p_\mathrm{o}}$$

当氧气的温度从 298K 变化至 600K，同时压强从 1bar 增加到 10bar，有

$$\Delta u = c_v(T - T_\mathrm{o}) = \frac{5}{2}R(600 - 298) = 6277\mathrm{J/mol}$$

$$\Delta h = c_p(T - T_\mathrm{o}) = \frac{7}{2}R(600 - 298) = 8788\mathrm{J/mol}$$

$$\Delta s = c_p\ln\frac{T}{T_\mathrm{o}} - R\ln\frac{p}{p_\mathrm{o}} = R\left(\frac{7}{2}\ln\frac{600}{298} - \ln 10\right) = R(2.449 - 2.303) = 1.21\mathrm{J/(mol\cdot K)}$$

$$\Delta f = \left(\frac{5}{2}R - 205\right)\times(600 - 298) - 600\times\left[R\left(\frac{7}{2}\ln\frac{600}{298} - \ln 10\right)\right] = -56365\mathrm{J/mol}$$

$$\Delta\mu = \left(\frac{7}{2}R - 205\right)\times(600 - 298) - 600\times\left[R\left(\frac{7}{2}\ln\frac{600}{298} - \ln 10\right)\right] = -53855\mathrm{G}$$

例 4 石墨的摩尔体积 $v_{298\mathrm{K},1\mathrm{bar}}^\mathrm{o}$ 为 $6.0\,\mathrm{cm^3/mol}$，摩尔恒压热容 c_p 为 $8.5\mathrm{J/(mol\cdot K)}$，热膨胀系数 α 为 $3\times10^{-5}\mathrm{K^{-1}}$，等温压缩系数 β_T 为 $3\times10^{-6}\mathrm{bar^{-1}}$。在室温和 1bar 压强下，石墨的摩尔熵为 $s_{298\mathrm{K},1\mathrm{bar}}^\mathrm{o} = 5.6\mathrm{J/(mol\cdot K)}$，设摩尔焓 $h_{298\mathrm{K},1\mathrm{bar}}^\mathrm{o} = 0$。

(a) 试计算在恒压 (1bar) 下从 298K 加热到 3000K 时，石墨的摩尔内能变化 Δu、摩尔焓变化 Δh、摩尔熵变化 Δs、摩尔亥姆霍兹自由能的变化 Δf 和化学势的变化 $\Delta\mu$。

(b) 试计算在 298K 室温下压强从 1bar 增加到 40GPa 时，石墨的摩尔内能变化 Δu、摩尔焓变化 Δh、摩尔熵变化 Δs、摩尔亥姆霍兹自由能的变化 Δf 和化学势的变化 $\Delta\mu$。

解 (a) 根据式 (8.79) ∼ 式 (8.83)，假设热容 c_p 和热膨胀系数 α 都是常数，恒压条件下摩尔内能的变化 Δu、摩尔焓变化 Δh、摩尔熵变化 Δs、摩尔亥姆霍兹自由能变化 Δf 和化学势变化 $\Delta\mu$ 随温度变化的公式分别为

$$\Delta u = c_p(T - T_\mathrm{o}) - p_\mathrm{o}v_\mathrm{o}\left[\mathrm{e}^{\alpha(T - T_\mathrm{o})} - 1\right]$$

$$\Delta h = c_p(T - T_\mathrm{o})$$

$$\Delta s = c_p\ln(T/T_\mathrm{o})$$

$$\Delta f = [c_p - s\,(T_{\mathrm{o}},p_{\mathrm{o}})]\,(T - T_{\mathrm{o}}) - p_{\mathrm{o}}v_{\mathrm{o}}\left[\mathrm{e}^{\alpha(T-T_{\mathrm{o}})}-1\right] - c_pT\ln\,(T/T_{\mathrm{o}})$$

$$\Delta\mu = [c_p - s\,(T_{\mathrm{o}},p_{\mathrm{o}})]\,(T - T_{\mathrm{o}}) - c_pT\ln\,(T/T_{\mathrm{o}})$$

因此，在恒压 (1bar) 下，将石墨从 298K 加热到 3000K 时，有

$$\Delta u = c_p\,(T - T_{\mathrm{o}}) - pv_{\mathrm{o}}\left[\mathrm{e}^{\alpha(T-T_{\mathrm{o}})}-1\right]$$

$$= 8.5 \times (3000 - 298) - 1.0\times10^5\times6\times10^{-6} \times \left[\mathrm{e}^{3\times10^{-5}(3000-298)}-1\right]$$

$$\approx 22.967\,\mathrm{kJ/mol}$$

$$\Delta h = c_p\,(T - T_{\mathrm{o}}) = 8.5 \times (3000 - 298) = 22.967\,\mathrm{kJ/mol}$$

$$\Delta s = c_p\ln\,(T/T_{\mathrm{o}}) = 8.5 \times \ln\frac{3000}{298} \approx 19.63\,\mathrm{J/(mol\cdot K)}$$

$$\Delta f = [c_p - s\,(T_{\mathrm{o}},p_{\mathrm{o}})]\,(T - T_{\mathrm{o}}) - c_pT\ln\,(T/T_{\mathrm{o}}) - p_{\mathrm{o}}v_{\mathrm{o}}\left[\mathrm{e}^{\alpha(T-T_{\mathrm{o}})}-1\right]$$

$$= (8.5 - 5.6) \times (3000 - 298) - 8.5 \times 3000 \times \ln\frac{3000}{298} - 1.0\times10^5\times6$$

$$\times10^{-6} \times \left[\mathrm{e}^{3\times10^{-5}(3000-298)}-1\right] \approx -51.051\,\mathrm{kJ/mol}$$

$$\Delta\mu = [c_p - s\,(T_{\mathrm{o}},p_{\mathrm{o}})]\,(T - T_{\mathrm{o}}) - c_pT\ln\,(T/T_{\mathrm{o}})$$

$$= (8.5 - 5.6) \times (3000 - 298) - 8.5 \times 3000 \times \ln\frac{3000}{298} \approx -51.051\,\mathrm{kG}$$

(b) 根据式 (8.140) ~ 式 (8.144)，假设热膨胀系数和等温压缩系数是常数，在恒温下由压强变化引起的摩尔内能变化 Δu、摩尔焓变化 Δh、摩尔熵变化 Δs、摩尔亥姆霍兹自由能变化 Δf 和化学势变化 $\Delta\mu$ 分别为

$$\Delta u = v_{\mathrm{o}}\left[\left(p_{\mathrm{o}} - \frac{T_{\mathrm{o}}\alpha-1}{\beta_T}\right) - \left(p - \frac{T_{\mathrm{o}}\alpha-1}{\beta_T}\right)\mathrm{e}^{-\beta_T(p-p_{\mathrm{o}})}\right]$$

$$\Delta h = \frac{(T_{\mathrm{o}}\alpha-1)\,v_{\mathrm{o}}}{\beta_T}\left[\mathrm{e}^{-\beta_T(p-p_{\mathrm{o}})}-1\right]$$

$$\Delta s = \frac{\alpha v_{\mathrm{o}}}{\beta_T}\left[\mathrm{e}^{-\beta_T(p-p_{\mathrm{o}})}-1\right]$$

$$\Delta f = -v_{\mathrm{o}}\left\{\left[p\mathrm{e}^{-\beta_T(p-p_{\mathrm{o}})} - p_{\mathrm{o}}\right] + \frac{1}{\beta_T}\left[\mathrm{e}^{-\beta_T(p-p_{\mathrm{o}})}-1\right]\right\}$$

$$\Delta\mu = -\frac{v_{\mathrm{o}}}{\beta_T}\left[\mathrm{e}^{-\beta_T(p-p_{\mathrm{o}})}-1\right]$$

室温下压强从 1bar 增加到 40GPa，石墨的摩尔内能、摩尔焓、摩尔熵、摩尔亥姆霍兹自由能和化学势的变化分别为

$$\Delta u = v_{298K,1bar}^{\circ} \left[\left(1\,bar - \frac{298\alpha-1}{\beta_T} \right) - \left(p - \frac{298\alpha-1}{\beta_T} \right) e^{-\beta_T(p-1\,bar)} \right]$$

$$= 6\times10^{-6} \times \left\{ \begin{array}{l} \left[10^5 - \dfrac{298\times3\times10^{-5}-1}{3\times10^{-6}\times10^{-5}} \right] \\ - \left[40\times10^9 - \dfrac{298\times3\times10^{-5}-1}{3\times10^{-6}\times10^{-5}} \right] e^{-3\times10^{-6}\times10^{-5}\left(40\times10^9-10^5\right)} \end{array} \right\}$$

$$\approx 6\times10^{-6} \times \left(3.3\times10^{10} - 2.2\times10^{10} \right) \approx 66.0\,kJ/mol$$

$$\Delta h = \frac{298\alpha-1}{\beta_T} v_{298K,1bar}^{\circ} \left[e^{-\beta_T(p-1\,bar)} - 1 \right]$$

$$\approx -3.30\times10^{10} \times 6\times10^{-6} \times (-0.699) \approx 138.4\,kJ/mol$$

$$\Delta s = \frac{\alpha v_{298K,1bar}^{\circ}}{\beta_T} \left[e^{-\beta_T(p-1\,bar)} - 1 \right]$$

$$= \frac{3\times10^{-5}\times6\times10^{-6}}{3\times10^{-6}\times10^{-5}} \times (0.301-1) \approx -4.194\,J/(mol\cdot K)$$

$$\Delta f = v_{298K,1bar}^{\circ} \left[1\,bar - p e^{-\beta_T(p-1bar)} \right] + \frac{v_{298K,1bar}^{\circ}}{\beta_T} \left[1 - e^{-\beta_T(p-1\,bar)} \right]$$

$$= 6\times10^{-6} \times \left(10^5 - 4\times10^{10}\times0.301 \right) + \frac{6\times10^{-6}}{3\times10^{-6}\times10^{-5}} \times 0.699$$

$$\approx -0.722\times10^5 + 1.398\times10^5 = 67.6\,kJ/mol$$

$$\Delta\mu = \frac{v_{298K,1bar}^{\circ}}{\beta_T} \left[1 - e^{-\beta_T(p-1\,bar)} \right] = \frac{6\times10^{-6}}{3\times10^{-6}\times10^{-5}} \times 0.699 \approx 139.8\,kG$$

例 5　石墨 (C) 与氢气 (H_2) 反应生成甲烷 (CH_4)。石墨、氢气和甲烷的恒压热容分别为 8.64 J/(mol·K)、28.64 J/(mol·K) 和 35.52 J/(mol·K)。量子力学计算甲烷在 0K 下生成焓为 −66.56kJ/mol。试计算甲烷在室温 298K 的生成焓。

解　甲烷 CH_4 的生成焓为

$$\Delta h_{298K}^{\circ} = \Delta h_{0K} + \int_{0K}^{298K} \left(c_{p,CH_4} - c_{p,C} - 2c_{p,H_2} \right) dT$$

$$= \Delta h_{0K} + \left(c_{p,CH_4} - c_{p,C} - 2c_{p,H_2} \right)(298-0)$$

$$= -66.560 + (35.52 - 8.64 - 2 \times 28.64) \times 298/1000$$

$$= -75.62\,\mathrm{kJ/mol}$$

例 6　已知在平衡温度 0℃ 和 1bar 压强下，冰融化成水的熔化热为 6007J/mol，求这个过程中：

(a) 1mol 水和 1mol 冰，焓之差是多少？

(b) 1mol 冰和 1mol 水，谁的焓值更高？

(c) 1mol 冰和 1mol 水，熵之差是多少？

(d) 1mol 冰和 1mol 水，谁的熵值更高？

(e) 水的凝固热是多少？

(f) 冰和水的化学势之差是多少？

解　(a) 根据热力学第一定律，物质的焓变化 (物质终态和初态的焓之差) 等于其吸收或释放的热量

$$\Delta h_{\mathrm{m}}^{\mathrm{o}} = Q_{\mathrm{m}}^{\mathrm{o}} = 6007\mathrm{J/mol}$$

(b) 根据 (a) 的答案，可知水的焓比冰高。

(c) 在 0℃ 和 1bar 压强下，1mol 冰和 1mol 水的熵之差值为

$$\Delta s_{\mathrm{m}}^{\mathrm{o}} = \frac{\Delta h_{\mathrm{m}}^{\mathrm{o}}}{T_{\mathrm{m}}} = \frac{6007}{273} = 22\mathrm{J/(mol \cdot K)}$$

(d) 根据 (c) 的答案，可知水的熵比冰高。

(e) 凝固与熔化互为逆过程，因此，

$$\Delta h_{\mathrm{s}}^{\mathrm{o}} = -\Delta h_{\mathrm{m}}^{\mathrm{o}} = -6007\mathrm{J/mol}$$

(f) 在 0℃ 和 1bar 压强下，冰和水处于平衡状态，化学势之差为 0。

例 7　Al 在温度 298K 和压强 1bar 下的摩尔熵 $s_{298\mathrm{K},1\mathrm{bar}}^{\mathrm{o}}$ 为 28.3J/(mol · K)，在平衡熔化温度 934K 和 1bar 压强下的熔化热是 10700 J/mol。在压强 1bar 下固体 Al 和液体 Al 的热容分别为 20.67+12.38×10⁻³T(J/(mol · K)) 和 31.76J/(mol · K)。试计算：

(a) 在恒压 1bar 下，1mol 固体 Al 从 300K 加热至 800K 所需要的热量；

(b) 在恒压 1bar 下，1mol 固体 Al 从 298K 加热至 1200K 的焓变化；

(c) 在恒压 1bar 下，1mol 固体 Al 从 298K 加热至 1200K 的熵变化；

(d) 在恒压 1bar 下，1mol 固体 Al 从 298K 加热至 1200K 时，在 1200K 下环境的熵变；

(e) 在恒压 1bar 下，1mol 固体 Al 从 298K 加热至 1200K 时，系统和环境的总熵变；

(f) 在恒压 1bar 下，1mol 固体 Al 从 298K 加热至 1200K 的化学势变化。

解 (a) 压强为 1bar 时，1mol 固体 Al 的温度从 300K 升高至 800K 所需的热量为

$$Q = \Delta h = \int_{T_1}^{T_2} c_p \mathrm{d}T$$

$$= \int_{300\mathrm{K}}^{800\mathrm{K}} \left(20.67 + 12.38 \times 10^{-3}T\right) \mathrm{d}T = \left[20.67T + \frac{1}{2} \times 12.38 \times 10^{-3}T^2\right]_{300}^{800}$$

$$= 20497.6 - 6758.1 = 13739.5\mathrm{J}$$

(b) 压强为 1bar 时，1mol 固体 Al 从 298K 加热至 1200K 的焓变化

$$\Delta h = \int_{298\mathrm{K}}^{934\mathrm{K}} c_p^{\mathrm{s}} \mathrm{d}T + \Delta H_{\mathrm{m}}^{\mathrm{o}} + \int_{934\mathrm{K}}^{1200\mathrm{K}} c_p^l \mathrm{d}T$$

$$= \int_{298\mathrm{K}}^{934\mathrm{K}} \left(20.67 + 12.38 \times 10^{-3}T\right) \mathrm{d}T + 10700 + \int_{934\mathrm{K}}^{1200\mathrm{K}} 31.76 \mathrm{d}T$$

$$= \left(20.67T + \frac{1}{2} \times 12.38 \times 10^{-3}T^2\right)_{298\mathrm{K}}^{934\mathrm{K}} + 10700 + 31.76 \times (1200 - 934)$$

$$= 37144.5\mathrm{J}$$

(c) 压强为 1bar 时，1mol 固体 Al 从 298K 加热至 1200K 的熵变化

$$\Delta s = \int_{298\mathrm{K}}^{934\mathrm{K}} \frac{c_p^{\mathrm{s}}}{T} \mathrm{d}T + \frac{\Delta h_{\mathrm{m}}^{\mathrm{o}}}{T_{\mathrm{m}}} + \int_{934\mathrm{K}}^{1200\mathrm{K}} \frac{c_p^l}{T} \mathrm{d}T$$

$$= \int_{298\mathrm{K}}^{934\mathrm{K}} \frac{20.67 + 12.38 \times 10^{-3}T}{T} \mathrm{d}T + \frac{10700}{934} + \int_{934\mathrm{K}}^{1200\mathrm{K}} \frac{31.76}{T} \mathrm{d}T$$

$$= 20.67 \times \ln\frac{934}{298} + 12.38 \times 10^{-3} \times (934 - 298) + 11.46 + 31.76 \times \ln\frac{1200}{934}$$

$$= 50.90\mathrm{J/K}$$

(d) 当 1mol 固体 Al 在 1bar 下从 298 加热至 1200K 时，在 1200K 下环境的熵变为

$$\Delta S_{\mathrm{sur}} = \frac{-\Delta h}{1200} = \frac{-37144.5}{1200} = -30.95\mathrm{J/K}$$

(e) 压强为 1bar 时，1mol 固体 Al 从 298K 加热至 1200K 的总熵变为

$$\Delta S_{\mathrm{tot}} = \Delta s_{\mathrm{Al}} + S_{\mathrm{sur}} = 50.90 - 30.95 = 19.95\mathrm{J/K}$$

(f) 压强为 1bar 时，1mol 固体 Al 从 298K 加热至 1200K 的化学势变化为

$$\Delta\mu = \mu_{1200\text{K}} - \mu_{298\text{K}} = h_{1200\text{K}} - 1200 s_{1200\text{K}} - (h^{\circ}_{298\text{K}} - 298 s^{\circ}_{298\text{K}})$$

$$= h_{1200\text{K}} - h^{\circ}_{298\text{K}} - 1200\left(s_{1200\text{K}} - s^{\circ}_{298\text{K}}\right) - (1200 - 298)s^{\circ}_{298\text{K}}$$

$$= 37144.5 - 1200 \times 50.90 - (1200 - 298) \times 28.3$$

$$= -49462.1\text{G}$$

例 8　已知：水的热容 $c_p^l = 75\,\text{J/(mol·K)}$，水蒸气的热容 $c_p^v = 36\text{J/(mol·K)}$，水在 100℃ 时的蒸发热 $\Delta h_v^{\circ} = 40.65\text{kJ/mol}$。计算水在 120℃ 或 393K 时的蒸发热。

解　水在 120℃ 或 393K 时的蒸发热为

$$\Delta h_{v,393\text{K}} = \Delta h^{\circ}_{v,373\text{K}} + \int_{373\text{K}}^{393\text{K}} \left(c_p^v - c_p^l\right)\mathrm{d}T$$

$$= \Delta h^{\circ}_{v,373\text{K}} + \left(c_p^v - c_p^l\right)(393 - 373)$$

$$= 40650 + (36 - 75) \times (393 - 373) = 39870\text{J/mol}$$

例 9　已知在 1bar 压强下的数据：

材料	$\Delta h^{\circ}_{298\text{K}}/\,(\text{J/mol})$	$s^{\circ}_{298\text{K}}/\,(\text{J/(mol·K)})$	$c_p/\,(\text{J/(mol·K)})$
Ca	0	40.0	26.0
O_2	0	205.1	29.4
Ti	0	30.7	25.06
CaO	−635000	38.0	42.0
TiO_2	−945000	50.0	55.0
$CaTiO_3$	−1660000	94.0	110.0

在 298K 温度下，当 1mol 的 CaO 和 1mol 的 TiO_2 反应生成 1mol $CaTiO_3$ 时，该反应的焓变化、熵变化和吉布斯自由能变化分别是多少？

解　298K 温度下发生反应：$CaO + TiO_2 = CaTiO_3$，反应的焓、熵和吉布斯自由能的变化分别是

$$\Delta H^{\circ}_{298\text{K}} = \Delta h^{\circ}_{CaTiO_3} - \Delta h^{\circ}_{CaO} - \Delta h^{\circ}_{TiO_2} = -1660000 + 635000 + 945000 = -80000\text{J}$$

$$\Delta S^{\circ}_{298\text{K}} = \Delta s^{\circ}_{CaTiO_3} - \Delta s^{\circ}_{CaO} - \Delta s^{\circ}_{TiO_2} = 94 - 38 - 50 = 6\,\text{J/K}$$

$$\Delta G^{\circ}_{298\text{K}} = \Delta H^{\circ}_{298\text{K}} - 298\,S^{\circ}_{298\text{K}} = -80000 - 298 \times 6 = -81788\,\text{J}$$

例 10　在温度为 298K、压强为 1bar 的条件下，硅 (Si)、氧气 (O_2) 和二氧化硅 (SiO_2) 的摩尔熵分别为 18.70、205.0 和 41.84J/(mol·K)。在温度 298K、压

强 1bar 的条件下，SiO_2 的生成焓为 $-911\,kJ/mol$。在压强为 1bar 时，Si、O_2 和 SiO_2 的恒压热容分别约为 19.6、29.1 和 $40.8\,J/(mol \cdot K)$。请计算：

(a) 室温 298K、压强 1bar 时，氧化反应 $Si + O_2 = SiO_2$ 的熵变化；

(b) 温度 500K、压强 1bar 时，氧化反应 $Si + O_2 = SiO_2$ 的熵变化，假设 Si、O_2 和 SiO_2 的热容都与温度无关；

(c) 室温 298K、压强 1bar 时，氧化反应 $Si + O_2 = SiO_2$ 的焓变化；

(d) 温度 500K、压强 1bar 时，氧化反应 $Si + O_2 = SiO_2$ 的焓变化，假设 Si、O_2 和 SiO_2 的热容都与温度无关；

(e) 室温 298K、压强 1bar 时，氧化反应 $Si + O_2 = SiO_2$ 的吉布斯自由能变化；

(f) 温度 500K、压强 1bar 时，氧化反应 $Si + O_2 = SiO_2$ 的吉布斯自由能变化，假设 Si、O_2 和 SiO_2 的热容都与温度无关。

解 (a) 室温 298K、压强 1bar 时，氧化反应 $Si + O_2 = SiO_2$ 的熵变化为

$$\Delta S^\circ_{298K} = s^\circ_{SiO_2} - s^\circ_{Si} - s^\circ_{O_2} = 41.84 - 18.70 - 205.0 = -181.86\,J/K$$

(b) 温度 500K、压强 1bar 时，氧化反应 $Si + O_2 = SiO_2$ 的熵变化为

$$\Delta S_{500K} = \Delta S^\circ_{298K} + \int_{298K}^{500K} \frac{c_{p,SiO_2} - c_{p,Si} - c_{p,O_2}}{T} dT$$

$$= -181.86 + (40.8 - 19.6 - 29.1) \times \ln\frac{500}{298} = -185.95\,J/K$$

(c) 室温 298K、压强 1bar 时，氧化反应 $Si + O_2 = SiO_2$ 的焓变化为

$$\Delta H^\circ_{298K} = h^\circ_{SiO_2} - h^\circ_{Si} - h^\circ_{O_2} = -911\,kJ$$

(d) 温度 500K、压强 1bar 时，氧化反应 $Si + O_2 = SiO_2$ 的焓变化为

$$\Delta H_{500K} = \Delta H^\circ_{298K} + \int_{298K}^{500K} (c_{p,SiO_2} - c_{p,Si} - c_{p,O_2}) dT$$

$$= \Delta H^\circ_{298K} + \int_{298K}^{500K} (40.8 - 19.6 - 29.1) dT = -912596\,J$$

(e) 室温 298K、压强 1bar 时，氧化反应 $Si + O_2 = SiO_2$ 的吉布斯自由能变化为

$$\Delta G^\circ_{298K} = \Delta H^\circ_{298K} - 298\Delta S^\circ_{298K}$$

$$= -911000 - 298 \times (-181.86) = -856806\,J$$

(f) 温度 500K、压强 1bar 时，氧化反应 Si + O$_2$ = SiO$_2$ 的吉布斯自由能变化为

$$\Delta G_{500K} = \Delta H_{500K} - 500\Delta S_{500K}$$

$$= -912596 - 500 \times (-185.95) = -819621J$$

8.10　习　　题

1. 已知：材料的热膨胀系数为正值，在保持温度不变的条件下，材料的熵 (i) 是随着压强的增加而增加还是 (ii) 随着压强的增加而降低？

2. 单原子理想气体经历一个压强从 p_0 变化到 p 的等熵 (可逆绝热) 过程。

(a) 请用热容、压缩系数、热膨胀系数及初始状态下的温度、压强、体积或摩尔熵，写出温度变化 ΔT、摩尔内能变化 Δu、摩尔焓变化 Δh、摩尔熵变化 Δs、摩尔亥姆霍兹自由能变化 Δf 和化学势变化 $\Delta \mu$ 的表达式。

(b) 假设氩气为理想气体，恒压热容为 $5R/2$ (R 是气体常数)，摩尔熵 $s^\circ_{298K,1bar}$ 为 155 J/(mol·K)。从初始温度为 298K、初始压强为 1bar，经过可逆绝热压缩过程达到压强 1001bar，计算该过程中氩气的 ΔT、Δu、Δh、Δs、Δf 及 $\Delta \mu$。

3. 1mol 单原子理想气体，初始温度为 298K，初始压强为 1bar，试计算发生以下两个过程时，对该气体所做的功 W、传递到环境的热量 Q 和理想气体内能的变化 ΔU：

(a) 可逆绝热条件下压缩气体，压强升至 5bar；

(b) 等温可逆条件下压缩气体，压强升至 5bar。

4. 将下列语句写出热力学表达式，用 1mol 材料的热容、压缩系数、热膨胀系数和其他必要的热力学性质来表示，并以单原子理想气体为例进行估算：

(a) 恒压下由温度变化引起的体积变化；

(b) 恒温下由体积变化引起的压强变化；

(c) 恒温下由压强变化引起的体积变化。

5. 石墨的摩尔体积 $v^\circ_{298K,1bar}$ 是 6.0cm^3/mol，摩尔熵 $s^\circ_{298K,1bar}$ 是 5.6 J/(mol·K)，摩尔热容 c_p 是 8.5 J/(mol·K)，热膨胀系数 α 是 3×10^{-5}K^{-1}，等温压缩系数 β_T 是 3×10^{-6}bar^{-1}。请写出温度从 298K 变化至 T、压强从 1bar 变化至 p 过程的以下表达式：

(a) 摩尔内能变化；

(b) 摩尔焓变化；

(c) 摩尔熵变化；

(d) 摩尔亥姆霍兹自由能变化；

(e) 化学势变化。

6. 已知石墨 (g, graphite) 和金刚石 (d, diamond) 的如下数据:

摩尔焓: $h_{298K,1bar}^{o,g} = 0$, $h_{298K,1bar}^{o,d} = 1900 J/mol$;

摩尔体积: $v_{298K,1bar}^{o,g} = 6.0 cm^3/mol$, $v_{298K,1bar}^{o,d} = 3.4 cm^3/mol$;

摩尔热容: $c_p^g = 8.5 J/(mol \cdot K)$, $c_p^d = 6.0 J/(mol \cdot K)$;

等温压缩系数: $\beta_T^g = 3 \times 10^{-6} bar^{-1}$, $\beta_T^d = 2 \times 10^{-7} bar^{-1}$;

热膨胀系数: $\alpha^g = 3 \times 10^{-5} K^{-1}$, $\alpha^d = 10^{-5} K^{-1}$;

摩尔熵: $s_{298K,1bar}^{o,g} = 5.6 J/(mol \cdot K)$, $s_{298K,1bar}^{o,d} = 2.4 J/(mol \cdot K)$。

推导下列表达式:

(a) 1bar 压强下, 金刚石和石墨的化学势差随温度的变化 (假设 c_p 为常数);

(b) 298K 温度下, 金刚石和石墨的化学势差随压强的变化 (假设 α 和 β_T 为常数);

(c) 金刚石和石墨的化学势差随温度和压强的变化 (假设 c_p、α 和 β_T 为常数)。

7. 判断对错: 水在 0℃ 下凝固成冰的焓变化为负值, 那么系统的熵变化也为负值。(　　)

8. 判断对错: 当液体在恒温下凝固成固体时, 会向环境释放热量。(　　)

9. 判断对错: 在平衡温度 0℃ 和 1bar 压强下, 水凝固成冰, 那么系统及环境的总熵变为 0。(　　)

10. 在室温和 1bar 压强下, 金刚石的标准摩尔焓为 $h_{298K,1bar}^{o,d} = 1900 J/mol$。如果此时 1mol 的金刚石转变为石墨, 那么会吸收热量还是放出热量? 吸收或者放出的热量是多少?

11. 300K 温度下, 在纯固体金属形成纯固体氧化物的氧化反应中, 熵变化是正还是负?

12. 假设冰和水的恒压热容分别为 $38 J/(mol \cdot K)$ 和 $75 J/(mol \cdot K)$, 冰在 273K 温度下的熔化热为 $6007 J/mol$,

(a) 计算温度 298K 的水和 268K 的冰的摩尔熵之差。

(b) 1mol 初始温度为 −5℃ 的冰在 25℃ 环境下融化为水, 那么 25℃ 时, 环境中相应的熵变化是多少?

(c) 1mol 初始温度为 −5℃ 的冰在 25℃ 环境下融化为水, 那么相应的总熵变 (系统 + 环境) 是多少?

(d) 根据上述 (c) 的计算结果, 判断熔化是可逆还是不可逆过程。

13. 碳酸钙 ($CaCO_3$) 有两种多晶型, 即方解石型和文石型。在 1bar 压强下文石型–方解石型转变的化学势随温度的变化为

$$\Delta\mu = 210 - 4.2T \text{(G)}$$

(a) 计算压强 1bar 下的平衡相变温度；

(b) 计算压强 1bar 下的相变热；

(c) 计算压强 1bar 下的熵变化。

14. 在平衡熔化温度 1234K 和压强 1bar 下，Ag 的熔化热为 11090J/mol，固体 Ag 的恒压热容为 $20.67 + 12.38 \times 10^{-3}T$ (J/(mol·K))，液体 Ag 的恒压热容为 30.50 J/(mol·K)，

(a) 计算在 1bar 压强下，将 1mol 固体 Ag 从 298K 加热到 1500K 变成液体 Ag 所需要的热量；

(b) 计算在 1bar 压强下，温度为 1500K 的液体 Ag 和温度为 298K 的固体 Ag 之间摩尔熵之差是多少？

15. 固态 Ba 有 α 和 β 两种多晶形。温度为 298K 时 α 相的摩尔熵 $s_{298\text{K},1\text{bar}}^{\text{o},\alpha} = 62.4 \text{J/(mol·K)}$，温度低于 648K 时 α 相稳定存在，当温度达到 648K 时 α 相转变为 β 相，1mol α 转变为 β 的相变热为 $\Delta h_{\text{e}}^{\text{o}} = 630\text{J/mol}$。$\beta$ 相在熔化温度 1000K 以下稳定存在。α 相的摩尔恒压热容 $c_p^{\alpha} = -438.2 + 1587.0 \times 10^{-3}T + 128.2 \times 10^5 T^{-2}$ (J/(mol·K))，β 相的摩尔恒压热容 $c_p^{\beta} = -5.69 + 80.33 \times 10^{-3}T$(J/(mol·K))。试计算从 298K 升温至 1000K 时 β 相和 α 相的化学势之差与温度的关系。

16. Cu 的平衡熔化温度是 1358K，熔化热是 13260J/mol。在 298K 温度和 1bar 压强下，Cu 摩尔熵是 33.2J/(mol·K)，设此时 Cu 摩尔焓为零。假设固体 Cu 和液体 Cu 的恒压热容都是 24.0 J/(mol·K)。

(a) 在平衡熔化温度 1358K 时，液体 Cu 和固体 Cu 之间的摩尔焓、摩尔熵和化学势的差是多少？

(b) 在平衡熔化温度 1358K 下，从液态 Cu 到固态 Cu 的凝固热是多少？

(c) 液态铜在 1000K 下凝固的摩尔焓、摩尔熵和化学势的变化是什么？

(d) 1 mol 液态铜在 1400K 下与 1 mol 固态铜在 1300K 下的摩尔焓、熵和化学势的差是多少？

17. Si 的熔化热是 50200J/mol，平衡熔化温度为 1687K。假设固体 Si 和液体 Si 的恒压热容分别是 32 J/(mol·K) 和 42 J/(mol·K)，试计算：

(a) 1687K 下 1mol 液体 Si 和 1687K 下 1mol 固体 Si 的焓、熵和化学势之差是多少？

(b) 1500K 下的液体 Si 变成 1500K 下的固体 Si，其摩尔焓、摩尔熵和化学势的变化是多少？

18. 如下给出在 1bar 压强下金刚石结构 Si 的化学势 $\mu_{\text{Si}}^{\text{d}}$ 和液态 Si 的化学势 μ_{Si}^{l} 关于温度的函数，同时以室温和 1bar 压强下金刚石结构 Si 的焓 (取自 SGTE

数据库) 作为参考态,有

$$\mu_{Si}^{d}= -8163 + 137.2T - 22.83T\ln T - 1.913\times10^{-3}T^2 - 0.003552\times10^{-6}T^3$$
$$+176700T^{-1}\,(G)\quad(298.15K < T < 1687K)$$

$$\mu_{Si}^{d}= -9458 + 167.3T - 27.20T\ln T - 420.4\times10^{28}T^{-9}\,(G)\quad(1687K < T < 3600K)$$

$$\mu_{Si}^{l}= 42530 + 107.1T - 22.83T\ln T - 1.913\times10^{-3}T^2 - 0.003552\times10^{-6}T^3$$
$$+176700T^{-1}+209.3\times10^{-23}T^7\,(G)\quad(298.15K < T < 1687K)$$

$$\mu_{Si}^{l}= 40370 + 137.7T - 27.20T\ln T\,(G)\quad(1687K < T < 3600K)$$

请推导液体 Si 和金刚石结构 Si 的焓差、熵差和热容差关于温度的表达式。

19. $Zr(\alpha)$、O_2 和 $ZrO_2(\alpha)$ 的焓及 $ZrO_2(\alpha)$、$ZrO_2(\beta)$、O_2、$Zr(\alpha)$ 和 $Zr(\beta)$ 的摩尔热容如下所示:

材料	$\Delta h_{298K}^{o}/(J/mol)$	$c_p/(J/(mol\cdot K))$
$ZrO_2(\alpha)$	−1100800	70.0
$ZrO_2(\beta)$		75.0
O_2	0	30.0
$Zr(\alpha)$	0	25.0
$Zr(\beta)$		26.0

对于 $Zr(\alpha) \rightarrow Zr(\beta)$ 转变,在平衡相变温度 1136K 时的反应热是 3900 J/mol,对于 $ZrO_2(\alpha) \rightarrow ZrO_2(\beta)$ 的转变,在平衡相变温度 1478K 时的反应热是 5900 J/mol。请推导下列与温度相关的表达式:

(a) Zr 的焓随温度的变化关系;

(b) $Zr(\alpha) \rightarrow Zr(\beta)$ 的相变热与温度的关系;

(c) $ZrO_2(\alpha) \rightarrow ZrO_2(\beta)$ 的相变热与温度的关系

(d) $Zr+O_2 \rightarrow ZrO_2$ 的反应热与温度的关系。

20. 已知如下数据:

液态 Pb 的热容 $c_{p,Pb}^{l}= 32.4 - 3.1\times10^{-3}T$ (J/(mol·K));

固态 Pb 的热容 $c_{p,Pb}^{s}= 23.56 + 9.75\times10^{-3}T$ (J/(mol·K));

固态 PbO 的热容 $c_{p,PbO}^{s}= 36.9 + 26.8\times10^{-3}T$ (J/(mol·K));

O_2 的热容 $c_{p,O_2}^{g}= 29.96 + 4.18\times10^{-3}T - 1.67\times10^{5}T^{-2}$ (J/(mol·K));

Pb 在温度 $T_{m,Pb}= 600K$ 时的熔化热 $\Delta h_{m,Pb}^{o}= 4810J/mol$;

PbO 在温度 $T_{m,Pb}= 1158K$ 时的熔化热 $\Delta h_{m,PbO}^{o}= 27480J/mol$;

PbO 在温度 298K 时的焓 $h_{PbO}^{o} = -217kJ/mol$,设 298K 时 Pb 和 O_2 的焓为 0。

试计算:

(a) 固体 Pb 在 500K 下的氧化反应热。

(b) 液态 Pb 在 700K 下的氧化反应热。

21. 已知 BaO、TiO_2 和 $BaTiO_3$ 在 1bar 和 298K 的形成热分别是 -548.1 kJ/mol、-944 kJ/mol 和 -1647 kJ/mol,假设 BaO、TiO_2 和 $BaTiO_3$ 的恒压摩尔热容分别为 55.0、75.0 和 120.0J/(mol·K),试:

(a) 计算在温度 298K 和压强 1bar 下,1mol BaO 和 1mol TiO_2 反应生成 1mol $BaTiO_3$ 的反应热。

(b) 计算化学反应 $BaO + TiO_2 = BaTiO_3$ 的反应热,该反应热是温度的函数。

22. 对于化学反应 $Si_3N_4 + 3O_2 = 3SiO_2(\alpha\text{-石英}) + 2N_2$,请使用下表中的数据回答问题:

物质	$\Delta h^{\circ}_{298K}/(J/mol)$	$s^{\circ}_{298K}/(J/(mol \cdot K))$	$c_p/(J/(mol \cdot K))$
Si_3N_4	-744800	113.0	70.0
$SiO_2(\alpha\text{-石英})$	-910900	41.5	45.0
O_2	0	205.1	30.0
N_2	0	191.5	28.0

(a) 在 298K 下,反应的反应热、熵和吉布斯自由能是多少?

(b) 在 800K 下,反应的反应热、熵和吉布斯自由能是多少?

(c) 反应的反应热、熵和吉布斯自由能作为温度的函数表达式是什么?

第 9 章　构建近似热力学基本方程

第 3 章讨论了热力学基本方程的微分形式和积分形式。一旦建立了积分形式的热力学基本方程，系统所有热力学性质都可以由热力学基本方程的能量或熵函数对其自然变量求一阶和二阶导数得到。因此，要得到一个系统的所有材料热力学性质，需要建立其热力学基本方程。

第 4 章简要讨论了统计热力学。原则上可以通过建立配分函数并结合能量的量子力学计算来导出材料系统的热力学基本方程。然而，目前只有少数相当理想化的模型系统才能得到热力学基本方程的直接解析解，这些模型系统一般是独立粒子系统，如理想的原子/分子气体、电子气、一组声子气和光子气等。对于大多数实际材料来说，热力学基本方程的构建将不得不依赖于在特定热力学条件下从实验和计算中获得的热力学数据。遗憾的是，尽管实验测量和材料计算都取得了很大进展，但相比能构建实际材料完整的热力学基本方程的数据还远不够，当前所有的热力学数据库还很不完备。因此，目前只能为大多数实际材料构建近似或不完整的热力学基本方程或状态方程。

第 8 章根据实验可测量或理论可计算的热力学性质，如热容、机械体积模量或压缩系数和热膨胀系数等，建立了计算不同形式的能量和熵函数随温度、压强或体积而变化的表达式，以及在给定温度和压强下的相变和化学反应中变化的表达式。

本章主要讲述如何利用能量函数的二阶导数定义的热力学性质，来构建单组分系统的近似热力学基本方程。我们也可以视其为一种把已知热力学性质用单个方程来表达的方法，从而通过该方法构建出近似热力学基本方程，也可以计算热力学性质。本章重点讨论简单系统，也简要讨论一下应力、电和表面效应对基本方程的贡献。

9.1　热力学基本方程的选择

不同形式的能量函数可以用来表示同一个热力学基本方程。所有材料数据库的数据一般都用单位物质的量表示，譬如每摩尔的热力学性质，与材料系统的大小无关。最常用的热力学基本方程就是用摩尔量来表示的，如摩尔熵 (s) 和摩尔体积 (v) 等。

对于一个含有 1mol 单组分化学物质的简单封闭系统，我们从两个共轭变量对 (T,s) 和 (p,v) 中各选一个变量作为两个自然变量，不难看出以摩尔性质表示的热力学基本方程只有四种可能的函数形式。即对于一个含有 1mol 化学物质的简单封闭系统，其两个自然变量的四种组合为

$$(s,v),(T,v),(s,p),(T,p) \tag{9.1}$$

在材料科学与工程的大多数应用中，实验上最容易控制或计算中最容易改变的一组热力学变量是 T、p 或者 v。四种组合中最常用的两组自然变量是 (T,v) 和 (T,p)。因此，最常用的摩尔量热力学基本公式为

$$f(T,v) = u - Ts = -pv + \mu \tag{9.2}$$

$$g(T,p) = u - Ts + pv = \mu \tag{9.3}$$

式中，f 是摩尔亥姆霍兹自由能，g 是摩尔吉布斯自由能，u 是摩尔内能。式 (9.2) 和式 (9.3) 的微分形式分别为

$$\mathrm{d}f = -s\mathrm{d}T - p\mathrm{d}v \tag{9.4}$$

$$\mathrm{d}g = \mathrm{d}\mu = -s\mathrm{d}T + v\mathrm{d}p \tag{9.5}$$

如式 (9.3) 和式 (9.5) 所示，摩尔吉布斯自由能 g 和化学势 μ 是完全相同的热力学量。化学势 μ 是系统的基本变量，而摩尔吉布斯自由能 g 是一个辅助函数，表示基本变量组合：$g = u - Ts + pv$。因此，从本章起，我们将使用化学势 μ 代替摩尔吉布斯自由能 g 来表示热力学基本方程。

基于以上讨论，本章重点研究两个热力学基本方程的建立，一个是摩尔亥姆霍兹自由能 f 关于温度 T 和摩尔体积 v 的方程，另一个是化学势 μ 关于温度 T 和压强 p 的方程。

9.2　摩尔亥姆霍兹自由能关于温度和摩尔体积的方程

我们在 8.5 节中推导了摩尔亥姆霍兹自由能相对于温度和摩尔体积变化的公式，使用了恒容热容、等温体积模量或等温压缩系数及参考状态的热力学性质，由此不难写出摩尔亥姆霍兹自由能作为温度和摩尔体积的函数关系

$$f(T,v) = f^{\mathrm{o}}(T_{\mathrm{o}},v_{\mathrm{o}}) - \int_{T_{\mathrm{o}},v_{\mathrm{o}}}^{T,v_{\mathrm{o}}} s\mathrm{d}T - \int_{T,v_{\mathrm{o}}}^{T,v} p\mathrm{d}v \tag{9.6}$$

式中

$$f^{\circ}\left(T_{\mathrm{o}}, v_{\mathrm{o}}\right) = u^{\circ}\left(T_{\mathrm{o}}, v_{\mathrm{o}}\right) - T_{\mathrm{o}} s^{\circ}\left(T_{\mathrm{o}}, v_{\mathrm{o}}\right) \tag{9.7}$$

$$-\int_{T_{\mathrm{o}}, v_{\mathrm{o}}}^{T, v_{\mathrm{o}}} s \mathrm{d}T = -s^{\circ}\left(T_{\mathrm{o}}, v_{\mathrm{o}}\right)\left(T - T_{\mathrm{o}}\right) + \int_{T_{\mathrm{o}}, v_{\mathrm{o}}}^{T, v_{\mathrm{o}}} c_{v} \mathrm{d}T - T \int_{T_{\mathrm{o}}, v_{\mathrm{o}}}^{T, v_{\mathrm{o}}} c_{v} \mathrm{d}\left(\ln T\right) \tag{9.8}$$

在式 (9.7) 和式 (9.8) 中，T_{o}、v_{o}、u°、s° 和 f° 分别是参考状态的温度、摩尔体积、摩尔内能、摩尔熵和摩尔亥姆霍兹自由能，c_{v} 是摩尔恒容热容。

作为温度和摩尔体积函数的摩尔亥姆霍兹自由能，也可以从作为温度和体积函数的摩尔内能和摩尔熵中得到

$$f\left(T, v\right) = u\left(T, v\right) - T s\left(T, v\right) \tag{9.9}$$

式中

$$u\left(T, v\right) = u^{\circ}\left(T_{\mathrm{o}}, v_{\mathrm{o}}\right) + \int_{T_{\mathrm{o}}, v_{\mathrm{o}}}^{T, v_{\mathrm{o}}} c_{v} \mathrm{d}T + T \int_{T, v_{\mathrm{o}}}^{T, v} \alpha B_{T} \mathrm{d}v - \int_{T, v_{\mathrm{o}}}^{T, v} p \mathrm{d}v \tag{9.10}$$

$$s\left(T, v\right) = s^{\circ}\left(T_{\mathrm{o}}, v_{\mathrm{o}}\right) + \int_{T_{\mathrm{o}}, v_{\mathrm{o}}}^{T, v_{\mathrm{o}}} \frac{c_{v}}{T} \mathrm{d}T + \int_{T, v_{\mathrm{o}}}^{T, v} \alpha B_{T} \mathrm{d}v \tag{9.11}$$

式中，α 是体积热膨胀系数，B_{T} 是恒温体积模量，即等温压缩系数的倒数，$B_{T} = 1/\beta_{T}$。

如果假设 c_{v}、B_{T} 和 α 是与温度和体积无关的常数，那么摩尔内能、摩尔熵和摩尔亥姆霍兹自由能可写为

$$u\left(T, v\right) = u^{\circ}\left(T_{\mathrm{o}}, v_{\mathrm{o}}\right) + c_{v}\left(T - T_{\mathrm{o}}\right) + \left[B_{T}\left(T\alpha - 1\right) - p_{\mathrm{o}}\right]\left(v - v_{\mathrm{o}}\right) + B_{T} v \ln \frac{v}{v_{\mathrm{o}}} \tag{9.12}$$

$$s\left(T, v\right) = s^{\circ}\left(T_{\mathrm{o}}, v_{\mathrm{o}}\right) + c_{v} \ln \frac{T}{T_{\mathrm{o}}} + \alpha B_{T}\left(v - v_{\mathrm{o}}\right) \tag{9.13}$$

$$\begin{aligned} f\left(T, v\right) = {}&f^{\circ}\left(T_{\mathrm{o}}, v_{\mathrm{o}}\right) + \left[c_{v} - s^{\circ}\left(T_{\mathrm{o}}, v_{\mathrm{o}}\right)\right]\left(T - T_{\mathrm{o}}\right) - c_{v} T \ln \frac{T}{T_{\mathrm{o}}} \\ &- \left(B_{T} + p_{\mathrm{o}}\right)\left(v - v_{\mathrm{o}}\right) + B_{T} v \ln \frac{v}{v_{\mathrm{o}}} \end{aligned} \tag{9.14}$$

式中，p_{o} 是初始状态的压强。

所以，如果已知 c_{v}、B_{T} 或 β_{T} 与温度和摩尔体积的函数关系，就可以通过定义一个参考状态来构建摩尔亥姆霍兹自由能的热力学基本方程。

9.3　化学势关于温度和压强的方程

根据 8.6 节推导的化学势变化 $\Delta\mu$ 作为温度和压强的函数表达式，不难写出均相单组分系统或组分固定的多组分系统的化学势与温度和压强的关系式

$$\mu(T,p) = \mu^{\circ}(T_{\text{o}},p_{\text{o}}) + \int_{T_{\text{o}},p_{\text{o}}}^{T,p_{\text{o}}} [c_p - s^{\circ}(T_{\text{o}},p_{\text{o}})]\, \mathrm{d}T - T\int_{T_{\text{o}},p_{\text{o}}}^{T,p_{\text{o}}} \frac{c_p}{T}\mathrm{d}T + \int_{T,p_{\text{o}}}^{T,p} v\mathrm{d}p$$

$$(9.15)$$

式中，c_p 是摩尔恒压热容，$s^{\circ}(T_{\text{o}},p_{\text{o}})$ 和 $\mu^{\circ}(T_{\text{o}},p_{\text{o}})$ 是在参考状态 $(T_{\text{o}},p_{\text{o}})$ 下的摩尔熵和化学势。参考态下的摩尔熵 $s^{\circ}(T_{\text{o}},p_{\text{o}})$、化学势 $\mu^{\circ}(T_{\text{o}},p_{\text{o}})$ 和摩尔焓 $h^{\circ}(T_{\text{o}},p_{\text{o}})$ 的关系如下

$$\mu^{\circ}(T_{\text{o}},p_{\text{o}}) = h^{\circ}(T_{\text{o}},p_{\text{o}}) - T_{\text{o}}s^{\circ}(T_{\text{o}},p_{\text{o}})$$

$$(9.16)$$

通过摩尔焓 h 和摩尔熵 s，也可直接得到化学势 μ 关于温度和压强的方程

$$\mu(T,p) = h(T,p) - Ts(T,p)$$

$$(9.17)$$

根据 8.6 节中 Δh 和 Δs 与温度和压强的关系，可以得到摩尔焓 h 和摩尔熵 s 关于温度和压强的方程

$$h(T,p) = h^{\circ}(T_{\text{o}},p_{\text{o}}) + \int_{T_{\text{o}},p_{\text{o}}}^{T,p_{\text{o}}} c_p\mathrm{d}T + \int_{T,p_{\text{o}}}^{T,p} v(1-T\alpha)\,\mathrm{d}p$$

$$(9.18)$$

$$s(T,p) = s^{\circ}(T_{\text{o}},p_{\text{o}}) + \int_{T_{\text{o}},p_{\text{o}}}^{T,p_{\text{o}}} \frac{c_p}{T}\mathrm{d}T - \int_{T,p_{\text{o}}}^{T,p} v\alpha\mathrm{d}p$$

$$(9.19)$$

如果热膨胀系数 α 与温度无关，等温压缩系数 β_T 与压强无关，则体积与温度、压强的关系为

$$v(T,p) = v_{\text{o}}(T_{\text{o}},p_{\text{o}})\, \mathrm{e}^{\alpha(T-T_{\text{o}})-\beta_T(p-p_{\text{o}})}$$

$$(9.20)$$

假设热容、热膨胀系数和压缩系数都是常数，T_{o} 和 p_{o} 分别是初始温度和压强，那么化学势关于温度和压强的函数为

$$\mu(T,p) = \mu^{\circ}(T_{\text{o}},p_{\text{o}}) + [c_p - s^{\circ}(T_{\text{o}},p_{\text{o}})](T-T_{\text{o}}) - c_pT\ln\frac{T}{T_{\text{o}}}$$

$$- \frac{v_{\text{o}}(T_{\text{o}},p_{\text{o}})\, \mathrm{e}^{\alpha(T-T_{\text{o}})}}{\beta_T}\left[\mathrm{e}^{-\beta_T(p-p_{\text{o}})} - 1\right]$$

$$(9.21)$$

因此，如果已知恒压热容 c_p、体积热膨胀系数 α 和等温压缩系数 β_T 与温度和压强的关系，以及参考态热力学数据，我们就可以构建化学势热力学基本方程。

对于大多数固体，热膨胀系数和等温压缩系数非常小，可作如下近似

$$e^{\alpha(T-T_o)} \approx 1 + \alpha\,(T - T_o) \tag{9.22}$$

$$e^{-\beta_T(p-p_o)} \approx 1 - \beta_T\,(p - p_o) + \frac{1}{2}\left[\beta_T\,(p - p_o)\right]^2 \tag{9.23}$$

在这两种近似下，可以得到化学势作为温度和压强函数的热力学基本方程

$$\mu(T, p) = \mu^o\,(T_o, p_o) + \left[c_p - s^o\,(T_o, p_o)\right](T - T_o) - c_p T \ln\left(\frac{T}{T_o}\right)$$
$$+ v_o\left[1 + \alpha\,(T - T_o)\right]\left[(p - p_o) - \frac{1}{2}\beta_T\,(p - p_o)^2\right] \tag{9.24}$$

9.4 涉及相变的化学势与温度的方程

假设参考态温度为 T_o、压强为 p_o，从参考态 (T_o, p_o) 到另一状态 (T, p_o) 之间发生了一个 α 相到 β 相的一级相变：$\alpha \to \beta$，相转变温度 T_e 位于 T_o 与 T 之间：$T_o < T_e < T$。一级相变中焓和熵发生突变，从而使热力学基本方程表现为不同的分段函数。我们把平衡相变温度 T_e 和压强 p_o 下的相变焓和相变熵分别记为 Δh_e^o 和 Δs_e^o，那么 α 相在温度 T 和压强 p_o 下的摩尔焓、摩尔熵和化学势关于温度的函数如下

$$h^\alpha\,(T, p_o) = h^{o,\alpha}\,(T_o, p_o) + \int_{T_o, p_o}^{T, p_o} c_p^\alpha \mathrm{d}T \tag{9.25}$$

$$s^\alpha\,(T, p_o) = s^{o,\alpha}\,(T_o, p_o) + \int_{T_o, p_o}^{T, p_o} \frac{c_p^\alpha}{T} \mathrm{d}T \tag{9.26}$$

$$\mu^\alpha\,(T, p_o) = h^{o,\alpha}\,(T_o, p_o) - Ts^{o,\alpha}\,(T_o, p_o) + \int_{T_o, p_o}^{T, p_o} c_p^\alpha \mathrm{d}T - T\int_{T_o, p_o}^{T, p_o} \frac{c_p^\alpha}{T} \mathrm{d}T \tag{9.27}$$

β 相的摩尔焓和摩尔熵为

$$h^\beta\,(T, p_o) = h^\alpha\,(T_e, p_o) + \Delta h_e^o\,(T_e, p_o) + \int_{T_e, p_o}^{T, p_o} c_p^\beta \mathrm{d}T \tag{9.28}$$

$$s^\beta\,(T, p_o) = s^\alpha\,(T_e, p_o) + \Delta s_e^o\,(T_e, p_o) + \int_{T_e, p_o}^{T, p_o} \frac{c_p^\beta}{T} \mathrm{d}T \tag{9.29}$$

式中

$$\Delta s_e^o\,(T_e, p_o) = \frac{\Delta h_e^o\,(T_e, p_o)}{T_e} \tag{9.30}$$

β 相的化学势 $\mu^{\beta}(T,p_{\mathrm{o}})$ 可以由 $h^{\beta}(T,p_{\mathrm{o}})$ 和 $s^{\beta}(T,p_{\mathrm{o}})$ 得到

$$\mu^{\beta}(T,p_{\mathrm{o}}) = h^{\beta}(T,p_{\mathrm{o}}) - Ts^{\beta}(T,p_{\mathrm{o}}) \tag{9.31}$$

将式 (9.28) 和式 (9.29) 代入式 (9.31)，可得 β 相的化学势作为温度和压强的函数

$$\mu^{\beta}(T,p_{\mathrm{o}}) = h^{\alpha}(T_{\mathrm{e}},p_{\mathrm{o}}) - Ts^{\alpha}(T_{\mathrm{e}},p_{\mathrm{o}}) + \Delta h_{\mathrm{e}}^{\mathrm{o}}(T_{\mathrm{e}},p_{\mathrm{o}}) - T\Delta s_{\mathrm{e}}^{\mathrm{o}}(T_{\mathrm{e}},p_{\mathrm{o}})$$
$$+ \int_{T_{\mathrm{e}},p_{\mathrm{o}}}^{T,p_{\mathrm{o}}} c_{p}^{\beta}\mathrm{d}T - T\int_{T_{\mathrm{e}},p_{\mathrm{o}}}^{T,p_{\mathrm{o}}} \frac{c_{p}^{\beta}}{T}\mathrm{d}T \tag{9.32}$$

利用相变温度下材料性质关系，可以将上式重写为

$$\mu^{\beta}(T,p_{\mathrm{o}}) = \mu^{\beta}(T_{\mathrm{e}},p_{\mathrm{o}}) + \int_{T_{\mathrm{e}},p_{\mathrm{o}}}^{T,p_{\mathrm{o}}} \left[c_{p}^{\beta} - s^{\beta}(T_{\mathrm{e}},p_{\mathrm{o}})\right]\mathrm{d}T - T\int_{T_{\mathrm{e}},p_{\mathrm{o}}}^{T,p_{\mathrm{o}}} \frac{c_{p}^{\beta}}{T}\mathrm{d}T \tag{9.33}$$

式中

$$\mu^{\beta}(T_{\mathrm{e}},p_{\mathrm{o}}) = \mu^{\alpha}(T_{\mathrm{e}},p_{\mathrm{o}}) = h^{\mathrm{o},\alpha}(T_{\mathrm{o}},p_{\mathrm{o}}) - T_{\mathrm{e}}s^{\mathrm{o},\alpha}(T_{\mathrm{o}},p_{\mathrm{o}}) + \int_{T_{\mathrm{o}},p_{\mathrm{o}}}^{T_{\mathrm{e}},p_{\mathrm{o}}} \frac{(T - T_{\mathrm{e}})c_{p}^{\alpha}}{T}\mathrm{d}T \tag{9.34}$$

9.5　参考态的选择

若要构建基于摩尔亥姆霍兹自由能作为温度和摩尔体积的函数或化学势作为温度和压强的函数关系的热力学基本方程，我们必须选择一个参考态来计算摩尔亥姆霍兹自由能、化学势及其他相关热力学性质的值，如摩尔内能、摩尔焓和摩尔熵。由于摩尔亥姆霍兹自由能相关的热力学数据大多来自计算，而化学势的热力学相关的数据大多来自实验，文献中针对这两者选择参考态的做法一般是不同的。

9.5.1　0K 参考态下的摩尔亥姆霍兹自由能方程

摩尔亥姆霍兹自由能通常以温度 0K 作为参考态。在 0K 下的摩尔亥姆霍兹自由能等于摩尔内能

$$f(0\mathrm{K},v) = u(0\mathrm{K},v) \tag{9.35}$$

如第 1 章所提到的，物质中含有静止质量能量。因此，原则上，一种化学物质的绝对能量是可以定义。但**摩尔静止质量能量**比由于温度或体积变化或相变和化学反应引起的系统摩尔内能变化大出许多数量级。因此，通常的做法是定义给定单位**质量**固体在 0K 下相对单个原子能的内能为能量。对于固体，用内聚能 (定义为结晶态排列的原子与孤立单个原子之间的能量差) 表示固体在 0K 下的内能和

稳定性。现在已经可以使用量子力学电子密度泛函理论计算大多数固体在 0K 下的内聚能。

使用 0K 作为参考态,摩尔亥姆霍兹自由能作为温度和体积的函数由下式给出

$$f(T,v) = u(0K,v) - Ts^{\circ}(0K,v_{o}) + \int_{0K,v_{o}}^{T,v_{o}} c_{v}dT - T\int_{0K,v_{o}}^{T,v_{o}} c_{v}d(\ln T) - p_{o}(v - v_{o})$$

$$- \int_{T,v_{o}}^{T,v} B_{T}dv + v\int_{T,v_{o}}^{T,v} B_{T}d(\ln v) \tag{9.36}$$

式中,$s^{\circ}(0K,v_{o})$ 是物质在 0K 时的熵,v_{o} 通常是物质在真空下 0K 时的摩尔体积。

固体在 0K 下的熵由热力学第三定律定义:均匀稳定的物质 (纯元素物质或几种元素组成的有序化合物) 在 0K 时的熵为零,即

$$\lim_{T \to 0K} s(T,v_{o}) \to 0 \tag{9.37}$$

这是由能斯特假设推出的,在温度无限趋近零的等温过程中,

$$T \to 0, \quad \Delta s \to 0$$

即当 T 趋于零时,任何过程的熵变化 Δs 都接近于零。

当 $T \to 0$ 时,由于 $(\partial s/\partial T)_{v}$ 存在极限,我们可以从能斯特假设中推导出

$$c_{v}(T \to 0) = T\left(\frac{\partial s}{\partial T}\right)_{v}(T \to 0) \to 0 \tag{9.38}$$

类似地

$$c_{p}(T \to 0) = T\left(\frac{\partial s}{\partial T}\right)_{p}(T \to 0) \to 0 \tag{9.39}$$

由于材料热膨胀系数 α 与恒温下熵随压强的变化率 $\left(\frac{\partial s}{\partial p}\right)_{T}$ 存在麦克斯韦关系,可以推断热膨胀系数在 0K 时也为 0,即

$$\alpha(T \to 0) = \frac{1}{v}\left(\frac{\partial v}{\partial T}\right)_{p}(T \to 0) = -\frac{1}{v}\left(\frac{\partial s}{\partial p}\right)_{T}(T \to 0) \to 0 \tag{9.40}$$

因此,摩尔亥姆霍兹自由能热力学基本方程可由下式给出

$$f(T,v) = u(v) + \int_{0K,v_{o}}^{T,v_{o}} c_{v}dT - T\int_{0K,v_{o}}^{T,v_{o}} c_{v}d(\ln T) - p_{o}(v - v_{o})$$

$$- \int_{T,v_{o}}^{T,v} B_{T}dv + v\int_{T,v_{o}}^{T,v} B_{T}d(\ln v) \tag{9.41}$$

9.5.2 以 298K 和 1bar 作为参考态的化学势方程

在大多数情况下，计算摩尔亥姆霍兹自由能作为温度和体积函数的时候，通常使用 0K 和 0K 下最小内聚能对应的摩尔体积作为参考态。但对于作为温度和压强的化学势，大部分现有计算和数据库使用室温 298K 和压强 1bar 作为参考态。当前文献中通常把化学势称为摩尔吉布斯自由能或简称吉布斯能。

根据热力学第三定律，材料在 0K 下的熵为零。因此，材料在 298K 和 1bar 下的熵必须为正值。许多固体单质和化合物在 298K 和 1bar 下的熵值可以从一些热力学数据库和在线资源查阅。

除了 298K 和 1bar 参考态下的熵值，我们还需要该参考态下的化学势或摩尔焓的值。一种方法是把元素在 298K 和 1bar 下的稳定单质视为参考状态，其化学势设为零，然后通过形成某化合物的元素化学势来计算该化合物的化学势 [1]。然而，大多数现有的热力学数据库将 298K 和 1bar 下热力学稳定的纯物质的焓值设为零，即

$$h^{\circ}_{298\text{K},1\text{bar}} = 0 \tag{9.42}$$

化合物在 298K 和 1bar 下的焓，等于在 298K 与 1bar 时由相应的稳定元素形成该化合物的形成热 (或生成热)。

化合物的生成焓或生成热是当 1mol 该化合物由其组成元素形成时所释放的焓或热。例如，固体 Si 和 O_2 在 298K 和 1bar 下反应生成 1mol 固体 SiO_2 的反应

$$\text{Si}\,(s) + O_2\,(g) =\!\!= SiO_2(s)$$

生成热 Q 约为 −860kJ/mol。根据上述讨论，可得

$$h^{\circ}_{\text{SiO}_2} = -860\text{kJ/mol}$$

$$h^{\circ}_{\text{Si}} = 0$$

$$h^{\circ}_{\text{O}_2} = 0$$

$$\Delta h^{\circ}_{\text{SiO}_2} = Q = h^{\circ}_{\text{SiO}_2} - h^{\circ}_{\text{Si}} - h^{\circ}_{\text{O}_2} = -860\text{kJ/mol}$$

类似地，在 298K 和 1bar 下，氢气 (H_2) 和石墨 (C) 反应生成甲烷 (CH_4) 的生成焓 $\Delta h^{\circ}_{\text{CH}_4}$ 大约是 −74.8 kJ/mol，同理有

$$\Delta h^{\circ}_{\text{CH}_4} = -74.8\text{kJ/mol}$$

$$h^{\circ}_{\text{H}_2} = 0$$

$$h^{\circ}_{\text{C}} = 0$$

因此，以 298K 和 1bar 作为参考状态，我们可以建立化学势与温度和压强函数关系的热力学基本方程

$$\mu\left(T,p\right) = \mu^{\circ}\left(298\text{K},1\text{bar}\right) + \int_{298\text{K},1\text{bar}}^{T,1\text{bar}} \left[c_p - s^{\circ}\left(298\text{K},1\text{bar}\right)\right]\mathrm{d}T$$

$$- T\int_{298\text{K},1\text{bar}}^{T,1\text{bar}} \frac{c_p}{T}\mathrm{d}T + \int_{T,1\text{bar}}^{T,p} v\mathrm{d}p \tag{9.43}$$

9.6 包含多物理场效应的热力学基本方程

前边讨论的以摩尔亥姆霍兹自由能作为温度和摩尔体积的函数 $f\left(T,v\right)$ 或以化学势作为温度和压强的函数 $\mu\left(T,p\right)$ 建立的热力学基本方程仅适用于简单系统。我们可以进一步将内外场及表面效应的贡献引入热力学基本方程中。这些贡献包括重力势 gz 或单位质量 m 的重力势能、电势 ϕ 或单位电荷 q 的静电势能、表面/界面势或比表面/界面能 γ (即单位面积 A 的表面/界面能)，以及应力场、电场和磁场等。

包含上述贡献的内能表示的微分形式热力学基本方程可写为

$$\mathrm{d}U = T\mathrm{d}S - p\mathrm{d}V + V_{\mathrm{o}}\left(\sigma_{ij}^{\mathrm{d}}\mathrm{d}\varepsilon_{ij}^{\mathrm{d}} + E_i\mathrm{d}D_i + H_i\mathrm{d}B_i\right) + gz\mathrm{d}m$$

$$+ \phi\mathrm{d}q + \gamma\mathrm{d}A + \mu_i\mathrm{d}N_i \tag{9.44}$$

式中，微分符号之前的所有系数，或者是势 (即 T、p、gz、ϕ、γ、μ_1、μ_2、$\cdots$、μ_n)，或者是场 (即应力场 σ_{ij}、电场 E_i 和磁场 H_i)；σ_{ij}^{d} 和 $\varepsilon_{ij}^{\mathrm{d}}$ 分别是应力和应变的偏分量；V_{o} 是机械变形前参考态的体积；D_i 是电位移；B_i 是磁感应强度或磁通密度。

根据亥姆霍兹自由能或吉布斯自由能，方程 (9.44) 可改写为

$$\mathrm{d}F = -S\mathrm{d}T - p\mathrm{d}V + V_{\mathrm{o}}\left(\sigma_{ij}^{\mathrm{d}}\mathrm{d}\varepsilon_{ij}^{\mathrm{d}} + E_i\mathrm{d}D_i + H_i\mathrm{d}B_i\right) + gz\mathrm{d}m$$

$$+ \phi\mathrm{d}q + \gamma\mathrm{d}A + \mu_i\mathrm{d}N_i \tag{9.45}$$

$$\mathrm{d}G = -S\mathrm{d}T + V\mathrm{d}p - V_{\mathrm{o}}\left(\varepsilon_{ij}^{\mathrm{d}}\mathrm{d}\sigma_{ij}^{\mathrm{d}} + D_i\mathrm{d}E_i + B_i\mathrm{d}H_i\right) + gz\mathrm{d}m$$

$$+ \phi\mathrm{d}q + \gamma\mathrm{d}A + \mu_i\mathrm{d}N_i \tag{9.46}$$

对于非均匀系统，我们通常用体积密度表示基本方程。例如，可以将式 (9.44) 改写为

$$\mathrm{d}u_{\mathrm{v}} = T\mathrm{d}s_{\mathrm{v}} - p\mathrm{d}\varepsilon + \sigma_{ij}^{\mathrm{d}}\mathrm{d}\varepsilon_{ij}^{\mathrm{d}} + E_i\mathrm{d}D_i + H_i\mathrm{d}B_i + gz\mathrm{d}\rho_{\mathrm{m}} + \phi\mathrm{d}\rho_{\mathrm{q}} + \gamma\mathrm{d}a_{\mathrm{v}} + \mu_i\mathrm{d}c_i \tag{9.47}$$

式中，u_v、s_v、ρ_m、ρ_q 和 a_v 分别是内能、熵、质量、电荷和表面积的体积密度；c_i 是物质 i 的体积浓度，$\mathrm{d}\varepsilon = \mathrm{d}V/V_\mathrm{o}$。

恒温下摩尔亥姆霍兹自由能密度 f_v 和恒温恒压下摩尔吉布斯自由能密度 g_v 的基本方程可写为

$$\mathrm{d}f_\mathrm{v} = -p\mathrm{d}\varepsilon + \sigma_{ij}^\mathrm{d}\mathrm{d}\varepsilon_{ij}^\mathrm{d} + E_i\mathrm{d}D_i + H_i\mathrm{d}B_i + gz\mathrm{d}\rho_\mathrm{m} + \phi\mathrm{d}\rho_\mathrm{q} + \gamma\mathrm{d}a_\mathrm{v} + \mu_i\mathrm{d}c_i \tag{9.48}$$

$$\mathrm{d}g_\mathrm{v} = -\varepsilon_{ij}^\mathrm{d}\mathrm{d}\sigma_{ij}^\mathrm{d} - D_i\mathrm{d}E_i - B_i\mathrm{d}H_i + gz\mathrm{d}\rho_\mathrm{m} + \phi\mathrm{d}\rho_\mathrm{q} + \gamma\mathrm{d}a_\mathrm{v} + \mu_i\mathrm{d}c_i \tag{9.49}$$

因此，在原理上类似于简单系统，我们可以使用摩尔亥姆霍兹自由能密度或摩尔吉布斯自由能密度来构造非均匀系统的热力学基本方程

$$f_\mathrm{v} = f_\mathrm{v}\left(T, \varepsilon, \varepsilon_{ij}^\mathrm{d}, D_i, B_i, \rho_\mathrm{m}, \rho_\mathrm{q}, a_\mathrm{v}, c_i\right) \tag{9.50}$$

$$g_\mathrm{v} = g_\mathrm{v}\left(T, p, \sigma_{ij}^\mathrm{d}, E_i, H_i, \rho_\mathrm{m}, \rho_\mathrm{q}, a_\mathrm{v}, c_i\right) \tag{9.51}$$

还有一种常见的做法是，将其中一些贡献的势跟化学势结合成一个总势来研究复合贡献。下面我们讨论一些例子。

9.6.1　化学重力势

先看一个简单例子，只考虑在恒定温度和体积下的重力势和化学势，亥姆霍兹自由能的微分形式为

$$\mathrm{d}F = gz\mathrm{d}m + \mu\mathrm{d}N \tag{9.52}$$

式中，g 是重力加速度，m 是质量，z 是系统的高度。

可将上式改写为

$$\mathrm{d}F = \left(gz\frac{\mathrm{d}m}{\mathrm{d}N} + \mu\right)\mathrm{d}N = \left(gzM + \mu\right)\mathrm{d}N \tag{9.53}$$

式中，M 是摩尔质量。

若用亥姆霍兹自由能密度表示，式 (9.53) 变为

$$\mathrm{d}f_\mathrm{v} = \left(gz\frac{\mathrm{d}m}{\mathrm{d}N} + \mu\right)\mathrm{d}c = \left(gzM + \mu\right)\mathrm{d}c \tag{9.54}$$

因此，存在重力势的情况下，材料的总势就是化学重力势

$$\mu^\mathrm{cg} = gzM + \mu \tag{9.55}$$

式中，μ 为化学势。

9.6.2　电化学势

带电物质 i (如离子、电子和空穴等) 的总势是化学势和电势之和，这里我们可以写出恒温恒容条件下亥姆霍兹自由能的微分形式为

$$\mathrm{d}F = \phi\mathrm{d}q + \mu_i\mathrm{d}N_i \tag{9.56}$$

式中，ϕ 是电势，q 是电荷，μ_i 是物质 i 的化学势，N_i 是物质 i 的摩尔数。

可把上式改写为

$$\mathrm{d}F = \left(\phi\frac{\mathrm{d}q}{\mathrm{d}N_i} + \mu_i\right)\mathrm{d}N_i = (\phi z_i e N_\mathrm{A} + \mu_i)\,\mathrm{d}N_i = (\phi z_i \mathcal{F} + \mu_i)\,\mathrm{d}N_i \tag{9.57}$$

式中，z_i 是物质 i 的价态，e 是基本电荷，N_A 是阿伏伽德罗常量，eN_A 是法拉第常数 $\mathcal{F}$。因此，带电物质 i 的电化学势为

$$\tilde{\mu}_i = \mu_i + z_i\mathcal{F}\phi \tag{9.58}$$

例如，Li^+ 的电化学势为

$$\tilde{\mu}_{\mathrm{Li}^+} = \mu_{\mathrm{Li}^+} + \mathcal{F}\phi$$

9.6.3　包含表面效应的化学势

如果材料尺寸在纳米级，那么表面能对热力学的贡献不容忽视。位于表面的原子具有不同的键合环境，通常比材料内部的原子能量更高。表面能是与表面相关的额外能量，单位表面积的额外能量是比表面能。因此，材料总是倾向于最小化其表面积以最小化表面能，从而最小化材料的总能量。我们考虑到在恒温恒压条件下，粒子的吉布斯自由能随物质的量的变化，同时考虑到粒子的表面能贡献，有

$$\mathrm{d}G = \gamma\mathrm{d}A + \mu\mathrm{d}N \tag{9.59}$$

式中，γ 是比表面能，A 是表面积。

我们可以将表面能项改写为

$$\mathrm{d}G = \gamma\left(\frac{\partial A}{\partial V}\right)\left(\frac{\partial V}{\partial N}\right)\mathrm{d}N + \mu\mathrm{d}N = \gamma v\left(\frac{\partial A}{\partial V}\right)\mathrm{d}N + \mu\mathrm{d}N \tag{9.60}$$

因此

$$\mathrm{d}G = \left[\gamma v\left(\frac{\partial A}{\partial V}\right) + \mu\right]\mathrm{d}N \tag{9.61}$$

设 μ_r 是组成半径为 r 的球形固体颗粒的原子的化学势，有

$$\mu_r = \gamma v \left(\frac{\partial A}{\partial V} \right) + \mu \tag{9.62}$$

式中，v 是摩尔体积。再次改写

$$\mu_r = \gamma v \left(\frac{\partial A / \partial r}{\partial V / \partial r} \right)_{T,p} + \mu \tag{9.63}$$

对于半径为 r 的球形固体粒子，有

$$\frac{\partial A}{\partial r} = 8\pi r \tag{9.64}$$

和

$$\frac{\partial V}{\partial r} = 4\pi r^2 \tag{9.65}$$

将上两式代入式 (9.63)，有

$$\mu_r = \frac{2\gamma v}{r} + \mu \tag{9.66}$$

因此，包含表面效应的球形颗粒中原子的化学势为

$$\mu_r = \frac{2\gamma v}{r} + \mu_\infty \tag{9.67}$$

式中，μ_r 是半径为 r 的颗粒中的原子的化学势，μ_∞ 是无限大固体的化学势。

因此，在相同的温度和压强下，不同尺寸颗粒中原子的化学势不同。小颗粒中的原子具有更高的化学势，因此在热力学上不如大颗粒中的原子稳定，这正是颗粒粗化的原因。也就是说，如果来自小颗粒的原子具有到达大颗粒的扩散路径，则大颗粒会长大，小颗粒会变小或消失。

有限尺寸颗粒和无限尺寸颗粒之间的化学势差可以转化为压强差

$$\mathrm{d}\mu = v\mathrm{d}p \tag{9.68}$$

忽略压强对摩尔体积的影响，对上式中的化学势和压强分别从 μ_∞ 到 μ_r 和从 p_∞ 到 p_r 进行积分，得

$$\mu_r - \mu_\infty = v\left(p_r - p_\infty\right) \tag{9.69}$$

利用式 (9.67) 的结果，可以把半径为 r 的粒子内部的压强写成关于 r 的函数

$$p_r = \frac{2\gamma}{r} + p_\infty \tag{9.70}$$

即在平衡时，有限尺寸颗粒内部的压强高于外部的压强。

9.7 示　　例

例 1 在 1bar 的环境压强下, 石墨的摩尔熵 $s^{\circ}_{298K,1bar}$ 为 5.6J/(mol·K), 摩尔体积 $v^{\circ}_{298K,1bar}$ 为 6.0cm³/mol, 摩尔恒压热容 c_p 为 8.5J/(mol·K), 等温压缩系数 β_T 为 3×10^{-6}bar^{-1}。等压体积热膨胀系数 α 为 3×10^{-5}K^{-1}。请写出石墨的化学势作为温度和压强的函数方程。

解

$$\mu(T,p) = h^{\circ}_{298K,1bar} - s^{\circ}_{298K,1bar}T + c_p(T - 298K) - c_p T \ln\left(\frac{T}{298}\right)$$

$$+ \frac{v^{\circ}_{298K,1bar}e^{\alpha(T-298K)}}{\beta_T}\left[1 - e^{-\beta_T(p-1bar)}\right]$$

$$\mu(T,p) = -5.6T + 8.5\left[(T - 298K) - T\ln\left(\frac{T}{298}\right)\right]$$

$$+ 2.0 \times 10^{-6}e^{3\times10^{-5}(T-298K)}\left[1 - e^{-3\times10^{-6}(p-1bar)}\right]$$

例 2 在 1bar 的环境压强下, 液态水在 298K 时的熵 $s^{\circ,l}_{298K}$ 为 70J/(mol·K)。氢气和氧气在 298K 时生成水, 生成热 $\Delta h^{\circ,l}_{298K}$ 为 -286kJ/mol。固体冰的热容 c^s_p 是 38J/(mol·K)。水的热容 c^l_p 为 75J/(mol·K), 水蒸气的热容 c^v_p 为 36J/(mol·K)。冰在 0℃ 熔化的热量 Δh°_m 为 6007J/mol, 水在 100℃ 的汽化热 Δh°_v 为 40.65kJ/mol。试分别计算冰在 263K 和水蒸气在 393K 时的化学势。

解　冰在 263K 下的焓为

$$h^s_{263K} = h^{\circ,l}_{298K} + \int_{298K}^{273K} c^l_p dT + \Delta h^{\circ}_s + \int_{273K}^{263K} c^s_p dT$$

$$= h^{\circ,l}_{298K} + c^l_p(273 - 298) - \Delta h^{\circ}_m + c^s_p(263 - 273)$$

$$= -286000 - 75 \times 25 - 6007 - 38 \times 10$$

$$= -294262 \text{J/mol}$$

冰在 263K 时的熵为

$$s^s_{263K} = s^{\circ,l}_{298K} + \int_{298K}^{273K} \frac{c^l_p}{T} dT + \Delta s^{\circ}_s + \int_{273K}^{263K} \frac{c^s_p}{T} dT$$

$$= s^{\circ,l}_{298K} + c^l_p\ln\left(\frac{273}{298}\right) - \frac{\Delta h^{\circ}_m}{273} + c^s_p\ln\left(\frac{263}{273}\right)$$

$$= 70 + 75 \times (-0.0876) - \frac{6007}{273} + 38 \times (-0.0373)$$

$$= 40 \mathrm{J}/(\mathrm{mol} \cdot \mathrm{K})$$

因此，冰在 263K 时的化学势为

$$
\mu_{298\mathrm{K}}^{\mathrm{s}} = h_{298\mathrm{K}}^{\mathrm{o},l} + \int_{298\mathrm{K}}^{273\mathrm{K}} c_p^l \mathrm{d}T + \Delta h_{\mathrm{s}}^{\mathrm{o}} + \int_{273\mathrm{K}}^{263\mathrm{K}} c_p^{\mathrm{s}} \mathrm{d}T
$$

$$
\quad - 263 \left(s_{298\mathrm{K}}^{\mathrm{o},l} + \int_{298\mathrm{K}}^{273\mathrm{K}} \frac{c_p^l}{T} \mathrm{d}T + \Delta s_{\mathrm{s}}^{\mathrm{o}} + \int_{273\mathrm{K}}^{263\mathrm{K}} \frac{c_p^{\mathrm{s}}}{T} \mathrm{d}T \right)
$$

$$
= h_{298\mathrm{K}}^{\mathrm{o},l} + c_p^l (273 - 298) - \Delta h_{\mathrm{m}}^{\mathrm{o}} + c_p^{\mathrm{s}} (263 - 273)
$$

$$
\quad - 263 \left[s_{298\mathrm{K}}^{\mathrm{o},l} + c_p^l \ln \left(\frac{273}{298} \right) - \frac{\Delta h_{\mathrm{m}}^{\mathrm{o}}}{273} + c_p^{\mathrm{s}} \ln \left(\frac{263}{273} \right) \right]
$$

$$
= -286000 - 75 \times 25 - 6007 - 38 \times 10
$$

$$
\quad - 263 \times \left[70 + 75 \times (-0.0876) - \frac{6007}{273} + 38 \times (-0.0373) \right]
$$

$$
= -304784 \mathrm{G}
$$

水蒸气在 393K 时的焓为

$$
h_{393\mathrm{K}}^{\mathrm{v}} = h_{298\mathrm{K}}^{\mathrm{o},l} + \int_{298\mathrm{K}}^{373\mathrm{K}} c_p^l \mathrm{d}T + \Delta h_{\mathrm{v}}^{\mathrm{o}} + \int_{373\mathrm{K}}^{393\mathrm{K}} c_p^{\mathrm{v}} \mathrm{d}T
$$

$$
= h_{298\mathrm{K}}^{\mathrm{o},l} + c_p^l (373 - 298) + \Delta h_{\mathrm{v}}^{\mathrm{o}} + c_p^{\mathrm{v}} (393 - 373)
$$

$$
= -286000 + 75 \times 75 + 40650 + 36 \times 20
$$

$$
= -239005 \mathrm{J/mol}
$$

水蒸气在 393K 时的熵为

$$
s_{393\mathrm{K}}^{\mathrm{v}} = s_{298\mathrm{K}}^{\mathrm{o},l} + \int_{298\mathrm{K}}^{373\mathrm{K}} \frac{c_p^l}{T} \mathrm{d}T + \Delta s_{\mathrm{v}}^{\mathrm{o}} + \int_{373\mathrm{K}}^{393\mathrm{K}} \frac{c_p^{\mathrm{v}}}{T} \mathrm{d}T
$$

$$
= s_{298\mathrm{K}}^{\mathrm{o},l} + c_p^l \ln \left(\frac{373}{298} \right) + \frac{\Delta h_{\mathrm{v}}^{\mathrm{o}}}{373} + c_p^{\mathrm{v}} \ln \left(\frac{393}{373} \right)
$$

$$
= 70 + 75 \times 0.2245 + \frac{40650}{373} + 36 \times 0.0522
$$

$$
= 198 \mathrm{J}/(\mathrm{mol} \cdot \mathrm{K})
$$

因此，水蒸气在 393K 时的化学势为

$$
\begin{aligned}
\mu_{398K}^{s} = \;& h_{298K}^{o,l} + \int_{298K}^{373K} c_p^l \mathrm{d}T + \Delta h_v^o + \int_{373K}^{393K} c_p^v \mathrm{d}T \\
& - 393 \left(s_{298K}^{o,l} + \int_{298K}^{373K} \frac{c_p^l}{T} \mathrm{d}T + \Delta s_v^o + \int_{373K}^{393K} \frac{c_p^v}{T} \mathrm{d}T \right) \\
= \;& h_{298K}^{o,l} + c_p^l (373 - 298) + \Delta h_v^o + c_p^v (393 - 373) \\
& - 393 \left[s_{298K}^{o,l} + c_p^l \ln\left(\frac{373}{298}\right) + \frac{\Delta h_v^o}{373} + c_p^v \ln\left(\frac{393}{373}\right) \right] \\
= \;& -286000 + 75 \times 75 + 40650 + 36 \times 20 \\
& - 393 \left(70 + 75 \times 0.2245 + \frac{40650}{373} + 36 \times 0.0522 \right) \\
= \;& -316700G
\end{aligned}
$$

9.8 习 题

1. 判断对错：如果氧气在 298K 和 1bar 下的焓为零，则氧气在 0℃ 时的焓小于零。（ ）

2. 判断对错：1mol 水的熵不可能为负值。（ ）

3. 判断对错：根据惯例将氧气在室温 298K 和 1bar 条件下的焓定义为零，那么氧气在室温下的熵大于零。（ ）

4. 根据确定系统焓的惯例，假设 NiO 在 1bar 和 298K 下的生成热为 $-244.6\,\mathrm{kJ/mol}$，那么 Ni、O_2 和 NiO 在 1bar 和 298K 下的焓是多少？

5. 根据确定系统焓的惯例，按递增顺序排列以下系统的焓，均在 1mol 和 1bar 条件下的：O_2 (298K)、Al (500K) 和 Al_2O_3 (298K)。

6. 按递增顺序排列以下系统的焓，均为在 1mol 和 1bar 条件下的：水 (0℃)、冰 (0K)、水蒸气 (100℃)、冰 (0℃) 和水 (100℃)。

7. 由低到高排列 Cu 在固态、液态和气态的摩尔熵。

8. 按递增顺序排列以下系统在 1bar 下的熵：1mol 0K 的 fcc 结构纯 Al 固体、1mol 298K 的水和 1mol 298K 的氧气。

9. 由低到高排列不同条件下 Al 的熵：fcc 结构固体 Al (0K 1bar)、fcc 结构固体 Al (298K 1bar)、fcc 结构固体 Al (934K) 和液态 Al (934K 1bar)。

10. 由低到高排列以下物质的熵：石墨 C (298K、1bar)、O_2 (298K、1bar) 和 O_2 (298K、100bar)。

11. 按递增顺序排列如下系统的熵 (都是 1mol 和 1bar)：0°C 水、0K 冰、100K 水蒸气、0°C 冰和 100°C 水。

12. 按递增顺序排列如下材料的熵 (都是 1mol 和 1bar)：2435K 液态 Ag、2435K 气态 Ag、0K 固态 Ag、298K 固态 Ag、1234K 固态 Ag 和 1234K 液态 Ag。

13. 判断对错：纯物质在恒定体积下的亥姆霍兹自由能总是随着温度的升高而降低。(　　)

14. 判断对错：纯物质在恒定温度下的亥姆霍兹自由能总是随体积的增加而减小。(　　)

15. 判断对错：在恒定温度下，系统的亥姆霍兹自由能相对于体积的变化率总是正的。(　　)

16. 在给定的温度下，当挤压一块固体时，固体的亥姆霍兹自由能是：(i) 增加 (　　)；(ii) 减少 (　　)。

17. 判断对错：0K 时，系统的化学势等于它的摩尔焓。(　　)

18. 根据如下表中的数据 (1bar 压强)，计算 1bar 条件下，Ba、O_2、Ti、BaO、TiO_2 和 $BaTiO_3$ 的化学势作为温度的函数。

物质	h^o_{298K}/ (J/mol)	s^o_{298K}/ (J/(mol · K))	c_p/ (J/(mol · K))
Ba		62.4	28.07
O_2		205.1	29.4
Ti		30.7	25.06
BaO	−582,000	70.0	50.0
TiO_2	−945,000	50.0	55.0
$BaTiO_3$	−1647,000	107.9	110.0

19. 固体 Ba 有两种多晶型 α 和 β。α 相在 648K 以下温度是稳定的，在 648K 时，α 相转变为 β 相。β 相在高于 1000K 的熔化温度之前保持稳定。α 相的摩尔恒压热容：$c_p^\alpha = -438.2 + 1587.0 \times 10^{-3}T + 128.2 \times 10^5 T^{-2}$ (J/(mol · K))。β 相的摩尔恒压热容：$c_p^\beta = -5.69 + 80.33 \times 10^{-3}T$ (J/(mol · K))。α 相的摩尔熵：$s^{o,\alpha}_{298K} = 62.4$ J/(mol · K)。从 α 到 β 的平衡相变温度为 $T_e^{\alpha \to \beta} = 648K$。$\alpha$ 到 β 转变的摩尔相变热：$\Delta h_e^{\alpha \to \beta} = 630$ J/mol。给出从 298K 到 1000K 温度范围内 Ba 的化学势 μ_{Ba} 和温度的关系。

20. 已知：金刚石的摩尔焓 $h^{o,d}_{298K,1bar} = 1900$ J/mol，石墨的摩尔熵 $s^{o,g}_{298K,1bar} = 5.6$ J/(mol · K)；金刚石的摩尔熵 $s^{o,d}_{298K,1bar} = 2.4$ J/(mol · K)，石墨的摩尔体积 $v^{o,g}_{298K,1bar} = 6.0$ cm³/mol；金刚石的摩尔体积 $v^{o,d}_{298K,1bar} = 3.4$ cm³/mol，石墨的摩尔恒压热容 $c_p^g = 8.5$ J/(mol · K)；金刚石的摩尔恒压热容 $c_p^d = 6.0$ J/(mol · K)，石墨的摩尔等温压缩系数 $\beta_T^g = 3 \times 10^{-6}$ bar⁻¹，金刚石的摩尔等温压缩系数 $\beta_T^d =$

$2 \times 10^{-7} \mathrm{bar}^{-1}$；石墨的体积热膨胀系数 $\alpha^{\mathrm{g}} = 3 \times 10^{-5} \mathrm{K}^{-1}$，金刚石的体积热膨胀系数 $\alpha^{\mathrm{d}} = 10^{-5} \mathrm{K}^{-1}$。请写出：

(a) 在 1bar 下石墨的化学势作为温度的函数式；

(b) 在 1bar 下金刚石的化学势作为温度的函数式；

(c) 在 298K 下石墨的化学势作为压强的函数式；

(d) 在 298K 下金刚石的化学势作为压强的函数式；

(e) 石墨的化学势作为温度和压强的函数式；

(f) 金刚石的化学势作为温度和压强的函数式；

(g) 石墨和金刚石的化学势之差作为温度和压强的函数式 (假设金刚石和石墨的压缩系数 $\beta = 0$)。

21. 有一个边长为 a 的立方体固体颗粒，假设相应无限尺寸颗粒的化学势为 μ_{∞}，摩尔体积为 v，表面能为 γ，求出该固体颗粒的化学势与颗粒边长 a 的关系。

22. 利用化学重力势和总势必须均匀的平衡条件，证明摩尔质量为 M 的气体分子在海拔 z 处的压强为

$$p(z) = p(0) \exp \left(-\frac{Mgz}{RT} \right)$$

式中，$p(0)$ 是海平面上的压强，R 是气体常数，g 是重力加速度。

参 考 文 献

[1] G. Job and F. Herrmann, "Chemical potential—a quantity in search of recognition." Institute of Physics Publishing, Eur. J. Physics 27, 353 (2006).

第 10 章　气体、电子、晶体和缺陷的化学势

在材料科学与工程的实验应用中，最易于使用的热力学基本方程是将化学势作为温度和压强的函数的方法。在理论计算中，除了使用摩尔亥姆霍兹自由能作为温度和体积的函数外，还经常使用化学势作为温度和摩尔体积的函数的状态方程。本章将讨论一些经典系统的热力学，包括理想气体、固体中的价电子、以爱因斯坦模型或德拜近似描述晶格振动的晶体，以及无相互作用的晶格点缺陷系统。这些系统的基本方程和化学势可以从统计力学中推导出来。本章将给出它们的基本方程和/或化学势，而不进行推导，然后从它们的热力学基本方程中获得这些模型系统的所有重要热力学性质。

10.1　理想气体的化学势

作为温度 T 和压强 p 的函数的单组分理想气体的化学势 μ (以每原子能量为单位) 由下式给出

$$\mu\left(T,p\right) = -k_{\mathrm{B}}T\left\{\ln\left[\frac{k_{\mathrm{B}}T}{p}\left(\frac{2\pi mk_{\mathrm{B}}T}{h^2}\right)^{\frac{3}{2}}\right]\right\} \tag{10.1}$$

式中，m 为原子质量，k_{B} 为玻尔兹曼常量，h 为普朗克常量。

上式中

$$\left(\frac{2\pi mk_{\mathrm{B}}T}{h^2}\right)^{3/2} = N^{\mathrm{g}} \tag{10.2}$$

该项可以看作是理想气体的状态密度，它的倒数是每个状态的体积，即

$$v^{\mathrm{g}} = \frac{1}{N^{\mathrm{g}}} = \left(\frac{h^2}{2\pi mk_{\mathrm{B}}T}\right)^{3/2} \tag{10.3}$$

同时

$$\frac{k_{\mathrm{B}}T}{p} = \frac{V}{N} = v = \frac{1}{n} \tag{10.4}$$

表示气体中每个原子的体积。式 (10.4) 中，V 是气体的总体积，N 是气体总原子数，n 是单位体积的气体原子数。

在材料科学与工程的热力学应用中，我们经常使用的化学势单位是 G (= J/mol)，而不是基于每个原子的化学势。每摩尔理想气体的化学势由下式给出

$$\mu\left(T,p\right) = -RT\left\{\ln\left[\frac{k_{\rm B}T}{p}\left(\frac{2\pi mk_{\rm B}T}{h^2}\right)^{\frac{3}{2}}\right]\right\} \tag{10.5}$$

式中，R 为气体常数。

10.1.1　标准状态、活度和逸度

对于气体，通常以压强 $p^\circ = 1{\rm bar}$ (= $10^5{\rm pa}$) 下的纯气体作为标准状态。纯理想气体在 p° 下的化学势为

$$\mu^\circ\left(T,p^\circ\right) = -RT\left\{\ln\left[\frac{k_{\rm B}T}{p^\circ}\left(\frac{2\pi mk_{\rm B}T}{h^2}\right)^{\frac{3}{2}}\right]\right\} \tag{10.6}$$

通过定义气体的标准状态，化学势 μ 作为温度 T 和压强 p 的函数关系可改写为

$$\mu\left(T,p\right) = \mu^\circ\left(T,p^\circ\right) + RT\ln\frac{p}{p^\circ} \tag{10.7}$$

引入一个无量纲的量 a，称为活度

$$a = \frac{p}{p^\circ} \tag{10.8}$$

以 1bar 下的纯气体为标准状态，气体的化学势也可以改写为

$$\mu\left(T,p\right) = \mu^\circ\left(T,1{\rm bar}\right) + RT\ln\frac{p}{1{\rm bar}} = \mu^\circ\left(T,1{\rm bar}\right) + RT\ln a \tag{10.9}$$

式中

$$a = \frac{p}{1{\rm bar}} \tag{10.10}$$

因此，理想气体的活度 a 与气体的压强大小相等，但没有单位。例如，对于 0.05bar 的理想气体，其活度为 0.05。

对于实际气体，理想气体的状态方程不再有效。为了使实际气体与理想气体的化学势保持相同的函数形式 (式 10.7)，通过下式定义一个逸度 f

$$\mathrm{d}\mu = RT\mathrm{d}\ln f \tag{10.11}$$

逸度与压强具有相同的单位。在给定温度下，逸度是压强的函数。当气体压强接近零时，逸度可以近似为相应的压强，即

$$\lim_{p \to 0} f \to p \tag{10.12}$$

通过引入逸度，气体的化学势可以表示为

$$\mu\left(T,f\right) = \mu^{\circ}\left(T,f^{\circ}\right) + RT\ln\left(\frac{f}{f^{\circ}}\right) \tag{10.13}$$

式中，f° 是标准状态下的逸度。

根据活度，气体的化学势可以表示为

$$\mu\left(T,f\right) = \mu^{\circ}\left(T,f^{\circ}\right) + RT\ln a \tag{10.14}$$

式中

$$a = \frac{f}{f^{\circ}} \tag{10.15}$$

可见，活度 a 为任意状态下的逸度与标准状态下的逸度之比，因此没有单位。

如果气相与固体或液体处于平衡，那么最方便的标准状态是选择凝聚相上方在平衡蒸气压 $p^{\mathrm{v,o}}$ 下的气相，其气相的化学势为

$$\mu^{\mathrm{v}}\left(T,f\right) = \mu^{\mathrm{v,o}}\left(T,p^{\mathrm{v,o}}\right) + RT\ln\left(\frac{p}{p^{\mathrm{v,o}}}\right) \tag{10.16}$$

对应的液相或固相的标准状态就是该平衡蒸气压 $p^{\mathrm{v,o}}$ 下的纯固体或液体

$$\mu^{l}\left(T,p\right) = \mu^{l,\mathrm{o}}\left(T,p^{\mathrm{v,o}}\right) \tag{10.17}$$

因此，在平衡状态下，气相中的压强就是平衡蒸气压

$$\mu^{l}\left(T,p\right) = \mu^{l,\mathrm{o}}\left(T,p^{\mathrm{v,o}}\right) = \mu^{\mathrm{v}}\left(T,p\right) = \mu^{\mathrm{v,o}}\left(T,p^{\mathrm{v,o}}\right) \tag{10.18}$$

应该注意的是，对于大多数其他应用，固体或液体的标准状态是 1bar 下的纯固体或纯液体。固体或液体在平衡蒸气压 $p^{\mathrm{v,o}}$ 或 1bar 下获得的结果之间的差异很小，通常可以忽略。

10.1.2　理想气体的化学重力势

理想气体在重力场中的热力学基本方程可用熵函数表示为

$$S = Nk_{\mathrm{B}}\left(\frac{5}{2} + \ln\left\{\frac{V}{N}\left[\frac{4\pi m\left(U - Nmgz\right)}{3h^{2}N}\right]^{\frac{3}{2}}\right\}\right) \tag{10.19}$$

式中，S 是熵，N 是气体的原子数，U 是内能，V 是体积，m 是原子质量，k_{B} 是玻尔兹曼常量，h 是普朗克常量，g 是重力加速度，z 是高度。

由此不难通过熵的状态方程得到理想气体在重力场中的化学势或化学重力势为

$$\mu\left(T,p,z\right) = -T\left(\frac{\partial S}{\partial N}\right)_{U,V} = -k_{\mathrm{B}}T\left\{\ln\left[\frac{k_{\mathrm{B}}T}{p}\left(\frac{2\pi m k_{\mathrm{B}}T}{h^2}\right)^{\frac{3}{2}}\right]\right\} + mgz \quad (10.20)$$

在平衡状态下，气体原子的化学重力势应该是均匀的，即

$$\mu\left(T,p,z\right) = 常数 \quad (10.21)$$

此时，假设温度 T 与 z 无关，压强 p 是 z 的函数，有

$$\mu\left[T,p\left(z\right),z\right] = \mu\left(T,p\left(0\right),0\right) \quad (10.22)$$

根据式 (10.20) 和式 (10.22)，有

$$-k_{\mathrm{B}}T\left\{\ln\left[\frac{k_{\mathrm{B}}T}{p\left(z\right)}\left(\frac{2\pi m k_{\mathrm{B}}T}{h^2}\right)^{\frac{3}{2}}\right]\right\} + mgz = -k_{\mathrm{B}}T\left\{\ln\left[\frac{k_{\mathrm{B}}T}{p\left(0\right)}\left(\frac{2\pi m k_{\mathrm{B}}T}{h^2}\right)^{\frac{3}{2}}\right]\right\}$$
$$(10.23)$$

或

$$k_{\mathrm{B}}T\ln p\left(z\right) + mgz = k_{\mathrm{B}}T\ln p\left(0\right) + 0 \quad (10.24)$$

上式可改写为

$$k_{\mathrm{B}}T\ln\frac{p\left(z\right)}{p\left(0\right)} = -mgz \quad (10.25)$$

由此可得到理想气体在重力场中的压强分布

$$p\left(z\right) = p\left(0\right)\mathrm{e}^{-\frac{mgz}{k_{\mathrm{B}}T}} \quad (10.26)$$

也可以得到密度分布 $n\left(z\right)(= p\left(z\right)/k_{\mathrm{B}}T)$ 与 z 的关系为

$$n\left(z\right) = n\left(0\right)\mathrm{e}^{-\frac{mgz}{k_{\mathrm{B}}T}} \quad (10.27)$$

10.2 电子和空穴的化学势

固体中电子、空穴、原子空位和间隙原子的化学势，可以用与化学物质的化学势相同的方式定义。电子的化学势通常用每个电子的化学能量表示，而不用每摩尔电子的化学能量，并且通常以电子伏特 (eV) 作为单位。因此，电子的化学势定义为：当系统中添加或移除一个电子时电子系统自由能的变化。电子化学势可简单理解为每个电子所拥有的化学能。

10.2.1 金属中的电子

在 0K 下，金属中的电子填满了能带的量子态，填充态和未填充态之间没有能隙。在有限的温度下，填充态顶部附近的一些电子被激发到同一能带内较高能量的空态。金属的价电子可以看作是服从泡利不相容原理的电子气体。以亥姆霍兹自由能表示的相对较低温度下价电子的热力学基本方程可近似为 [1]

$$F(T, V, N) = \frac{3}{5} N\mu_\circ \left[1 - \frac{5\pi^2}{12} \left(\frac{k_B T}{\mu_\circ} \right)^2 \right], \quad \mu_\circ = \frac{h^2}{2m} \left(\frac{3N}{8\pi V} \right)^{2/3} \tag{10.28}$$

式中，N 是温度为 T、体积为 V 时的价电子数，h 是普朗克常量，m 是有效电子质量，$\mu_\circ$ 是 0K 下电子的化学势，通常称为费米能 E_f。

根据亥姆霍兹自由能微分形式的热力学基本方程，我们不难获得其他热力学性质，包括作为温度和体积的函数的化学势。例如，电子气体的熵是温度、体积和电子数量的函数

$$S(T, V, N) = -\left(\frac{\partial F}{\partial T} \right)_{V,N} = \frac{N\mu_\circ}{T} \left[\frac{\pi^2}{2} \left(\frac{k_B T}{\mu_\circ} \right)^2 \right] \tag{10.29}$$

电子气体系统的压强作为温度和每电子的体积的函数，由下式给出

$$p(T, V/N) = -\left(\frac{\partial F}{\partial V} \right)_{T,N} = \frac{2}{5} \frac{N\mu_\circ}{V} \left[1 + \frac{5\pi^2}{12} \left(\frac{k_B T}{\mu_\circ} \right)^2 \right] \tag{10.30}$$

类似地，我们可以得到化学势或费米能关于温度和每电子体积的方程为

$$\mu(T, V/N) = \left(\frac{\partial F}{\partial N} \right)_{T,V} = \mu_\circ \left[1 - \frac{\pi^2}{12} \left(\frac{k_B T}{\mu_\circ} \right)^2 \right] \tag{10.31}$$

也不难得到其他热力学性质。例如，电子系统的内能关于温度、体积和电子数的方程为

$$U(T, V, N) = \frac{3}{5} N\mu_\circ \left[1 + \frac{5\pi^2}{12} \left(\frac{k_B T}{\mu_\circ} \right)^2 \right] \tag{10.32}$$

电子气体的热能关于温度、体积和电子数的方程为

$$TS(T, V, N) = N\mu_\circ \left[\frac{\pi^2}{2} \left(\frac{k_B T}{\mu_\circ} \right)^2 \right] \tag{10.33}$$

我们也可以得到电子系统的巨势能或机械能关于温度、体积和电子数的方程为

$$\Xi\left(T,V,N\right) = -p\left(T,V/N\right)V = -\frac{2}{5}N\mu_{\mathrm{o}}\left[1+\frac{5\pi^2}{12}\left(\frac{k_{\mathrm{B}}T}{\mu_{\mathrm{o}}}\right)^2\right] \tag{10.34}$$

电子系统的吉布斯自由能或化学能关于温度、体积和电子数的方程可简单由下式给出

$$G\left(T,V,N\right) = N\mu\left(T,N/V\right) = N\mu_{\mathrm{o}}\left[1-\frac{\pi^2}{12}\left(\frac{k_{\mathrm{B}}T}{\mu_{\mathrm{o}}}\right)^2\right] \tag{10.35}$$

显然，热能、机械能和化学能之和就是电子系统的内能。

电子系统的焓关于温度、体积和电子数的方程为

$$H\left(T,V,N\right) = U + pV = TS + N\mu = N\mu_{\mathrm{o}}\left[1+\frac{5\pi^2}{12}\left(\frac{k_{\mathrm{B}}T}{\mu_{\mathrm{o}}}\right)^2\right] \tag{10.36}$$

由内能或熵关于温度的方程，可以得到电子系统的恒容热容为

$$C_V\left(T,V,N\right) = \left(\frac{\partial U}{\partial T}\right)_{V,N} = T\left(\frac{\partial S}{\partial T}\right)_{V,N} = \frac{\pi^2}{2}Nk_{\mathrm{B}}^2\frac{T}{\mu_{\mathrm{o}}} = \frac{\pi^2}{2}Nk_{\mathrm{B}}\left(\frac{T}{T_{\mathrm{f}}}\right) \tag{10.37}$$

式中，T_{f} 称为费米温度，定义为

$$T_{\mathrm{f}} = \frac{\mu_{\mathrm{o}}}{k_{\mathrm{B}}} \tag{10.38}$$

由压强关于温度和每个电子体积的函数，可以得到电子气系统的等温体积模量为

$$B_T\left(T,V/N\right) = -V\left(\frac{\partial p}{\partial V}\right)_{T,N} = \frac{2}{3}\frac{N\mu_{\mathrm{o}}}{V}\left[1-\frac{\pi^2}{3}\left(\frac{k_{\mathrm{B}}T}{\mu_{\mathrm{o}}}\right)^2\right] \tag{10.39}$$

电子系统在 0K 下的热力学性质如下：

$$U\left(0,V,N\right) = F\left(0,V,N\right) = \frac{3}{5}N\mu_{\mathrm{o}} \tag{10.40}$$

$$H\left(0,V,N\right) = G\left(0,V,N\right) = N\mu_{\mathrm{o}} \tag{10.41}$$

$$p\left(0,V/N\right) = \frac{2}{5}\frac{N}{V}\mu_{\mathrm{o}} \tag{10.42}$$

$$S\left(0,V,N\right) = 0 \tag{10.43}$$

$$C_V\left(0,V,N\right) = 0 \tag{10.44}$$

$$B_T\left(0,V/N\right) = \frac{2}{3}\frac{N}{V}\mu_{\mathrm{o}} \tag{10.45}$$

10.2.2　半导体和绝缘体中的电子和空穴

对于半导体和绝缘体，在温度 0K 下，价电子完全填满了较低能级的电子能带，被填满的价带和完全空着的导带之间存在能带隙 (禁带)。在高于 0K 的某个温度下，少量电子从价带受热被激发到导带，在价带中留下了电子空穴。对于相同的材料，从价带激发到导带的电子数量随着温度的升高而增加。在相同的温度下，对于价带顶部和导带底部之间带隙较窄的材料，导带电子和价带空穴的数量更高。导带中的这些电子和价带中的电子空穴决定着半导体或绝缘体的导电性，这类似于固体中晶格空位和间隙原子决定着原子的扩散。

熵表示的导带电子的热力学基本方程可近似为

$$S_e(U_e, V, N_e) = N_e k_B \left(\frac{5}{2} + \ln \left\{ \frac{2V}{N_e} \left[\frac{4\pi m_e (U_e - N_e E_c)}{3h^2 N_e} \right]^{\frac{3}{2}} \right\} \right) \tag{10.46}$$

式中，S_e 是电子系统的熵，N_e 是导带中的电子数量，k_B 是玻尔兹曼常量，m_e 是电子的有效质量，U_e 是电子的内能，E_c 是导带边缘底部能量，h 是普朗克常量。

导带边缘底部能量 E_c 处的有效电子态密度 N_c 为

$$N_c = 2 \left(\frac{2\pi m_e k_B T}{h^2} \right)^{\frac{3}{2}} \tag{10.47}$$

那么，式 (10.46) 中导带电子的熵可改写为

$$S_e = N_e k_B \left[\frac{5}{2} + \ln \left(\frac{V}{N_e} N_c \right) \right] \tag{10.48}$$

由此，我们可以写出导带电子的三个状态方程

$$\frac{1}{T} = \left(\frac{\partial S_e}{\partial U_e} \right)_{V,N} = \frac{3}{2} \frac{N_e k_B}{U_e - N_e E_c} \tag{10.49}$$

$$\frac{p}{T} = \left(\frac{\partial S_e}{\partial V} \right)_{U_e, N} = \frac{N_e k_B}{V} \tag{10.50}$$

$$-\frac{\mu_e}{T} = \left(\frac{\partial S_e}{\partial N_e} \right)_{U_e, V} = k_B \ln \left(\frac{V}{N_e} N_c \right) - \frac{3}{2} \frac{N_e k_B E_c}{U_e - N_e E_c} \tag{10.51}$$

式中，p 是压强，μ_e 是电子的化学势 (或每个电子的吉布斯自由能)。

从式 (10.49) 可知，导带中每个电子的内能 u_e 为

$$u_e = E_c + \frac{3}{2} k_B T \tag{10.52}$$

导带中每个电子的焓 h_e 为

$$h_e = u_e + pv_e = E_c + \frac{5}{2}k_B T \tag{10.53}$$

式中，$v_e = V/N_e$ 是每个电子的体积。

根据状态方程 (10.50) 可得 $pV = N_e k_B T$ 或 $p = n_e k_B T$。可见，如果忽略导带电子之间的相互作用，导带电子也遵循理想气体定律。

根据式 (10.51)，电子的化学势 μ_e 关于温度和压强的方程为

$$\mu_e = E_c - k_B T \ln\left(\frac{k_B T}{p} N_c\right) \tag{10.54}$$

我们也可以把电子的化学势改写为关于温度和电子密度的方程

$$\mu_e = E_c - k_B T \ln\left(\frac{V}{N_e} N_c\right) = E_c + k_B T \ln\left(\frac{n_e}{N_c}\right) \tag{10.55}$$

式中，$n_e = N_e/V$ 是电子密度。我们可以将导带底部的电子能量 E_c 看作是半导体或绝缘体的电子在标准态下的化学势。式 (10.55) 中的 n_e/N_c 可以看作导带中被电子占据状态的分数。$k_B \ln(n_e/N_c)(= -s$，s 是每个电子的熵) 为电子构型熵 (导带态密度 N_c 中已占据态和未占据态的混合) 对化学势的贡献。在半导体物理中，电子的化学势被称为费米能级

$$E_f = \mu_e = E_c + k_B T \ln\left(\frac{n_e}{N_c}\right) \tag{10.56}$$

类似地，对于电子空穴，价带中每个电子空穴的内能为

$$\mu_h = -E_v + \frac{3}{2}k_B T \tag{10.57}$$

式中，E_v 是价带顶部能量。需要注意的是，电子空穴具有与电子相反的电荷。能带图描绘的是电子的能量，因此，在能带图中空穴的能量是负值。所以，上式中价带顶部能量 E_v 的前面为负号。

价带中每个电子空穴的焓为

$$h_h = u_h + pv_h = -E_v + \frac{5}{2}k_B T \tag{10.58}$$

式中，$v_h = V/N_h$，是每个电子空穴占据的体积。

价带中每个电子空穴的熵，包括热熵和构型熵，由下式给出

$$s_h = k_B \left\{ \frac{5}{2} + \ln \left[\frac{2}{n_h} \left(\frac{2\pi m_h k_B T}{h^2} \right)^{\frac{3}{2}} \right] \right\} \tag{10.59}$$

式中，m_h 是电子空穴的有效质量。

价带中的有效电子态密度 N_v 为

$$N_v = 2 \left(\frac{2\pi m_h k_B T}{h^2} \right)^{\frac{3}{2}} \tag{10.60}$$

因此，每个电子空穴的熵可以改写为

$$s_h = k_B \left[\frac{5}{2} + \ln \left(\frac{N_v}{n_h} \right) \right] = k_B \left[\frac{5}{2} - \ln \left(\frac{n_h}{N_v} \right) \right] \tag{10.61}$$

价带中电子空穴的化学势为

$$\mu_h = h_h - T s_h = -E_v + k_B T \ln \left(\frac{n_h}{N_v} \right) \tag{10.62}$$

式中，$-E_v$ 可以被认为是空穴的标准态化学势。

空穴的费米能级 E_f 为

$$-E_f = \mu_h = -E_v + k_B T \ln \left(\frac{n_h}{N_v} \right) \tag{10.63}$$

或

$$E_f = E_v - k_B T \ln \left(\frac{n_h}{N_v} \right) \tag{10.64}$$

电子–空穴对的受热激发可以类似于化学反应的表达

$$\text{Null} = e' + h^{\cdot}$$

平衡时

$$\mu_e + \mu_h = 0$$

如果用式 (10.55) 和式 (10.62) 代替电子和空穴的化学势，则有

$$n_e n_h = N_v N_c \exp \left(-\frac{E_g}{k_B T} \right) \tag{10.65}$$

式中，$E_g = E_c - E_v$ 为电子能带隙，见图 10.1。

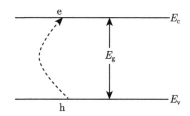

图 10.1 电子从价带激发到导带的示意图

10.2.3 电子的电化学势

当处于电势场 ϕ 中时，电子的电化学势为

$$\tilde{\mu}_e = \mu_e - e\phi = E_c - e\phi + k_B T \ln\left(\frac{n_e}{N_c}\right) \tag{10.66}$$

相应空穴的电化学势为

$$\tilde{\mu}_h = \mu_h + e\phi = -E_v + e\phi + k_B T \ln\left(\frac{n_h}{N_v}\right) \tag{10.67}$$

当没有达到热力学平衡态时，电子和空穴的电化学势称为准费米能级 E_{fe} 和 E_{fh}，即

$$\tilde{\mu}_e = E_{fe} = E_c - e\phi + k_B T \ln\left(\frac{n_e}{N_c}\right) \tag{10.68}$$

$$\tilde{\mu}_h = -E_{fh} = -E_v + e\phi + k_B T \ln\left(\frac{n_h}{N_v}\right) \tag{10.69}$$

由于电子的准费米能级可以看作是非平衡条件下电子的电化学势，E_{fn} 梯度是电子输运的驱动力。

在平衡状态下，电子–空穴对的化学势为零，即

$$\mu_{eh} = \tilde{\mu}_e + \tilde{\mu}_h = E_{fe} - E_{fh} = \mu_e + \mu_h = 0 \tag{10.70}$$

可见，局域电势不影响平衡载流子浓度 n_e 和 n_h 的乘积，电子和空穴在平衡态的费米能级相等。需要注意的是，如果电子–空穴系统处于非平衡态，则电子和空穴的费米能级并不相等。事实上，$\mu_{eh} = E_{fe} - E_{fh}$ 是光伏器件中由光产生的电子–空穴系统的可用化学能。

在平衡时，E_{fe} 应该是均匀的，$E_{fe} = E_{fh} = E_f$，则

$$n_e = N_c \exp\left(-\frac{E_c - E_f - e\phi}{k_B T}\right) \tag{10.71}$$

$$n_{h} = N_{v}\exp\left(-\frac{E_{f} - E_{v} + e\phi}{k_{B}T}\right) \tag{10.72}$$

譬如，电子在 n 型硅中比在 p 型硅中具有更高的化学势。平衡时的 p-n 结二极管中，电子的化学势在空间中是不均匀的：p 型电子的化学势较低，n 型电子的化学势较高。然而，电子的电化学势，即费米能级，在整个 p-n 结内是均匀的。

10.2.4 掺杂或杂质的电子俘获态中的电子化学势

杂质原子或故意用溶质原子掺杂晶体会在绝缘体或半导体的带隙 (禁带) 内产生电子能态。我们首先讨论一个电子俘获态 d 的相对简单的情况，其电子能级 E_{d} 位于带隙内，态密度 N_{d} 是施主电子的数量密度。$N_{d\times}$ 是中性原子的总数或占据俘获态的电子数。

激发电子从俘获态 E_{d} 到导带态 E_{c} 可表示为

$$e'\,(俘获态\ d) \to e'\,(导带)\,, \quad E_{c} - E_{d} \tag{10.73}$$

式中，$E_{c} - E_{d}$ 为电离能，可看作上述电子激发反应的标准化学势或自由能变化。当一个电子定域在一个掺杂原子上，或占据由掺杂原子产生的俘获态时，那么掺杂原子就变成中性或未电离的。因此，在 0K 时处于俘获态的电子总数与中性掺杂原子的总数相等。当一个电子在一个给定温度下从捕获态离域或激发到导带时，一个原子被电离，有效电荷为 $+e$。空俘获态的总数与电离的掺杂原子数量相等 (因为一些电子被激发到导带)。因此，俘获态电子的构型熵或组态熵可以从 $N_{d\times}$ 电子在 N_{d} 位置中分布的构型数目得到

$$S = k_{B}\ln\frac{2^{N_{d\times}}\,(N_{d})\,!}{(N_{d\times})\,!\,(N_{d+})\,!} = k_{B}\ln\frac{2^{N_{d\times}}\,(N_{d})\,!}{(N_{d\times})\,!\,[(N_{d} - N_{d\times})]\,!} \tag{10.74}$$

式中，k_{B} 为玻尔兹曼常量，N_{d+} 为带正电荷的单电离施主总数目或从施主态激发到导带的电子数目。由于电子自旋有向上或向下的可能性，简并因子为 2。当 N 值较大时，采用斯特林近似 $\ln N! = N\ln N - N$，有

$$S = k_{B}N_{d\times}\ln 2 + k_{B}N_{d}\ln N_{d} - k_{B}N_{d\times}\ln N_{d\times} - k_{B}\,(N_{d} - N_{d\times})\ln\,(N_{d} - N_{d\times}) \tag{10.75}$$

那么每个电子在俘获态的熵为

$$\frac{dS}{dN_{d\times}} = k_{B}\ln 2 - k_{B}\ln N_{d\times} + k_{B}\ln\,(N_{d} - N_{d\times}) = k_{B}\ln\frac{2\,(N_{d} - N_{d\times})}{N_{d\times}} \tag{10.76}$$

因此，电子化学势为

$$\mu_{e} = E_{d} - TS = E_{d} + k_{B}T\ln\left[\frac{N_{d\times}}{2\,(N_{d} - N_{d\times})}\right] \tag{10.77}$$

式中，$N_d = N_{d+} + N_{d\times}$，$E_d$ 和 μ_e 分别是施主能级 d 上电子的能量和化学势，E_d 也可以看作是电子在俘获态的标准态化学势。

如果上述反应处于平衡状态，电子的化学势就是费米能级 E_f，则有

$$\mu_e = E_d - TS = E_d + k_B T \ln\left[\frac{N_{d\times}}{2\left(N_d - N_{d\times}\right)}\right] = E_f \tag{10.78}$$

求解上述电离掺杂物与中性掺杂物数目之比的方程，则

$$\frac{N_{d+}}{N_{d\times}} = \frac{1}{2}\exp\left(-\frac{E_f - E_d}{k_B T}\right) \tag{10.79}$$

或用总掺杂物浓度求解电离掺杂物的数目

$$N_{d+} = \frac{N_d}{1 + 2\exp\left(\dfrac{E_f - E_d}{k_B T}\right)} \tag{10.80}$$

对于电子占据带隙内受主态的情形，可以导出类似的表达式。

10.3 爱因斯坦晶体和德拜晶体的化学势

爱因斯坦模型是引入了晶格振动对结晶固体热力学贡献的经典模型之一，该模型将 N 个原子晶体的晶格振动看作具有相同频率 ω 的 $3N$ 个谐振子，系统的总能量是晶体中 N 个原子的静势能 $U(0K, V)$ 与 $3N$ 个谐振子的能量之和。应该注意的是，晶体中原子的数量和声子的数量应该区分开来。虽然原子数 N 是固定的，但平均声子数目取决于温度。因此，爱因斯坦晶体中的声子数目既不等于 N，也不等于 $3N$。

具有相同振动频率 ω 的 $3N$ 个振动模式的爱因斯坦模型的正则配分函数 Z_C 为

$$Z_C = \left(\frac{e^{-\frac{\hbar\omega}{2k_B T}}}{1 - e^{-\frac{\hbar\omega}{k_B T}}}\right)^{3N} e^{-\frac{Nu(0,v)}{k_B T}} \tag{10.81}$$

式中，k_B 为玻尔兹曼常量，N 为晶体中的原子数，$u(0, v)$ 为晶体中每个原子的静势能，v 为每个原子的体积，简称为原子体积。因此，用亥姆霍兹自由能表示的爱因斯坦晶体的热力学基本方程为

$$F(T, V, N) = -k_B T \ln Z_C = -k_B T \ln\left[\left(\frac{e^{-\frac{\hbar\omega}{2k_B T}}}{1 - e^{-\frac{\hbar\omega}{k_B T}}}\right)^{3N} e^{-\frac{Nu(0,v)}{k_B T}}\right] \tag{10.82}$$

可以改写为

$$F\left(T,V,N\right) = Nu\left(0,v\right) + 3Nk_{\mathrm{B}}T\ln\left[2\sinh\left(\frac{h\omega}{2k_{\mathrm{B}}T}\right)\right] \tag{10.83}$$

爱因斯坦晶体的化学势可写为

$$\mu\left(T,v\right) = \left(\frac{\partial F}{\partial N}\right)_{T,V} = u\left(0,v\right) + 3k_{\mathrm{B}}T\ln\left[2\sinh\left(\frac{h\omega}{2k_{\mathrm{B}}T}\right)\right] \tag{10.84}$$

注意：这是爱因斯坦晶体的化学势，而非守恒声子的化学势为零。

我们不难获得爱因斯坦晶体的熵和内能关于温度、体积和原子数的方程

$$S = -\left(\frac{\partial F}{\partial T}\right)_{V,N} = -3Nk_{\mathrm{B}}\ln\left(1-\mathrm{e}^{-\frac{h\omega}{k_{\mathrm{B}}T}}\right) + \frac{3Nh\omega}{T}\frac{\mathrm{e}^{-\frac{h\omega}{k_{\mathrm{B}}T}}}{1-\mathrm{e}^{-\frac{h\omega}{k_{\mathrm{B}}T}}} \tag{10.85}$$

$$U = F + TS = Nu\left(0,v\right) + \frac{3}{2}Nh\omega + \frac{3Nh\omega}{\mathrm{e}^{\frac{h\omega}{k_{\mathrm{B}}T}}-1} \tag{10.86}$$

因此，爱因斯坦晶体的恒容热容为

$$C_V = \left(\frac{\partial U}{\partial T}\right)_{V,N} = T\left(\frac{\partial S}{\partial T}\right)_{V,N} = 3N\frac{\left(h\omega\right)^2}{k_{\mathrm{B}}T^2}\frac{\mathrm{e}^{\frac{h\omega}{k_{\mathrm{B}}T}}}{\left(\mathrm{e}^{\frac{h\omega}{k_{\mathrm{B}}T}}-1\right)^2} \tag{10.87}$$

在低温下，恒容热容可近似为

$$C_V = \left(\frac{\partial U}{\partial T}\right)_{V,N} = 3Nk_{\mathrm{B}}\left(\frac{h\omega}{k_{\mathrm{B}}T}\right)^2\mathrm{e}^{-\frac{h\omega}{k_{\mathrm{B}}T}} \tag{10.88}$$

在高温下，恒容热容几乎是一个常数，即

$$C_V = \left(\frac{\partial U}{\partial T}\right)_{V,N} = 3Nk_{\mathrm{B}} \tag{10.89}$$

与爱因斯坦模型相比较，德拜模型对晶格振动给出了更精确的描述。在体积为 V 的晶体中，假设振动模式密度与频率呈抛物线关系，由 $3N$ 个谐振子的振动频率决定的晶格振动频率上限叫做德拜频率 ω_{D}，与只有单一振动频率的爱因斯坦模型形成了对比。

在德拜模型中，可以证明 [2] 德拜晶体的亥姆霍兹自由能关于温度、体积和原子数的方程为

$$F = Nu\left(0,v\right) - \int_0^{\omega_{\mathrm{D}}}\left[\ln\left(\frac{\mathrm{e}^{-\frac{h\omega}{2k_{\mathrm{B}}T}}}{1-\mathrm{e}^{-\frac{h\omega}{k_{\mathrm{B}}T}}}\right)\right]\frac{9N}{\omega_{\mathrm{D}}^3}\omega^2\mathrm{d}\omega \tag{10.90}$$

式中，ω_D 为德拜频率。对上式进行分部积分可得

$$F = Nu\left(0,v\right) + \frac{9Nh\omega_D}{8} + 3Nk_BT\ln\left(1-e^{-x}\right) - \frac{3Nh}{\omega_D^3}\left(\frac{k_BT}{h}\right)^4 \int_0^x \frac{x^3}{(e^x-1)}\mathrm{d}x \tag{10.91}$$

式中

$$x = \frac{h\omega}{k_BT} \tag{10.92}$$

在低温下，有

$$\ln\left(1-e^{-x}\right) \to 0, \qquad \int_0^x \frac{x^3}{e^x-1}\mathrm{d}x = \frac{\pi^4}{15} \tag{10.93}$$

由此可得低温下亥姆霍兹自由能近似为

$$F = Nu\left(0,v\right) + \frac{9Nh\omega_D}{8} - \frac{Nh}{5\omega_D^3}\left(\frac{\pi k_BT}{h}\right)^4 \tag{10.94}$$

我们可从亥姆霍兹自由能得到其他的热力学性质。例如，德拜晶体在低温下的熵为

$$S = -\left(\frac{\partial F}{\partial T}\right)_{N,V} = \frac{4\pi^4 Nk_B}{5}\left(\frac{k_BT}{h\omega_D}\right)^3 \tag{10.95}$$

相应的低温恒容热容为

$$C_V = T\left(\frac{\partial S}{\partial T}\right)_{N,V} = \frac{12\pi^4 Nk_B}{5}\left(\frac{k_BT}{h\omega_D}\right)^3 = \frac{12\pi^4 Nk_B}{5}\left(\frac{T}{T_D}\right)^3 \tag{10.96}$$

式中，T_D 是德拜温度

$$T_D = \frac{h\omega_D}{k_B} \tag{10.97}$$

在高温下

$$F \approx Nu\left(0,v\right) + \frac{9Nh\omega_D}{8} + 3Nk_BT\ln\left(\frac{h\omega_D}{k_BT}\right) - Nk_BT \tag{10.98}$$

因此

$$S = -\left(\frac{\partial F}{\partial T}\right)_{N,V} = -3Nk_B\ln\left(\frac{h\omega_D}{k_BT}\right) + 4Nk_B \tag{10.99}$$

相应的高温恒容热容为

$$C_V = T \left(\frac{\partial S}{\partial T} \right)_{N,V} = 3N k_B \tag{10.100}$$

对于 1mol 原子，在高温下的摩尔恒容热容为

$$c_v = 3N_o k_B = 3R \tag{10.101}$$

10.4　原子缺陷的化学势

虽然形成点缺陷需要消耗能量，晶体在有限温度下的热力学平衡时总是含有一定数量的点缺陷，固体中缺陷形成的驱动力是熵的增加。缺陷在决定材料性能方面至关重要，因为晶体中原子的运动、带隙内的额外电子能态等主要与缺陷有关，并且它们可以与其他点缺陷、位错和晶界及外部刺激相互作用。因此，充分理解原子缺陷的热力学是很重要的。

梅尔 (Maier) 使用能带图对原子缺陷和电子缺陷进行了类比 [3]，原子只有在缺陷形成时才能移动，而电子只有在进入半导体或绝缘体的导带时才能移动。因此，导带电子就像是缺陷，我们可以把导电的电子看作间隙原子，把电子空穴视为原子空位。而杂质对离子和电子运动的影响也是相似的，即杂质形成能或能态与电子态相类似，例如由杂质产生的带隙态。人们还可以定义离子缺陷的能隙能级，譬如空位和间隙原子。原子缺陷与电子缺陷的化学势和浓度也几乎完全相似。

10.4.1　空位的化学势

晶体中最常见的缺陷类型是原子空位，即原子缺失的晶格位置。为了分析空位热力学，我们可以想象当一个原子从晶体内部移动到晶体表面时会产生一个空位，如图 10.2 所示。如果忽略晶体的表面原子和内部原子的不同，移动的最终结果就是在晶体内部产生空位，而原子总数保持不变。在这个过程中，晶格位点总数增加了一个，因此，在不考虑原子弛豫的情况下，晶体体积增加了一个原子体积。

空位的产生破坏了原子键，晶体的能量增加。我们将保持晶体中原子总数 n 不变的情况下，系统中由于空位产生而增加的能量定义为空位形成能 Δu_v，

$$\Delta u_v = U_{n+v} - U_n \tag{10.102}$$

通常情况下，空位的产生是在恒压下进行的。于是，我们把移除晶体内部一个原子并将其放置在晶面表面而产生的焓变化定义为空位形成焓 Δh_v，

$$\Delta h_v = H_{n+v} - H_n = \Delta u_v + p \Delta v_v \tag{10.103}$$

式中，p 为压强，Δv_v 为空位形成体积。

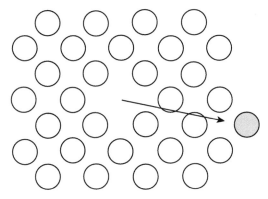

图 10.2 原子从晶体内部移动到表面产生空位的示意图

空位的产生也使得系统的熵发生了变化。空位的形成熵 ΔS,是具有 n 个原子和一个空位的晶体与具有 n 个原子的完美晶体之间的熵差。它由两部分贡献组成:空位形成的振动熵 Δs_{v} 及由原子和空位组成的晶体构型熵 ΔS_{c}。空位的振动熵可估写为

$$\Delta s_{\mathrm{v}} = -k_{\mathrm{B}} \sum_i \ln \frac{\omega_i'}{\omega_i^{\mathrm{o}}} \tag{10.104}$$

式中,k_{B} 为玻尔兹曼常量,ω_i' 为含空位晶体中原子的振动频率,ω_i^{o} 为完美晶体中原子的振动频率。

假设一个具有 $n + n_{\mathrm{v}}$ 个晶格点位和 n_{v} 个空位的晶体,来计算构型熵 ΔS_{c},

$$\Delta S_{\mathrm{c}} = k_{\mathrm{B}} \ln \Omega = k_{\mathrm{B}} \ln \frac{(n + n_{\mathrm{v}})!}{n! n_{\mathrm{v}}!} \tag{10.105}$$

式中,Ω 是由 n 个原子和 n_{v} 个空位占据的 $n + n_{\mathrm{v}}$ 个总晶格位置的可能构型数。

具有 n 个原子和 n_{v} 个空位的晶体的总自由能为

$$G = G^{\mathrm{o}} + n_{\mathrm{v}} \Delta h_{\mathrm{v}} - T \left[n_{\mathrm{v}} \Delta s_{\mathrm{v}} + k_{\mathrm{B}} \ln \frac{(n + n_{\mathrm{v}})!}{n! n_{\mathrm{v}}!} \right] \tag{10.106}$$

式中,G^{o} 为完美晶体的自由能。对上式采用斯特林近似,有

$$G = G^{\mathrm{o}} + n_{\mathrm{v}} (\Delta h_{\mathrm{v}} - T \Delta s_{\mathrm{v}}) - k_{\mathrm{B}} T \left[(n + n_{\mathrm{v}}) \ln (n + n_{\mathrm{v}}) - n \ln n - n_{\mathrm{v}} \ln n_{\mathrm{v}} \right]$$

或

$$G = G^{\mathrm{o}} + n_{\mathrm{v}} \Delta g_{\mathrm{v}} - k_{\mathrm{B}} T \left[(n + n_{\mathrm{v}}) \ln (n + n_{\mathrm{v}}) - n \ln n - n_{\mathrm{v}} \ln n_{\mathrm{v}} \right]$$

式中,$\Delta g_{\mathrm{v}} = \Delta h_{\mathrm{v}} - T \Delta s_{\mathrm{v}}$。

那么，空位的化学势为

$$\mu_{\mathrm{v}} = \left(\frac{\partial G}{\partial n_{\mathrm{v}}} \right)_{T,p,n}$$

$$\mu_{\mathrm{v}} = \Delta g_{\mathrm{v}} + k_{\mathrm{B}} T \ln \left(\frac{n_{\mathrm{v}}}{n + n_{\mathrm{v}}} \right)$$

$$\mu_{\mathrm{v}} = \Delta g_{\mathrm{v}} + k_{\mathrm{B}} T \ln x_{\mathrm{v}}$$

平衡时

$$\mu_{\mathrm{v}} = \Delta g_{\mathrm{v}} + k_{\mathrm{B}} T \ln \left(\frac{n_{\mathrm{v}}^{\mathrm{o}}}{n + n_{\mathrm{v}}^{\mathrm{o}}} \right) = 0$$

求解上式，可得平衡空位浓度 $x_{\mathrm{v}}^{\mathrm{o}}$ 为

$$\frac{n_{\mathrm{v}}^{\mathrm{o}}}{n + n_{\mathrm{v}}^{\mathrm{o}}} = x_{\mathrm{v}}^{\mathrm{o}} = \exp \left(-\frac{\Delta g_{\mathrm{v}}}{k_{\mathrm{B}} T} \right) \tag{10.107}$$

如果将 Δg_{v} 定义为空位在标准状态下的化学势 $\mu_{\mathrm{v}}^{\mathrm{o}}$，即 $\mu_{\mathrm{v}}^{\mathrm{o}} = \Delta g_{\mathrm{v}}$，则在平衡时

$$\mu_{\mathrm{v}} = \mu_{\mathrm{v}}^{\mathrm{o}} + k_{\mathrm{B}} T \ln x_{\mathrm{v}}^{\mathrm{o}} = 0 \tag{10.108}$$

在非平衡条件下，例如晶体在辐照条件下，见图 10.3，空位化学势为

$$\mu_{\mathrm{v}} = \mu_{\mathrm{v}}^{\mathrm{o}} + k_{\mathrm{B}} T \ln x_{\mathrm{v}} = k_{\mathrm{B}} T \ln \left(\frac{x_{\mathrm{v}}}{x_{\mathrm{v}}^{\mathrm{o}}} \right) \tag{10.109}$$

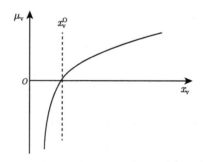

图 10.3　空位化学势 μ_{v} 与空位浓度 x_{v} 的关系

另一种计算空位化学势的方法是将空位的产生看作是一个反应

$$\mathrm{A_A} \rightleftharpoons \mathrm{A_s} + \mathrm{V_A} \tag{10.110}$$

式中，A_A 代表占据晶体内部 A 晶格位置的 A 原子，A_s 代表占据晶体表面位置的 A 原子，V_A 代表 A 晶格上的空位。如果忽略 A_A 和 A_s 的差异，有

$$\text{Null} \rightleftharpoons V_A \tag{10.111}$$

因此，在平衡时有

$$\mu_{\text{Null}} = 0 = \mu_v \tag{10.112}$$

假设空位和原子之间具有理想混合熵

$$\mu_v = \mu_v^\circ + k_B T \ln x_v \tag{10.113}$$

上述讨论中，空位的产生使得晶体在原子总数不变的情况下，晶体中增加了一个晶格位置。

如果在产生空位的过程中，晶格位置的总数保持守恒，那么空位的产生反应可表示为

$$A_A \rightleftharpoons V_A + A_{\text{res}} \tag{10.114}$$

或

$$\text{Null} \rightleftharpoons (V_A - A_A) + A_{\text{res}} \tag{10.115}$$

式中，A_{res} 代表纯 A 原子库中的一个 A 原子，譬如这个原子库可以是在相同温度和压强下标准化学势为 μ_A° 的完美晶体 A。在肖特基记法中，$(V_A - A_A)$ 称为构筑元素，它不会改变晶格位置的数目。$(V_A - A_A)$ 是指将一个 A 原子从晶格位置移出，将其用空位替代；$+A_{\text{res}}$ 是指将移出的 A 原子放入 A 原子库中。

平衡时

$$\mu_{(V_A - A_A)} + \mu_A^\circ = 0 \tag{10.116}$$

如果晶格位置总数 N 固定，则

$$\mu_{(V_A - A_A)} = \mu_{(V_A - A_A)}^\circ + k_B T \frac{n_v}{N - n_v} \tag{10.117}$$

需要指出的是，μ_v° 和 $\mu_{(V_A - A_A)}^\circ$ 是不同的：μ_v° 是空位的形成自由能，定义为具有 n 个原子加一个空位的晶体的自由能 (包含振动熵贡献) 与具有 n 个原子的完美晶体的能量之差，而 $\mu_{(V_A - A_A)}^\circ$ 是具有 $n - 1$ 个原子加 1 个空位的晶体的能量与具有 n 个原子的完美晶体的能量之差。

求解式 (10.117)，得

$$n_v = \frac{N}{1 + \exp \left[\dfrac{\mu_{(V_A - A_A)}^\circ - \mu_{(V_A - A_A)}}{k_B T} \right]} \tag{10.118}$$

这与电子空穴的费米–狄拉克分布相同：空位的化学势 $\mu_{(V_A-A_A)}$ 与电子空穴的化学势 $-E_f$ 相对应，即为电子费米能级 E_f 的负值。空位形成自由能 $\mu^\circ_{(V_A-A_A)}$ 与价带顶部能量 E_v 的负值相对应。

平衡时

$$\mu^\circ_{(V_A-A_A)} + k_B T \ln \frac{n_v}{N - n_v} + \mu^\circ_A = 0 \tag{10.119}$$

如果晶格位置总数 N 固定

$$n^\circ_v = \frac{N}{1 + \exp\left[\dfrac{\mu^\circ_{(V_A-A_A)} + \mu^\circ_A}{k_B T}\right]} \tag{10.120}$$

对于非常小的空位浓度

$$x^\circ_v = \frac{n^\circ_v}{N} = \exp\left[-\frac{\mu^\circ_{(V_A-A_A)} + \mu^\circ_A}{k_B T}\right] \tag{10.121}$$

因此，在稀溶液近似下

$$\mu^\circ_v = \Delta g_v = \mu^\circ_{(V_A-A_A)} + \mu^\circ_A \tag{10.122}$$

或

$$\mu^\circ_{(V_A-A_A)} = \mu^\circ_v - \mu^\circ_A \tag{10.123}$$

10.4.2　间隙原子的化学势

计算间隙原子的化学势与空位类似。假设一个表面原子 A_s 迁移到晶体内部的间隙点位变成 A_i 的反应

$$A_s = A_i \tag{10.124}$$

在这个反应中，晶格位置数量减少了一个。假设表面原子与晶体中原子的化学势相等，即

$$\mu_{A_s} = \mu^\circ_A \tag{10.125}$$

这里，标准化学势是一个间隙原子的形成化学势，它是形成能或形成焓与振动熵贡献之和。

在平衡态时，$\mu_{A_s} = \mu_{A_i}$ 或 $\mu_{A_i} - \mu_{A_s} = 0$，因此

$$\mu_{A_i} = \mu^\circ_{A_i} + k_B T \ln\left(\frac{n^\circ_i}{N - n^\circ_i}\right) \tag{10.126}$$

$$\mu_{A_s} = \mu_A^\circ = \mu_{A_i} \qquad (10.127)$$

式中，n_i° 为间隙原子的平衡数目，N 为间隙位置的总数。

因此

$$- \left(\mu_{A_i}^\circ - \mu_A^\circ \right) = -\Delta\mu_{A_i}^\circ = k_B T \ln \left(\frac{n_i^\circ}{N - n_i^\circ} \right) \approx k_B T \ln \left(\frac{n_i^\circ}{N} \right) = k_B T \ln x_i^\circ$$

$$x_i^\circ = \exp \left(-\frac{\Delta\mu_{A_i}^\circ}{k_B T} \right) \qquad (10.128)$$

式中，$\Delta\mu_{A_i}^\circ$ 是间隙原子和晶格原子之间的标准化学势差，通常指间隙的形成能或形成焓。

10.4.3 弗仑克尔缺陷的化学势

一个弗仑克尔缺陷是指由一个空位和一个间隙原子组成的缺陷对。将一个晶格原子 A 从常规的晶格位置移动到间隙位置形成一个晶格空位，同时产生了一个弗仑克尔缺陷，即

$$A_A + V_i = A_i + V_A \quad \text{或} \quad \text{Null} = (A_i - V_i) + (V_A - A_A) \qquad (10.129)$$

在平衡状态时有

$$\mu_A^\circ + \mu_{V_i} = \mu_{A_i} + \mu_{V_A} = \mu_F \quad \text{或} \quad 0 = \mu_{(A_i - V_i)} + \mu_{(V_A - A_A)}$$

式中，μ_F 为弗仑克尔缺陷的化学势。

在理想溶液近似下，各自的化学势可分别表示为

$$\mu_{A_i} = \mu_{A_i}^\circ + k_B T \ln \left(\frac{n_i}{N_i} \right)$$

$$\mu_{V_A} = \mu_{V_A}^\circ + k_B T \ln \left(\frac{n_v}{N_A} \right)$$

$$\mu_A = \mu_A^\circ + k_B T \ln \left(\frac{N_A - n_v}{N_A} \right)$$

$$\mu_{V_i} = k_B T \ln \left(\frac{N_i - n_i}{N_i} \right)$$

式中，n_i 是间隙原子的数目，n_v 是空位的数目，N_i 是间隙位置数，N_A 是晶格位置总数。弗仑克尔缺陷的形成能可写为

$$\Delta\mu_F^\circ = \mu_{A_i}^\circ + \mu_v^\circ - \mu_A^\circ = \Delta\mu_{A_i}^\circ + \mu_v^\circ$$

式中，$\mu_{A_i}^\circ - \mu_A^\circ = \Delta\mu_{A_i}^\circ$ 为间隙原子的形成能，见图 10.4。

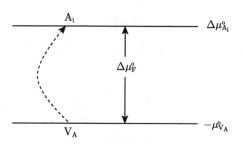

图 10.4　形成弗仑克尔缺陷的能量示意图

在稀溶液近似下，

$$\mu_{A_i} = \mu_{A_i}^o + k_B T \ln(x_i)$$

$$\mu_{V_A} = \mu_{V_A}^o + k_B T \ln(x_v)$$

$$\mu_F = \mu_F^o + k_B T \ln(x_i x_v)$$

式中，x_i 是间隙的位置分数，x_v 是空位的位置分数，

$$\mu_F = \mu_A^o = \mu_F^o + k_B T \ln(x_i x_v)$$

或

$$k_B T \ln(x_i x_v) = -(\mu_F^o - \mu_A^o) = -\Delta\mu_F^o$$

$$x_i x_v = \exp\left(-\frac{\Delta\mu_F^o}{k_B T}\right) \tag{10.130}$$

如果 $x_i = x_v$，平衡间隙和空位浓度可表示为

$$x_i = x_v = \exp\left(-\frac{\Delta\mu_F^o}{2k_B T}\right) \tag{10.131}$$

10.4.4　肖特基缺陷的化学势

肖特基缺陷的产生可表示为

$$A_A^{AB} + B_B^{AB} \rightleftharpoons V_A^{AB} + V_B^{AB} + AB$$

式中，A_A^{AB} 表示占据化合物 AB 的 A 亚晶格上的一个 A 原子，而 B_B^{AB} 表示占据化合物 AB 的 B 亚晶格上的一个 B 原子，V_A^{AB} 表示化合物 AB 的 A 亚晶格上的一个空位，V_B^{AB} 表示化合物 AB 的 B 亚晶格上的一个空位。

平衡时

$$\mu_A^{AB} + \mu_B^{AB} = \mu_{V_A^{AB}} + \mu_{V_B^{AB}} + \mu_{AB}^o$$

在稀溶液近似下

$$\mu_{\mathrm{A}}^{\mathrm{AB}} = \mu_{\mathrm{A}}^{\mathrm{AB,o}} + k_{\mathrm{B}}T\ln\left(\frac{N_{\mathrm{A}} - n_{\mathrm{V_A}}^{\mathrm{AB}}}{N_{\mathrm{A}}}\right)$$

$$\mu_{\mathrm{B}}^{\mathrm{AB}} = \mu_{\mathrm{B}}^{\mathrm{AB,o}} + k_{\mathrm{B}}T\ln\left(\frac{N_{\mathrm{B}} - n_{\mathrm{V_B}}^{\mathrm{AB}}}{N_{\mathrm{B}}}\right)$$

$$\mu_{\mathrm{V_A^{AB}}} = \mu_{\mathrm{V_A^{AB}}}^{\mathrm{o}} + k_{\mathrm{B}}T\ln\left(\frac{n_{\mathrm{V_A}}^{\mathrm{AB}}}{N_{\mathrm{A}}}\right) = \mu_{\mathrm{V_A^{AB}}}^{\mathrm{o}} + k_{\mathrm{B}}T\ln\left(x_{\mathrm{V_A^{AB}}}\right)$$

$$\mu_{\mathrm{V_B^{AB}}} = \mu_{\mathrm{V_B^{AB}}}^{\mathrm{o}} + k_{\mathrm{B}}T\ln\left(\frac{n_{\mathrm{V_B}}^{\mathrm{AB}}}{N_{\mathrm{B}}}\right) = \mu_{\mathrm{V_B^{AB}}}^{\mathrm{o}} + k_{\mathrm{B}}T\ln\left(x_{\mathrm{V_B^{AB}}}\right)$$

因为化合物的化学势是每个组分化学势的和, 即

$$\mu_{\mathrm{A}}^{\mathrm{AB,o}} + \mu_{\mathrm{B}}^{\mathrm{AB,o}} = \mu_{\mathrm{AB}}^{\mathrm{o}}$$

则

$$x_{\mathrm{V_A^{AB}}} x_{\mathrm{V_B^{AB}}} = \exp\left(-\frac{\mu_{\mathrm{V_A^{AB}}}^{\mathrm{o}} + \mu_{\mathrm{V_B^{AB}}}^{\mathrm{o}}}{k_{\mathrm{B}}T}\right) = \exp\left(-\frac{\mu_{\mathrm{S}}^{\mathrm{o}}}{k_{\mathrm{B}}T}\right) \tag{10.132}$$

式中, $\mu_{\mathrm{S}}^{\mathrm{o}}$ 是肖特基缺陷的化学势。

如果 $x_{\mathrm{V_A^{AB}}} = x_{\mathrm{V_B^{AB}}}$, 有

$$x_{\mathrm{V_A^{AB}}} = x_{\mathrm{V_B^{AB}}} = \exp\left(-\frac{\mu_{\mathrm{S}}^{\mathrm{o}}}{2k_{\mathrm{B}}T}\right) \tag{10.133}$$

在肖特基标记符号中使用构筑元素表示

$$0 \rightleftharpoons \left(\mathrm{V_A^{AB}} - \mathrm{A_A^{AB}}\right) + \left(\mathrm{V_B^{AB}} - \mathrm{B_B^{AB}}\right) + (\mathrm{AB})_{\mathrm{res}}$$

式中, $(\mathrm{AB})_{\mathrm{res}}$ 代表来自化合物 AB 的化学库中的一个 AB 化合物分子。在离子晶体中, 包含肖特基缺陷和弗仑克尔缺陷的、由掺杂控制的缺陷浓度和化学势与半导体中的电子俘获态相类似。

10.4.5 中性掺杂物的化学势

中性掺杂物的化学势 $\mu_{\mathrm{d}\times}$, 可以表示为

$$\mu_{\mathrm{d}\times} = \mu_{\mathrm{d}}^{\mathrm{o}} + \Delta\mu_{\mathrm{d}}^{\mathrm{o}} + k_{\mathrm{B}}T\ln\left(\frac{N_{\mathrm{d}\times}}{N_{\mathrm{L}}}\right) \tag{10.134}$$

式中，μ_d^o 为纯掺杂物 d 在温度 T 和环境压强下的标准态化学势，N_L 为主晶格位置总数目。在主晶格中掺杂物 d 的形成能 $\Delta\mu_d^o$ 包含形成能、晶格振动贡献的形成熵和形成体积 (在环境压强下可以忽略)。需要注意的是，$\Delta\mu_d^o$ 不包括构型熵的贡献。我们可以将式 (10.134) 改写为

$$\mu_{d\times} - \mu_d^o = \Delta\mu_d^o + k_B T \ln x_{d\times} \tag{10.135}$$

式中，$x_{d\times} = N_{d\times}/N_L$。掺杂物 d 在主晶格中的溶解度极限 $x_{d\times}^o$ 由下式给出

$$0 = \Delta\mu_d^o + k_B T \ln x_{d\times}^o \tag{10.136}$$

如果主晶格中掺杂物 d 的成分低于溶解度极限，则 $\mu_{d\times} - \mu_d^o = \Delta\mu_d^o + k_B T \ln x_{d\times} < 0$。

10.5 示   例

例 1 假设保持恒温 300K，氧气质量为 32g/mol，试估算给定高度 $z = 10000m$ 和地面高度为 $z = 0$ 的氧气量之比。

解 假设在室温下温度是均匀的，10000m 高空与地面的氧气含量之比为

$$\frac{n(z)}{n(0)} = e^{-\frac{mgz}{k_B T}} = e^{-\frac{32\times10^{-3}\times9.81\times10000}{8.314\times300}} = 0.284$$

例 2 在每单位体积中掺杂 N_d 个电子供体的 n 型半导体和掺杂 N_a 个电子受体的 p 型半导体的情况下，半导体 p-n 结两端的电压 (电势差) 是多少？可以假设 n 型半导体中导带电子数目近似等于供体的数目，并且 p 型半导体中价带电子–空穴的数目近似等于电子受体的数目。

解 n 型半导体中电子的化学势 μ_e 可近似为

$$\mu_e = E_c + k_B T \ln\left(\frac{n}{N_c}\right) \approx E_c + k_B T \ln\left(\frac{N_d}{N_c}\right)$$

p 型半导体中空穴的化学势 μ_h 可近似为

$$\mu_h = -E_v + k_B T \ln\left(\frac{p}{N_v}\right) \approx -E_v + k_B T \ln\left(\frac{N_a}{N_v}\right)$$

n 型半导体中的电子比 p 型半导体中的电子具有更高的化学势，当 n 型半导体和 p 型半导体接触时，电子将从 n 型半导体移动到 p 型半导体，结果导致 p-n 结的 n 型半导体一侧因失去电子而带正电，p 型半导体一侧因得到电子而带负电，导致产生电势差，从而在 p-n 中产生电场。在平衡态下，电子的电化学势应均匀

地分布在包含 p-n 结的整个晶体中，整个系统内电子不再有任何净流动。假设 n 型半导体一侧的电势为 ϕ^{n}，p 型半导体一侧的电势为 ϕ^{p}。p-n 结中电子和空穴的电化学势为

$$\tilde{\mu}_{\mathrm{e}} = E_{\mathrm{c}} - e\phi^{\mathrm{n}} + k_{\mathrm{B}}T\ln\left(\frac{N_{\mathrm{d}}}{N_{\mathrm{c}}}\right)$$

并且

$$\tilde{\mu}_{\mathrm{h}} = -E_{\mathrm{v}} + e\phi^{\mathrm{p}} + k_{\mathrm{B}}T\ln\left(\frac{N_{\mathrm{a}}}{N_{\mathrm{v}}}\right)$$

平衡时

$$0 = \tilde{\mu}_{\mathrm{e}} + \tilde{\mu}_{\mathrm{h}}$$

因此

$$0 = E_{\mathrm{c}} - e\phi^{\mathrm{n}} + k_{\mathrm{B}}T\ln\left(\frac{N_{\mathrm{d}}}{N_{\mathrm{c}}}\right) - E_{\mathrm{v}} + e\phi^{\mathrm{p}} + k_{\mathrm{B}}T\ln\left(\frac{N_{\mathrm{a}}}{N_{\mathrm{v}}}\right)$$

由上式求解电压

$$\Delta\phi = \phi^{\mathrm{n}} - \phi^{\mathrm{p}} = \frac{E_{\mathrm{g}}}{e} + \frac{k_{\mathrm{B}}T}{e}\ln\left(\frac{N_{\mathrm{d}}N_{\mathrm{a}}}{N_{\mathrm{c}}N_{\mathrm{v}}}\right) = \frac{k_{\mathrm{B}}T}{e}\ln\left(\frac{N_{\mathrm{d}}N_{\mathrm{a}}}{n_{\mathrm{i}}^2}\right)$$

式中，E_{g} 为带隙，n_{i} 是没有任何掺杂物的电子和空穴的本征浓度

$$n_{\mathrm{i}}^2 = N_{\mathrm{c}}N_{\mathrm{v}}\exp\left(-\frac{E_{\mathrm{g}}}{k_{\mathrm{B}}T}\right)$$

例 3 德拜晶体 A 在低温下的化学势可近似为

$$\mu_{\mathrm{A}}^{\mathrm{DC}} = u(0,v) + \frac{9h\omega_{\mathrm{D}}}{8} - \frac{h}{5\omega_{\mathrm{D}}^3}\left(\frac{\pi k_{\mathrm{B}}T}{h}\right)^4$$

式中，$u(0,v)$ 为每个 A 原子在 0K 下的静止能量，v 为摩尔体积，h 为普朗克常量，k_{B} 为玻尔兹曼常量，ω_{D} 为德拜频率。则理想气体的化学势关于温度 T 和压强 p 的方程为

$$\mu_{\mathrm{A}}^{\mathrm{g}} = -k_{\mathrm{B}}T\ln\left[\frac{(2\pi m)^{3/2}(k_{\mathrm{B}}T)^{5/2}}{ph^3}\right]$$

式中，m 为原子质量。求德拜晶体在平衡时的蒸气压。

解 平衡时，$\mu_{\mathrm{A}}^{\mathrm{DC}} = \mu_{\mathrm{A}}^{\mathrm{g}}$，

$$u(0,v) + \frac{9h\omega_{\mathrm{D}}}{8} - \frac{h}{5\omega_{\mathrm{D}}^3}\left(\frac{\pi k_{\mathrm{B}}T}{h}\right)^4 = -k_{\mathrm{B}}T\ln\left[\frac{(2\pi m)^{3/2}(k_{\mathrm{B}}T)^{5/2}}{ph^3}\right]$$

可以改写为

$$\frac{u(0,v)}{k_{B}T} + \frac{9h\omega_{D}}{8k_{B}T} - \frac{\pi^{4}}{5}\left(\frac{k_{B}T}{h\omega_{D}}\right)^{3} = -\ln\left[\frac{(2\pi m)^{3/2}(k_{B}T)^{5/2}}{ph^{3}}\right]$$

求解上式的压强，即得到德拜晶体上方的平衡蒸气压

$$p = \frac{(2\pi m)^{3/2}(k_{B}T)^{5/2}}{h^{3}}\exp\left[\frac{u(0,v)}{k_{B}T} + \frac{9h\omega_{D}}{8k_{B}T} - \frac{\pi^{4}}{5}\left(\frac{k_{B}T}{h\omega_{D}}\right)^{3}\right]$$

10.6 习　　题

1. 在纯金属中，平衡时空位的化学势是多少？

2. 在半导体中，平衡时电子和空穴的化学势之间有什么关系？

3. 半导体或绝缘体导带中电子的内能大约是多少？

4. 半导体或绝缘体导带中电子的标准化学势是多少？

5. 半导体或绝缘体价带中电子的标准化学势是多少？

6. 半导体或绝缘体价带中电子空穴的内能大约是多少？

7. 半导体或绝缘体价带中电子空穴的标准化学势是多少？

8. 平衡态下，半导体中导带电子的化学势和价带电子空穴的化学势之间是什么关系？

9. 如果单晶在接近其熔化温度下的平衡空位摩尔分数为 10^{-5}，估算空位的标准化学势或形成自由能。

10. 纯半导体中电子和空穴的浓度相等，用电子施主掺杂半导体会增加电子浓度和降低空穴浓度。

(a) 掺杂电子施主时，电子的熵是增加还是减少？

(b) 掺杂电子施主时，空穴的熵是增加还是减少？

11. 施主掺杂的半导体中，导带电子化学势与带隙内占据施主态的电子化学势之间有什么关系？

12. 已知电子的化学势为

$$\mu_{e} = E_{c} + k_{B}T\ln\left(\frac{n_{e}}{N_{c}}\right)$$

假设 E_{c} 是与温度无关的常数，试证明：

(a) 每个电子的熵可写为

$$s_{e} = -\left(\frac{\partial\mu_{e}}{\partial T}\right)_{p} = k_{B}\left[\frac{5}{2} - \ln\left(\frac{n_{e}}{N_{c}}\right)\right]$$

式中，p 是压强。

(b) 每个电子的恒压热容为 $(5/2)k_B$，即

$$c_{p,e} = -T\left(\frac{\partial^2 \mu_e}{\partial T^2}\right)_p = \frac{5}{2}k_B$$

13. 在室温下，晶体中空位的平衡摩尔分数为 10^{-12}。晶体受到辐照后产生大量空位，使得空位摩尔分数增加至 0.01，则辐照晶体中空位的化学势是多少？

14. 假设爱因斯坦晶体 (Einstein crystal) A 与其蒸气压之间处于平衡态，已知理想单原子气体 A 的化学势

$$\mu_A^g = -k_B T \ln\left[\frac{(2\pi m)^{3/2}(k_B T)^{5/2}}{ph^3}\right]$$

以及爱因斯坦晶体 A 在低温下的近似化学势为

$$\mu_A^{EC} = u(0,v) + 3k_B T \ln\left[2\sinh\left(\frac{h\omega}{2k_B T}\right)\right]$$

试证明爱因斯坦晶体上方的平衡蒸气压为

$$p = \left[k_B T \frac{(2\pi m k_B T)^{3/2}}{h^3}\right]\left[2\sinh\left(\frac{h\omega}{2k_B T}\right)\right]^3 e^{\frac{u(0,v)}{k_B T}}$$

参 考 文 献

[1] Donald A. McQuarrie, Statistical Mechanics, Harper & Row, New York, 1976.

[2] Derivation of partition function and thus the fundamental equation of thermodynamics of a Debye crystal can be found most of the solid-state physics textbooks.

[3] Joachim Maier, Physical Chemistry of Ionic Materials: Ions and Electrons in Solids, 2005, John Wiley & Sons, Ltd.

第 11 章 单组分材料的相平衡

热力学中的相，指在一定的化学组成、温度、压强 (应力)、电场和磁场下，表现出某种类型的原子和电子结构状态的物质，例如气体、液体、非晶态固体，以及具有特定晶格对称性和电子结构的晶态固体。因此，当我们提到一个相时，必须指明它的化学成分和物理状态，如气体、液体或具有特定晶体结构、晶格对称性和电子状态 (金属、半导体、绝缘、超导、磁性等) 的固体。

在实际应用中，大多数材料是不只包含一个相的非均相系统。整个系统的化学组成就是整体组成，一个相的组成称为相组成。热力学中的相界有时指材料中隔开两相的界面，有时也指相图上分开不同热力学平衡状态的相界。

一种材料或材料中一个相的热力学性质完全可由其热力学基本方程得到。一个可以考虑成单化学组分的简单系统的热力学性质可从它的化学势和温度、压强的关系式得到。然后，由每个相的热力学基本方程，就可确定在一个给定的热力学条件下所有相的热力学稳定性和相与相之间的相对稳定性。

当热力学条件发生变化时，稳定相可能会变得不稳定，转变为新条件下的一个新的稳定相。从一种相转变为另一种相，被称为相变。相变的实例很多。譬如，相变可以是在化学组成固定的情况下，从一种物理状态转变到另一种物理状态的转变过程，包括熔化、凝固、汽化等。相变也可以是从一种晶体结构到另一种晶体结构的转变，如从立方相转变为四方相、从非晶相转变为晶相等。还有一种相变是从一种电子态到另一种电子态的转变，如超导转变、金属到绝缘体的转变、磁性转变等。另一种类型的转变涉及化学物质的空间重排，譬如，成分相分离、有序无序转变等这类固定晶格上的原子重排相变。

系统在不同热力学条件下的稳定平衡相的图示，叫做相图。单组分简单系统的相图，主要包括温度–摩尔体积相图、压强–摩尔体积相图、温度–摩尔熵相图、压强–摩尔熵相图和压强–温度相图。本章主要讨论固定化学组成的材料关于温度和压强的稳定性，因此重点介绍压强温度相图，简称 $p\text{-}T$ 图。用 $p\text{-}T$ 图，我们可以很容易地得到不同温度和压强下的稳定平衡相。

11.1 化学势与温度和压强的关系

从前几章的讨论，我们已经知道了摩尔吉布斯自由能就是化学势。因此，对于固定组成的单组分均相系统或多组分均相系统，其热力学性质都可以用化学势来定义。均相系统的化学势变化 $\mathrm{d}\mu$ 与温度变化 $\mathrm{d}T$ 和压强变化 $\mathrm{d}p$ 的关系，可由如下微分形式的热力学基本方程给出

$$\mathrm{d}\mu = -s\mathrm{d}T + v\mathrm{d}p \tag{11.1}$$

由于上式关联了 T、p、μ 三个势量，只有其中两个势量可以同时独立地变化。譬如，只要给定温度和压强，化学势就确定了。因此，式 (11.1) 本质上也就是吉布斯–杜亥姆关系，它关联了均相热力学系统的所有势量。我们将在第 12 章进一步讨论二元和多组分系统的吉布斯–杜亥姆关系及每个组成的化学势。

下面我们通过化学势对温度和压强的一阶和二阶导数来讨论化学势与温度和压强的关系。根据式 (11.1)，在恒定压强下，均相系统的化学势 μ 随其温度 T 的升高而降低，如图 11.1 所示。在恒压下的均相体系中，化学势随温度降低的速率是摩尔熵 s 的负值，即

$$\left(\frac{\partial \mu}{\partial T}\right)_p = -s \tag{11.2}$$

恒压下化学势对温度的二阶导数为

$$\left(\frac{\partial^2 \mu}{\partial T^2}\right)_p = -\frac{c_p}{T} \tag{11.3}$$

由于稳定材料的热容 c_p 始终为正值，且温度 T 始终为正值，因此，恒压下化学势对温度的二阶导数始终为负值。也就是说，恒压下化学势温度曲线的曲率 $(-c_p/T)$ 总是负值。

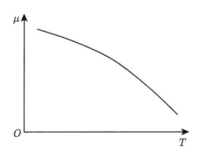

图 11.1　恒压下化学势随温度变化的示意图

在恒定温度下，均相体系的化学势 μ 随压强 p 增加，如图 11.2 所示，其变化率为摩尔体积 v，由恒温下化学势对压强的一阶导数表示

$$\left(\frac{\partial \mu}{\partial p}\right)_T = v \tag{11.4}$$

恒温下化学势对压强的二阶导数为

$$\left(\frac{\partial^2 \mu}{\partial p^2}\right)_T = -v\beta_T \tag{11.5}$$

式中，β_T 是等温压缩系数，对于稳定的材料总是正值。因此，化学势随压强变化曲线的曲率为负值。

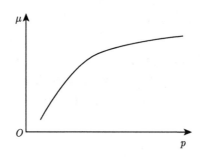

图 11.2　恒温下化学势随压强变化的示意图

此处需要注意的是，化学势对压强和温度的混合二阶导数与体积热膨胀系数 α 有关

$$\left(\frac{\partial^2 \mu}{\partial T \partial p}\right) = \alpha v \tag{11.6}$$

式中，大多数材料的热膨胀系数通常为正值，也可能为负值。

11.2　相变的热力学驱动力

如第 8 章中所述，要确定相变在热力学上能不能发生，首先应该确定相变的热力学驱动力。在本章中我们考虑化学组成不变的相变，譬如从 α 相到 β 相

$$\alpha \to \beta \tag{11.7}$$

我们把表示 α 相和 β 相的化学势分别记作 μ^α 和 μ^β，它们同时是温度和压强的函数，描述 α 相和 β 相的热力学基本方程。假设在 α 相和 β 相的两相混合物中，物质的总摩尔数 N 保持不变，α 相的摩尔数为 N^α，β 相的摩尔数为 N^β，则有 $N = N^\alpha + N^\beta$。这两相混合系统的吉布斯自由能或化学能为

$$G = G^\alpha + G^\beta = N^\alpha \mu^\alpha + N^\beta \mu^\beta \tag{11.8}$$

式中，G^α 和 G^β 分别是 α 相和 β 相的吉布斯自由能，可以表示两相的热力学基本方程。G^α 和 G^β 的微分形式可以写为

$$\mathrm{d}G^\alpha = -s^\alpha N^\alpha \mathrm{d}T + v^\alpha N^\alpha \mathrm{d}p + \mu^\alpha \mathrm{d}N^\alpha \tag{11.9}$$

$$dG^\beta = -s^\beta N^\beta dT + v^\beta N^\beta dp + \mu^\beta dN^\beta \tag{11.10}$$

式中，s^α 和 s^β 分别为 α 相和 β 相的摩尔熵，v^α 和 v^β 分别为 α 相和 β 相的摩尔体积。

式 (11.8) 中的 G 可以看作是包含 α 相和 β 相的非均相系统的基本方程 (忽略界面能的贡献)，G 的微分形式为

$$dG = -\left(s^\alpha N^\alpha + s^\beta N^\beta\right) dT + \left(v^\alpha N^\alpha + v^\beta N^\beta\right) dp + \mu^\alpha dN^\alpha + \mu^\beta dN^\beta \tag{11.11}$$

在恒温恒压下

$$dG = \mu^\alpha dN^\alpha + \mu^\beta dN^\beta \tag{11.12}$$

我们定义一个参数 ξ，称之为相变度，来描述从 α 相到 β 相的转变程度

$$\xi = \frac{N^\beta}{N} \tag{11.13}$$

且

$$1-\xi = \frac{N^\alpha}{N} \tag{11.14}$$

即 ξ 代表 β 相的摩尔分数 (如果两相的摩尔体积相同，也是体积分数)。我们可以认为 ξ 是系统中相的序参数，表示系统的内部自由度。利用相序参数来考虑可能发生的相变，可以给出涉及相变的多相系统的热力学基本方程为

$$G\left(N,T,p,\xi\right) = N\left(1-\xi\right)\mu^\alpha\left(T,p\right) + N\xi\mu^\beta\left(T,p\right) \tag{11.15}$$

或

$$G\left(N,T,p,\xi\right) = N\mu^\alpha\left(T,p\right) + N\xi\left[\mu^\beta\left(T,p\right) - \mu^\alpha\left(T,p\right)\right] \tag{11.16}$$

非均相系统相应的化学势方程为

$$\mu\left(T,p,\xi\right) = \frac{G\left(N,T,p,\xi\right)}{N} = \mu^\alpha\left(T,p\right) + \xi\Delta\mu\left(T,p\right) \tag{11.17}$$

式中

$$\Delta\mu\left(T,p\right) = \mu^\beta\left(T,p\right) - \mu^\alpha\left(T,p\right) \tag{11.18}$$

在恒温恒压下，化学势的微分形式为

$$d\mu\left(T,p,\xi\right) = \Delta\mu\left(T,p\right) d\xi \tag{11.19}$$

相变的驱动力为

$$D\left(T,p\right) = -\left(\frac{d\mu}{d\xi}\right)_{T,p} = -\Delta\mu\left(T,p\right) \tag{11.20}$$

在恒定压强下，α 相和 β 相的化学势 μ 与温度 T 的关系如图 11.3 所示，T_{e} 是相变温度。结合式 (11.20)，我们不难推导出：

若 $T < T_{\mathrm{e}}$，$\mu^{\beta} > \mu^{\alpha}$，$\Delta\mu = \mu^{\beta} - \mu^{\alpha} > 0$，$D = -\Delta\mu < 0$，$\alpha$ 相在热力学上是稳定的，不会转变为 β 相。

若 $T = T_{\mathrm{e}}$，$\mu^{\beta} = \mu^{\alpha}$，$\Delta\mu = \mu^{\beta} - \mu^{\alpha} = 0$，$D = -\Delta\mu = 0$，$\alpha$ 相和 β 相处于热力学平衡。

若 $T > T_{\mathrm{e}}$，$\mu^{\beta} < \mu^{\alpha}$，$\Delta\mu = \mu^{\beta} - \mu^{\alpha} < 0$，$D = -\Delta\mu > 0$，$\alpha$ 相在热力学上是不稳定的，会转变为 β 相。

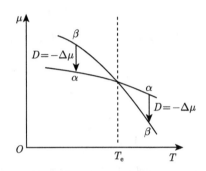

图 11.3　相变化学势与温度和驱动力的关系

当相变驱动力 $D > 0$ 时，发生非平衡相变，相变的过程中化学能 D 被耗散掉而转化为热能，这是一个不可逆过程。非平衡相变中产生的熵与驱动力的关系为

$$\Delta s^{\mathrm{ir}} = \frac{D}{T} = \frac{\mu^{\alpha} - \mu^{\beta}}{T} = -\frac{\Delta\mu}{T}$$

如果相变驱动力 D 为零，则 Δs^{ir} 为零，没有熵产生。此时，在恒温恒压下发生平衡相变，这是一个可逆过程。

我们应该强调的一点是，任何描述相变速率的动力学理论都需要知道相变的热力学驱动力。譬如，

在线性动力学理论中的 $\dfrac{\mathrm{d}\xi}{\mathrm{d}t} \propto \dfrac{D}{RT}$；

在非线性动力学理论中的 $\dfrac{\mathrm{d}\xi}{\mathrm{d}t} \propto \exp\left(\dfrac{D}{RT}\right)$，$R$ 是气体常数。

在单位体积相变中，熵产生率由驱动力和相变速率的乘积得到，即

$$\frac{\mathrm{d}s^{\mathrm{ir}}}{v\mathrm{d}t} = \frac{D}{T}\frac{\mathrm{d}\xi}{v\mathrm{d}t} \tag{11.21}$$

式中，$\mathrm{d}s^{\mathrm{ir}}/\mathrm{d}t$ 是摩尔熵产生率，v 是摩尔体积，$\mathrm{d}\xi/\mathrm{d}t$ 是相变速率。我们还可以

根据熵产生率与能量耗散的关系，将式 (11.21) 写成能量耗散的形式

$$\frac{\mathrm{d}\mu}{v\mathrm{d}t} = -D\frac{\mathrm{d}\xi}{v\mathrm{d}t} \tag{11.22}$$

式中，μ 是化学势，$\mathrm{d}\mu/(v\mathrm{d}t)$ 是化学能密度耗散率。

11.3 热力学驱动力与温度和压强的关系

我们可以利用母相 α 和新相 β 的化学势与温度和压强的关系，得到相变驱动力与温度和压强的方程，根据两相化学势的微分形式，有

$$\mathrm{d}\mu^{\alpha} = -s^{\alpha}\mathrm{d}T + v^{\alpha}\mathrm{d}p \tag{11.23}$$

和

$$\mathrm{d}\mu^{\beta} = -s^{\beta}\mathrm{d}T + v^{\beta}\mathrm{d}p \tag{11.24}$$

用式 (11.24) 减去式 (11.23)，可得

$$\mathrm{d}\left(\mu^{\beta} - \mu^{\alpha}\right) = -\left(s^{\beta} - s^{\alpha}\right)\mathrm{d}T + \left(v^{\beta} - v^{\alpha}\right)\mathrm{d}p \tag{11.25}$$

或

$$\mathrm{d}\Delta\mu = -\Delta s\mathrm{d}T + \Delta v\mathrm{d}p \tag{11.26}$$

式中，$\Delta\mu = \mu^{\beta} - \mu^{\alpha}$，$\Delta s = s^{\beta} - s^{\alpha}$，$\Delta v = v^{\beta} - v^{\alpha}$。

对上式求积分，相变中化学势变化与温度和压强的方程为

$$\Delta\mu\left(T, p\right) = -\int_{T_{\mathrm{e}}, 1\mathrm{bar}}^{T, 1\mathrm{bar}} \Delta s\left(T, p\right)\mathrm{d}T + \int_{T, 1\mathrm{bar}}^{T, p} \Delta v\left(T, p\right)\mathrm{d}p \tag{11.27}$$

式中，$\Delta s(T, p)$ 和 $\Delta v(T, p)$ 是相变中摩尔熵和摩尔体积关于温度和压强的函数。

令上式为零，我们可以得到在两相平衡相界上温度和压强的关系式为

$$\Delta\mu\left(T, p\right) = -\int_{T_{\mathrm{e}}, 1\mathrm{bar}}^{T, 1\mathrm{bar}} \Delta s\left(T, p\right)\mathrm{d}T + \int_{T, 1\mathrm{bar}}^{T, p} \Delta v\left(T, p\right)\mathrm{d}p = 0 \tag{11.28}$$

假设在相变中，热容变化 Δc_p 是一个常数，等温压缩系数 $\beta_T\left(T, p\right)$ 和热膨胀系数 α 为零，有

$$\Delta s\left(T, p\right) = \Delta s^{\circ}\left(T_{\mathrm{e}}, 1\mathrm{bar}\right) + \Delta c_p \ln\frac{T}{T_{\mathrm{e}}} \tag{11.29}$$

且

$$\Delta v\left(T, p\right) = \Delta v\left(T, 1\mathrm{bar}\right) = \Delta v^{\circ}\left(T_{\mathrm{e}}, 1\mathrm{bar}\right) \tag{11.30}$$

式中，Δs° 和 Δv° 表示在压强为 1bar 和平衡相变温度 T_e 下，相变前后摩尔熵和摩尔体积的变化。因此

$$\Delta\mu\left(T,p\right) = -\int_{T_e,1\mathrm{bar}}^{T,1\mathrm{bar}} \left(\Delta s^\circ + \Delta c_p \ln \frac{T}{T_e}\right) \mathrm{d}T + \Delta v^\circ \Delta p \tag{11.31}$$

对上式的右边第一项求积分，可得

$$\Delta\mu\left(T,p\right) = \left(\Delta c_p - \Delta s^\circ\right)\left(T - T_e\right) - \Delta c_p T \ln \frac{T}{T_e} + \Delta v^\circ\left(p - 1\mathrm{bar}\right) \tag{11.32}$$

可以改写为

$$\Delta\mu\left(T,p\right) = \left(\Delta c_p - \Delta s^\circ\right)\Delta T - \Delta c_p T \ln \left(1 + \frac{\Delta T}{T_e}\right) + \Delta v^\circ \Delta p \tag{11.33}$$

式中，$\Delta T = T - T_e$，$\Delta p = p - 1\,\mathrm{bar}$。

若 $\Delta T \ll T_e$，

$$\Delta\mu\left(T,p\right) = \left(\Delta c_p - \Delta s^\circ\right)\Delta T - \Delta c_p T \frac{\Delta T}{T_e} + \Delta v^\circ \Delta p \tag{11.34}$$

因此，两相的化学势差与温度和压强的关系可近似写为

$$\Delta\mu\left(T,p\right) = -\frac{\Delta h^\circ + \Delta c_p \Delta T}{T_e}\Delta T + \Delta v^\circ \Delta p \tag{11.35}$$

11.4   相变的类型

在相变点附近，材料的热力学性质通常会发生剧烈变化。不同类型的相变，譬如，固态熔融为液态，顺磁体转变为铁磁体，金属转变为超导体等，可能会导致热力学性质在相变点附近发生完全不同类型的变化。因此，根据相变点附近的热力学性质的变化行为，我们可以把相变分为不同的类型，如一级相变、二级相变、高级相变、不连续相变、连续相变或无限级相变。

材料的所有热力学性质都可以表示为热力学基本方程对其自然变量的导数。如果在某个温度和压强下发生了相变，我们就可以根据各相的化学势对温度和压强的导数情形，将相变分为一级相变、二级相变或高级相变。譬如，根据 Ehrenfest 分类[1] 有：

(1) 一级相变，指化学势对温度和压强的一阶导数 (即摩尔熵和摩尔体积) 在相变点不连续的相变。在相变温度和压强下，摩尔熵和摩尔体积的跃变可以简单

称为 "相变熵" 和 "相变体积"，"相变焓" 则等于相变熵和相变温度的乘积。恒压下的相变焓等于相变时吸收或释放的热量，因此相变焓也常常被称为 "相变潜热"。序参量是区分参与相变的不同相的参数，例如，两相的质量密度差、自发极化、原子有序度、结晶度等，一级相变的序参量在相变点是不连续的。材料中的大多数相变，如熔化、凝固、相分离、析出、结构相变以及大多数铁电相变都是一级相变。

(2) 二级相变，指化学势对温度和压强的一阶导数 (即摩尔熵和摩尔体积) 在相变点连续，但二阶导数 (即热容或压缩系数) 在相变点不连续的相变，二级相变的序参量在相变点是连续的。铁磁相变是一个典型的二级相变。

(3) 高级相变，指化学势对温度和压强的一阶和二阶导数在相变点都连续而更高阶的导数在相变点不连续的相变。

有一类相变，例如铁磁相变和超导相变，某些热力学性质在相变点表现为发散，而不是不连续。例如，热容在铁磁相变点处发散。因此，文献中越来越倾向于直接使用相变潜热将相变分为两种类型：①一级相变或不连续相变；②二级相变或连续相变。存在潜热的相变是不连续的相变，而没有潜热的相变是连续的相变。由化学势对温度和压强或序参量的二阶导数所代表的性质在二级相变或连续相变时发散。玻璃化相变也可以称为连续相变，但这种相变更多地是基于动力学来描述的。在物理学中，有些相变是连续的，没有发生对称破缺，因而可以被归类为无限级相变，例如二维 XY 模型中的 Kosterlitz-Thouless 跃迁相变。

11.5 温度–压强相图

在化学组成固定的情形下，哪个相态 (固体、液体、气体或它们的混合物) 是稳定的平衡态取决于温度和压强。根据热力学平衡原理，在恒温恒压下，可通过吉布斯自由能最小化获得平衡状态。当然要比较不同相态的稳定性，我们必须考虑所有总化学组成相同的各种热力学状态。其实，要确定不同温度和压强下的稳定态，我们只需要简单地比较不同相的化学势随温度和压强的变化。化学势最低的状态，就是热力学稳定状态。

我们把某种材料的所有稳定相 (甚或亚稳相) 区域和相界表示在同一个图上就是相图。对于具有固定化学组成的材料，在不同压强和温度下稳定相的图示也常称为 $p\text{-}T$ 相图。同样也可以构建其他类型的相图，例如，温度摩尔体积相图、压强摩尔体积相图、温度摩尔熵相图以及压强摩尔熵相图。图 11.4 和图 11.5 是两个 $p\text{-}T$ 相图示意图，图 11.4 表示液相摩尔体积 (v^l) 大于固相摩尔体积 (v^s) 的情形，图 11.5 表示液相摩尔体积 (v^l) 小于固相摩尔体积 (v^s) 的情形。

(1) 单相区：指某一相化学势最低的温度和压强范围。例如，图 11.4 和图 11.5

中标记为固相、液相或气相的区域，分别表示在该温度和压强范围内的化学势最低、最稳定的单相态。

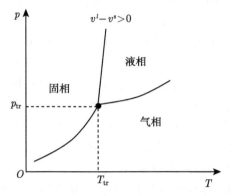

图 11.4　液相摩尔体积大于固相摩尔体积的单组分体系 p-T 相图的示意图

T_{tr} 和 p_{tr} 分别表示固、液、气三相平衡时三相点的温度和压强

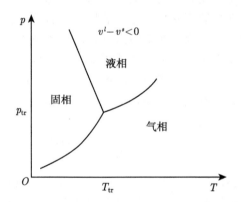

图 11.5　单组分体系 p-T 相图，液相摩尔体积小于固相摩尔体积的情形

　　(2) 两相共存边界 (两相线)：如果两相在一定的温度和压强下具有相同的化学势，那么这两相处于热力学平衡。这些温度和压强形成了压强–温度曲线，称为相界。例如，在图 11.4 和图 11.5 中，分隔固相和液相区域的曲线代表固–液平衡的温度和压强；分隔液相和气相的曲线代表液–气平衡的温度和压强；分隔固相和气相的曲线代表固–气平衡的温度和压强。p-T 图上的两相平衡曲线，在温度–摩尔体积、压强–摩尔体积、温度–摩尔熵或压强–摩尔熵的相图上表现为两相共存区域。

　　(3) 三相点：在一个给定的温度和压强下，三个不同的相具有相同的化学势，那么三相共处于平衡状态。p-T 相图上三相平衡共存的点，被称为三相点 (T_{tr}, p_{tr})。例如，在图 11.4 和图 11.5 中，固相、液相和气相的三相相界相交的点就是三相彼此平衡的三相点。p-T 相图上的三相点，在温度–摩尔体积、压强–摩尔体积、温度–摩尔熵以及压强–摩尔熵的相图上表现为三相共存区。

11.6 吉布斯相律

在一定温度和压强下，最多可以共存的热力学平衡相数目或者在平衡时有多少可以独立变化的热力学变量是有限制的，计算给定系统可以独立变化的变量数目表达式称为吉布斯相律。

吉布斯相律的推导很简单，其实就是数独立变量的数目。假设一个含有 n 个组分和 ψ 个相的多组分多相系统，由于在每个相中 n 个组分的 n 个化学势之间存在一个吉布斯–杜亥姆关系，因此系统中有 $(n-1)\,\psi$ 个独立的化学势，所以势量的总数目是 $(n-1)\,\psi+2$，其中 2 对应于温度和压强。根据热力学平衡条件，设平衡时所有相的温度和压强都是相同和均匀的，体系中各组分的化学势也必须是相同和均匀的，因此在所有 ψ 个相中的各个组分的化学势之间存在 $n\,(\psi-1)$ 个关系式。应该指出的是，有些组分可能在一些相中不存在。对于不存在某组分的相，也存在一个化学势关系式：这不存在的组分在该相中的化学势应高于在该组分存在的其他相里的化学势。所以，对于这种多组分多相混合物，独立强度变量的总数目或自由度数目 (NDF) 为

$$\text{NDF} = (n-1)\,\psi+2-n\,(\psi-1) \tag{11.36}$$

简化上式，可得

$$\text{NDF} = n - \psi+2 \tag{11.37}$$

NDF 表示在不改变多相混合物中平衡相数目和种类的情形下，可以变化的独立变量的数目。例如，对于某种固定化学组成的单组分材料，在其 p-T 相图的三相点处：$n=1$，$\psi=3$，有

$$\text{NDF} = n - \psi+2 = 1 - 3 + 2 = 0 \tag{11.38}$$

即自由度的数目为零。这意味着如果温度或压强偏离三相点的温度和压强，相互平衡的三相混合物就会变成两相平衡混合物或单相平衡。从相律还可以得到系统在平衡时多相能共存的最大相数目

$$\text{NDF} = n - \psi+2 \geqslant 0 \Rightarrow \psi \leqslant n+2 \tag{11.39}$$

或

$$\psi_{\max} = n+2 \tag{11.40}$$

例如，对于单组分系统，热力学平衡时能共存的最大相数目为 3。

沿着单组分 p-T 相图的两相的相界，有

$$\text{NDF} = n - \psi + 2 = 1 - 2 + 2 = 1 \tag{11.41}$$

此时，保持两相共存这个条件下，可以独立地改变温度或压强，但不能同时改变两者。

在相图的单相区内，

$$\text{NDF} = n - \psi + 2 = 1 - 1 + 2 = 2 \tag{11.42}$$

这意味着可以在单相区内同时改变温度和压强。

11.7　克拉珀龙方程

克拉珀龙 (Clapeyron) 方程描述的是压强温度相图中相界线斜率的微分方程。

给定一种材料，如果已知每个相的化学势与温度和压强的关系，就可以通过化学势最低的相就是平衡相这一热力学平衡条件来计算它的 p-T 相图。为了构建相图，我们首先确定相图中描述相界线的方程，然后通过在 p-T 图上表示相界线来获得相图。如果已知 α 和 β 两相的化学势与温度 T 和压强 p 的关系，简单求解下式就可以得到 α/β 相界方程

$$\mu^{\alpha}(T,p) = \mu^{\beta}(T,p) \tag{11.43}$$

如果只是为了计算 α/β 相边界斜率，我们其实并不需要完全了解两相化学势的信息，只需要克拉珀龙方程。为了推导克拉珀龙方程，我们从两相化学势差的变化开始

$$\mathrm{d}\Delta\mu = -\Delta s \mathrm{d}T + \Delta v \mathrm{d}p \tag{11.44}$$

如图 11.6 所示，α 和 β 相沿 p-T 图上的相界线处于平衡状态，这条界线的两侧分别为稳定的 α 相和 β 相的单相区。在 α 和 β 的相界上，$\Delta\mu \equiv 0$，或 $\mu^{\alpha} \equiv \mu^{\beta}$，则上式可写为

$$-\Delta s \mathrm{d}T + \Delta v \mathrm{d}p = 0$$

调整上式，可得 α/β 相界线的局部斜率 $\mathrm{d}p/\mathrm{d}T$ 作为温度的函数

$$\frac{\mathrm{d}p}{\mathrm{d}T} = \frac{\Delta s^{\alpha\to\beta}}{\Delta v^{\alpha\to\beta}} = \frac{s^{\beta} - s^{\alpha}}{v^{\beta} - v^{\alpha}} \tag{11.45}$$

式中，$\Delta s^{\alpha\to\beta} = s^{\beta} - s^{\alpha}$ 和 $\Delta v^{\alpha\to\beta} = v^{\beta} - v^{\alpha}$ 分别表示相变中的摩尔熵和摩尔体积的变化，可以简单称之为相变熵和相变体积。因此，在给定的温度和压强下，α/β 相界线的斜率可由相变熵与相变体积之比给出。

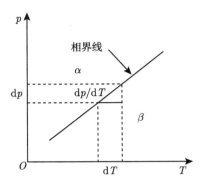

图 11.6 $p\text{-}T$ 相图中两相的相界线及其斜率示意图

如果 $\alpha \to \beta$ 相变发生在平衡温度和压强下,即沿着一条相界线进行,相变驱动力 $D = \mu^{\alpha} - \mu^{\beta} = 0$,相变是一个可逆过程,没有熵的产生。根据热力学第二定律,对于一个可逆过程有

$$\Delta s_{\alpha \to \beta} = \frac{Q_{\alpha \to \beta}}{T_{\mathrm{e}}^{\alpha \to \beta}} \tag{11.46}$$

式中,$Q^{\alpha \to \beta}$ 表示 1mol 的 α 相转变为 β 相时释放或吸收的热量,$T_{\mathrm{e}}^{\alpha \to \beta}$ 表示给定压强下的平衡相变温度。根据恒压下的热力学第一定律,有

$$Q^{\alpha \to \beta} = \Delta h^{\alpha \to \beta} \tag{11.47}$$

式中,$\Delta h^{\alpha \to \beta}$ 表示每摩尔 α 相转变为 β 相的摩尔焓变化,或简称为相变焓。那么,α/β 相界线的斜率可写为

$$\frac{\mathrm{d}p}{\mathrm{d}T} = \frac{\Delta h^{\alpha \to \beta}}{T \Delta v^{\alpha \to \beta}} \tag{11.48}$$

这就是克拉珀龙方程。因此,若已知相变热和相变体积,就可以得到给定温度和压强下 α/β 相界的斜率 $\mathrm{d}p/\mathrm{d}T$。

一般来说,从低温相转变为高温相,相变热为正值

$$\Delta h^{\alpha \to \beta} > 0$$

此时,相界线斜率 $\mathrm{d}p/\mathrm{d}T$ 的符号由体积变化 Δv 决定。如果体积变化为正值,就意味着斜率为正值。当然,如图 11.7 所示,我们也可以通过查看相图中相界斜率的符号来确定相变体积变化的符号。

对于大多数材料来说,由低温相转变为高温相的体积变化也是正值。譬如,固体熔化成为液体,相应的相界斜率也是正的。然而,对于晶体结构相当开放的材

料，固体熔化可能导致体积减小。比如我们很熟悉的材料体系：冰 (H_2O)、硅 (Si)
和金刚石 (C) 的熔化导致体积减小，即熔化体积的改变为负值，因此，它们液–固
相界的斜率为负值。

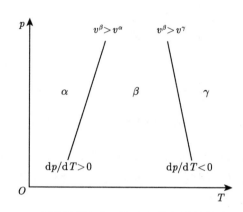

图 11.7　相界线斜率与两相摩尔体积差的关系示意图

11.8　克劳修斯–克拉珀龙方程及凝聚相蒸气压

如果相变涉及气相，比如固相或液相转变为气相，则克拉珀龙方程中的压强
是指固相或液相与气相处于平衡时凝聚相上方的平衡蒸气压。多相混合系统总压
强中包含的单个组分贡献的蒸气压，称为分压。

譬如，当液相转变为气相时

$$液相\,(l)\ \longrightarrow\ 气相\,(v)$$

由于气相的摩尔体积 v^v 通常远大于凝聚相的摩尔体积 v^l 或 v^s，有

$$\Delta v^{l \to v} = v^v - v^l \approx v^v$$

克拉珀龙方程可以近似表示为

$$\frac{\mathrm{d}p}{\mathrm{d}T} \approx \frac{\Delta h^{l \to v}}{T v_v} \tag{11.49}$$

液相和固相上方的蒸气压通常很低，因此气相的性质可以用理想气体状态方
程来近似。根据理想气体定律，气相的摩尔体积与温度和压强的关系可表达为

$$v^v = \frac{RT}{p} \tag{11.50}$$

将式 (11.5) 代入式 (11.49)，我们得到

$$\frac{\mathrm{d}\ln p}{\mathrm{d}T} = \frac{\Delta h^{l \to v}}{RT^2} \tag{11.51}$$

这就是克劳修斯–克拉珀龙 (Clausius-Clapeyron) 方程。需要强调的是, 克劳修斯–克拉珀龙方程只适用于两相之一是气相的情形。克劳修斯–克拉珀龙方程 (11.51) 也给出了液相上方的平衡蒸气压与温度的关系。

正常沸点: 液体的正常沸点 T_b 是液体在 1bar 下与其气相处于平衡时的温度, 在正常沸点下的蒸发热记为 $\Delta h_\mathrm{b}^\circ$。由于蒸气压通常很低, 对蒸发热 $\Delta h_\mathrm{b}^\circ$ 的影响可以忽略。蒸发热 $\Delta h^{l \to v}$ 随温度变化的关系可以利用液相及其气相的热容来计算, 即

$$\Delta h^{l \to v}(T) = \Delta h_\mathrm{b}^\circ + \int_{T_\mathrm{b}}^{T} \left[c_p^v(T) - c_p^l(T) \right] \mathrm{d}T = \Delta h_\mathrm{b}^\circ + \int_{T_\mathrm{b}}^{T} \Delta c_p(T) \, \mathrm{d}T \tag{11.52}$$

式中, $c_p^v(T)$ 和 $c_p^l(T)$ 分别为气相和液相的热容。若假设 Δc_p 为零, 则 $\Delta h^{l \to v} = \Delta h_\mathrm{b}^\circ$, 即蒸发热与温度无关。在这个假设下, 结合克劳修斯–克拉珀龙方程 (11.51), 有

$$\ln p = -\frac{\Delta h_\mathrm{b}^\circ}{RT} + c \tag{11.53}$$

式中, c 为积分常数。如果知道正常沸点, 我们就可以确定积分常数, 即

$$\ln(1) = -\frac{\Delta h_\mathrm{b}^\circ}{RT_\mathrm{b}} + c \to c = \frac{\Delta h_\mathrm{b}^\circ}{RT_\mathrm{b}} \tag{11.54}$$

因此

$$\ln p = -\frac{\Delta h_\mathrm{b}^\circ}{RT} + \frac{\Delta h_\mathrm{b}^\circ}{RT_\mathrm{b}} = \frac{\Delta h_\mathrm{b}^\circ}{R} \left(\frac{1}{T_\mathrm{b}} - \frac{1}{T} \right) \tag{11.55}$$

假设 Δc_p 为常数而不是 0, 有

$$\Delta h^{l \to v} = \Delta h_\mathrm{b}^\circ + \Delta c_p(T - T_\mathrm{b}) \tag{11.56}$$

克劳修斯–克拉珀龙方程 (11.51) 变形为

$$\frac{\mathrm{d}\ln p}{\mathrm{d}T} = \frac{\Delta h_\mathrm{b}^\circ + \Delta c_p(T - T_\mathrm{b})}{RT^2} = \frac{(\Delta h_\mathrm{b}^\circ - \Delta c_p T_\mathrm{b}) + \Delta c_p T}{RT^2} = \frac{a}{T^2} + \frac{b}{T} \tag{11.57}$$

式中

$$a = \frac{\Delta h_\mathrm{b}^\circ - \Delta c_p T_\mathrm{b}}{R} \tag{11.58}$$

$$b = \frac{\Delta c_p}{R} \tag{11.59}$$

对式 (11.57) 积分，得到液相上方的平衡蒸气压

$$\ln p = -\frac{a}{T} + b \ln T + c \tag{11.60}$$

式中，一些液体的参数 a、b 和 c 可以在文献数据库中查到。注意上述推导的前提是，假设气相与其对应的液相或固相之间的热容差是与温度无关的常数。式 (11.6) 是描述固相或液相上方的平衡蒸气压随温度变化的典型公式，同时给出了相图上液相和气相之间的相界。

三相点： 在三相点处，固相、液相和气相的化学势相等，即

$$\mu^{\mathrm{s}}(T, p) = \mu^{l}(T, p) = \mu^{\mathrm{v}}(T, p) \tag{11.61}$$

如果我们有了固相、液相和气相的化学势随温度和压强变化的关系式，就可以求解式 (11.61) 中的任意两个方程得到三相点。

如果已知液相和相应固相的蒸气压与温度的关系，我们也可以得到三相点的温度和压强。例如，求解以下两个描述固相和液相上方平衡蒸气压的联立方程

$$\ln p_{\mathrm{tr}} = -\frac{a^{l \to \mathrm{v}}}{T_{\mathrm{tr}}} + b^{l \to \mathrm{v}} \ln T_{\mathrm{tr}} + c^{l \to \mathrm{v}} \tag{11.62}$$

$$\ln p_{\mathrm{tr}} = -\frac{a^{\mathrm{s} \to \mathrm{v}}}{T_{\mathrm{tr}}} + b^{\mathrm{s} \to \mathrm{v}} \ln T_{\mathrm{tr}} + c^{\mathrm{s} \to \mathrm{v}} \tag{11.63}$$

另外，在已知蒸气压与温度关系的情况下，也可以计算气相与液相或固相的蒸发热和热容差

$$\Delta h^{l \to \mathrm{v}} = RT^2 \frac{\mathrm{d}\ln p^{l \to \mathrm{v}}}{\mathrm{d}T}, \quad \Delta h^{\mathrm{s} \to \mathrm{v}} = RT^2 \frac{\mathrm{d}\ln p^{\mathrm{s} \to \mathrm{v}}}{\mathrm{d}T} \tag{11.64}$$

$$\Delta c_p^{l \to \mathrm{v}} = \frac{\mathrm{d}\left(\Delta h^{l \to \mathrm{v}}\right)}{\mathrm{d}T}, \quad \Delta c_p^{\mathrm{s} \to \mathrm{v}} = \frac{\mathrm{d}\left(\Delta h^{\mathrm{s} \to \mathrm{v}}\right)}{\mathrm{d}T} \tag{11.65}$$

已知上述的 $\Delta h^{l \to \mathrm{v}}$、$\Delta h^{\mathrm{s} \to \mathrm{v}}$、$\Delta c_p^{l \to \mathrm{v}}$ 和 $\Delta c_p^{\mathrm{s} \to \mathrm{v}}$，由于状态函数变化与过程无关，我们就可以利用以下方程得到 $\Delta h^{\mathrm{s} \to l}$ 和 $\Delta c_p^{\mathrm{s} \to l}$ 分别为

$$\Delta h^{\mathrm{s} \to l} = \Delta h^{\mathrm{s} \to \mathrm{v}} - \Delta h^{l \to \mathrm{v}} \tag{11.66}$$

和

$$\Delta c_p^{\mathrm{s} \to l} = \Delta c_p^{\mathrm{s} \to \mathrm{v}} - \Delta c_p^{l \to \mathrm{v}} \tag{11.67}$$

正常沸点 T_{b} 可以通过求解液体上方的平衡蒸气压与温度的方程得到

$$\ln(p) = \ln(1) = -\frac{a}{T_b} + b\ln T_b + c = 0 \tag{11.68}$$

11.9　相变温度的尺寸效应

如果材料的尺寸在纳米级尺度, 那么表 (界) 面能对相变温度的贡献就不能忽略。我们考虑一个球形固体颗粒的熔化 (图 11.8)。利用本书第 9.6.3 节中化学势与颗粒尺寸半径的关系, 有

$$\mu_r^{\mathrm{s}} = \frac{2\gamma_{sl}v}{r} + \mu_\infty^{\mathrm{s}} \tag{11.69}$$

式中, μ_r 是半径为 r 的颗粒的化学势, μ_∞ 是无限大尺寸固体颗粒的化学势, γ_{sl} 为固–液界面能, v 为固体颗粒的摩尔体积。长方体或椭球体等非球形颗粒内部原子的化学势处理方法类似, 任意复杂形状的颗粒内部原子的化学势可以通过数值计算得到。

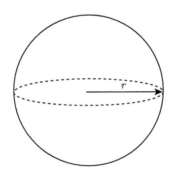

图 11.8　半径为 r 的球形固体颗粒示意图

固–液平衡时, 固相和液相的化学势相等。若将无限大颗粒的熔化温度 T_{m} 标记为 T_∞, 则有

$$\mu_\infty^{\mathrm{s}} = \mu^l$$

式中, μ^l 是液相中原子的化学势。

固相的熔化熵为

$$\Delta s_{\mathrm{m}} = \frac{\Delta h_{\mathrm{m}}}{T_\infty} \tag{11.70}$$

式中, Δh_{m} 是熔化焓或熔化热。

固–液平衡时, 半径为 r 的固体颗粒内部原子的化学势必须等于液相中原子的化学势, 即

$$\mu_r^{\mathrm{s}} = \mu_\infty^{\mathrm{s}} + \frac{2\gamma_{sl}v}{r} = \mu^l \tag{11.71}$$

假设熔化热 Δh_{m} 和熔化熵 Δs_{m} 都与温度无关，那么，半径为 r 的固体颗粒在熔化温度 T_r 处有

$$\mu^l - \mu^{\mathrm{s}}_{\infty} = \Delta h_{\mathrm{m}} - T\frac{\Delta h_{\mathrm{m}}}{T_{\infty}} = \Delta h_{\mathrm{m}}\frac{T_{\infty} - T_r}{T_{\infty}} \tag{11.72}$$

结合式 (11.69)，有

$$\mu^l - \mu^{\mathrm{s}}_{\infty} = \frac{2\gamma_{sl}v}{r} = \frac{(T_{\infty} - T_r)\,\Delta h_{\mathrm{m}}}{T_{\infty}} \tag{11.73}$$

求解上式得到熔化温度 T_r 为

$$T_r = \left(1 - \frac{2\gamma_{sl}v}{r\Delta h_{\mathrm{m}}}\right)T_{\infty} \tag{11.74}$$

颗粒熔化相变温度与其半径的关系如图 11.9 所示。

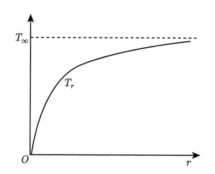

图 11.9　固体颗粒熔化相变温度与颗粒半径的关系示意图

11.10　朗道相变理论

原则上，任何相变都可以用物理学定义的序参量来表征母相和新相。通常定义高温相的序参量为零，低温相的序参量为有限值。譬如，液相与其气相的相对密度可以作为描述气–液转变的序参量，以及发生成分相分离的两相间的相对成分差异、有序–无序相变的长程序参量、铁电相变的自发极化、铁弹性相变的自发应变和铁磁相变的自发磁化等都可以作为序参量。

相变热力学可以用自由能密度函数来描述，根据朗道相变理论，该函数可展开为序参量的多项式。高温相的对称度最高，因此我们要求自由能密度函数中的所有项都对高温相的对称操作保持不变。例如，对于一个由单一序参量 η 描述的相变，我们可以将自由能密度表示为序参量 η 的函数

$$f(\eta) = f(0) + \left(\frac{\partial f}{\partial \eta}\right)_{\eta=0} \eta + \frac{1}{2}\left(\frac{\partial^2 f}{\partial \eta^2}\right)_{\eta=0} \eta^2 + \frac{1}{3!}\left(\frac{\partial^3 f}{\partial \eta^3}\right)_{\eta=0} \eta^3$$
$$+ \frac{1}{4!}\left(\frac{\partial^4 f}{\partial \eta^4}\right)_{\eta=0} \eta^4 + \cdots \tag{11.75}$$

系统的对称性操作要求自由能函数中所有奇数项消失，则上式变为

$$f(\eta) = f(0) + \frac{1}{2}\left(\frac{\partial^2 f}{\partial \eta^2}\right)_{\eta=0} \eta^2 + \frac{1}{4!}\left(\frac{\partial^4 f}{\partial \eta^4}\right)_{\eta=0} \eta^4 + \cdots \tag{11.76}$$

保留至四阶，上式变为

$$f(\eta) - f(0) = \frac{1}{2}\left(\frac{\partial^2 f}{\partial \eta^2}\right)_{\eta=0} \eta^2 + \frac{1}{4!}\left(\frac{\partial^4 f}{\partial \eta^4}\right)_{\eta=0} \eta^4 \tag{11.77}$$

如果我们假设只有第一项的系数与温度有关，而第二项的系数与温度无关，有

$$f(\eta) - f(0) = \frac{A(T - T_c)}{2}\eta^2 + \frac{B}{4}\eta^4 \tag{11.78}$$

式中，A 和 B 为正系数，T_c 为相变临界温度。式 (11.78) 右边第一项表示的情形如图 11.10 所示。在 $T < T_c$ 时，$\eta = 0$ 的高温母相失稳有序化，生成稳定的低温有序相，η 不为 0，体系的自由能降低。但是，当只有第一项时，自由能密度随着序参量的增加不断减小，有序态的序参量趋于无穷大。因此，我们如果忽略所有高于四阶的项，那么四阶系数 B 必须为正值，才能保证在低于临界温度 T_c 的不同温度下序参量可取有限值。

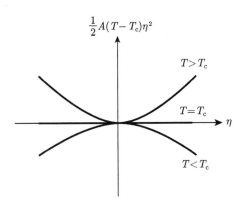

图 11.10 材料在不同温度下的热力学稳定性示意图

当系数 B 取正值时，自由能密度函数随序参量在不同温度下的变化如图 11.11 所示。在高于 T_c 的温度下，$\eta = 0$ 的状态自由能密度最低，处于稳定状态。温度

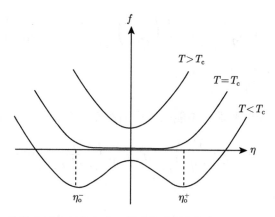

图 11.11　三种温度下自由能密度函数随序参量的变化及平衡序参量值示意图

低于 T_c 时，序参量 η_o^- 和 η_o^+ 的状态为稳定状态。η_o^- 和 η_o^+ 的值可以通过自由能密度函数对序参量的一阶导数为零来确定，即

$$\left.\frac{\partial f(\eta)}{\partial \eta}\right|_{\eta_o} = A(T - T_c)\eta_o + B\eta_o^3 = 0 \qquad (11.79)$$

$$\eta_o = \pm\sqrt{-\frac{A(T - T_c)}{B}} \qquad (11.80)$$

或

$$\eta_o^+ = \sqrt{-\frac{A(T - T_c)}{B}}$$

$$\eta_o^- = -\sqrt{-\frac{A(T - T_c)}{B}}$$

在 T_c 温度下，序参量变为零，即 $\eta_o^- = \eta_o^+ = 0$，并且

$$\left.\frac{\partial^2 f(\eta)}{\partial \eta^2}\right|_{\eta=0, T=T_c} = 0$$

图 11.12 是 η 随温度变化的示意图。可以发现，当温度接近临界温度时，序参量逐渐变为零，在相变温度处的序参量没有发生跃迁。序参量值连续的相变，称为二级相变或连续相变，此时相变熵和相变焓都为零。

为了描述一级相变，有必要在上述自由能密度函数中增加一个立方项或六阶项。我们先看一下用 $\eta^2 - \eta^3 - \eta^4$ 表示的自由能密度模型

$$f(\eta) - f(0) = \frac{A(T - T_c)}{2}\eta^2 - \frac{B}{3}\eta^3 + \frac{C}{4}\eta^4 \qquad (11.81)$$

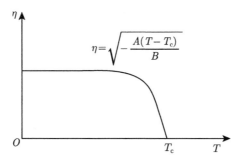

图 11.12　序参量随温度变化的示意图

式中，系数 A 和 C 为正值，系数 B 决定了序参量的符号。为了求得给定温度下的平衡序参量，我们假设

$$\frac{\partial f(\eta)}{\partial \eta}\bigg|_{\eta_o} = A(T-T_c)\eta_o - B\eta_o^2 + C\eta_o^3 = 0 \tag{11.82}$$

上式的解为

$$\eta_{o1} = 0$$

$$\eta_{o2} = \frac{B + \sqrt{B^2 - 4AC(T-T_c)}}{2C}$$

$$\eta_{o3} = \frac{B - \sqrt{B^2 - 4AC(T-T_c)}}{2C}$$

在临界温度 T_c 处，

$$\eta_{o1} = 0$$

$$\eta_{o2} = \frac{B}{C}$$

$$\eta_{o3} = 0$$

在相变温度 T_o 处，

$$B^2 - 4AC(T_o - T_c) = 0$$

$$T_o = T_c + \frac{B^2}{4AC}$$

因此，在这种情况下，临界温度和相变温度是不同的，并且如图 11.13 所示，在相变温度 T_o 处的序参量有一个跃迁。序参量发生突变的相变是一级相变，或简单称之为不连续相变。在一级相变中，熵和焓也发生了变化。

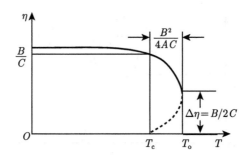

图 11.13　一级相变的序参量随温度变化的示意图

一级相变也可以用含六阶项的多项式自由能密度函数来描述，即

$$f(\eta) - f(0) = \frac{A(T - T_c)}{2}\eta^2 - \frac{B}{4}\eta^4 + \frac{C}{6}\eta^6 \tag{11.83}$$

式中，系数 A、B 和 C 都为正，为了得到给定温度下的平衡序参量，我们假设

$$\left.\frac{\partial f(\eta)}{\partial \eta}\right|_{\eta_o} = A(T - T_c)\eta_o - B\eta_o^3 + C\eta_o^5 = 0 \tag{11.84}$$

上式的解为 5 个不同的序参量值 (图 11.14)，

$$\eta_{o1} = 0$$

$$\eta_{o2}^{\pm} = \pm\sqrt{\frac{B + \sqrt{B^2 - 4AC(T - T_c)}}{2C}}$$

$$\eta_{o3}^{\pm} = \pm\sqrt{\frac{B - \sqrt{B^2 - 4AC(T - T_c)}}{2C}}$$

在临界温度 T_c 处，

$$\eta_{o1} = 0$$

$$\eta_{o2}^{\pm} = \pm\sqrt{\frac{B}{C}}$$

$$\eta_{o3}^{\pm} = 0$$

在相变温度 T_o 处，

$$B^2 - 4AC(T_o - T_c) = 0$$

$$T_o = T_c + \frac{B^2}{4AC}$$

$$\eta_{o1} = 0$$

$$\eta_{o2}^{\pm} = \pm\sqrt{\frac{B}{2C}}$$

$$\eta_{o3}^{\pm} = \pm\sqrt{\frac{B}{2C}}$$

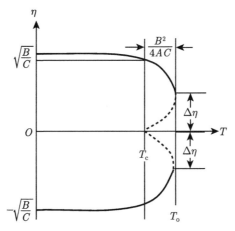

图 11.14　由六次多项式表示自由能密度函数时序参量随温度变化的示意图

11.11　示　　例

例 1　Si 的原子质量是 28.085g/mol，在熔化温度 1687K 时液态 Si(l) 的密度是 2.57g/cm³，Si 在 298K 时晶格参数 a_o 为 0.5431nm，线性热膨胀系数是 2.6μm/(m·K)。使用金刚石结构 Si 的熔作为参考态 (来自 SGTE 元素数据库)，在 1bar 下金刚石 (d) 结构 Si 和液态 Si 的化学势作为温度的函数为

$$\mu_{Si}^{d} = -8162.6 + 137.24T - 22.832T\ln T - 1.9129\times10^{-3}T^2 - 0.003552\times10^{-6}T^3$$
$$+ 176667T^{-1}\,(G)\quad(298K < T < 1687K)$$

$$\mu_{Si}^{d} = -9457.6 + 167.28T - 27.196T\ln T - 420.369$$
$$\times 10^{28}T^{-9}\,(G)\quad(1687K < T < 3600K)$$

$$\mu_{Si}^{l} = 42533.8 + 107.14T - 22.831T\ln T - 1.9129\times10^{-3}T^2 - 0.003552\times10^{-6}T^3$$
$$+ 176667T^{-1} + 209.31\times10^{-23}T^7\,(G)\quad(298K < T < 1687K)$$

$$\mu_{Si}^{l} = 40370.5 + 137.72T - 27.196T\ln T\,(G)\quad(1687K < T < 3600K)$$

(a) 在熔化温度, 金刚石结构 Si 的熔化熵是多少?

(b) 在熔化温度, 金刚石结构 Si 的熔化热是多少?

(c) 在熔化温度, 液态 Si 和金刚石结构的固态 Si 的热容差是多少?

(d) 假设热膨胀系数是与温度无关的常数, 估算在熔化温度时 Si 熔化的摩尔体积的变化。

(e) 假设固态 Si 和液态 Si 都是不可压缩的, 估算 1bar 条件下 Si 的 p-T 相图上固液相界的 $\mathrm{d}p/\mathrm{d}T$ 斜率。

解 (a) 为了计算熔化温度下金刚石结构 Si 的熔化熵, 我们首先求得金刚石结构固态 Si 的熵和熔化温度下液态 Si 的熵。

固态 Si 的熵由下式给出

$$s_{\mathrm{Si}}^{\mathrm{d}} = -\left(\frac{\partial \mu_{\mathrm{Si}}^{\mathrm{d}}}{\partial T}\right)_{1\mathrm{bar}}$$

$$s_{\mathrm{Si}}^{\mathrm{d}} = -137.24 + 22.832\ln T + 22.832 + 2 \times 1.9129 \times 10^{-3}T$$

$$+ 3 \times 0.003552 \times 10^{-6}T^2 + 176667T^{-2}$$

$$= -114.41 + 22.832\ln T + 3.8258 \times 10^{-3}T + 0.010656 \times 10^{-6}T^2$$

$$+ 176667T^{-2}(\mathrm{J/(mol \cdot K)}) \quad (298\mathrm{K} < T < 1687\mathrm{K})$$

液态 Si 的熵由下式给出

$$s_{\mathrm{Si}}^{l} = -\left(\frac{\partial \mu_{\mathrm{Si}}^{l}}{\partial T}\right)_{1\mathrm{bar}}$$

$$s_{\mathrm{Si}}^{l} = -137.72 + 27.196\ln T + 27.196 = -110.524 + 27.196\ln T\ (\mathrm{J/(mol \cdot K)})$$

$$(1687\mathrm{K} < T < 3600\mathrm{K})$$

因此, Si 熔化熵由熔化温度下液态 Si 和固态 Si 的熵差给出

$$s_{\mathrm{m}}^{\mathrm{o}} = s_{\mathrm{Si}}^{l} - s_{\mathrm{Si}}^{\mathrm{d}}$$

$$= 3.88 + 4.364\ln T - 3.8258 \times 10^{-3}T - 0.010656 \times 10^{-6}T^2 - 176667T^{-2}$$

$$= 29.763\mathrm{J/(mol \cdot K)}$$

(b) 在熔化温度下, 金刚石结构 Si 的熔化热为

$$\Delta h_{\mathrm{m}}^{\mathrm{o}} = T_{\mathrm{m}}\Delta s_{\mathrm{m}}^{\mathrm{o}} = 1687 \times 29.763 = 50210\mathrm{J/mol}$$

(c) 液态 Si 和金刚石结构固态 Si 在熔化温度下的热容之差为

$$c_p = T\left(\frac{\partial \Delta s_m}{\partial T}\right) = 4.364 - 3.8258\times10^{-3}T - 0.021312\times10^{-6}T^2 + 353334T^{-2}$$

在熔化温度下

$$\Delta c_p = -2.0264\,\mathrm{J/(mol\cdot K)}$$

(d) 假设热膨胀系数是一个与温度无关的常数，我们来估计 Si 在熔化温度下熔化的摩尔体积变化，首先确定在熔化温度下固态 Si 和液体 Si 的摩尔体积。

固体 Si 的晶格参数作为温度的函数为

$$a_{Si}^d(T) \approx a_o\left[1 + \alpha_{Si}^d(T-298)\right]\ (\mathrm{nm})$$

因此，固态 Si 在熔化温度下的晶格参数为

$$a_{Si}^d(1687\mathrm{K}) = 0.5431\times\left[1 + 2.6\times10^{-6}\times(1687-298)\right] = 0.5451\mathrm{nm}$$

熔化温度下液态 Si 的摩尔体积为

$$v_{Si}^l(1687\mathrm{K}) = m_{Si}/\rho_{Si}^l = 28.085/2.57 = 10.928\,\mathrm{cm^3/mol}$$

因此，熔化过程的摩尔体积变化为

$$\Delta v_m^o = v_{Si}^l(1687\mathrm{K}) - v_{Si}^d(1687\mathrm{K}) = 10.928 - 12.192 = -1.264\,\mathrm{cm^3/mol}$$

(e) 假设固态 Si 和液态 Si 都是不可压缩的，估算在 1bar Si 的 $p\text{-}T$ 相图上。的固–液相边界的 $\mathrm{d}p/\mathrm{d}T$ 斜率。

$$\left(\frac{\mathrm{d}p}{\mathrm{d}T}\right)_{T_m,1\,\mathrm{bar}} = \frac{\Delta h_m^o}{T_m\Delta v_m^o} \approx \frac{50210}{1687\times\left(-1.264\times10^{-6}\right)} \approx -2.355\times10^7\,\mathrm{Pa/K}$$

例 2   当温度和压强发生变化时，初始的均相系统失稳发生一级相变，常常以形核生长机制形成化学势更低的新相，新相和母相之间形成界面。母相转变为新相的化学势降低，引起颗粒的吉布斯自由能降低，但界面的形成增加了系统的能量。由于吉布斯自由能 (体自由能) 的减少与颗粒体积成正比，而界面能的增加与界面面积成正比。当颗粒尺寸很小时，界面能的增加占主导地位，而当颗粒尺寸变大时，吉布斯自由能的减少占主导地位。因此，成核颗粒存在一个临界尺寸，若超过该临界尺寸，总自由能、吉布斯自由能和界面能随尺寸减小，若低于该临界尺寸则随尺寸增大。已知界面能 γ，新相和母相之间的吉布斯自由能密度差为

Δg_{v}，假设新相为球形颗粒，请推导用 γ 和 Δg_{v} 表示的临界形核尺寸和临界形核自由能的表达式。

解　在母相中，半径为 r 的球形区域从初始状态转变为球形新相颗粒的吉布斯自由能变化 ΔG 为

$$\Delta G = \frac{4\pi}{3} r^3 \Delta g_{\mathrm{v}} + 4\pi r^2 \gamma$$

为了求得临界半径 r^*，设

$$\left(\frac{\mathrm{d}\Delta G}{\mathrm{d}r}\right)_{r=r^*} = 4\pi \left(r^*\right)^2 \Delta g_{\mathrm{v}} + 8\pi r^* \gamma = 0$$

求解上式，可得临界形核半径为

$$r^* = -\frac{2\gamma}{\Delta g_{\mathrm{v}}}$$

那么，临界晶核对应的临界形核自由能 ΔG^* 是

$$\Delta G^* = \frac{4\pi}{3}(r^*)^3 \Delta g_{\mathrm{v}} + 4\pi (r^*)^2 \gamma = \frac{16\pi\gamma^3}{3(\Delta g_{\mathrm{v}})^2}$$

例 3　计算冰颗粒的融化温度作为颗粒尺寸的函数。为简单起见，假设冰颗粒为球形。已知冰融化成水时：冰水界面能 $\gamma_{sl} = 0.033\,\mathrm{J/m^2}$，忽略尺寸效应时冰的平衡融化温度 $T_\infty = 273\mathrm{K}$，冰在平衡温度下的融化热或融化焓 $\Delta h_{\mathrm{m}}^\circ = 6007\,\mathrm{J/mol}$，冰的摩尔体积 $v = 19.65\times 10^{-6}\,\mathrm{m^3/mol}$。

解　利用已知数据，可以计算

$$\frac{2\gamma_{sl} v}{\Delta h_{\mathrm{m}}^\circ} = \frac{2\times 0.033 \times 19.65\times 10^{-6}}{6007} \approx 2.0\times 10^{-10}\mathrm{m} = 0.2\mathrm{nm}$$

将上式代入式 (11.74)，可得

$$T_r = \left(1 - \frac{0.2\mathrm{nm}}{r}\right) T_\infty$$

例如，当 $r = 50\mathrm{nm}$ 时，有

$$T_{50\mathrm{nm}} \approx 272\mathrm{K}$$

或

$$T_{50\mathrm{nm}} - T_\infty \approx -1\mathrm{K}$$

11.12　习　　题

1. 在 1bar 和 1000K 时，1mol 氧气的化学势：(i)<(　　　)，或 (ii)=(　　　)，还是 (iii)>(　　) 在 1bar 和 300K 时 1mol 氧气的化学势？

2. 判断对错并解释：氧气在 1bar、298K 下的化学势高于在 100bar、298K 下的化学势。(　　)

3. 判断对错：恒温下固体的化学势总是随着压强的增加而增加。(　　)

4. 判断对错：恒压下纯物质的化学势总是随温度的升高而降低。(　　)

5. 判断对错：恒压下物质化学势温度曲线的曲率总是负的。(　　)

6. 在 1bar 和 0℃ 时，冰的化学势：(i) 高于，或 (ii) 等于 (　　)，还是 (iii) 低于 (　　) 水的化学势？

7. 纯固体在给定温度下与其气相平衡时，固体中的原子是否比蒸气中的原子具有 (i) 更低 (　　)，(ii) 相等 (　　)，或 (iii) 更高 (　　) 的化学势？

8. 判断对错：对于平衡单组分系统，在任意温度和压强下都可以共存的最大的相数目是 2。(　　)

9. 由低到高排列室温下固相 Cu、液相 Cu 和气相 Cu 的化学势。

10. 从冰箱里拿出一个冰块，让它在室温下融化，融化过程中的吉布斯自由能变化是正的还是负的？

11. 如果熔化过程导致体积减小，当系统压强增加时，熔化温度升高还是降低？

12. 判断对错：在压强–温度相图中，如果固–液相界的斜率为正，则意味着在熔化温度下，液相的摩尔体积大于相应固体的摩尔体积。(　　)

13. 判断对错：在给定温度和 1bar 总压强下，液体的汽化热越高，液体上方的平衡蒸气压就越高。(　　)

14. 判断对错：如果某物质固态和液态之间的化学势差是温度的线性函数，那么其固体和液体之间的比热容差为零。(　　)

15. 判断对错：1mol、268K 下的过冷液态水 (l)，在同样是 268K 的环境中凝固成 268K 的冰 (s)。如果在 268K 时冰和水之间的化学势差是 $\mu^s - \mu^l = \Delta\mu$，那么这个凝固过程中产生的熵是 $-\Delta\mu/268K$。(　　)

16. 在 1bar 和 273K 的平衡熔化温度下，固态 (s) 冰融化成液态 (l) 水，融化热为 6007 J/mol。水在 298K 和 1bar 下的熵是 70 J/(mol·K)，焓是 -286 kJ/mol。1bar 下冰和水的热容分别为 38 J/(mol·K) 和 75 J/(mol·K)。273K 下冰和水的摩尔体积分别为 19.65×10^{-6} m^3/mol 和 18.02×10^{-6} m^3/mol。试确定：

(a) 在 273K 和 1bar 下，1mol 冰与 1mol 水，哪个焓更高？

(b) 在 273K 和 1bar 下，1mol 冰和 1mol 水之间的熵差 $s^l - s^s$ 是多少？

(c) 在 273K 和 1bar 下，1mol 冰与 1mol 水，哪个熵更高？

(d) 在 273K 和 1bar 下，1mol 冰和 1mol 水的焓不同，为什么处于平衡？

(e) 在 273K 和 1bar 下，1mol 冰和 1mol 水之间的化学势差是多少？

(f) 在 273K 和 1001bar 下，1mol 水和 1mol 冰之间的化学势差 $\mu^l - \mu^s$ 是正的还是负的？

(g) 假设冰是不可压缩的，估算 273K 的 1mol 冰在 1bar 和 1001bar 下的化学势差 $\mu^s_{1001bar} - \mu^s_{1bar}$。

(h) 假设水和冰是不可压缩的，估算在 273K、1001bar 下，1mol 水和 1mol 冰之间的化学势差 $\mu^l - \mu^s$。

17. 已知石墨 (g) 和金刚石 (d) 的如下数据：

金刚石的摩尔焓：$h^{o,d}_{298K,1bar} = 1900\,\text{J/mol}$；

石墨和金刚石的摩尔熵：$s^{o,g}_{298K,1bar} = 5.6\,\text{J/(mol·K)}$，$s^{o,d}_{298K,1bar} = 2.4\,\text{J/(mol·K)}$；

石墨和金刚石的摩尔体积：$v^{o,g}_{298K,1bar} = 6.0\,\text{cm}^3/\text{mol}$，$v^{o,d}_{298K,1bar} = 3.4\,\text{cm}^3/\text{mol}$；

石墨和金刚石的摩尔热容：$c^g_p = 8.5\,\text{J/(mol·K)}$，$c^d_p = 6.0\,\text{J/(mol·K)}$；

石墨和金刚石的等温压缩系数：$\beta^g_T = 3 \times 10^{-6}\,\text{bar}^{-1}$，$\beta^d_T = 2 \times 10^{-7}\,\text{bar}^{-1}$；

石墨和金刚石的体积热膨胀系数：$\alpha^g = 3 \times 10^{-5}\,\text{K}^{-1}$，$\alpha^d = 10^{-5}\,\text{K}^{-1}$；

假设从石墨到金刚石的相变为

$$C(g) = C(d)$$

假设 α^g，α^d，β^g_T，β^d_T，c^g_p 和 c^d_p 均为与温度和压强无关的常数，请解答以下问题：

(a) 计算在 298K 和 1bar 下的相变热；

(b) 计算在 298K 和 1bar 下的相变熵；

(c) 计算在 298K 和 1bar 下的相变化学势变化；

(d) 根据 (c) 的计算，判断在 298K 和 1bar 下的石墨和金刚石哪个更稳定？

(e) 如果在 298K 和 1bar 下，1mol 石墨转化为 1mol 金刚石，计算环境的熵变；

(f) 如果在 298K 和 1bar 下，1mol 石墨转化为金刚石，计算系统和环境的总熵变；

(g) 基于以上计算，判断在 298K 和 1bar 条件下从石墨到金刚石的相变是：(i) 自发的 (　　)，还是 (ii) 不可能的 (　　)；

(h) 计算在 1000K 和 1bar 下的相变焓；

(i) 计算在 1000K 和 1bar 下的相变熵；

(j) 计算在 1000K 和 1bar 下相变的化学势变化；

(k) 计算在 298K 和 10^6bar 下的相变焓；

(l) 计算在 298K 和 10^6bar 下的相变熵；

(m) 计算在 298K 和 10^6bar 下相变的化学势变化；

(n) 基于以上计算，判断在 298K 和 10^6bar 条件下从石墨到金刚石的相变是：
(i) 自发的 (　　　)，还是 (ii) 不可能的 (　　　)；

(o) 计算室温下金刚石和石墨处于热力学平衡时的压强。

18. 碳酸钙 ($CaCO_3$) 有两种多晶型，例如方解石和文石，方解石转变为文石的体积变化为 $-2.784\,cm^3/mol$，假设该体积变化与温度和压强无关。在 1bar 下，方解石转变为文石的化学势变化作为温度的函数为

$$\Delta\mu = -210 + 4.2T(\text{G}) \quad (1\text{G} = 1\text{J/mol})$$

(a) 摩尔相变热是多少？
(b) 摩尔相变熵是多少？
(c) 确定在 1bar 和室温 298K 下的稳定相。
(d) 计算方解石和文石在 1 bar 下达到平衡的温度。
(e) 如果在固定温度下增加压强，文石相对于方解石的热力学稳定性是增加还是降低？

19. 铜 (Cu) 的平衡熔化温度是 1358K，熔化热是 13.26kJ/mol。在熔化温度下，固态 Cu 和液态 Cu 的密度分别为 $8.82\,g/cm^3$ 和 $8.02\,g/cm^3$。Cu 的原子量是 $63.55\,g/mol$。假设固态 Cu 和液态 Cu 的恒压热容相同，为 $24.0\,J/(mol\cdot K)$，请回答以下问题：

(a) 在 1358K，固态 Cu 和液态 Cu 的化学势差是多少？
(b) 估算在熔化温度为 1358K 时，p-T 相图上固态 Cu 和液态 Cu 的相界线斜率 (dp/dT)。

20. 以固态 Cu 的平衡蒸气压作为温度的函数由下式给出

$$\ln\left(\frac{p}{1\,\text{bar}}\right) = -\frac{45650}{T} - 0.306\ln T + 10.81$$

(a) 确定在平衡熔化温度 1358K 时，固态 Cu 上方的平衡蒸气压；
(b) 计算在 1358K 时固态 Cu 的升华热；
(c) 固态 Cu 和蒸气态 Cu 的热容差是多少？

21. 在 0.1bar 和 375K 下，固态 β-Ti_3O_5 转变为固态 λ-Ti_3O_5，相变热为 230kJ/L。β-Ti_3O_5 和 λ-Ti_3O_5 的晶胞体积分别约为 $350Å^3$ 和 $371Å^3$，假设两种结构的热容和压缩系数相同。

(a) 以 m^3/mol 为单位，计算 β-Ti_3O_5 和 λ-Ti_3O_5 的摩尔体积；
(b) 以 J/mol 为单位，计算摩尔相变热；
(c) 以 $J/(mol\cdot K)$ 为单位，计算摩尔相变熵；
(d) 写出相变化学势作为温度的函数关系式；

(e) 在压强 p-温度 T 相图上，确定 β-Ti_3O_5/ λ-Ti_3O_5 的相界斜率 (dp/dT)；

(f) 写出相变压强作为相变温度的函数关系式；

(g) 从固态 β-Ti_3O_5 转变到固态 λ-Ti_3O_5，需要多大的压强 (单位为 bar) 才可获得 400K 的相变温度？

参 考 文 献

[1]　Jaeger, Gregg (1 May 1998). "The Ehrenfest Classification of Phase Transitions: Introduction and Evolution". Archive for History of Exact Sciences. 53 (1): 51–81.

第 12 章 溶液的化学势

含有一种组元的材料称为纯物质、单组元系统或一元系统。含有两种、三种或更多组元的材料分别称为二元系统、三元系统或多组元系统。溶液是指由不止一种化学组元均匀地混合在一起。本书前几章主要讨论简单均相系统，建立了温度、熵、压强、体积、化学势、物质量和能量等热力学性质之间的关系。本章重点介绍热力学性质与化学成分的关系，特别是恒温恒压下溶液及其组元的化学势与成分的关系。这里，我们先回顾一下化学成分的表示方法。

12.1 化学成分的表示

我们可以采用几种不同的方法来表示溶液的化学成分。最直接的表示方法就是使用每种组元 $(1, 2, \cdots, n)$ 的摩尔数 $(N_1, N_2, \cdots, N_i, \cdots, N_n)$。我们通常基于 1mol 物质进行热力学计算，所以在二元或多元材料中，某种组元 i 的化学成分通常用摩尔分数 x_i 来表示

$$x_i = \frac{N_i}{\sum\limits_{i=1}^{n} N_i} = \frac{N_i}{N} \tag{12.1}$$

式中，N 为含 n 组元材料的总摩尔数。

从摩尔分数的定义中很容易看出

$$\sum_{i=1}^{n} x_i = 1 \tag{12.2}$$

$$\sum_{i=1}^{n} \mathrm{d}x_i = 0 \tag{12.3}$$

式中，$\mathrm{d}x_i$ 为 x_i 的微分形式。因此，n 组元体系中有 $n-1$ 个独立的摩尔分数。通常，将 x_i 较小的组元称为溶质，将 x_i 较大的组元称为溶剂。

不同于摩尔分数 x_i，浓度 c_i 表示每单位体积组元 i 的物质量，例如每立方米摩尔数 $(\mathrm{mol/m^3})$。它们之间的关系为

$$c_i = \frac{N_i}{V} \tag{12.4}$$

$$c = \frac{N}{V} \tag{12.5}$$

$$x_i = \frac{c_i}{c} \tag{12.6}$$

式中，V 为溶液的总体积，c 为 n 组元系统的总浓度，浓度 c_i 通常称为组元 i 的体积摩尔浓度或摩尔浓度。

化学成分还有其他的表示方法，如质量分数 (ω_i)

$$\omega_i = \frac{m_i}{\sum\limits_{i=1}^{n} m_i} \tag{12.7}$$

或者摩尔浓度 (M_i)

$$M_i = \frac{N_i(\text{mol})}{\sum\limits_{j=1, j \neq i}^{n} m_j(\text{kg})} \tag{12.8}$$

式中，m_j 为物质 j 的质量。

在聚合物溶液中，不同类型的分子组成有很大的尺寸差异，因此，聚合物的成分通常由每种类型聚合物的体积分数来表示，即

$$\varphi_i = \frac{N_i v_i}{\sum\limits_{i=1}^{n} N_i v_i} = \frac{x_i v_i}{\sum\limits_{i=1}^{n} x_i v_i} = \frac{V_i}{V} \tag{12.9}$$

式中，N_i 和 v_i 分别为分子 i 的摩尔数和摩尔体积，V_i 和 V 分别为溶液中分子 i 占据的体积和溶液的总体积。

12.2　多组元溶液的热力学基本方程

对于含 n 个组元的简单系统，内能 U 表示的热力学基本方程的微分形式为

$$dU = TdS - pdV + \mu dN = TdS - pdV + \mu_1 dN_1 + \mu_2 dN_2 + \cdots + \mu_n dN_n \tag{12.10}$$

式中，T 为温度，S 为熵，p 为压强，V 为体积，$N(= N_1 + N_2 + \cdots + N_n)$ 为总摩尔数，N_1、N_2、$\cdots$、N_n 分别为组元 1、2、$\cdots$、n 的摩尔数，μ 为整个多组元系统的化学势或摩尔吉布斯自由能

$$\mu = \left(\frac{\partial U}{\partial N} \right)_{S,V} \tag{12.11}$$

μ_1、μ_2、$\cdots$、μ_n 为每个独立组元 1、2、$\cdots$、n 的化学势

$$\mu_i = \left(\frac{\partial U}{\partial N_i}\right)_{S,V,N_{j\neq i}} \tag{12.12}$$

基于上式，均相体系中组元 i 的化学势可以解释为，在保持恒熵、恒体积及其他所有组元的摩尔数固定的条件下，每添加 1mol 组元 i 时该相的内能增量。

式 (12.10) 的积分形式为

$$U = TS - pV + \mu N = TS - pV + \mu_1 N_1 + \mu_2 N_2 + \cdots + \mu_n N_n \tag{12.13}$$

上式可以用吉布斯自由能 G 改写为

$$G = U - TS + pV = H - TS = F + pV = \sum_{i=1}^{n} \mu_i N_i \tag{12.14}$$

式中，H 为焓，F 为亥姆霍兹自由能。相应的微分形式为

$$\mathrm{d}G = -S\mathrm{d}T + V\mathrm{d}p + \sum_{i=1}^{n} \mu_i \mathrm{d}N_i \tag{12.15}$$

式中，化学势 μ_i 定义为

$$\mu_i = \left(\frac{\partial G}{\partial N_i}\right)_{T,p,N_{j\neq i}} \tag{12.16}$$

因此，均相体系中组元 i 的化学势也可以解释为，在保持恒温、恒压及其他所有组元的摩尔数固定的条件下，每加入 1mol 组元 i 的系统吉布斯自由能的增加。

12.3 多组元溶液的化学势热力学基本方程

吉布斯指出，在定义化学势的时候，任何化学元素或按一定比例的任何元素组合都可以看作是一种物质，而不管它自身是否能作为均相体存在。为说明这一点，我们再次改写吉布斯自由能的积分形式 (式 (12.14)) 如下

$$G = U - TS + pV = \mu N = \mu_1 N_1 + \mu_2 N_2 + \cdots + \mu_n N_n \tag{12.17}$$

从而我们可以通过下列形式给出多组元均相系统的化学式 μ，分别为：每摩尔物质的吉布斯自由能 (G/N)，或摩尔吉布斯自由能 (g)，或摩尔内能 u、摩尔

热能 Ts 和摩尔机械能 pv 的组合，或 n 个组元或物质的化学势 $(\mu_1, \mu_2, \cdots, \mu_n)$ (有时称为偏摩尔自由能) 与其摩尔分数乘积之和，即

$$\mu = \frac{G}{N} = g = u - Ts + pv = \mu_1 x_1 + \mu_2 x_2 + \cdots + \mu_n x_n \tag{12.18}$$

式中，s 和 v 分别是溶液的摩尔熵和摩尔体积，$x_i (= N_i/N)$ 为溶液中组元 i 的摩尔分数。所以，一个均相体系的化学势，简单来说，就是每摩尔该系统的吉布斯自由能或化学能。某个组元 i 的化学势为均相溶液中每摩尔该组元 i 的吉布斯自由能。

应该强调的是，式 (12.18) 中的 $\mu(T, p, x_1, x_2, \cdots, x_n)$ 为多组元系统的热力学基本方程，包含了除系统大小之外的所有该系统的热力学信息。某组元的化学势 $\mu_i(T, p, x_1, x_2, \cdots, x_n)$ 作为温度、压强及所有组元摩尔分数的函数，是系统的一个状态方程，包含的热力学信息比整个体系的化学势 $\mu(T, p, x_1, x_2, \cdots, x_n)$ 少。因此，我们可以从 μ 推导出每个组元的 μ_i，但不能从某个组元或某些组元的 μ_i 推导出 μ。但是，如果知道所有组元的化学势 $(\mu_1, \mu_2, \cdots, \mu_n)$，我们可以从式 (12.18) 得到整个体系的化学势 μ，也就是说所有组元的化学势的信息和整个溶液的化学势的信息是一样的。

多组元系统化学势的微分形式为

$$\mathrm{d}\mu = -s\mathrm{d}T + v\mathrm{d}p + \mu_1 \mathrm{d}x_1 + \mu_2 \mathrm{d}x_2 + \cdots + \mu_n \mathrm{d}x_n \tag{12.19}$$

在含有成分 x_1、x_2、$\cdots$ 和 x_n 的多组元体系中，每个组元化学势的微分形式为

$$\mathrm{d}\mu_i = -s_i \mathrm{d}T + v_i \mathrm{d}p \tag{12.20}$$

式中，s_i 和 v_i 分别为多组元溶液中组元 i 的摩尔熵和摩尔体积，在一些文献中也被称为组元 i 的偏摩尔熵和偏摩尔体积。

值得指出的是，尽管吉布斯自由能是大多数现有热力学教材中最常讨论的能量函数，但其实采用化学势来描述材料过程更为方便。事实上，在现有的热力学数据库中，关于元素物质、化合物和溶液的摩尔吉布斯自由能其实都是元素、化合物和溶液的化学势。因此，在本书对多组元系统平衡态的其余讨论中，使用化学势表示系统的热力学基本方程。

12.4　纯组元混合物的化学势

纯组元混合物的化学势可由下式简单给出

$$\mu^{\circ}(T, p, x_1, x_2, \cdots, x_n) = x_1 \mu_1^{\circ}(T, p) + x_2 \mu_2^{\circ}(T, p) + \cdots + x_n \mu_n^{\circ}(T, p) \tag{12.21}$$

式中，x_1，x_2，$\cdots$，x_n 是纯组元 1，2，$\cdots$，n 的摩尔分数，μ_1°，μ_2°，$\cdots$，μ_n° 是纯组元 1，2，$\cdots$，n 在温度 T 和压强 p 下的化学势。对于没有指定压强的情况下，我们假设 p 为 1bar，因此，μ_1°，μ_2°，$\cdots$，μ_n° 为组元 1，2，$\cdots$，n 在温度 T 和 1bar 下的标准状态化学势。

由纯组元 A 和 B 组成的二元混合物的化学势作为总成分 x_B 的函数为

$$\mu^\circ(T, x_B) = x_A \mu_A^\circ(T) + x_B \mu_B^\circ(T)$$

如果将 $\mu^\circ(x_B, T)$ 与 x_B 的关系图绘制出来，它将会是一条直线，如图 12.1 中的水平直线所示。不难看出，成分 x_A 的纯组元 A 与成分 x_B 的纯组元 B 的混合物的化学势为 $\mu^\circ(x_B)$。应该注意的是，A 处的垂直轴 $(x_B = 0)$ 代表纯组元 A 的化学势，B 处的垂直轴 $(x_B = 1)$ 代表纯组元 B 的化学势。尽管 $\mu_A^\circ(T)$ 和 $\mu_B^\circ(T)$ 的值不同，为了方便，我们把它们画在同一水平线上，这样便不会改变热力学平衡态。

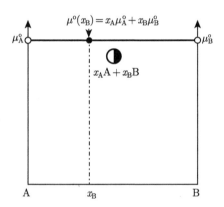

图 12.1　纯组元 A-B 的二元混合物化学势作为总成分 x_B 的函数示意图

12.5　多组元溶液中组元的化学势

溶液中给定组元 i 的化学势 μ_i 通常用溶液中每个组元的活度 a_i 来表示

$$\mu_i(T, x_1, x_2, \cdots, x_n) = \mu_i^\circ(T) + RT\ln a_i(T, x_1, x_2, \cdots, x_n) \tag{12.22}$$

式中，μ_i° 为组元 i 在标准状态 (纯组元 i 在温度 T 和 1bar 压强下的稳定状态) 下的化学势，它只与温度有关。

通常，活度 a_i 是温度和成分 $x_1, x_2, \cdots, x_n$ 的函数，可表示为活度系数 γ_i 与摩尔分数 x_i 的乘积，即

$$a_i = \gamma_i x_i \tag{12.23}$$

因此，式 (12.22) 可以写为

$$\mu_i\left(T, x_1, x_2, \cdots, x_n\right) = \mu_1^{\circ}\left(T, 1\,\mathrm{bar}\right) + RT\ln\gamma_i\left(T, x_1, x_2, \cdots, x_n\right) + RT\ln x_i$$

(12.24)

式中，$RT\ln x_i$ 表示纯组元 i 混合到其成分为 x_i 的无序溶液中时构型熵变化而引起的化学势变化；$RT\ln\gamma_i$ 表示由于溶液中的组元 i 与其纯态 i 相比的化学键能变化而引起的化学势变化，以及将 1mol 纯组元 i 混合到溶体中由于原子运动或晶格振动熵变化而引起的热能变化。

12.6　由组元化学势得到均相溶液的化学势

化学势定义可以从某组元的化学势推广到不同组元任意组合的化学势。事实上，一个溶液可以定义无穷多个不同成分的组合，从而我们可以相应地定义无穷多个化学势。例如，一个均相 (单相) 二元溶液的化学势 $\mu\left(x_{\mathrm{B}}\right)$，可以用组元 A 和 B 的化学势作为 x_{B} 函数的 $\mu_{\mathrm{A}}\left(x_{\mathrm{B}}\right)$ 和 $\mu_{\mathrm{B}}\left(x_{\mathrm{B}}\right)$ 来表示

$$\mu\left(x_{\mathrm{B}}\right) = x_{\mathrm{A}}\mu_{\mathrm{A}}\left(x_{\mathrm{B}}\right) + x_{\mathrm{B}}\mu_{\mathrm{B}}\left(x_{\mathrm{B}}\right)$$

式中，$\mu\left(x_{\mathrm{B}}\right)$ 如图 12.2(a) 所示。在图 12.2 中，μ_{A}° 和 μ_{B}° 为组元 A 和 B 在其标准态 (特定温度和 1bar 压强下纯 A 和纯 B 的稳定态) 下的化学势。溶液中 A 和 B 的化学势与其标准态下的化学势可通过以下公式联系起来

$$\mu_{\mathrm{A}}\left(T, x_{\mathrm{B}}\right) = \mu_{\mathrm{A}}^{\circ}\left(T\right) + RT\ln a_{\mathrm{A}}$$

$$\mu_{\mathrm{B}}\left(T, x_{\mathrm{B}}\right) = \mu_{\mathrm{B}}^{\circ}\left(T\right) + RT\ln a_{\mathrm{B}}$$

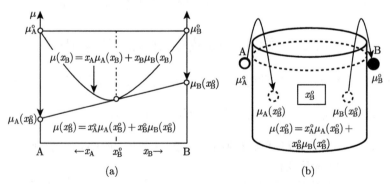

(a)　　　　　　　　　　　(b)

图 12.2　(a) 溶液化学势 $\mu\left(T, x_{\mathrm{B}}\right)$ 作为成分 x_{B} 的函数示意图 (曲线所示)，μ_{A}° 和 μ_{B}° 是纯 A 和纯 B 的化学势，$\mu(x_{\mathrm{B}}^{\circ})$ 是溶液在 x_{B}° 成分处的化学势，$\mu_{\mathrm{A}}(x_{\mathrm{B}}^{\circ})$ 和 $\mu_{\mathrm{B}}(x_{\mathrm{B}}^{\circ})$ 是成分为 x_{B}° 的溶液中 A 和 B 的化学势；(b) 成分为 x_{B}° 的溶液形成示意图

如果我们把 x_A° 摩尔的纯 A 和 x_B° 摩尔的纯 B 混合在一起, 形成一个均相溶液, A 和 B 的各自成分为 x_A° 和 x_B°, 如图 12.2(b) 所示。溶液在成分 x_A° 和 x_B° 处的化学势是 $\mu(x_B^\circ)$, 如图 12.2(a) 中的切点 $(x_B^\circ,\ \mu(x_B^\circ))$ 所示。通过在 $(x_B^\circ,\ \mu(x_B^\circ))$ 这一点的切线与垂直轴 $x_B = 0$ 和 $x_B = 1$ 的截距表示 A 和 B 在该溶液里的组分化学势 $\mu_A(x_B^\circ)$ 和 $\mu_B(x_B^\circ)$。在平衡时, 所有的化学势都是均匀的。

我们可以直接将二元溶液的化学势推广到 n 组元溶液, 每种组元的化学势为 $\mu_i(x_1, x_2, \cdots, x_n)$, 那么溶液的化学势作为成分 $x_1, x_2, \cdots, x_n$ 的函数, 可由各组元的化学势通过加权摩尔分数得到

$$\mu(T, x_1, x_2, \cdots, x_n) = \sum_{i=1}^{n} x_i \mu_i(T, x_1, x_2, \cdots, x_n) \tag{12.25}$$

根据式 (12.22), 可将式 (12.25) 改写为

$$\mu(T, x_1, x_2, \cdots, x_n) = \sum_{i=1}^{n} x_i \mu_i^\circ(T) + RT \sum_{i=1}^{n} x_i \ln a_i(T, x_1, x_2, \cdots, x_n) \tag{12.26}$$

作为温度和成分函数的溶液化学势 $\mu(T, x_1, x_2, \cdots, x_n)$ 是一个热力学基本方程, 从中可以得到溶液中与温度和化学成分有关的所有热力学性质。

12.7 由均相溶液化学势得到组元的化学势

溶液的化学势是温度和成分的函数, 它包含了溶液摩尔热力学性质与温度和成分组成的函数的所有信息。譬如, 我们可以根据溶液化学势 μ 与成分的关系来确定各个组元的化学势 μ_i 作为成分的函数。在恒温恒压条件下, 用化学势表示的多组元体系热力学基本方程的积分和微分形式分别为

$$\mu = \sum_{i=1}^{n} \mu_i x_i \tag{12.27}$$

和

$$\mathrm{d}\mu = \sum_{i=1}^{n} \mu_i \mathrm{d}x_i \tag{12.28}$$

由于 $\sum\limits_{i=1}^{n} x_i = 1$, 有 $x_i = 1 - \sum\limits_{j=1, j \neq i}^{n} x_j$, 我们可以将式 (12.27) 改写为

$$\mu = \mu_i + \sum_{j=1, j \neq i}^{n} x_j(\mu_j - \mu_i) \tag{12.29}$$

由 $\sum\limits_{i=1}^{n} \mathrm{d}x_i = 0$，有 $\mathrm{d}x_i = -\sum\limits_{j=1, j\neq i}^{n} \mathrm{d}x_j$，利用式 (12.28)，可以得到如下关系

$$\left(\frac{\partial \mu}{\partial x_j}\right)_{x_k, k\neq j\neq i} = (\mu_j - \mu_i) \tag{12.30}$$

将式 (12.30) 代入式 (12.29)，可得

$$\mu = \mu_i + \sum_{j=1, j\neq i}^{n} x_j (\mu_j - \mu_i) = \mu_i + \sum_{j=1, j\neq i}^{n} x_j \frac{\partial \mu}{\partial x_j} \tag{12.31}$$

用 μ 来表示 μ_i

$$\mu_i = \mu - \sum_{j=1, j\neq i}^{n} x_j \frac{\partial \mu}{\partial x_j} \tag{12.32}$$

因此，溶液中任意某组元的化学势和成分的关系可以从溶液的化学势和成分的关系中得到。所以如果已知所有组元的化学势，就可以用式 (12.27) 得到溶液的化学势；反之，如果已知溶液的化学势作为成分的函数关系，就可以用式 (12.32) 来计算所有组元的化学势。

譬如，在一个二元系统中，溶液化学势和组元化学势的关系为

$$\mu = x_A \mu_A + x_B \mu_B \tag{12.33}$$

因此，如果已知 μ_A 和 μ_B 与成分的关系，就能得到溶液的化学势与成分的关系。

另外，我们可以利用溶液的化学势与成分的关系来计算两种组元的化学势，将式 (12.33) 和它的微分形式改写为

$$\mu = x_A \mu_A + x_B \mu_B = (1 - x_B)\mu_A + x_B \mu_B = \mu_A + x_B(\mu_B - \mu_A) \tag{12.34}$$

$$\mathrm{d}\mu = \mu_A \mathrm{d}x_A + \mu_B \mathrm{d}x_B = (\mu_B - \mu_A)\mathrm{d}x_B \tag{12.35}$$

用 μ 来表示 μ_A 和 μ_B，有

$$\mu_A = \mu - x_B(\mu_B - \mu_A) = \mu - x_B \frac{\partial \mu}{\partial x_B} \tag{12.36}$$

$$\mu_B = \mu - x_A(\mu_A - \mu_B) = \mu - x_A \frac{\partial \mu}{\partial x_A} \tag{12.37}$$

如图 12.2(a) 所示，上述两式描述了与溶液在 x_B 处的化学势 $\mu(x_B)$ 相切的同一条直线，这条切线在垂线 $x_B = 0$ 上的截距为 μ_A，在垂直轴 $x_B = 1$ 上的截距为 μ_B。因此，我们假设在成分 x_B° 处有一个 A-B 溶液，溶液的化学势为 $\mu(x_B^\circ)$，若 x_B° 处的溶液中 A 和 B 的化学势分别为 $\mu_A(x_B^\circ)$ 和 $\mu_B(x_B^\circ)$，这二者可以通过 x_B° 处 $\mu(x_B)$ 的切线与垂直轴 $x_B = 0$ 和 $x_B = 1$ 的截距来获得。

12.8 固定成分下均匀溶液的化学势

假设有一个固定成分为 x_B° 的 A-B 溶液，溶液的化学势为 $\mu(x_B^\circ)$。此时，我们可以通过由均匀溶液成分 x_B° 表示的各个组元的化学势，得到任意 A-B 组合的化学势，该化学势由组元 B 的成分 x_B 表示，即

$$\mu'(x_B) = x_A \mu_A(x_B^\circ) + x_B \mu_B(x_B^\circ) \tag{12.38}$$

式中，$\mu'(x_B)$ 表示成分为 x_A 和 x_B 的物质在成分为 x_A° 和 x_B° 的溶液里的化学势，$\mu_A(x_B^\circ)$ 是 A 在成分为 x_A° 和 x_B° 溶液里的化学势，$\mu_B(x_B^\circ)$ 是 B 在成分为 x_A° 和 x_B° 溶液里的化学势，如图 12.3 所示。

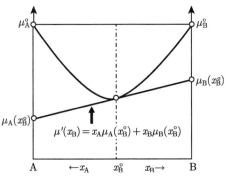

图 12.3　切线表示溶液化学势 $\mu'(x_B)$ 作为成分 x_B 的函数 $\mu'(x_B)$，$\mu_A(x_B^\circ)$ 和 $\mu_B(x_B^\circ)$ 是组元 A 和 B 在成分为 x_A° 和 x_B° 溶液里的化学势

例如，向大量的成分为 x_B° 的溶液中加入或从中取出少量成分为 x_B 的溶液，切线 $\mu'(x_B)$ 可表示这少量成分为 x_B 的溶液在成分为 x_B° 的溶液里的化学势。因此在平衡时，不仅组元 A 和组元 B 的化学势是均匀的，具有 A 原子和 B 原子任意成分组合的物质的化学势 $\mu'(x_B)$ 也是均匀的。对于每种成分，都存在无数个这样的化学势，其化学势值由切线 $\mu'(x_B)$ 给出。根据吉布斯的说法："因此，在某个均匀物质中，我们可以区分任意数量物质的势，每种物质都有一个完全确定的势"。然而，由于吉布斯–杜亥姆公式可将所有的势联系起来，从而多组元体系中独立化学势的总数是有限的。

12.9 多组元系统的吉布斯–杜亥姆公式

在 n 组元体系中，可以定义无穷多个化学势，因为均相系统的成分是可以连续变化的，并且给定成分的均相溶液的化学势可以跟其中任意一个化学势有关。但其中独立的化学势只有 $n-1$ 个，因为 n 组元溶液的化学势与 n 个组元的 n

个化学势有关 (式 (12.18))，并且溶液中 n 种组元的 n 个化学势通过吉布斯–杜亥姆关系相关联。

为了推导吉布斯–杜亥姆关系，我们从吉布斯自由能的微分形式开始

$$\mathrm{d}G = -S\mathrm{d}T + V\mathrm{d}p + \mu_1\mathrm{d}N_1 + \mu_2\mathrm{d}N_2 + \cdots + \mu_n\mathrm{d}N_n \tag{12.39}$$

对式 (12.17) 取微分，有

$$\mathrm{d}G = \mu_1\mathrm{d}N_1 + \mu_2\mathrm{d}N_2 + \cdots + \mu_n\mathrm{d}N_n + N_1\mathrm{d}\mu_1 + N_2\mathrm{d}\mu_2 + \cdots + N_n\mathrm{d}\mu_n \tag{12.40}$$

比较式 (12.39) 和式 (12.40)，可得

$$S\mathrm{d}T - V\mathrm{d}p + N_1\mathrm{d}\mu_1 + N_2\mathrm{d}\mu_2 + \cdots + N_n\mathrm{d}\mu_n = 0 \tag{12.41}$$

这就是多组元体系的吉布斯–杜亥姆公式。

对于单组元体系，吉布斯–杜亥姆关系可简化为化学势的微分形式

$$S\mathrm{d}T - V\mathrm{d}p + N\mathrm{d}\mu = 0 \quad \text{或} \quad \mathrm{d}\mu = -s\mathrm{d}T + v\mathrm{d}p \tag{12.42}$$

对于恒温恒压下的二元体系，吉布斯–杜亥姆关系为

$$N_1\mathrm{d}\mu_1 + N_2\mathrm{d}\mu_2 = 0 \tag{12.43}$$

对于多组元体系，吉布斯–杜亥姆关系可以由化学势的积分和微分形式直接得到

$$\mu = \sum_{i=1}^{n} x_i\mu_i \tag{12.44}$$

$$\mathrm{d}\mu = -s\mathrm{d}T + v\mathrm{d}p + \sum_{i=1}^{n} \mu_i\mathrm{d}x_i \tag{12.45}$$

对式 (12.44) 两边取微分，可得

$$\mathrm{d}\mu = \sum_{i=1}^{n} (\mu_i\mathrm{d}x_i + x_i\mathrm{d}\mu_i) \tag{12.46}$$

比较式 (12.45) 和式 (12.46)，可得多组元体系的吉布斯–杜亥姆关系

$$-s\mathrm{d}T + v\mathrm{d}p - \sum_{i=1}^{n} x_i\mathrm{d}\mu_i = 0 \tag{12.47}$$

该吉布斯–杜亥姆方程关联了一个系统的所有势的量 $(T, p, \mu_1, \mu_2, \cdots, \mu_n)$，因此对于一个 n 组元系统，独立的势的数目为 $n+1$。在恒温恒压下，有

$$\sum_{i=1}^{n} x_i\mathrm{d}\mu_i = 0 \tag{12.48}$$

因此，恒温恒压下 n 组元体系的独立化学势的个数为 $n-1$。

对于恒温恒压下的二元体系，吉布斯–杜亥姆关系也可简化为

$$x_1 \mathrm{d}\mu_1 + x_2 \mathrm{d}\mu_2 = 0 \tag{12.49}$$

用活度 a_i 或者用活度系数 γ_i 和成分来表示化学势，可以得到二元体系在恒定温度和压强下吉布斯–杜亥姆关系的其他形式，如

$$x_1 \mathrm{d}\ln a_1 + x_2 \mathrm{d}\ln a_2 = 0 \tag{12.50}$$

或

$$x_1 \mathrm{d}\ln\gamma_1 + x_2 \mathrm{d}\ln\gamma_2 = 0 \tag{12.51}$$

这里

$$x_1 \mathrm{d}\ln x_1 + x_2 \mathrm{d}\ln x_2 \equiv 0 \tag{12.52}$$

吉布斯–杜亥姆关系的一个应用是，如果已知二元体系中一个组元的化学势、活度或活度系数，则可求出另一个组元的化学势、活度或活度系数。如果两个组元的化学势、活度和活度系数都已知，它们值的准确性和一致性可以用吉布斯–杜亥姆关系来检验。

12.10 溶液热力学稳定性和热力学因子

本书第 7 章重点介绍了系统平衡态相对于热和机械变量 (S, T, V 和 p) 扰动的稳定性。本章着重讨论在给定的温度和压强下，处于平衡态的系统相对于化学变量 (μ_i 和 $N_i, i = 1, 2, \cdots, n$) 的稳定性。类似于热稳定性和机械稳定性判据，这里也提出了化学稳定性判据。在恒温恒压下，熵为最大值的平衡稳态受到化学变量 (μ_i 和 $N_i, i = 1, 2, \cdots, n$) 的扰动都会导致系统熵的减少，所以产生的熵为

$$\Delta S^{\mathrm{ir}} = \delta^2 S = -\frac{\displaystyle\sum_{i=1}^{n} \mathrm{d}\mu_i \mathrm{d}N_i}{T} < 0 \tag{12.53}$$

在恒温恒压下，熵的产生与吉布斯自由能 ΔG 有关

$$\Delta G = -T\Delta S^{\mathrm{ir}} = \sum_{i=1}^{n} \mathrm{d}\mu_i \mathrm{d}N_i > 0 \tag{12.54}$$

我们现在用扰动 $\mathrm{d}N_j$ 表示扰动 $\mathrm{d}\mu_i$

$$\mathrm{d}\mu_i = \sum_{j=1}^{n} \left(\frac{\partial \mu_i}{\partial N_j}\right) \mathrm{d}N_j \tag{12.55}$$

将式 (12.55) 代入式 (12.54)，可得

$$\Delta G = \sum_{i=1}^{n} \sum_{j=1}^{n} \left(\frac{\partial \mu_i}{\partial N_j} \right) \partial N_i \partial N_j = \sum_{i=1}^{n} \sum_{j=1}^{n} \left(\frac{\partial^2 G}{\partial N_i \partial N_j} \right) \partial N_i \partial N_j \tag{12.56}$$

在恒温恒压下处于热力学稳态的溶液，任何化学变量扰动都会导致吉布斯自由能 ΔG 增加，有

$$\Delta G = \sum_{i=1}^{n} \sum_{j=1}^{n} \left(\frac{\partial^2 G}{\partial N_i \partial N_j} \right) \partial N_i \partial N_j > 0 \tag{12.57}$$

因此，多组元溶液的稳定性要求下列行列式为正定的，即

$$\begin{vmatrix} \dfrac{\partial^2 G}{\partial N_1^2} & \cdots & \dfrac{\partial^2 G}{\partial N_1 \partial N_n} \\ \vdots & & \vdots \\ \dfrac{\partial^2 G}{\partial N_n \partial N_1} & \cdots & \dfrac{\partial^2 G}{\partial N_n^2} \end{vmatrix} > 0 \tag{12.58}$$

我们仍以一个简单的 A-B 二元系统为例，来说明均相溶液的热力学稳定性条件。对于一个二元系统的稳定或亚稳区域，有

$$\left(\frac{\partial^2 G}{\partial N_A^2} \right)_{T,p,N_B} = \left(\frac{\partial \mu_A}{\partial N_A} \right)_{T,p,N_B} > 0, \quad \left(\frac{\partial^2 G}{\partial N_B^2} \right)_{T,p,N_A} = \left(\frac{\partial \mu_B}{\partial N_B} \right)_{T,p,N_A} > 0, \tag{12.59}$$

和

$$\begin{vmatrix} \dfrac{\partial^2 G}{\partial N_A^2} & \dfrac{\partial^2 G}{\partial N_A \partial N_B} \\ \dfrac{\partial^2 G}{\partial N_B \partial N_A} & \dfrac{\partial^2 G}{\partial N_B^2} \end{vmatrix} = \begin{vmatrix} \dfrac{\partial \mu_A}{\partial N_A} & \dfrac{\partial \mu_B}{\partial N_A} \\ \dfrac{\partial \mu_A}{\partial N_B} & \dfrac{\partial \mu_B}{\partial N_B} \end{vmatrix} > 0 \tag{12.60}$$

可见，在热力学稳定溶液中，组元的化学势随着组元的量而增加。

如果 A-B 系统总摩尔数 N 固定

$$\Delta G = -T \Delta S^{ir} = \mathrm{d}\mu_A \mathrm{d}N_A + \mathrm{d}\mu_B \mathrm{d}N_B = \mathrm{d}\left(\mu_B - \mu_A \right) \mathrm{d}N_B > 0 \tag{12.61}$$

如果 $N = 1\mathrm{mol}$，有

$$\Delta \mu = \mathrm{d}\mu_A \mathrm{d}x_A + \mathrm{d}\mu_B \mathrm{d}x_B = \mathrm{d}\left(\mu_B - \mu_A \right) \mathrm{d}x_B > 0 \tag{12.62}$$

因为

$$\left(\frac{\partial \mu}{\partial x_B} \right)_{T,p} = \mu_B - \mu_A \tag{12.63}$$

式 (12.62) 可以改写为

$$\Delta\mu = d\mu_A dx_A + d\mu_B dx_B = d\left(\frac{\partial\mu}{\partial x_B}\right)_{T,p} dx_B > 0 \tag{12.64}$$

或者

$$\Delta\mu = d\mu_A dx_A + d\mu_B dx_B = \left(\frac{\partial^2\mu}{\partial x_B^2}\right)_{T,p} (dx_B)^2 > 0 \tag{12.65}$$

我们可以用 x_A 的扰动 dx_A 导出化学势变化 $\Delta\mu$ 的类似表达式。对于稳定的二元溶液

$$\left(\frac{\partial^2\mu}{\partial x_B^2}\right)_{T,p} > 0, \quad \left(\frac{\partial^2\mu}{\partial x_A^2}\right)_{T,p} > 0 \tag{12.66}$$

溶液化学势 μ 的二阶导数为

$$\left(\frac{\partial^2\mu}{\partial x_B^2}\right)_{T,p} = \left(\frac{\partial(\mu_B-\mu_A)}{\partial x_B}\right)_{T,p} = \left(\frac{\partial\mu_B}{\partial x_B}\right)_{T,p} + \left(\frac{\partial\mu_A}{\partial x_A}\right)_{T,p} \tag{12.67}$$

我们用活度系数 γ_i 和成分 x_i 表示溶液中组元的化学势

$$\mu_i = \mu_i^\circ + RT\ln\gamma_i + RT\ln x_i \tag{12.68}$$

有

$$\left(\frac{\partial\mu_A}{\partial\ln x_A}\right)_{T,p} = RT\left(1 + \frac{\partial\ln\gamma_A}{\partial\ln x_A}\right) = RT\psi$$

$$\left(\frac{\partial\mu_B}{\partial\ln x_B}\right)_{T,p} = RT\left(1 + \frac{\partial\ln\gamma_B}{\partial\ln x_B}\right) = RT\psi$$

因此

$$\left(\frac{\partial\mu_A}{\partial x_A}\right)_{T,p} = \frac{RT}{x_A}\psi \tag{12.69}$$

$$\left(\frac{\partial\mu_B}{\partial x_B}\right)_{T,p} = \frac{RT}{x_B}\psi \tag{12.70}$$

化学势关于成分的二阶导数由下式给出

$$\left(\frac{\partial^2\mu}{\partial x_B^2}\right)_{T,p} = \left(\frac{\partial\mu_A}{\partial x_A}\right)_{T,p} + \left(\frac{\partial\mu_B}{\partial x_B}\right)_{T,p} = \frac{RT}{x_A x_B}\psi \tag{12.71}$$

式中

$$\psi = \left(1 + \frac{\partial\ln\gamma_A}{\partial\ln x_A}\right) = \left(1 + \frac{\partial\ln\gamma_B}{\partial\ln x_B}\right) = \frac{x_A x_B}{RT}\left(\frac{\partial^2\mu}{\partial x_B^2}\right)_{T,p} \tag{12.72}$$

称为化学扩散动力学中的热力学因子，它与溶液化学势对成分的二阶导数有关。溶液中的化学扩散系数与该热力学因子成正比，因此在溶液的不稳定区域内 (二阶导数为负)，化学扩散系数为负。

对于稳定溶液

$$\psi > 0$$

这意味着

$$\left(\frac{\partial \mu_A}{\partial x_A}\right)_{T,p} > 0, \quad \left(\frac{\partial \mu_B}{\partial x_B}\right)_{T,p} > 0, \quad \left(\frac{\partial^2 \mu}{\partial x_B^2}\right)_{T,p} > 0 \qquad (12.73)$$

在下列情况下，达到热力学稳定性极限

$$\psi = 0, \quad \left(\frac{\partial \mu_A}{\partial x_A}\right)_{T,p} = 0, \quad \left(\frac{\partial \mu_B}{\partial x_B}\right)_{T,p} = 0, \quad \left(\frac{\partial^2 \mu}{\partial x_B^2}\right)_{T,p} = 0 \qquad (12.74)$$

满足式 (12.74) 的成分点为失稳点，连接这些点的曲线为失稳线，它将溶液成分划分为亚稳区和失稳区。

在热力学失稳区域

$$\psi < 0, \quad \left(\frac{\partial \mu_A}{\partial x_A}\right)_{T,p} < 0, \quad \left(\frac{\partial \mu_B}{\partial x_B}\right)_{T,p} < 0, \quad \left(\frac{\partial^2 \mu}{\partial x_B^2}\right)_{T,p} < 0 \qquad (12.75)$$

图 12.4 给出了上述情况的示意图，即溶液成分在稳态区 (S)、亚稳区 (MS) 和失稳区 (US) 范围内的情形。

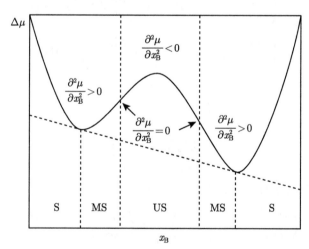

图 12.4 二元溶液的稳态区 (S)、亚稳区 (MS) 和失稳区 (US) 示意图 (根据化学势对成分的二阶导数符号划分)

最后，在临界点，即两个失稳点合并为一个点的温度和成分，组元 i 的化学势满足下列条件

$$\left(\frac{\partial^2 \mu}{\partial x_B^2}\right)_{T,p} = 0, \quad \left(\frac{\partial^3 \mu}{\partial x_B^3}\right)_{T,p} = 0 \qquad (12.76)$$

12.11　杠　杆　定　律

杠杆定律来源于质量守恒条件。如果已知溶液总的平均成分及其各个相的平衡成分，我们可以利用杠杆定律来确定相的分数。

如果我们有 N 摩尔二元溶液，总成分为 (x_A^o, x_B^o)。假设该均相溶液发生相分离：一部分为 N^α 摩尔成分为 (x_A^α, x_B^α) 的 α 溶液，另一部分为 N^β 摩尔成分为 (x_A^β, x_B^β) 的 β 溶液。在相分离前后，A 的物质的量 N_A 和 B 的物质的量 N_B 保持不变，所以

$$N_A = x_A^o N = x_A^\alpha N^\alpha + x_A^\beta N^\beta \tag{12.77}$$

$$N_B = x_B^o N = x_B^\alpha N^\alpha + x_B^\beta N^\beta \tag{12.78}$$

我们将两相混合物中 α 相和 β 相的分数分别定义为

$$\varphi^\alpha = \frac{N^\alpha}{N}, \quad \varphi^\beta = \frac{N^\beta}{N} \tag{12.79}$$

那么，式 (12.77) 和式 (12.78) 变为

$$x_A^o = x_A^\alpha \varphi^\alpha + x_A^\beta \varphi^\beta, \quad x_B^o = x_B^\alpha \varphi^\alpha + x_B^\beta \varphi^\beta \tag{12.80}$$

求解上式可得到两相的分数 φ^α 和 φ^β 分别为

$$\varphi^\alpha = \frac{x_B^\beta - x_B^o}{x_B^\beta - x_B^\alpha}, \quad \varphi^\beta = \frac{x_B^o - x_B^\alpha}{x_B^\beta - x_B^\alpha} \tag{12.81}$$

式 (12.81) 是杠杆定律的数学表达式。根据式 (12.81)，我们可以利用两相混合物的总成分 x_B^o 和两相的平衡成分 x_B^α 和 x_B^β，来确定两相 α 和 β 的分数 φ^α 和 φ^β。图 12.5 解释了为什么这个质量守恒方程被称为杠杆定律。

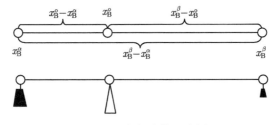

图 12.5　杠杆定律示意图

12.12　纯组元混合形成溶液的化学势变化

将 n 个纯组元 A_1、A_2、$\cdots$、A_n 混合形成成分为 x_{A_1}、x_{A_2}、$\cdots$、x_{A_n} 的均

相溶液的过程可描述为

$$x_{A_1}A_1 + x_{A_2}A_2 + \cdots + x_{A_n}A_n \to (x_{A_1}A_1,\ x_{A_2}A_2, \cdots,\ x_{A_n}A_n) \tag{12.82}$$

在相同温度下，由 n 个纯组元混合形成均相溶液的化学势变化为

$$\Delta\mu(x_{A_1}, x_{A_2}, \cdots, x_{A_n}) = \mu(x_{A_1}, x_{A_2}, \cdots, x_{A_n}) - \sum_{i=1}^{n} x_{A_i}\mu_{A_i}^{\circ} \tag{12.83}$$

在现有文献中，纯组元混合形成溶液引起的化学势变化通常被称为形成溶液的摩尔吉布斯自由能。式 (12.83) 可以用活度 a_i 改写为

$$\Delta\mu = RT \sum_{i=1}^{n} x_i \ln a_i \tag{12.84}$$

并且

$$\Delta\mu_i = RT\ln a_i \tag{12.85}$$

式中，$\Delta\mu_i$ 为组元 i 的化学势变化，在现有文献中通常称为组元 i 的偏摩尔自由能变化，它表示当 1mol 的纯组元物质 i 溶解到成分为 x_1、x_2、$\cdots$、x_n 的溶液中时的化学势变化。

$\Delta\mu_i$ 和 $\Delta\mu$ 之间的关系类似于式 (12.32)，用一个二元溶液的例子来说明，如图 12.6 所示。

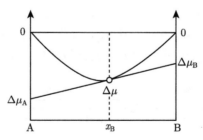

图 12.6　形成溶液的化学势变化 $\Delta\mu$ 与各组元的化学势变化 $\Delta\mu_A$ 和 $\Delta\mu_B$ 之间的关系示意图

由 x_A mol 的纯 A 和 x_B mol 的纯 B 形成的二元溶液 $x_A A x_B B$ 可表示为

$$x_A A + x_B B \longrightarrow x_A A x_B B \tag{12.86}$$

那么，由 x_A mol 纯 A 和 x_B mol 纯 B 混合为成分为 x_A 和 x_B 的 1mol $x_A A x_B B$ 溶液的化学势变化为

$$\Delta\mu = x_A \Delta\mu_A + x_B \Delta\mu_B \tag{12.87}$$

也就是说，可以利用单独组元的化学势变化来获得溶液的化学势变化。另外，我们可以利用溶液的化学势变化来获得每个单独组元的化学势变化。由于 $x_A + x_B = 1$，我们可将式 (12.87) 改写为

$$\Delta\mu = x_A\Delta\mu_A + x_B\Delta\mu_B = \Delta\mu_A + x_B\left(\Delta\mu_B - \Delta\mu_A\right) = \Delta\mu_A + x_B\frac{\partial\Delta\mu}{\partial x_B} \quad (12.88)$$

或

$$\Delta\mu = x_A\Delta\mu_A + x_B\Delta\mu_B = \Delta\mu_B + x_A\left(\Delta\mu_A - \Delta\mu_B\right) = \Delta\mu_B + x_A\frac{\partial\Delta\mu}{\partial x_A} \quad (12.89)$$

由此很容易得出

$$\Delta\mu_A = \Delta\mu - x_B\frac{\partial\Delta\mu}{\partial x_B} \quad (12.90)$$

$$\Delta\mu_B = \Delta\mu - x_A\frac{\partial\Delta\mu}{\partial x_A} \quad (12.91)$$

这些式子类似于式 (12.36) 和式 (12.37)。如图 12.6 所示，$\Delta\mu_A$ 和 $\Delta\mu_B$ 可以从化学势 $\Delta\mu$ 在 x_B 处的切线与其在 $x_B = 0$ 和 $x_B = 1$ 上的截距获得。

12.13 将纯组元加入溶液的化学势变化

设有一个过程，将少量的纯组元 A 添加到大量成分为 x_B° 的 A-B 溶液中，A 的变化为

$$A(纯组元) \longrightarrow A \,(在成分为 x_B^\circ 的 A\text{-}B 溶液中)$$

上述过程的化学势变化为

$$\Delta\mu_A = \mu_A\left(x_B^\circ\right) - \mu_A^\circ = RT\ln a_A \quad (12.92)$$

同样地，将少量的纯组元 B 添加到该溶液中

$$B\,(纯组元) \longrightarrow B \,(在成分为 x_B^\circ 的 A\text{-}B 溶液中)$$

这个过程的化学势变化为

$$\Delta\mu_B = \mu_B\left(x_B^\circ\right) - \mu_B^\circ = RT\ln a_B \quad (12.93)$$

如果将少量 (譬如 1mol) 纯 A 和纯 B 的混合物，即 x_A mol 纯 A 和 x_B mol 纯 B 的混合物，加入到成分 x_B° 的 A-B 溶液中，其过程可以写成

$$x_A A(纯) + x_B B(纯) \longrightarrow (x_A A x_B B) \quad (在成分 x_B^\circ 的 A\text{-}B 溶液中)$$

该过程的化学势变化 $\Delta\mu$ 如图 12.7(b) 所示，$\Delta\mu$ 为

$$\Delta\mu = \mu'\left(x_B\right) - \mu^{\circ}\left(x_B\right) = \left[x_A\mu_A\left(x_B^{\circ}\right) + x_B\mu_B\left(x_B^{\circ}\right)\right] - \left(x_A\mu_A^{\circ} + x_B\mu_B^{\circ}\right) \quad (12.94)$$

上式可改写为

$$\Delta\mu = x_A\left[\mu_A\left(x_B^{\circ}\right) - \mu_A^{\circ}\right] + x_B\left[\mu_B\left(x_B^{\circ}\right) - \mu_B^{\circ}\right] \quad (12.95)$$

或

$$\Delta\mu = RT\left[x_A\ln a_A\left(x_B^{\circ}\right) + x_B\ln a_B\left(x_B^{\circ}\right)\right] \quad (12.96)$$

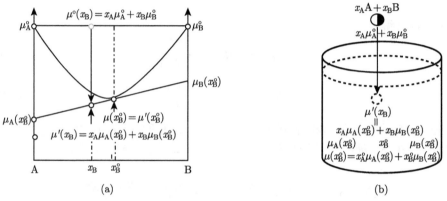

图 12.7　(a) 化学势变化示意图：由于添加 $x_A$mol 纯 A 和 $x_B$mol 纯 B 到大量成分为 x_B° 的 A-B 溶液中，化学势从 $x_A\mu_A^{\circ} + x_B\mu_B^{\circ}$ 变成 $x_A\mu_A\left(x_B^{\circ}\right) + x_B\mu_B\left(x_B^{\circ}\right)$；(b) 添加过程示意图

12.14　将溶液加入到另一溶液的化学势变化

如图 12.8 所示，将少量成分为 x_B 的 A-B 溶液添加到大量成分为 x_B° 的 A-B 溶液中，该过程为

$$x_A A x_B B(溶液) \longrightarrow \left(x_A A x_B B\right) \quad (在大量成分为 x_B^{\circ} 的 A\text{-}B 混合溶液中)$$

该过程的化学势变化

$$\Delta\mu = \left[x_A\mu_A\left(x_B^{\circ}\right) + x_B\mu_B\left(x_B^{\circ}\right)\right] - \left[x_A\mu_A\left(x_B\right) + x_B\mu_B\left(x_B\right)\right] \quad (12.97)$$

或

$$\Delta\mu = x_A\left[\mu_A\left(x_B^{\circ}\right) - \mu_A\left(x_B\right)\right] + x_B\left[\mu_B\left(x_B^{\circ}\right) - \mu_B\left(x_B\right)\right] \quad (12.98)$$

用活度表示

$$\Delta\mu = RT\left[x_A\ln\frac{a_A\left(x_B^{\circ}\right)}{a_A\left(x_B\right)} + x_B\ln\frac{a_B\left(x_B^{\circ}\right)}{a_B\left(x_B\right)}\right] \quad (12.99)$$

该过程的化学势变化如图 12.8 所示。

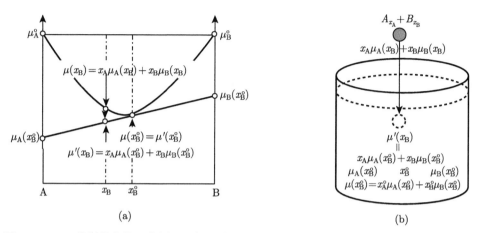

图 12.8 (a) 化学势变化示意图：添加了少量成分为 x_A 和 x_B 的溶液到大量成分为 x_A^o 和 x_B^o 的溶液中，其化学势从 $x_A\mu_A(x_B) + x_B\mu_B(x_B)$ 变化到 $x_A\mu_A(x_B^o) + x_B\mu_B(x_B^o)$；(b) 添加过程示意图

12.15 溶液中沉淀的驱动力

如上所述，少量成分为 $(x_1^p, x_2^p, \cdots, x_n^p)$ 的纯组元混合物或溶液添加到大量成分为 $(x_1^m, x_2^m, \cdots, x_n^m)$ 的溶液中之后的化学势为

$$\mu'(x_1^p, x_2^p, \cdots, x_n^p) = \sum_{i=1}^{n} x_i^p \mu_i(x_1^m, x_2^m, \cdots, x_n^m) \tag{12.100}$$

这是一个成分的线性函数，也就是说，在 x_i^m 处与 $\mu(x_1, x_2, \cdots, x_n)$ 相切的多维平面 $\mu'(x_1, x_2, \cdots, x_n)$ 可以认为是从成分 $(x_1^m, x_2^m, \cdots, x_n^m)$ 的溶液中取出少量成分为 $x_1, x_2, \cdots, x_n$ 物质的起始化学势。需要强调的是，为了确定最稳定状态，必须基于总成分相同的物质来进行各种状态的化学势比较。

例如，我们有大量成分为 (x_A^m, x_B^m) 的二元 A-B 溶液，如果从溶液中取出少量成分为 x_A^p mol 的 A 和 x_B^p mol 的 B 的溶液，它的化学势为

$$\mu(x_A^p, x_B^p) = x_A^p \mu_A(x_A^m, x_B^m) + x_B^p \mu_B(x_A^m, x_B^m) \tag{12.101}$$

即所取出溶液的化学势取决于大量成分为 (x_A^m, x_B^m) 溶液的化学势，如图 12.9(a) 所示。大量成分 (x_A^m, x_B^m) 的溶液的化学势用空心圆表示，取出的成分为 (x_A^p, x_B^p) 的溶液的化学势用浅灰色阴影圆表示。

这个过程可以用来描述沉淀相从基体中的沉淀相变，基体成分为 (x_A^m, x_B^m)，沉淀相成分为 (x_A^p, x_B^p)。如图 12.9(b) 所示，沉淀相变的驱动力 D 为由浅色阴

影圆和黑色圆所表示的化学势之间的差。浅色圆代表所取出的成分为 (x_A^p, x_B^p) 溶液在转变为成分相同的沉淀相之前的化学势，黑色圆则表示稳定沉淀相的化学势。

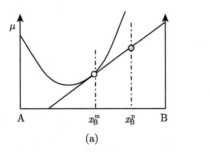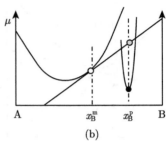

图 12.9　(a) 用浅色圆表示从大量成分为 (x_A^m, x_B^m) 的基体溶液中提取的少量成分为 (x_A^p, x_B^p) 溶液的化学势；(b) 沉淀驱动力为沉淀相化学势 (黑色圆所示) 和从基体中取出的成分为 (x_A^p, x_B^p) 的少量溶液之间的化学势差

12.16　两相混合物的化学势

我们要记得应该在热力学条件 $T, p, x_1, x_2, \cdots, x_n$ 相同的情形下确定多组元系统的不同相或不同热力学状态的相对稳定性。扩散相变中新相的形核和生长是一个很好的例子。在扩散相变中，新相晶核的成分通常与基体成分不同，必须对初始状态和最终状态使用相同的成分来确定该过程的驱动力。

在判断均相溶液或化合物在相分离或分解为两相混合物的稳定性时，一个非常有用的标准是两相混合物的化学势，其中的每一相都有自己的化学势和成分。为了比较均相溶液和两相混合物的稳定性，我们必须确保二者的总平均成分相同。

如图 12.10 所示，假设成分 (x_A^o, x_B^o) 的均相溶液化学势是 μ，$\alpha(x_A^\alpha, x_B^\alpha)$ 相和

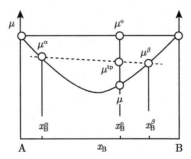

图 12.10　纯 A 和纯 B 混合物的化学势 μ^o、两相混合物 $\alpha + \beta$ 的化学势 μ^{tp} 及均相溶液化学势 μ 的示意图

$\beta(x_A^\beta, x_B^\beta)$ 相的化学势分别是 μ^α 和 μ^β。两相混合物的化学势 μ^{tp} 可用杠杆定律通过对相分数加权平均得到

$$\mu^{\mathrm{tp}} = \varphi^\alpha \mu^\alpha + \varphi^\beta \mu^\beta \tag{12.102}$$

利用式 (12.80) 和式 (12.81)，可得

$$\mu^{\mathrm{tp}} = \frac{x_B^\beta - x_B^{\mathrm{o}}}{x_B^\beta - x_B^\alpha} \mu^\alpha + \frac{x_B^{\mathrm{o}} - x_B^\alpha}{x_B^\beta - x_B^\alpha} \mu^\beta \tag{12.103}$$

如图 12.11 和图 12.12 中的点虚线所示，上式代表 μ-x_B 二维空间中的一条直线，连接如下两点

$$(x_B^\alpha, \mu^\alpha) \text{ 和 } \left(x_B^\beta, \mu^\beta\right) \tag{12.104}$$

成分 $x_B^\alpha = 0$ 和 $x_B^\beta = 1$ 代表纯 A 和纯 B，因此

$$\mu^{\mathrm{o}} = x_A^{\mathrm{o}} \mu_A^{\mathrm{o}} + x_B^{\mathrm{o}} \mu_B^{\mathrm{o}} \tag{12.105}$$

图 12.10 给出了均相溶液、成分为 x_B^α 和 x_B^β 的两相混合物及纯 A 和纯 B 混合物的相对化学势。如果化学势 μ 与成分的关系曲线是曲率为正的凸函数，不难看出有

$$\mu^{\mathrm{o}} > \mu^{\mathrm{tp}} > \mu$$

因此，成分为 $(x_A^{\mathrm{o}}, x_B^{\mathrm{o}})$ 的均相溶液比成分为 x_B^α 和 x_B^β 的两相混合物更为稳定，而后者比纯 A 和纯 B 的混合物更稳定。

然而，如果化学势成分曲线是曲率为负的凹函数，如图 12.11 所示，有

$$\mu^{\mathrm{o}} < \mu^{\mathrm{tp}} < \mu$$

这种情况下，均相溶液最不稳定，最稳定状态为纯 A 和纯 B 的混合物。

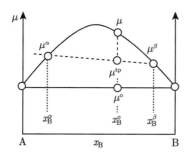

图 12.11　失稳相分离溶液的化学势成分示意图

如果均相溶液的化学势与成分曲线呈现双势阱形, 如图 12.12 所示, 在成分范围 $\left(x_{\mathrm{B}}^{\alpha}, x_{\mathrm{B}}^{\beta}\right)$ 内有

$$\mu^{\mathrm{tp}} < \mu < \mu^{\mathrm{o}}$$

在这种情况下, 成分为 x_{B}^{α} 和 x_{B}^{β} 的两相混合物具有最低的化学势, 因此是最稳定状态。两相混合物中各组元的化学势是相同的

$$\mu_{\mathrm{A}}^{\alpha} = \mu_{\mathrm{A}}^{\beta} \quad \text{和} \quad \mu_{\mathrm{B}}^{\alpha} = \mu_{\mathrm{B}}^{\beta} \tag{12.106}$$

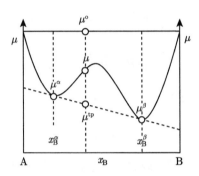

图 12.12　一定成分范围内失稳相分离溶液的化学势–成分示意图

12.17　0 K 时的稳定性 (凸包图)

对于单组元系统、多组元化合物或化学成分固定的多组元系统, 可以通过简单比较它们的能量或焓来判断不同状态在 0K 时的稳定性。图 12.13 是如何确定 0K 下二元 A-B 系统的平衡态与成分关系的示意图。虚线圆表示 A 和 B 原子在给定不同化学成分下的不同空间排列的能量, 实线和实线圆代表不同成分下的稳定结构。对于给定成分的单相 (均相) 状态, 在每个成分下, 能量最低的结构是最稳定的单相。

为了判断在给定成分下的单 (均) 相系统对于含不同成分组元的两相混合系统的稳定性, 我们在化学势–成分图中画一条连接任意两点的线, 并将这条线所代表的两相混合态的化学势与位于两点之间代表的单相化学势进行比较, 以确定在总成分相同时单相或两相混合物哪个更为稳定。譬如, 给定总成分 $x_{\mathrm{B}}^{\mathrm{II}}$, 圆 2 表示所有可能结构中化学势最低的结构, 是在该成分下最稳定的单相 (均相) 系统。然而, 圆 2 的化学势位于连接点 1 和点 3(成分为 $x_{\mathrm{B}}^{\mathrm{I}}$ 和 $x_{\mathrm{B}}^{\mathrm{III}}$) 两个圆的直线上方, 这表明圆 2 代表的结构对于分解为圆 1＋圆 3 代表的两相混合物是不稳定的。另外, 圆 3 结构的化学势位于连接圆 1 和圆 4 的直线之下, 因此由圆 3 表示的单相对于分解为由圆 1 和圆 4(成分为 $x_{\mathrm{B}}^{\mathrm{I}}$ 和 $x_{\mathrm{B}}^{\mathrm{IV}}$) 表示的两相混合物是稳定的。同理,

我们可以得出结论，图 12.13 中实线圆所代表的化合物在 0K 时是稳定的，对于偏离化学计量比的成分，两相混合物是稳定的。将表示稳定态的实线圆连接成实线，就构成了所谓的凸包图。

我们可以采用同样的方法来确定多组元系统中的单相态和多相混合物的相对稳定性。

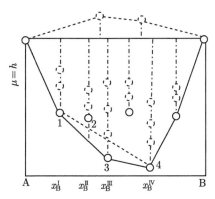

图 12.13 二元 A-B 系统中不同成分的化合物稳定性示意图。虚线圆表示在不同成分下不同晶体结构的化合物的能量。实线和实线圆代表不同成分下的稳定结构，形成凸包图

12.18 理想气体混合物的化学势

对于理想气体，通常选择 1bar 气压下的纯气体作为标准态。理想气体混合物中分压为 p_i 的组元 i 的化学势为

$$\mu_i\left(T, p_i\right) = \mu_i^{\circ}\left(T, 1\text{bar}\right) + RT \ln p_i \tag{12.107}$$

或

$$\mu_i\left(T, p_i\right) = \mu_i^{\circ}\left(T, 1\text{bar}\right) + RT \ln p^{\text{tot}} + RT \ln x_i \tag{12.108}$$

式中，$\mu_i^{\circ}\left(T, 1\text{bar}\right)$ 为组元 i 在标准态下的化学势。式 (12.108) 中的第二项表示当未混合气体 i 时的压强 1bar 变为 p^{tot} 时的化学势变化。式 (12.108) 的最后一项为由 x_i mol 的组元 i 和 $(1 - x_i)$ mol 的其他气体混合产生的化学势变化。

成分为 x_i 的理想气体混合物的总化学势为

$$\mu = \sum_{i=1}^{n} x_i \mu_i = \sum_{i=1}^{n}\left[x_i \mu_i^{\circ}\left(T, 1\text{bar}\right) + RT x_i \ln p_i\right] \tag{12.109}$$

从纯气体组元到均相混合气体的化学势变化为

$$\Delta \mu = RT \sum_{i=1}^{n}\left(x_i \ln p_i\right) \tag{12.110}$$

12.19　溶液中组元活度与其蒸气压的关系

第 11 章给出了在纯固体或纯液体 A 上方的平衡蒸气压作为温度的函数, 可近似写为

$$\ln p_{\mathrm{A}}^{\mathrm{o}} = -\frac{a}{T} + b\ln T + c \tag{12.111}$$

式中, a、b 和 c 是常数, 与固体或液体的汽化热有关, 也与气相与相应固体或液体之间的热容差有关。

另外, 多组分溶液中组元 A 的化学势可以用组元的标准态化学势及其在固体或液体溶液中的活度来表示

$$\mu_{\mathrm{A}} = \mu_{\mathrm{A}}^{\mathrm{o}} + RT\ln a_{\mathrm{A}} \tag{12.112}$$

譬如液体 (l), 我们选择给定温度 T 和 1bar 下的纯液体作为标准态。1bar 下纯液体 A 的化学势为

$$\mu_{\mathrm{A}}^{l} = \mu_{\mathrm{A}}^{l,\mathrm{o}}(T, 1\mathrm{bar}) \quad \text{和} \quad a_{\mathrm{A}} = 1 \tag{12.113}$$

如果把气相 (v) 看作理想气体, 选标准态为给定温度 T 和 1bar 下的纯气体, 那么组元 A 原子在具有平衡蒸气压 $p_{\mathrm{A}}^{\mathrm{o}}$ 的气相中的化学势为

$$\mu_{\mathrm{A}}^{\mathrm{v}}(T, p_{\mathrm{A}}^{\mathrm{o}}) = \mu_{\mathrm{A}}^{\mathrm{v,o}}(T, 1\mathrm{bar}) + RT\ln p_{\mathrm{A}}^{\mathrm{o}} \tag{12.114}$$

当纯液体 A 与其上方的气相平衡时, 逸入气相中的 A 原子的化学势等于纯液相中 A 原子的化学势, 即

$$\mu_{\mathrm{A}}^{\mathrm{v,o}}(T, 1\mathrm{bar}) + RT\ln p_{\mathrm{A}}^{\mathrm{o}} = \mu_{\mathrm{A}}^{l,\mathrm{o}}(T, p_{\mathrm{A}}^{\mathrm{o}}) \tag{12.115}$$

假设液相不可压缩, 则在 $p_{\mathrm{A}}^{\mathrm{o}}$ 下液相的化学势可近似为

$$\mu_{\mathrm{A}}^{l,\mathrm{o}}(T, p_{\mathrm{A}}^{\mathrm{o}}) \approx \mu_{\mathrm{A}}^{l,\mathrm{o}}(T, 1\mathrm{bar}) + v_{\mathrm{A}}(p_{\mathrm{A}}^{\mathrm{o}} - 1) \tag{12.116}$$

由于 $p_{\mathrm{A}}^{\mathrm{o}}$ 通常很低, 上式右边第二项可以忽略

$$\mu_{\mathrm{A}}^{\mathrm{v,o}}(T, 1\mathrm{bar}) + RT\ln p_{\mathrm{A}}^{\mathrm{o}} = \mu_{\mathrm{A}}^{l,\mathrm{o}}(T, 1\mathrm{bar}) \tag{12.117}$$

从而平衡蒸气压由下式给出

$$p_{\mathrm{A}}^{\mathrm{o}}(T) = \mathrm{e}^{-\frac{\mu_{\mathrm{A}}^{\mathrm{v,o}}(T, 1\mathrm{bar}) - \mu_{\mathrm{A}}^{l,\mathrm{o}}(T, 1\mathrm{bar})}{RT}} \tag{12.118}$$

在正常沸腾温度 T_b 下

$$\mu_\mathrm{A}^{v,o}\left(T_\mathrm{b}, 1\mathrm{bar}\right) = \mu_\mathrm{A}^{l,o}\left(T_\mathrm{b}, 1\mathrm{bar}\right), \quad p_\mathrm{A}^o\left(T\right) = 1\mathrm{bar} \tag{12.119}$$

有时，与平衡态的偏差是相对于平衡蒸气压来测量的。例如，水蒸气的化学势为

$$\mu_\mathrm{water}\left(T, p_\mathrm{water}\right) = \mu_\mathrm{water}^o\left(T, p_\mathrm{water}^o\right) + RT\ln\left(\frac{p_\mathrm{water}}{p_\mathrm{water}^o}\right) \tag{12.120}$$

湿度定义为水蒸气压强相对于过饱和蒸气压的对数，可通过化学势或水蒸气分压进行热力学计算得到

$$\text{湿度} = \ln\frac{p_\mathrm{water}}{p_\mathrm{water}^o} = \frac{\mu_\mathrm{water} - \mu_\mathrm{water}^o}{RT} \tag{12.121}$$

我们现在考虑一个 A-B 液相溶液 (图 12.14)，溶液中组元 A 的化学势为

$$\mu_\mathrm{A}^l = \mu_\mathrm{A}^{l,o}\left(T\right) + RT\ln a_\mathrm{A} \tag{12.122}$$

式中，$\mu_\mathrm{A}^{l,o}$ 为标准态下液相 A 的化学势，a_A 是组元 A 在二元 A-B 液相溶液中的活度。类似地，气相中 A 原子的化学势由下式给出

$$\mu_\mathrm{A}^v = \mu_\mathrm{A}^{v,o}\left(T\right) + RT\ln p_\mathrm{A} \tag{12.123}$$

式中，$\mu_\mathrm{A}^{v,o}$ 为标准态下蒸气 A 的化学势。假设在总平衡蒸气压下，液相溶液化学势可近似为 1bar 下的化学势。因此，如果 A-B 液相溶液中的 A 原子与气相中的 A 原子处于平衡，则气相 A 原子的化学势等于液相 A 原子的化学势，即

$$\mu_\mathrm{A}^{v,o}\left(T\right) + RT\ln p_\mathrm{A} = \mu_\mathrm{A}^{l,o}\left(T\right) + RT\ln a_\mathrm{A} \tag{12.124}$$

利用式 (12.117)，有

$$\mu_\mathrm{A}^{l,o}(T) = \mu_\mathrm{A}^{v,o}(T) + RT\ln p_\mathrm{A}^o$$

代入式 (12.124)，有

$$RT\ln\left(\frac{p_\mathrm{A}}{p_\mathrm{A}^o}\right) = RT\ln a_\mathrm{A} \quad \text{或} \quad a_\mathrm{A} = \left(\frac{p_\mathrm{A}}{p_\mathrm{A}^o}\right)$$

因此，液相溶液中组元 A 的活度为溶液上方气相中 A 的分压与相同温度下纯液相 A 上方的平衡蒸气压之比。

同理，可得液相溶液中 B 的活度

$$a_\mathrm{B} = \left(\frac{p_\mathrm{B}}{p_\mathrm{B}^o}\right)$$

式中，p_B 为液相溶液上方气相中 B 的分压，p_B° 为 B 在纯液体上方气相中的平衡分压。

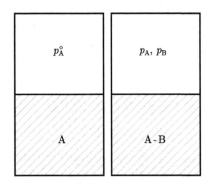

图 12.14　纯液相和液相溶液的液–气平衡示意图

12.20　拉乌尔定律与亨利定律

如果一个组元的活度 a_i 和活度系数 γ_i 符合以下关系，则称该组元服从拉乌尔定律，

$$a_i = x_i, \quad \gamma_i = 1 \tag{12.125}$$

式中，x_i 是溶液中组元 i 的摩尔分数。如果溶液中的所有组元都服从拉乌尔定律，则称该溶液为理想溶液。

当一个组元的成分接近 1 时，拉乌尔定律是一个很好的近似，而当一个组元的含量很小时，亨利定律是一个很好的近似

$$a_A = k_h x_A \tag{12.126}$$

式中，k_h 为亨利系数，它与成分无关。图 12.15 给出了活度与成分的关系示意图，其相对于拉乌尔定律为正偏差 (图 12.15(a)) 或负偏差 (图 12.15(b))。

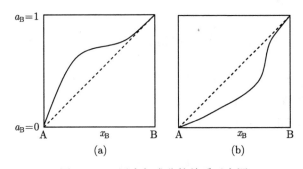

图 12.15　活度与成分的关系示意图

12.21　理想溶液的化学势

根据理想溶液的定义

$$a_i = x_i \tag{12.127}$$

即每个组元都遵循拉乌尔定律。

因此，组元 i 在理想溶液中的化学势为

$$\mu_i = \mu_i^\circ + RT\ln x_i \tag{12.128}$$

或

$$x_i = \exp\left(\frac{\mu_i - \mu_i^\circ}{RT}\right) \tag{12.129}$$

1mol 组元 i 从纯物质到溶液的化学势变化为

$$\Delta\mu_i = RT\ln x_i \tag{12.130}$$

利用式 (12.128)，成分为 x_i 的理想溶液的化学势为

$$\mu = \sum_{i=1}^{n} x_i\mu_i = \sum_{i=1}^{n} \left(x_i\mu_i^\circ + RTx_i\ln x_i\right) \tag{12.131}$$

由相应的各个纯组元形成溶液的化学势变化为

$$\Delta\mu = RT\sum_{i=1}^{n} \left(x_i\ln x_i\right) \tag{12.132}$$

理想溶液的混合热为零，即

$$\Delta h = 0 \tag{12.133}$$

这是因为理想溶液假设原子间相互作用为零，混合前后有效原子间相互作用没有发生变化。

1mol 组元 i 从纯物质到溶液的熵变化为

$$\Delta s_i = -\left(\frac{\partial \Delta\mu_i}{\partial T}\right)_{p,x_i} = -R\ln x_i \tag{12.134}$$

理想溶液的混合熵为

$$\Delta s = -\left(\frac{\partial \Delta\mu}{\partial T}\right)_{p,x_i} = -R\sum_{i=1}^{n} \left(x_i\ln x_i\right) \tag{12.135}$$

理想溶液的混合体积为零

$$\Delta v = \left(\frac{\partial \Delta \mu}{\partial p}\right)_{T,x_i} = 0 \tag{12.136}$$

对于二元理想溶液，可有如下关系：

$$\mu = x_A \mu_A^{\circ} + x_B \mu_B^{\circ} + RT\left(x_A \ln x_A + x_B \ln x_B\right) \tag{12.137}$$

$$\Delta \mu = \mu - \left(x_A \mu_A^{\circ} + x_B \mu_B^{\circ}\right) = RT\left(x_A \ln x_A + x_B \ln x_B\right) \tag{12.138}$$

$$\Delta \mu_A = \mu_A - \mu_A^{\circ} = RT\ln x_A \tag{12.139}$$

$$\Delta \mu_B = \mu_B - \mu_B^{\circ} = RT\ln x_B \tag{12.140}$$

$$\Delta s = -\left(\frac{\partial \Delta \mu}{\partial T}\right)_{p,x_B} = -R\left(x_A \ln x_A + x_B \ln x_B\right) \tag{12.141}$$

$$\Delta s_A = -\left(\frac{\partial \Delta \mu_A}{\partial T}\right)_{p,x_B} = -R\ln x_A \tag{12.142}$$

$$\Delta s_B = -\left(\frac{\partial \Delta \mu_B}{\partial T}\right)_{p,x_B} = -R\ln x_B \tag{12.143}$$

$$\Delta v_A = \left(\frac{\partial \Delta \mu_A}{\partial p}\right)_{T,x_B} = 0 \tag{12.144}$$

$$\Delta v_B = \left(\frac{\partial \Delta \mu_B}{\partial p}\right)_{T,x_B} = 0 \tag{12.145}$$

$$\Delta h = 0 \tag{12.146}$$

式中，Δs、Δv 和 Δh 分别是生成二元理想溶液的摩尔熵变化、摩尔体积变化和摩尔生成焓。

　　理想溶液模型是描述溶液热力学行为最简单的模型。图 12.16 给出了组元 A 和 B 混合前后的热力学性质及其在溶液形成过程中的变化。

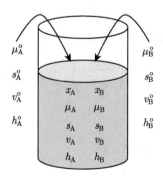

图 12.16　从纯组元到理想溶液的热力学性质变化示意图

12.22　规则溶液的化学势

规则溶液模型是描述非理想溶液的最简单模型。对于二元溶液，它只有一个可调参数，称为规则溶液参数，可以用来模拟真实固溶体。由于只有一个可调参数，规则溶液的应用是有局限的，但它可以作为一个简单模型来讨论实际溶液。规则溶液是具有理想混合熵的非理想溶液，即

$$a_i \neq x_i, \Delta h \neq 0, \Delta s = -R \sum_{i=1}^{n} x_i \ln x_i \tag{12.147}$$

对于二元规则溶液模型，活度系数与成分的关系为

$$RT\ln\gamma_A = \alpha' x_B^2, \quad RT\ln\gamma_B = \alpha' x_A^2 \tag{12.148}$$

式中，常数 α' 为规则溶液参数，与温度无关。有时可表示为

$$\ln\gamma_A = \alpha x_B^2, \quad \ln\gamma_B = \alpha x_A^2 \tag{12.149}$$

式中

$$\alpha = \frac{\alpha'}{RT} \tag{12.150}$$

由二元规则溶液定义，我们不难推导出它的各项热力学性质。例如，组元 A 的化学势

$$\mu_A = \mu_A^\circ + RT\ln\gamma_A + RT\ln x_A = \mu_A^\circ + \alpha' x_B^2 + RT\ln x_A \tag{12.151}$$

组元 B 的化学势为

$$\mu_B = \mu_B^\circ + RT\ln\gamma_B + RT\ln x_B = \mu_B^\circ + \alpha' x_A^2 + RT\ln x_B \tag{12.152}$$

成分为 x_A 和 x_B 的规则溶液的化学势为

$$\mu = x_A\mu_A^\circ + x_B\mu_B^\circ + \alpha' x_A x_B + RT\left(x_A\ln x_A + x_B\ln x_B\right) \tag{12.153}$$

由纯组元形成的二元溶液化学势变化为

$$\Delta\mu = RT\left(x_A\ln a_A + x_B\ln a_B\right) \tag{12.154}$$

或

$$\Delta\mu = RT\left(x_A\ln\gamma_A + x_B\ln\gamma_B\right) + RT\left(x_A\ln x_A + x_B\ln x_B\right) \tag{12.155}$$

利用规则溶液的活度系数有

$$\Delta\mu = \alpha' \left(x_A x_B^2 + x_B x_A^2 \right) + RT \left(x_A \ln x_A + x_B \ln x_B \right) \tag{12.156}$$

或

$$\Delta\mu = \alpha' x_A x_B + RT \left(x_A \ln x_A + x_B \ln x_B \right) \tag{12.157}$$

从上式可以看出混合焓为

$$\Delta h = \alpha' x_A x_B \tag{12.158}$$

混合熵为

$$\Delta s = -R \left(x_A \ln x_A + x_B \ln x_B \right) \tag{12.159}$$

另外，α' 是常数，因此混合体积为零。

12.23　聚合物溶液的 Flory–Huggins 模型 [1,2]

对于聚合物溶液，溶剂和溶质的分子大小差别很大。大分子聚合物链的尺寸通常比溶剂分子的尺寸大得多。因此，尽管聚合物链的摩尔分数可能很小，但它们可能占据溶液体积的很大一部分。所以，混合熵需要考虑聚合物和溶剂之间分子尺寸的巨大差异。根据弗洛里–哈金斯 (Flory-Huggins) 溶液理论，由纯聚合物和纯溶剂形成聚合物溶液的吉布斯自由能变化可近似为

$$\Delta G = RT \left(\chi N_1 \varphi_2 + N_1 \ln \varphi_1 + N_2 \ln \varphi_2 \right) \tag{12.160}$$

式中，N_1 和 φ_1 分别是溶剂的摩尔数和体积分数，N_2 和 φ_2 分别是聚合物溶质的摩尔数和体积分数，χ 为相互作用参数，类似于式 (12.157) 中的规则溶液参数 α'。为了将体积分数与溶剂的摩尔数 N_1、聚合物溶质的摩尔数 N_2 以及聚合物链的尺寸联系起来，我们假设溶剂分子的大小与聚合物链的一个单体的大小相同。假设聚合物链包含 x 个单体，则溶剂的体积分数 φ_1 和聚合物溶质的体积分数 φ_2 可表示为

$$\varphi_1 = \frac{N_1}{N_1 + x N_2}$$

$$\varphi_2 = \frac{x N_2}{N_1 + x N_2}$$

式 (12.160) 可改写为

$$\Delta G = RT \left[\chi \left(N_1 + x N_2 \right) \varphi_1 \varphi_2 + N_1 \ln \varphi_1 + N_2 \ln \varphi_2 \right] \tag{12.161}$$

或

$$\Delta G = (N_1 + xN_2) RT \left(\chi \varphi_1 \varphi_2 + \varphi_1 \ln \varphi_1 + \frac{\varphi_2}{x} \ln \varphi_2 \right) \tag{12.162}$$

因此，混合前后的化学势变化为

$$\Delta \mu = \frac{\Delta G}{N_1 + xN_2} = RT \left(\chi \varphi_1 \varphi_2 + \varphi_1 \ln \varphi_1 + \frac{\varphi_2}{x} \ln \varphi_2 \right) \tag{12.163}$$

如果 $x = 1$，上式可化简为式 (12.157) 所描述的规则溶液。但是，如果 x 大于 1，该函数在 $\varphi_1 = \varphi_2 = 0.5$ 的情况下是不对称的。

12.24 溶液化学势的 Redlich-Kister 展开式 [3]

对于二元 A-B 溶液，活度系数与成分的依赖关系可以用 Redlich-Kister 展开式来表示

$$x_A \ln \gamma_A + x_B \ln \gamma_B = x_A x_B \left[a + b \left(x_B - x_A \right) + c \left(x_B - x_A \right)^2 + \cdots \right] \tag{12.164}$$

对于理想溶液：$a = b = c = \cdots = 0$，

$$x_A \ln \gamma_A + x_B \ln \gamma_B = 0$$

对于规则溶液：$a \neq 0, b = c = \cdots = 0$，

$$x_A \ln \gamma_A + x_B \ln \gamma_B = a x_A x_B$$

当 $a \neq 0, b \neq 0, c = \cdots = 0$ 时，溶液被称为 Margules 溶液，此时有

$$x_A \ln \gamma_A + x_B \ln \gamma_B = x_A x_B \left[a + b \left(x_B - x_A \right) \right] \tag{12.165}$$

此外还有更复杂的描述，如 $a \neq 0$、$b = 0$、$c \neq 0$、$d = \cdots = 0, a \neq 0$、$b \neq 0$、$c \neq 0$、$d = \cdots = 0$ 等。

同理，Redlich-Kister 展开式也适用于表示 A-B-C 三元溶液的活度系数与成分的关系：

$$Y_{AB} = x_A x_B \left[a_{AB} + b_{AB} \left(x_B - x_A \right) + c_{AB} \left(x_B - x_A \right)^2 + \cdots \right]$$

$$Y_{BC} = x_B x_C \left[a_{BC} + b_{BC} \left(x_C - x_B \right) + c_{BC} \left(x_C - x_B \right)^2 + \cdots \right]$$

$$Y_{CA} = x_C x_A \left[a_{CA} + b_{CA} \left(x_A - x_C \right) + c_{CA} \left(x_A - x_C \right)^2 + \cdots \right]$$

$$Y = x_A \ln \gamma_A + x_B \ln \gamma_B + x_C \ln \gamma_C$$

$$Y = Y_{AB} + Y_{BC} + Y_{CA} + x_A x_B x_C \left[c + d_1 \left(x_A - x_B \right) + d_2 \left(x_B - x_C \right) + \cdots \right] \quad (12.166)$$

因此，忽略高阶项，我们可以建立三元溶液模型

$$Y = x_A x_B \left[a_{AB} + b_{AB} \left(x_B - x_A \right) \right] + x_B x_C \left[a_{BC} + b_{BC} \left(x_C - x_B \right) \right]$$
$$+ x_C x_A \left[a_{CA} + b_{CA} \left(x_A - x_C \right) \right] + c x_A x_B x_C$$

12.25   渗 透 压

范特霍夫 (J. H. Van't Hoff) 由于发现和解释了渗透压，在 1901 年获得诺贝尔化学奖。如图 12.17 所示，半透膜将一侧的纯溶剂 A(例如水) 和另一侧含有溶质 B (例如糖) 原子和溶剂 A 的溶液分离开，半透膜两侧之间形成的压差就是渗透压。半透膜是指只能渗透溶剂原子 A，不能渗透溶质原子 B。这一概念在生物学中非常重要，许多细胞膜只对特定类型的离子具有渗透性。

不难理解，在给定的温度和压强下，纯溶剂中 A 原子的化学势高于溶液中 A 原子的化学势。因此，溶剂中的 A 原子会穿过半透膜移动到溶液中。为了平衡或阻止溶剂中 A 原子不停地扩散，必须增加溶液侧的压强。

图 12.17   半透膜隔离的纯溶剂和溶液之间的平衡及渗透压示意图

设这是一个等温过程，有

$$\text{A(纯, } p') \rightleftharpoons \text{A(成分为 } x_A \text{ 的溶液，压强为} p'') \quad (12.167)$$

达到平衡态时

$$\mu_{A\left(纯, \, p'\right)} = \mu_{A\left(溶液, \, p''\right)} \quad (12.168)$$

假设液相溶液不可压缩，在温度 T 和压强 p' 下，纯溶剂中 A 原子的化学势为

$$\mu_{A\left(纯\right)} = \mu_A^\circ + v_A \left(p' - 1 \right) \quad (12.169)$$

在温度 T 和压强 p'' 下，溶液中的 A 原子的化学势为

$$\mu_{A\left(溶液\right)} = \mu_A^\circ + v_A \left(p'' - 1 \right) + RT \ln x_A \quad (12.170)$$

平衡时，有

$$\mu_A^{\circ} + v_A\left(p' - 1\right) = \mu_A^{\circ} + v_A\left(p'' - 1\right) + RT\ln x_A \tag{12.171}$$

简化上式，可得

$$v_A p' = v_A p'' + RT\ln x_A \tag{12.172}$$

或

$$v_A\left(p'' - p'\right) = v_A\Delta p = -RT\ln x_A = -RT\ln\left(1 - x_B\right) \tag{12.173}$$

由于 x_B 非常小，有

$$\ln\left(1 - x_B\right) \cong -x_B \tag{12.174}$$

因此

$$v_A\left(p'' - p'\right) \cong RT x_B \tag{12.175}$$

或

$$\Delta p = p'' - p' = \frac{RT x_B}{v_A} = c_B RT \tag{12.176}$$

式中，Δp 为渗透压，c_B 为溶质原子摩尔浓度。值得注意的是，上式与理想气体定律形式相似。

12.26 固体溶液中组元的化学机械势

对于固溶体，如果其晶格参数随成分变化，我们需要考虑弹性能对固溶体溶液化学势的贡献，将化学势与弹性势之和定义为化学机械势。

考虑一个立方晶系的二元固溶体溶液，假设其晶格参数 $a\left(c\right)$ 与浓度的关系遵循费伽德定律 (Vegard's law)，即立方固溶体的晶格参数 $a\left(c\right)$ 与溶质浓度 c 呈线性关系

$$a\left(c\right) = a\left(c_{\circ}\right) + \frac{\mathrm{d}a}{\mathrm{d}c}\left(c - c_{\circ}\right) \tag{12.177}$$

式中，$a\left(c_{\circ}\right)$ 为固溶体的晶格参数，$c_{\circ}$ 为固溶体的参考态溶质浓度，$\mathrm{d}a/\mathrm{d}c$ 为晶格参数相对于浓度的变化率。与浓度有关的晶格膨胀系数 $\varepsilon_{\circ}$ 可定义为

$$\varepsilon_{\circ} = \frac{1}{a\left(c_{\circ}\right)}\frac{\mathrm{d}a}{\mathrm{d}c} = \frac{a\left(c\right) - a\left(c_{\circ}\right)}{a\left(c_{\circ}\right)\left(c - c_{\circ}\right)} = \frac{v_m}{a\left(c_{\circ}\right)}\frac{\mathrm{d}a}{\mathrm{d}x} \tag{12.178}$$

式中，x 为溶质原子的摩尔分数，$v_m = x/c$ 为固溶体的摩尔体积。

与浓度有关的本征应变张量 ε_{ij}° 可以表示为

$$\varepsilon_{ij}^{\circ} = \varepsilon_{\circ}\left(c - c_{\circ}\right)\delta_{ij} \tag{12.179}$$

式中，δ_{ij} 为克罗内克 δ 函数，定义为

$$\delta_{ij} = \begin{cases} 1, & i = j \\ 0, & i \neq j \end{cases} \tag{12.180}$$

弹性应变 $\varepsilon_{ij}^{\mathrm{el}}$ 由下式给出

$$\varepsilon_{ij}^{\mathrm{el}} = \varepsilon_{ij} - \varepsilon_{ij}^{\mathrm{o}} = \varepsilon_{ij} - \frac{1}{a_{\mathrm{o}}}\frac{\mathrm{d}a}{\mathrm{d}c}\left(c - c_{\mathrm{o}}\right)\delta_{ij} = \varepsilon_{ij} - \varepsilon_{\mathrm{o}}\left(c - c_{\mathrm{o}}\right)\delta_{ij} \tag{12.181}$$

式中，ε_{ij} 为包含弹性应变和成分应变的总应变。求解力学平衡公式可得非均匀固溶体的局部弹性应变 $\varepsilon_{ij}^{\mathrm{el}}$。

假设已知局部弹性位移、弹性应变和弹性应力，相应的弹性应力 $\sigma_{ij}^{\mathrm{el}}$ 为

$$\sigma_{ij}^{\mathrm{el}} = C_{ijkl}\varepsilon_{kl}^{\mathrm{el}} \tag{12.182}$$

式中，C_{ijkl} 为弹性模量张量。

因此，溶质原子的化学机械势 μ^{cm} 由下式给出

$$\mu^{\mathrm{cm}} = \sigma_{ij}^{\mathrm{el}}\frac{\mathrm{d}\varepsilon_{ij}^{\mathrm{el}}}{\mathrm{d}c} + \mu = -\sigma_{ij}^{\mathrm{el}}\varepsilon_{\mathrm{o}}\delta_{ij} + \mu \tag{12.183}$$

式中，$\sigma_{ij}^{\mathrm{el}}$ 为局部弹性应力，μ 为溶质原子的化学势。$-\sigma_{ij}^{\mathrm{el}}\varepsilon_{\mathrm{o}}\delta_{ij}$ 这项是对化学机械势 μ^{cm} 的力学或机械贡献。

譬如，我们考虑一个相对简单的例子，溶质 B 原子偏聚在弹性固溶体的刃型位错周围。如图 12.18 所示，假设刃型位错位于点 $(x = 0, y = 0)$，x 轴为水平方向，y 轴为垂直方向，z 轴为垂直于纸面的方向。柏氏矢量为 b 的刃型位错周围的应力分布为

$$\sigma_{xx}^{\mathrm{el}} = -\frac{Gb}{2\pi\left(1-\nu\right)}\frac{y\left(3x^2 + y^2\right)}{\left(x^2 + y^2\right)^2} \tag{12.184}$$

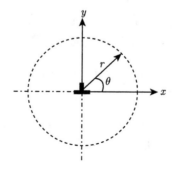

图 12.18　刃型位错示意图

$$\sigma_{yy}^{\mathrm{el}} = \frac{Gb}{2\pi\left(1-\nu\right)}\frac{y\left(x^2-y^2\right)}{\left(x^2+y^2\right)^2} \tag{12.185}$$

$$\sigma_{zz}^{\mathrm{el}} = \frac{G\nu b}{\pi\left(1-\nu\right)}\frac{y}{x^2+y^2} \tag{12.186}$$

式中，G 为剪切模量，ν 为泊松比。

因此，刃型位错周围溶质原子对化学机械势的机械贡献为

$$-\varepsilon_{\mathrm{o}}\sigma_{ij}^{\mathrm{el}}\delta_{ij} = -\varepsilon_{\mathrm{o}}\left(\sigma_{xx}^{\mathrm{el}}+\sigma_{yy}^{\mathrm{el}}+\sigma_{zz}^{\mathrm{el}}\right) = \frac{\varepsilon_{\mathrm{o}}Gb}{\pi}\frac{y}{x^2+y^2} = \frac{\varepsilon_{\mathrm{o}}Gb}{\pi}\frac{\sin\theta}{r} \tag{12.187}$$

式中，r 是距原点的距离，θ 是到 x 轴正方向的角度。

假设在没有位错或距离位错很远的情况下，固溶体中溶质 B 原子的摩尔分数为 $x_{\mathrm{B}}^{\mathrm{o}}$，为了简单起见，可以使用拉乌尔定律来近似 B 原子的行为。B 原子的体化学势为

$$\mu_{\mathrm{B}}^{\mathrm{b}} = \mu_{\mathrm{B}}^{\mathrm{o}} + RT\ln x_{\mathrm{B}}^{\mathrm{o}} \tag{12.188}$$

式中，$\mu_{\mathrm{B}}^{\mathrm{b}}$ 为没有机械贡献 (无应力作用) 时 B 原子的体化学势，$\mu_{\mathrm{B}}^{\mathrm{o}}$ 为 B 原子在标准态的化学势，即纯固体 B 的化学势。

当存在刃型位错 d 时，局部的化学机械势 $\mu_{\mathrm{B}}^{\sigma,\mathrm{d}}$ 由下式给出

$$\mu_{\mathrm{B}}^{\sigma,\mathrm{d}} = \mu_{\mathrm{B}}^{\mathrm{o}} + RT\ln x_{\mathrm{B}} + \frac{\varepsilon_{\mathrm{o}}Gb}{\pi}\frac{\sin\theta}{r} \tag{12.189}$$

平衡态时

$$\mu_{\mathrm{B}}^{\sigma,\mathrm{d}} = \mu_{\mathrm{B}}^{\mathrm{b}} \tag{12.190}$$

或

$$\mu_{\mathrm{B}}^{\mathrm{o}} + RT\ln x_{\mathrm{B}} + \frac{\varepsilon_{\mathrm{o}}Gb}{\pi}\frac{\sin\theta}{r} = \mu_{\mathrm{B}}^{\mathrm{o}} + RT\ln x_{\mathrm{B}}^{\mathrm{o}} \tag{12.191}$$

求解上式，可得 x_{B} 为

$$RT\ln\frac{x_{\mathrm{B}}}{x_{\mathrm{B}}^{\mathrm{o}}} = -\frac{\varepsilon_{\mathrm{o}}Gb}{\pi}\frac{\sin\theta}{r} \tag{12.192}$$

或

$$\frac{x_{\mathrm{B}}}{x_{\mathrm{B}}^{\mathrm{o}}} = \exp\left(-\frac{\varepsilon_{\mathrm{o}}Gb}{RT}\frac{\sin\theta}{\pi r}\right) \tag{12.193}$$

式中，x_{B} 为刃型位错附近溶质原子的成分分布。如果 $\varepsilon_{\mathrm{o}} > 0$，表示 B 原子尺寸比 A 原子尺寸大。对于给定的 r，最小的 x_{B} 位于 $\theta = \pi/2$ 处，即溶质原子 B 在

位错上方贫化；最大的 x_B 位于 $\theta = -\pi/2$ 处，即溶质原子 B 在位错下方积聚。如果 $\varepsilon_o < 0$，则意味着 B 原子的尺寸小于 A 原子尺寸，x_B 极值相反，溶质在位错上方聚集，在位错下方贫化。

12.27 溶液中组元的电化学势

12.26 节中讨论了存在弹性势时，组元成分空间分布可以从化学机械平衡条件得到。类似地，存在电势的情况下，我们可以通过电化学势平衡条件得到带电物质的空间分布。类似求解力学平衡方程得到弹性势，非均匀溶液中组元的电势可在适当边界条件下求解泊松 (Poisson) 方程得到。下面讨论中假设已经知道电势的分布。

我们设 x_B^o 为没有电势的情况下带电物质 (例如离子或电子) 的成分，$x_B(r)$ 为存在电势 $\phi(r)$ 的情况下带电物质的成分分布，设 $-R\ln x_B$ 表示带电物质 B 的构型熵对化学势的贡献。在没有电势的情况下，带电物质 B 的体化学势 μ_B^b 由下式给出

$$\mu_B^b = \mu_B^o + RT\ln x_B^o \tag{12.194}$$

式中，μ_B^o 是物质 B 在标准态下的化学势。

存在电势 $\phi(r)$ 的情况下，溶液中带电物质 B 的电化学电势 $\mu_B^\phi(r)$ 为

$$\mu_B^\phi(r) = \mu_B^o + RT\ln x_B(r) + z_B\mathcal{F}\phi(r) \tag{12.195}$$

式中，$x_B(r)$ 为存在电势时带电物质 B 的成分，z_B 为带电物质 B 的价态，$\mathcal{F}$ 为法拉第常数。

若溶液在平衡状态下，则有

$$\mu_B^\phi(r) = \mu_B^b \tag{12.196}$$

因此，有

$$RT\ln\frac{x_B(r)}{x_B^o} = -z_B\mathcal{F}\phi(r) \tag{12.197}$$

我们还可以把溶液中带电物质 B 的成分表示为关于位置的函数

$$\frac{x_B(r)}{x_B^o} = \exp\left[-\frac{z_B\mathcal{F}\phi(r)}{RT}\right] \tag{12.198}$$

12.28 溶解度与颗粒尺寸的关系

考虑一个简单的情况，纯固体 B 在固体 A 中溶解形成以 A 为溶剂、B 为溶质的固溶体 (α)。如果我们忽略纯固体颗粒 B 的尺寸，或假设它的尺寸是无限大

的，即颗粒/固溶体界面是平直的，如图 12.19(a) 所示，则原子 B 的平衡条件为

$$\mu_B^\alpha = \mu_B^\circ \tag{12.199}$$

式中，μ_B° 为纯固体 B 的化学势，μ_B^α 为溶质原子 B 在成分为 $(x_A^{\alpha,\infty}, x_B^{\alpha,\infty})$ 的固溶体 α 中的化学势。上式可改写为

$$\mu_B^\circ + RT\ln\gamma_B^{\alpha,\infty} + RT\ln x_B^{\alpha,\infty} = \mu_B^\circ \tag{12.200}$$

式中，$x_B^{\alpha,\infty}$ 为温度 T 下假设纯固体 B 的颗粒尺寸为无穷大或可以忽略尺寸效应情况下原子 B 在 A 中的溶解度；$\gamma_B^{\alpha,\infty}$ 为在温度 T 下成分为 $x_B^{\alpha,\infty}$ 的固溶体中 B 原子的活度系数。

如果假设纯固体 B 为半径为 r 的球形颗粒，如图 12.19(b) 所示，则该颗粒内部 B 原子的化学势 $\mu_B^r(r)$ 由下式给出

$$\mu_B^r(r) = \mu_B^\circ + \frac{2\gamma_{B\alpha}v_m}{r} \tag{12.201}$$

式中，$\gamma_{B\alpha}$ 是纯固体 B 和固溶体 α 之间的界面能；v_m 为固体的摩尔体积 (假设与成分无关)。半径为 r 的颗粒中的 B 原子与固溶体中的 B 原子之间的平衡条件 $\mu_B^r(r) = \mu_B^\alpha$ 为

$$\mu_B^\circ + RT\ln\gamma_B^{\alpha,r} + RT\ln x_B^{\alpha,r} = \mu_B^\circ + \frac{2\gamma_{B\alpha}v_m}{r} \tag{12.202}$$

式中，$x_B^{\alpha,r}$ 是在温度 T 下固体颗粒 B 的半径为 r 时 B 原子在 A 中的溶解度；$\gamma_B^{\alpha,r}$ 是温度 T 下 B 原子在成分为 $x_B^{\alpha,r}$ 的溶液中的活度系数。通常希望 $x_B^{\alpha,r}$ 和 $x_B^{\alpha,\infty}$ 的差值很小，并且它们也都很小，因此可以假设 $\gamma_B^{\alpha,r} = \gamma_B^{\alpha,\infty}$。

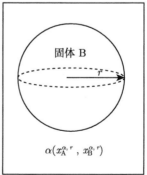

图 12.19 平衡态固体 B 与固溶体之间的平界面或圆形界面示意图

比较式 (12.200) 和式 (12.202)，可得

$$RT \ln \frac{x_{\mathrm{B}}^{\alpha,r}}{x_{\mathrm{B}}^{\alpha,\infty}} = \frac{2\gamma_{\mathrm{B}\alpha}v_{\mathrm{m}}}{r} \tag{12.203}$$

或

$$\frac{x_{\mathrm{B}}^{\alpha,r}}{x_{\mathrm{B}}^{\alpha,\infty}} = \exp\left(\frac{2\gamma_{\mathrm{B}\alpha}v_{\mathrm{m}}}{rRT}\right) \tag{12.204}$$

表示 B 在半径为 r 的纯固体 B 颗粒外部固溶体 α 中的成分与在颗粒/溶体的平界面处固溶体中 B 的成分 (B 的溶解度) 之比。溶解度变化与颗粒尺寸的关系如图 12.20 所示。

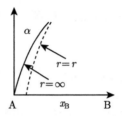

图 12.20   相边界随颗粒尺寸变化示意图

在奥斯特瓦德熟化现象中，B 原子在不同尺寸的颗粒周围的化学势空间分布是颗粒粗化的驱动力。例如，尺寸为 r' 的颗粒周围 B 原子的化学势与尺寸为 r'' 的颗粒周围 B 原子的化学势之差 (图 12.21) 为

$$\mu_{r'} - \mu_{r''} = 2\gamma_{\mathrm{B}\alpha}v_{\mathrm{m}}\left(\frac{1}{r'} - \frac{1}{r''}\right) \tag{12.205}$$

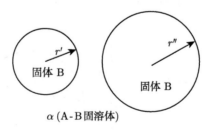

图 12.21   粗化驱动力

12.29 界 面 偏 聚

界面处的原子或缺陷，譬如，固体内部晶界或表面上的原子或缺陷等，通常具有不同的原子环境，与远离界面的原子或缺陷相比，具有不同的形成能或形成

熵。但在平衡状态下，给定物质或给定缺陷类型的原子的化学势在整个固体中是均匀的，即在界面处或界面附近的物质原子化学势等于相应本体内部该原子的化学势。那么，不同物质的原子的成分空间分布必然是不均匀的。

我们考虑一个最简单情况，譬如，化学物质 B 在晶界上和固体 A 内部的形成能不同。例如，金属铁中的氢原子，在平衡态下有

$$\mu_B^{gb} = \mu_B^b \tag{12.206}$$

即晶界处 B 原子的化学势 μ_B^{gb} 等于晶粒内 B 原子的化学势 μ_B^b。设固体 A 的晶界上每个 B 原子的形成能为 $E_B^{gb,o}$，固体 A 的晶粒内部每个 B 原子的形成能为 $E_B^{b,o}$。同时假设 B 原子在晶内和晶界上数量密度都很小，B 原子之间相互作用可忽略不计。如果用 x_B^{gb} 表示晶界上可被 B 原子占据的晶格点分数，用 x_B^o 表示晶内可被 B 原子占据的晶格点分数，由式 (12.206) 可得

$$E_B^{gb,o} + k_B T \ln x_B^{gb} = E_B^{b,o} + k_B T \ln x_B^o \tag{12.207}$$

求解式 (12.207)，可得 x_B^{gb}

$$x_B^{gb} = x_B^o \exp\left[-\frac{\left(E_B^{gb,o} - E_B^{b,o} \right)}{k_B T} \right] = x_B^o \exp\left(-\frac{\Delta E_B^{gb}}{k_B T} \right) \tag{12.208}$$

式中，ΔE_B^{gb} 为 B 原子的晶界偏聚能。如果同时考虑振动的贡献和 B 原子在晶界和晶内的形成体积差的贡献，那么式 (12.208) 中的 ΔE_B^{gb} 可替换为 B 原子在晶界与晶内的标准化学势之差 $\Delta \mu_B^{gb,o}$，则有

$$x_B^{gb} = x_B^o \exp\left[-\frac{\left(\mu_B^{gb,o} - \mu_B^{b,o} \right)}{k_B T} \right] = x_B^o \exp\left(-\frac{\Delta \mu_B^{gb,o}}{k_B T} \right) \tag{12.209}$$

再考虑另一个简单例子。在一个单组元固体 A 中，晶界上发生了空位偏聚，一个晶内空位 V_A^b 移动到晶界处变为 V_A^{gb}，作为交换，晶界上的 A 原子 A_A^{gb} 移动到晶内成为 A_A^b。该过程的反应式为

$$A_A^{gb} + V_A^b \rightleftharpoons A_A^b + V_A^{gb} \tag{12.210}$$

在平衡态时

$$\mu_{A_A^{gb}} + \mu_{V_A^b} = \mu_{A_A^b} + \mu_{V_A^{gb}} \tag{12.211}$$

设晶界的空位形成能为 $E_{V_A^{gb}}$，晶粒内部的空位形成能为 $E_{V_A^b}$，晶界上 A 原子的形成能为 $E_{A_A^{gb}}$，晶粒内部 A 原子的形成能为 $E_{A_A^b}$。假设空位和 A 原子的行为类似于理想二元溶液，上式可写为

$$E_{A_A^{gb}} + k_B T \ln x_A^{gb} + E_{V_A^b} + k_B T \ln x_V^b = E_{A_A^b} + k_B T \ln x_A^b + E_{V_A^{gb}} + k_B T \ln x_V^{gb}$$

式中，x_A^{gb} 为 A 原子占据的晶界格点位置的分数。

整理上式为

$$k_B T \ln \frac{x_V^{gb} x_A^b}{x_V^b x_A^{gb}} = -\left[\left(E_{A_A^b} + E_{V_A^{gb}} \right) - \left(E_{A_A^{gb}} + E_{V_A^b} \right) \right] = -\Delta E_{gb}$$

或

$$\frac{x_V^{gb} x_A^b}{x_V^b x_A^{gb}} = \exp\left(-\frac{\Delta E_{gb}}{k_B T} \right) \tag{12.212}$$

或

$$\frac{x_V^{gb}}{1 - x_V^{gb}} = \frac{x_V^b}{1 - x_V^b} \exp\left(-\frac{\Delta E_{gb}}{k_B T} \right) \tag{12.213}$$

式中，ΔE_{gb} 是晶界偏聚能。如果晶界和晶内的空位分数都很小，式 (12.213) 可简化为

$$x_V^{gb} = x_V^b \exp\left(-\frac{\Delta E_{gb}}{k_B T} \right) \tag{12.214}$$

如果考虑振动的贡献和形成体积的影响，可以用标准偏聚自由能 ΔG_{gb}° 代替 ΔE_{gb}。

最后，我们再考虑一个溶剂为 A、溶质为 B 的二元固溶体中的偏聚例子，这非常类似于将原子–空位对看作二元系统来处理纯材料的空位偏聚情况。当溶质原子 B^b 从晶内移动到晶界成为晶界上的溶质原子 B^{gb} 时，对应地，原本位于晶界的 A 原子 A^{gb} 移动到晶内成为 A^b。这个交换反应为

$$A^{gb} + B^b \rightleftharpoons A^b + B^{gb} \tag{12.215}$$

平衡时

$$\mu_A^{gb} + \mu_B^b = \mu_A^b + \mu_B^{gb} \tag{12.216}$$

移项改写为

$$\mu_B^b - \mu_A^b = \mu_B^{gb} - \mu_A^{gb} \tag{12.217}$$

式 (12.217) 表明，成分为 x_B^b 处的本体固溶体的化学势 (或摩尔吉布斯自由能) 的切线斜率等于成分为 x_B^{gb} 处的晶界固溶体的化学势 (或摩尔吉布斯自由能) 切线的斜率。为了说明这一点，将本体固溶体的化学势写为

$$\mu^b = x_A^b \mu_A^b + x_B^b \mu_B^b \tag{12.218}$$

其微分形式为

$$\mathrm{d}\mu^{\mathrm{b}} = \mu_{\mathrm{A}}^{\mathrm{b}}\mathrm{d}x_{\mathrm{A}}^{\mathrm{b}} + \mu_{\mathrm{B}}^{\mathrm{b}}\mathrm{d}x_{\mathrm{B}}^{\mathrm{b}} = \left(\mu_{\mathrm{B}}^{\mathrm{b}} - \mu_{\mathrm{A}}^{\mathrm{b}}\right)\mathrm{d}x_{\mathrm{B}}^{\mathrm{b}} \tag{12.219}$$

因此，成分为 $x_{\mathrm{B}}^{\mathrm{b}}$ 的本体固溶体的化学势的切线斜率为

$$\left(\frac{\partial\mu^{\mathrm{b}}}{\partial x_{\mathrm{B}}^{\mathrm{b}}}\right)_{x_{\mathrm{B}}^{\mathrm{b}}} = \mu_{\mathrm{B}}^{\mathrm{b}}\left(x_{\mathrm{B}}^{\mathrm{b}}\right) - \mu_{\mathrm{A}}^{\mathrm{b}}\left(x_{\mathrm{B}}^{\mathrm{b}}\right) \tag{12.220}$$

同理，晶界固溶体相的化学势为

$$\mu^{\mathrm{gb}} = x_{\mathrm{A}}^{\mathrm{gb}}\mu_{\mathrm{A}}^{\mathrm{gb}} + x_{\mathrm{B}}^{\mathrm{gb}}\mu_{\mathrm{B}}^{\mathrm{gb}} \tag{12.221}$$

其微分形式为

$$\mathrm{d}\mu^{\mathrm{gb}} = \mu_{\mathrm{A}}^{\mathrm{gb}}\mathrm{d}x_{\mathrm{A}}^{\mathrm{gb}} + \mu_{\mathrm{B}}^{\mathrm{gb}}\mathrm{d}x_{\mathrm{B}}^{\mathrm{gb}} = \left(\mu_{\mathrm{B}}^{\mathrm{gb}} - \mu_{\mathrm{A}}^{\mathrm{gb}}\right)\mathrm{d}x_{\mathrm{B}}^{\mathrm{gb}} \tag{12.222}$$

成分为 $x_{\mathrm{B}}^{\mathrm{gb}}$ 的晶界固溶体化学势的切线斜率为

$$\left(\frac{\partial\mu^{\mathrm{gb}}}{\partial x_{\mathrm{B}}^{\mathrm{gb}}}\right)_{x_{\mathrm{B}}^{\mathrm{gb}}} = \mu_{\mathrm{B}}^{\mathrm{gb}}\left(x_{\mathrm{B}}^{\mathrm{gb}}\right) - \mu_{\mathrm{A}}^{\mathrm{gb}}\left(x_{\mathrm{B}}^{\mathrm{gb}}\right) \tag{12.223}$$

平衡时有

$$\left(\frac{\partial\mu^{\mathrm{b}}}{\partial x_{\mathrm{B}}^{\mathrm{b}}}\right)_{x_{\mathrm{B}}^{\mathrm{b}}} = \mu_{\mathrm{B}}^{\mathrm{b}}\left(x_{\mathrm{B}}^{\mathrm{b}}\right) - \mu_{\mathrm{A}}^{\mathrm{b}}\left(x_{\mathrm{B}}^{\mathrm{b}}\right) = \left(\frac{\partial\mu^{\mathrm{gb}}}{\partial x_{\mathrm{B}}^{\mathrm{gb}}}\right)_{x_{\mathrm{B}}^{\mathrm{gb}}} = \mu_{\mathrm{B}}^{\mathrm{gb}}\left(x_{\mathrm{B}}^{\mathrm{gb}}\right) - \mu_{\mathrm{A}}^{\mathrm{gb}}\left(x_{\mathrm{B}}^{\mathrm{gb}}\right) \tag{12.224}$$

即这两条切线在平衡态下是平行的。因此，如果已知晶界固溶体和晶内固溶体相的化学势 (摩尔吉布斯自由能) 作为成分的函数，我们就可以通过构造平行切线来得到与晶内固溶体相的成分平衡的晶界成分。

根据组元 A 和 B 在晶界和晶内的活度 $a_{\mathrm{A}}^{\mathrm{gb}}$、$a_{\mathrm{B}}^{\mathrm{b}}$、$a_{\mathrm{A}}^{\mathrm{b}}$ 和 $a_{\mathrm{B}}^{\mathrm{gb}}$，可写出 A 和 B 相应的化学势

$$\begin{aligned}
\mu_{\mathrm{A}}^{\mathrm{gb}} &= \mu_{\mathrm{A}}^{\mathrm{gb,o}} + k_{\mathrm{B}}T\ln a_{\mathrm{A}}^{\mathrm{gb}}\\
\mu_{\mathrm{B}}^{\mathrm{b}} &= \mu_{\mathrm{B}}^{\mathrm{b,o}} + k_{\mathrm{B}}T\ln a_{\mathrm{B}}^{\mathrm{b}}\\
\mu_{\mathrm{A}}^{\mathrm{b}} &= \mu_{\mathrm{A}}^{\mathrm{b,o}} + k_{\mathrm{B}}T\ln a_{\mathrm{A}}^{\mathrm{b}}\\
\mu_{\mathrm{B}}^{\mathrm{gb}} &= \mu_{\mathrm{B}}^{\mathrm{gb,o}} + k_{\mathrm{B}}T\ln a_{\mathrm{B}}^{\mathrm{gb}}
\end{aligned} \tag{12.225}$$

式中，$\mu_{\mathrm{A}}^{\mathrm{gb,o}}$、$\mu_{\mathrm{B}}^{\mathrm{b,o}}$、$\mu_{\mathrm{A}}^{\mathrm{b,o}}$ 和 $\mu_{\mathrm{B}}^{\mathrm{gb,o}}$ 分别是组元 A 和 B 在晶界和晶内的标准化学势。假设该固溶体晶体结构中包含了相互作用势能、热振动自由能和电子系统的贡献，

晶内标准化学势 $\mu_A^{b,o}$ 和 $\mu_B^{b,o}$ 其实是给定二元固溶体中纯 A 和纯 B 的化学势。晶界处的标准化学势 $\mu_A^{gb,o}$ 和 $\mu_B^{gb,o}$ 代表在晶界处的形成能或形成自由能,不包括 A 和 B 原子构型熵的贡献。

将式 (12.225) 代入式 (12.216),得到

$$\mu_A^{gb,o} + k_B T \ln a_A^{gb} + \mu_B^{b,o} + k_B T \ln a_B^{b} = \mu_A^{b,o} + k_B T \ln a_A^{b} + \mu_B^{gb,o} + k_B T \ln a_B^{gb}$$

整理上式为

$$k_B T \ln \frac{a_B^{gb} a_A^{b}}{a_A^{gb} a_B^{b}} = -\left[\left(\mu_A^{b,o} + \mu_B^{gb,o} \right) - \left(\mu_A^{gb,o} + \mu_B^{b,o} \right) \right] = -\Delta G_{gb}^{o}$$

或

$$\frac{a_B^{gb}}{a_A^{gb}} = \frac{a_B^{b}}{a_A^{b}} \exp\left(-\frac{\Delta G_{gb}^{o}}{k_B T} \right) \tag{12.226}$$

根据成分 x_A^{gb}、x_B^{b}、x_A^{b} 和 x_B^{gb} 和活度系数 γ_A^{gb}、γ_B^{b}、γ_A^{b} 和 γ_B^{gb},上式可改写为

$$\frac{x_B^{gb} \gamma_B^{gb}}{x_A^{gb} \gamma_A^{gb}} = \frac{x_B^{b} \gamma_B^{b}}{x_A^{b} \gamma_A^{b}} \exp\left(-\frac{\Delta G_{gb}^{o}}{k_B T} \right) \tag{12.227}$$

或

$$\frac{x_B^{gb} \gamma_B^{gb}}{\left(1 - x_B^{gb} \right) \gamma_A^{gb}} = \frac{x_B^{b}}{\left(1 - x_B^{b} \right)} \frac{\gamma_B^{b}}{\gamma_A^{b}} \exp\left(-\frac{\Delta G_{gb}^{o}}{k_B T} \right) \tag{12.228}$$

式中,ΔG_{gb}^{o} 为不包括构型熵贡献的标准晶界偏聚自由能。假设晶界和晶内的溶液都可近似为规则溶液模型,有

$$k_B T \ln \gamma_A^{b} = \alpha^{b} \left(x_B^{b} \right)^2, \qquad k_B T \ln \gamma_B^{b} = \alpha^{b} \left(x_A^{b} \right)^2$$

$$k_B T \ln \gamma_A^{gb} = \alpha^{gb} \left(x_B^{gb} \right)^2, \quad k_B T \ln \gamma_B^{gb} = \alpha^{gb} \left(x_A^{gb} \right)^2$$

式中,α^{b} 和 α^{gb} 分别为固溶体中晶内相和晶界相的规则溶液参数。我们可以使用规则溶液参数来表示式 (12.228)

$$\frac{x_B^{gb}}{1 - x_B^{gb}} \exp\left[\frac{\alpha^{gb} \left(1 - 2x_B^{gb} \right)}{k_B T} \right] = \frac{x_B^{b}}{1 - x_B^{b}} \exp\left[\frac{\alpha^{b} \left(1 - 2x_B^{b} \right)}{k_B T} - \frac{\Delta G_{gb}^{o}}{k_B T} \right] \tag{12.229}$$

因此,如果知道晶内和晶界相的规则溶液参数 α^{b} 和 α^{gb},以及标准晶界偏聚自由能 ΔG_{gb}^{o},就可以数值求解式 (12.229) 得到晶界成分 x_B^{gb} 作为晶内成分 x_B^{b} 和温度 T 的函数关系。

12.30　示　例

例 1　对于一个温度为 300K 的 A-B 二元理想溶液，

(a) 计算把 1mol 和 300K 的纯 A 添加到大量成分为 $x_A = 0.25$ 的 300K 的 A-B 溶液中时释放或吸收的热量。

(b) 计算把 1mol 和 300K 的纯 A 添加到大量成分为 $x_A = 0.25$ 的 300K 的 A-B 溶液中时熵的变化。

(c) 300K 下，成分为 $x_A = 0.25$ 的溶液中 A 的化学势与纯 A 的化学势差是多少？

解

(a) 根据理想溶液定义，在 300K 下向 $x_A = 0.25$ 的大量 A-B 溶液中加入 1mol 纯 A 时，释放或吸收的热量为零。

(b) 300K 下，向 $x_A = 0.25$ 的大量 A-B 溶液中加入 1mol 纯 A 时的熵变化为

$$\Delta s_A = -R\ln x_A = -8.314 \times \ln 0.25 = 11.53 \text{J/(mol·K)}$$

(c) 300K 下，成分 $x_A = 0.25$ 的溶液中 A 的化学势与纯 A 的化学势之差为

$$\Delta \mu_A = RT\ln x_A = 8.314 \times 300 \times \ln 0.25 = -3457.70\text{G}$$

例 2　我们可以基于溶液热力学来思考导带底部的电子占据问题。假设有 n 个电子占据导带底部，能量为 E_c，态密度为 N_c。试求出在电子化学势或费米能级 F_f 下，温度 T 下导带底部的电子密度。

解　在导带底部，n 个电子在 N_c 个状态之间的分布方式数量为

$$\Omega = \frac{N_c!}{n!\,(N_c - n)!}$$

导带电子的熵为

$$S = k_B\ln\Omega$$

对于大值的 N 使用斯特林近似 $\ln N! \approx N\ln N - N$，有

$$S = k_B\ln\Omega \approx k_B\left\{N_c\ln N_c - N_c - [(N_c - n)\ln(N_c - n) - (N_c - n)] - (n\ln n - n)\right\}$$

上式可简化为

$$S = k_B\left[N_c\ln N_c - (N_c - n)\ln(N_c - n) - n\ln n\right]$$

或

$$S = -N_c k_B\left(\frac{N_c - n}{N_c}\ln\frac{N_c - n}{N_c} - \frac{n}{N_c}\ln\frac{n}{N_c}\right)$$

这里，S 其实是电子和未占据态的二元理想溶液的熵。

导带中每个电子的熵，在许多教材中被称为偏摩尔熵，由下式给出

$$s = \left(\frac{\partial S}{\partial n} \right)_{T,V} = -k_{\rm B} \ln \frac{n}{(N_{\rm c} - n)}$$

导带上每个电子的能量为

$$E = E_{\rm c}$$

因此，在恒温恒体积下，导带电子的化学势由下式给出

$$\mu = E - Ts = E_{\rm c} + k_{\rm B} T \ln \frac{n}{N_{\rm c} - n}$$

在平衡时，晶体中所有电子具有相同的化学势，称为费米能级 $F_{\rm f}$，即

$$\mu = E_{\rm c} + k_{\rm B} T \ln \left(\frac{n}{E_{\rm c} - n} \right) = E_{\rm f}$$

求解上式，可得到在费米能级 $F_{\rm f}$ 下，温度 T 时导带底部的平衡电子浓度 n 为

$$n = \frac{N_{\rm c}}{1 + \exp \left(\dfrac{E_{\rm c} - E_{\rm f}}{k_{\rm B} T} \right)}$$

如果 n 比 $N_{\rm c}$ 小得多，上式可简化为

$$n = N_{\rm c} \exp \left(-\frac{E_{\rm c} - E_{\rm f}}{k_{\rm B} T} \right)$$

这是半导体物理中的一个常见公式。

例 3　证明：如果二元溶液中组分 A 的活度系数作为成分 $x_{\rm B}$ 的函数是 $RT \ln \gamma_{\rm A} = \Omega x_{\rm B}^2$，那么在该溶液中组分 B 的活度系数与成分 $x_{\rm A}$ 的关系为 $RT \ln \gamma_{\rm B} = \Omega x_{\rm A}^2$。

解　关联二元溶液活度系数的吉布斯-杜亥姆关系为

$$x_{\rm A} {\rm d} \ln \gamma_{\rm A} + x_{\rm B} {\rm d} \ln \gamma_{\rm B} = 0$$

求解上式，得到活度系数 $\gamma_{\rm B}$

$${\rm d} \ln \gamma_{\rm B} = -\frac{x_{\rm A}}{x_{\rm B}} {\rm d} \ln \gamma_{\rm A}$$

对上式两边进行积分

$$\int_{x_{\rm B}=1}^{x_{\rm B}} {\rm d} \ln \gamma_{\rm B} = -\int_{x_{\rm A}=0}^{x_{\rm A}} \frac{x_{\rm A}}{x_{\rm B}} {\rm d} \ln \gamma_{\rm A}$$

将已知 A 的活度系数 γ_A 与成分 x_B 的函数式代入上式右侧，可得

$$\int_{x_B=1}^{x_B} \mathrm{dln}\gamma_B = -\int_{x_A=0}^{x_A} \frac{x_A}{x_B}\mathrm{d}\left(\frac{\Omega x_B^2}{RT}\right) = -\frac{2\Omega}{RT}\int_{x_A=0}^{x_A} x_A \mathrm{d}x_B$$

由于 $\mathrm{d}x_B = -\mathrm{d}x_A$，$x_B = 1$ 时 $\gamma_B = 1$，可得 B 的活度系数 γ_B 作为成分 x_A 的函数为

$$\ln\gamma_B = \frac{2\Omega}{RT}\int_{x_A=0}^{x_A} x_A \mathrm{d}x_A = \Omega x_A^2$$

得证。

12.31 习 题

1. 空气中氧气 (O_2) 的化学势 (i) 高于 (　　)、(ii) 等于 (　　)、或 (iii) 低于 (　　) 纯 O_2 在 1bar 下的化学势吗？

2. 在恒温恒压下，二元系统中独立化学势的数目为 (i)1 个 (　　)、(ii)2 个 (　　)、(iii) 无穷多个 (　　)。

3. 在恒温和环境压强下，稳定 Al-Li 溶液中 Li 的活度随其成分的增加而 (i) 增加 (　　)、还是 (ii) 减少 (　　)？

4. 判断对错：溶液中组元的活度系数可以大于 1.0。(　　)

5. 判断对错：溶液中组元的活度系数可以小于 0。(　　)

6. 对啤酒、葡萄酒和苏格兰威士忌中乙醇的化学势进行排序。

7. 溶解于水的盐的化学势是 (i) 高于 (　　)、(ii) 等于 (　　)、还是 (iii) 低于 (　　) 纯固体盐的化学势？

8. 选择题：在相同温度和压强下，比较 1mol 纯 A 的熵 s_A 和 1mol 由 3/4mol A 和 1/4mol B 组成的混合物的熵 s_{AB}，有：(A) $s_A > s_{AB}$，(B) $s_A = s_{AB}$，(C) $s_A < s_{AB}$。(　　)

9. 在低于溶解度极限的主晶格中的掺杂原子的化学势：(i) 小于，(ii) 等于，还是 (iii) 大于掺杂原子在其纯固体中的化学势？(　　)

10. 在平衡时，固体中空位的化学势为：(i)<0，(ii)=0，还是 (iii)>0? (　　)

11. 在总压强为 1bar 的理想气体混合物中，摩尔分数为 0.25 的气体的活度是多少？

12. 判断对错

(a) 在 0K 的平衡状态下，实际二元系统不能以均相溶液存在。(　　)

(b) 给定温度和压强下，二元溶液中两种组元的化学势相互依赖。(　　)

(c) 如果溶液的化学势对于成分的二阶导数在某个成分处为负值，那么该成分下的溶液总是不稳定的，会失稳发生相分离形成两个不同成分的相。(　　)

(d) 对于在给定温度和压强下处于平衡的二元两相混合物，如果两相中都存在两种成分，则每个成分的化学势在两相中必须是均匀的。(   )

(e) 对于在给定温度和压强下处于平衡的两相混合物，如果两种成分都存在于两相中，则每个成分的活度在两相中必须是均匀的。(   )

(f) 对于在给定温度和压强下处于平衡的两相混合物，如果两种成分都存在于两相中，则每个成分的活度系数在两相中必须是均匀的。(   )

13. 假设 A 原子和 B 原子混合形成 A-B 溶液：A(纯)+B(纯)=A-B(溶液)，试判断：

(a) 如果 A 原子和 B 原子都遵循拉乌尔定律，判断混合焓变化是 (   )：(i) 0；(ii) 正值；(iii) 负值。

(b) 如果 A 原子和 B 原子都遵循拉乌尔定律，判断混合热为 (   )：(i) 0；(ii) 正值；(iii) 负值。

(c) 如果 A 原子和 B 原子都遵循拉乌尔定律，混合熵变化为 (   )：(i) 0；(ii) 正值；(iii) 负值。

(d) 如果 A 原子与 B 原子彼此不喜欢作为邻居，即 A 和 B 之间的原子键比 A 原子之间和 B 原子之间的原子键弱，那么混合的焓变化为 (   )：(i)；(ii) 正值；(iii) 负值。

(e) 如果 A 原子和 B 原子喜欢作为邻居，即 A 和 B 原子之间的原子键比 A 原子之间和 B 原子之间的原子键更强，则混合热为 (   )：(i) 0；(ii) 正值；(iii) 负值。

14. 考虑一个由组元 A 和 B 组成的理想二元液体溶液，

(a) 分别写出组元 A 和 B 的活度与摩尔分数之间的关系。

(b) 组元 A 和 B 的活度系数分别是多少？

(c) 对于成分为 $x_A = 0.5$ 的均相溶液，在 1000K 时，组元 A 和 B 相对于纯 A 和纯 B 的化学势分别是多少？

(d) 在 1000K 下，将 0.25mol 的纯液体 A 和 0.75mol 的纯液体 B 混合形成 1.0mol 的均相液体溶液时，化学势、熵和焓的变化分别是多少？

(e) 在 1000K 下，将 0.75mol 的纯液体 A 和 0.25mol 的纯液体 B 混合形成 1.0mol 的均相液体溶液时，化学势、熵和焓的变化分别是多少？

(f) 在 1000K 下，将 0.5mol 成分为 $x_A = 0.25$ 的溶液与 0.5mol 成分为 $x_A = 0.75$ 的溶液混合形成 1.0mol 的均相溶液时，化学势、熵和焓的变化分别是多少？

(g) 在 1000K 下，将 1.0mol 的纯 A 液体添加到大量成分为 $x_A = 0.5$ 的均相溶液中并与之混合时，化学势、熵和焓的变化分别是多少？

(h) 如果固体 A 的摩尔熔化热在 1100K 的平衡熔化温度下为 10000J，并且纯固体和纯液体 A 的摩尔热容都是 30J/K。当在 1000K 下，将 1.0mol 的纯固体 A 添加到大量成分为 $x_A = 0.5$ 的均相液相溶液中并与之混合时，吉布斯自由能、熵和焓的变化分别是多少？

15. 某二元溶液，溶剂服从拉乌尔定律，溶质服从亨利定律，证明其热力学因子 ψ 等于 1.0。

$$\psi = \frac{x_A x_B}{RT} \left(\frac{\partial^2 \mu}{\partial x_B^2} \right)_{T,p}$$

μ 是二元溶液的化学势。

16. 形成 A-B 溶液的反应为：A(纯)+B(纯)=A-B(溶液)，如果其热力学可使用规则溶液模型近似

$$RT \ln \gamma_A = 4000 x_B^2 \ (\text{J/mol})$$

(a) 计算 300K 下成分为 $x_A = 0.5$ 的溶液中组元 A 的活度系数；

(b) 计算 300K 下成分为 $x_A = 0.5$ 的溶液中组元 A 的活度；

(c) 将 1mol 纯 A 添加到大量 $x_A = 0.5$ 的 A-B 溶液中，计算释放或吸收的热量；

(d) 将 1mol 纯 A 添加到大量 $x_A = 0.5$ 的 A-B 溶液中，计算熵的变化；

(e) 300K 下，成分 $x_A = 0.5$ 的溶液的 1mol 组元 A 与 1mol 纯 A 的化学势差是多少？

(f) 写出组元 B 的活度系数作为组元 A 的成分的函数表达式；

(g) 判断混合焓变化是：(i) 0；(ii) 正；(iii) 负。（　　）

(h) 判断混合热是：(i) 0；(ii) 释放；(iii) 吸收。（　　）

(i) 判断混合熵变化为：(i) 0；(ii) 正；(iii) 负。（　　）

(j) 判断对错：这个二元系统在 0K 时的平衡态是纯 A 和纯 B 的两相混合物，而不是 A 和 B 随机混合的均相溶液。（　　）

(k) 计算在 300K 下将 0.25mol 纯 A 与 0.75mol 纯 B 混合形成 1mol 成分为 $x_A = 0.25$ 的 A-B 溶液时的化学势变化。

17. 已知 400°C 时液态 Zn-Cd 合金中 Zn 的活度系数可以用 Margules 溶液模型表示为

$$\ln \gamma_{Zn} = x_{Cd}^2 (1 - 0.25 x_{Cd})$$

(a) 写出 400°C 时，均相 Zn-Cd 溶液与纯 Zn 和纯 Cd 混合物的化学势差作为成分 x_{Cd} 的函数表达式；

(b) 在 400°C 时，成分为 $x_{Cd} = 0.5$ 的均相 Zn-Cd 合金中 Zn 和 Cd 相对于纯 Zn 和纯 Cd 的化学势分别是多少？

(c) 在 400°C 时，将 0.25mol 纯 Zn 和 0.75mol 纯 Cd 混合形成 1.0mol 的均相 Zn-Cd 合金时，化学势的变化是多少？

(d) 在 400°C 时，将 0.5mol 成分为 $x_{Cd} = 0.25$ 的均相合金与 0.5mol 成分为 $x_{Cd} = 0.75$ 的均相合金混合在一起，形成 1.0mol 的均相合金时，化学势的变化是多少？

(e) 在 400°C 时，将 1.0mol 纯 Cd 添加到大量成分为 $x_{Cd} = 0.5$ 的均相 Zn-Cd 合金中时，化学势的变化是多少？

18. 设在 Cd-Sn 稀溶液中，主组元 (溶剂)Cd 遵循拉乌尔定律，成分小的组元 (溶质)Sn 遵循亨利定律，其亨利系数 k_{Sn} 随温度变化如下 (注意：该溶液既不是理想溶液，也不是规则溶液)

$$RT \ln k_{Sn} = -7000 + 13.1T$$

(a) 计算在 1000K 时，成分为 $x_{Sn} = 0.01$ 溶液中 Sn 的活度；

(b) 计算在 1000K 时，将 1mol 纯 Sn 添加到 $x_{Sn} = 0.01$ 的大量 Sn-Cd 液体溶液中时 Sn 的化学势变化；

(c) 计算在 1000K 时，将 0.01mol 纯 Sn 与 0.99mol 纯 Cd 混合形成 1mol 溶液时的化学势变化；

(d) 计算在 1000K 时，将 0.01mol 纯 Sn 与 0.99mol 纯 Cd 混合形成 1mol 溶液时的熵变化；

(e) 计算在 1000K 时，将 0.01mol 纯 Sn 与 0.99mol 纯 Cd 混合形成 1mol 溶液时吸收或释放的热量。

19. 已知根据聚合物溶液的弗洛里–哈金斯模型，有

$$\Delta G / \left[(N_1 + xN_2) RT \right] = \chi \phi_1 \phi_2 + \phi_1 \ln \phi_1 + \frac{\phi_2}{x} \ln \phi_2$$

(a) 当 $\chi = 1$ 和 $x = 1$ 时，绘制 $\Delta G / \left[(N_1 + xN_2) RT \right]$ 作为 ϕ_2 的函数图。

(b) 当 $\chi = 1$ 和 $x = 4$ 时，绘制 $\Delta G / \left[(N_1 + xN_2) RT \right]$ 作为 ϕ_2 的函数图。

第 13 章 化学相平衡和相图

化学相平衡关注的是在给定温度和压强下不同化学成分的系统的平衡相状态，相图是不同温度、压强和化学成分下热力学平衡状态图形表示。大多数实验相图是在 1bar 的环境压强下得到的，因此，本章将重点讨论如何判断化学平衡和如何构建 1bar 下不同温度和化学成分下平衡相图。如果已知在不同温度下所有相的化学势作为化学成分的函数，那么在给定温度和材料总成分下，我们可以通过确定所有相或相组合中化学势最低的最稳定化学状态来构建相图。根据吉布斯的说法，在平衡状态时，"一个化学组元的化学势，在系统里所有实际存在的区域里都具有一个相同的值，而该组元在只是可能存在但不实际存在的区域里的化学势不低于实际存在区域里的化学势。"

13.1 从化学势–成分关系获得平衡态

构建温度–成分相图，先要确定在给定温度下平衡态与成分的关系。我们以二元模型系统为例，来说明如何从给定温度下化学势与成分的关系曲线中获得平衡态。

13.1.1 单相固溶体

图 13.1(a) 是温度 $T_{\rm o}$ 下的二元模型体系中固相 (s) 和液相 (l) 的化学势 $\mu^{\rm s}$ 和 μ^{l} 作为成分 $x_{\rm B}$ 的函数曲线，以纯物质 A 和 B 在温度 $T_{\rm o}$ 的稳定态作为标准态。纯固相 A 和 B 在温度 $T_{\rm o}$ 下的化学势分别是 $\mu_{\rm A}^{\rm s,o}$ 和 $\mu_{\rm B}^{\rm s,o}$ 因此，纯固相 A 和 B 混合物的化学势 (图 13.1 的水平虚线) 为

$$\mu^{\rm o}\left(x_{\rm B}\right) = x_{\rm A}\mu_{\rm A}^{\rm s,o} + x_{\rm B}\mu_{\rm B}^{\rm s,o}$$

图 13.1 中，$\mu_{\rm A}^{l,{\rm o}}$ 和 $\mu_{\rm B}^{l,{\rm o}}$ 是纯液相 A 和 B 在温度 $T_{\rm o}$ 下的化学势。因此，纯固相 A 和 B 熔化时的化学势变化为

$$\Delta\mu_{\rm m,A}^{\rm o} = \mu_{\rm A}^{l,{\rm o}} - \mu_{\rm A}^{\rm s,o}$$

和

$$\Delta\mu_{\rm m,B}^{\rm o} = \mu_{\rm B}^{l,{\rm o}} - \mu_{\rm B}^{\rm s,o}$$

图 13.1 中，在温度 $T_\circ$ 下，任意成分的单相固溶体 (ss) 的化学势 μ^s 均小于液相溶液的化学势 μ^l。因此，在 $T_\circ$ 时的整个成分范围内，均相固溶体 (ss) 是稳定平衡状态，液相不稳定。

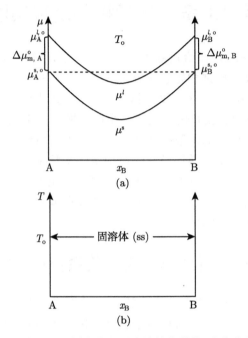

图 13.1　整个成分范围内稳定固溶体的化学势–成分曲线示意图

此外，固相化学势曲线具有正曲率，

$$\left(\frac{\partial^2 \mu^s}{\partial x_B^2}\right)_{T,p} > 0$$

这意味着均相固溶体 (ss)(图 13.1(b)) 在整个成分范围内保持固有的稳定状态，任何两相混合物都比均相溶液具有更高的化学势。

13.1.2　固溶体的混溶间隙

图 13.2(a) 是二元固溶体 (s) 和液体溶液 (l) 在温度 $T_\circ$ 下的化学势 μ^s 和 μ^l 作为成分 x_B 的函数曲线。纯固体 A 和 B 的混合物在 $T_\circ$ 下的化学势由虚线表示。13.1.1 节与 13.1.2 节中的例子的主要区别在于固溶体 α 的化学势与成分 x_B 的函数关系不同。在本例中，固溶体 α 的化学势与成分的函数曲线呈双势阱形状，既有正曲率区域，也有负曲率区域。

当 $0 < x_B < x_B^{s'}$ 或 $x_B^{s''} < x_B < 1$ 时，为正曲率区域，

$$\left(\frac{\partial^2 \mu^s}{\partial x_B^2}\right)_{T,p} > 0$$

当 $x_B^{s'} < x_B < x_B^{s''}$ 时，为负曲率区域，

$$\left(\frac{\partial^2 \mu^s}{\partial x_B^2}\right)_{T,p} < 0$$

式中，成分 $x_B^{s'}$ 和 $x_B^{s''}$ 是固溶体化学势曲线曲率为零的失稳成分点，即化学势对成分的二阶导数是零。图中，α' 和 α'' 分别代表贫-B 和富-B 固溶体。在化学势–成分曲线上，负曲率成分范围对于成分起伏是热力学不稳定的，会发生相分离形成两相混合物，两相的平衡成分为 $x_B^{\alpha'}$ 和 $x_B^{\alpha''}$。在成分范围 $x_B^{\alpha'} < x_B < x_B^{s'}$ 或 $x_B^{s''} < x_B < x_B^{\alpha''}$ 内，均相固溶体是亚稳的。在亚稳区域，化学势–成分曲线具有正曲率，因此固溶体对于成分差很小 (成分起伏小) 的两相是稳定的，但是对于成分差很大的两相是不稳定的，会发生相分离，例如两相成分为相差较大 (成分起伏大) 的 $x_B^{\alpha'}$ 和 $x_B^{\alpha''}$。在本例中，位于 $x_B^{\alpha'}$ 和 $x_B^{\alpha''}$ 之间成分的合金平衡状态为固体两相混合物 $(\alpha' + \alpha'')$ (图 13.2(b))。

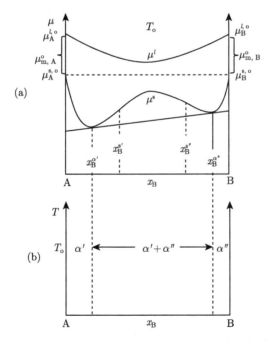

图 13.2　固溶体相分离的化学势–成分曲线示意图

13.1.3　固–液两相平衡

本例中，设感兴趣的温度 T_o 高于纯固体 B 的熔化温度而低于纯固体 A 的熔化温度。因此，在该温度下，B 的标准态是纯液相 B，A 的标准态是纯固相 A。

图 13.3(a) 为液相和固溶体相的化学势与成分的函数曲线。图 13.3 中，$\Delta\mu^o_{m,A}$ 是纯固相 A 熔化的化学势变化，$\Delta\mu^o_{s,B}$ 为纯液相 B 凝固的化学势变化。如图 13.3(b) 所示，温度为 T_o，当成分范围为 $0 < x_B < x^s_B$ 时，体系的稳定平衡状态为固溶体相 (ss)；当成分范围为 $x^l_B < x_B < 1$ 时，体系的稳定平衡状态为液相 (ls)；当在成分范围 $x^s_B < x_B < x^l_B$ 内时，稳定平衡状态为 "固溶体相 + 液相" 的两相混合物 (ss+ls)，平衡成分为 x^s_B 和 x^l_B。

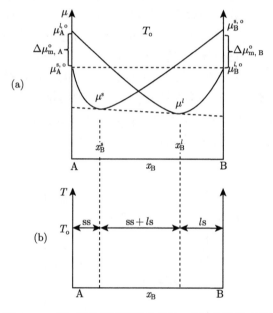

图 13.3　液–固两相平衡的化学势–成分曲线示意图

如果组元 A 和 B 的原子可以在各个均相区域之间的界面上自由输运或扩散，那么平衡时，在非均相系统中，不仅 A 和 B 的化学势是均匀的，任何成分的化学势都是均匀的。组元 A 和 B 及 A 和 B 的所有组合的化学势都可由平衡时的公切线给出 (图 13.4)。例如，将成分为 x^s_B 的少量溶液溶解到固体中，该溶液的化学势是 $\mu^s\left(x^s_B\right)$。如果将具有相同成分 x^s_B 的少量溶液溶解到液体中，该溶液的化学势也是 $\mu^s\left(x^s_B\right)$；如果将成分为 x^l_B 的少量溶液溶解到液相中，其化学势为 $\mu^l\left(x^l_B\right)$；如果将成分为 x^l_B 的少量溶液溶解到固相中，该溶液化学势也是 $\mu^l\left(x^l_B\right)$。实际上，对于少量溶解在固体或液体中的任何成分为 x_B 的溶液，其化学势均由切线上的一点给出，为 $\mu^s\left(x_B\right)$ 或 $\mu^l\left(x_B\right)$。

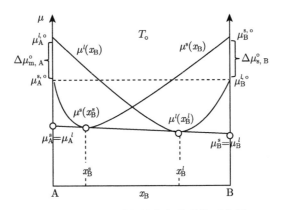

图 13.4 两相系统的均匀化学势示意图

13.1.4 固–固两相平衡

在图 13.5 所示的例子中，包含三个相：一个液相 (l) 和两个固相 (α 和 β)。温度 T_o 低于纯固相 A 和 B 的熔点。因此，在温度 T_o 下，如果在两个固溶相 α 和 β 中，那么组元 A 和 B 的标准态是纯固相 A 和 B；如果在液相中，则组元 A 和 B 的标准态是纯液相 A 和 B。通过比较每种可能状态的化学势，不难确定在 $x_B = 0$ 和 $x_B = x_B^\alpha$ 之间的平衡状态是单一固溶体相 α，在 $x_B = x_B^\alpha$ 和 $x_B = x_B^\beta$ 之间的平衡状态是 α 相和 β 相的两相混合物，其平衡成分可由 x_B^α 和 x_B^β 的公切

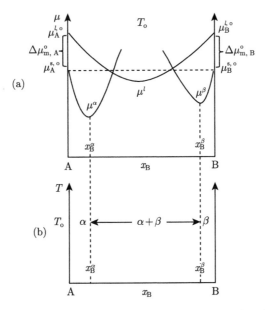

图 13.5 有限互溶的固–固两相平衡的化学势曲线示意图

线确定, 在 x_B^β 和 $x_B = 1$ 成分之间的平衡状态是单一固溶体相 β。

13.1.5　纯固相和液相之间的平衡

在图 13.6 所示的例子中, B 原子在固体 A 中的溶解度基本为零。设温度 T_o 低于纯固体 A 的熔点温度, 而高于纯固体 B 的熔点温度。根据图 13.6(a) 的化学势曲线, 固相 β 在整个成分范围内都不稳定 (因此要融化为液相)。图 13.6(b) 为系统的平衡相图, 在成分范围 $0 < x_B < x_B^l$ 内, 平衡状态是纯固相 A(B 在 A 中的溶解度非常小可忽略) 和液相溶液 (ls) 的两相混合物; 当 $x_B^l < x_B < 1$ 时, 平衡状态是单一液相溶液 (ls)。

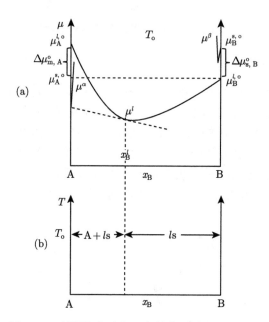

图 13.6　纯固相与液相平衡的化学势曲线示意图

13.1.6　共晶相平衡

图 13.7 给出一个三相的例子, 包含两个固溶体相 α 和 β 及一个液相 (l), 这三相在给定温度和特定成分下达到相互平衡, 该温度称为共晶温度 (T_E), 该成分称为共晶成分 (x_B^E)。共晶温度 T_E 均低于纯固相 A 和 B 的熔点温度, 是这个假想的二元系统中液相能存在的最低温度。这三个相的化学势如图 13.7(a) 所示, 三相的化学势曲线的公切线决定了这三个相的平衡成分。温度 T_o 时的平衡相图如图 13.7(b) 所示。当 $0 < x_B < x_B^\alpha$ 时, 平衡态是单相固溶体 α; 当 $x_B^\beta < x_B < 1$ 时, 平衡态是单相固溶体 β; 当 $x_B^\alpha \leqslant x_B \leqslant x_B^\beta$ 时, 平衡态为固溶体 α 相、固溶体 β 相和液相 l 三相共存, 各自的平衡成分分别为 x_B^α、x_B^β 且共晶成分为 x_B^E。

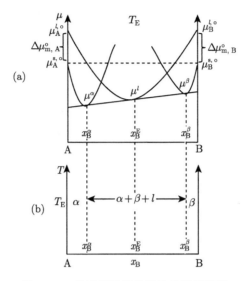

图 13.7　共晶相平衡化学势曲线示意图

13.1.7　化合物与固溶体之间的平衡

在图 13.8 的示例中，包含有限互溶的两个固溶体 α 相和 β 相及液相溶液 l，还有在中间成分 x_B^γ 处形成的化合物 γ。由图 13.8(a) 给出的四个相的化学势曲线

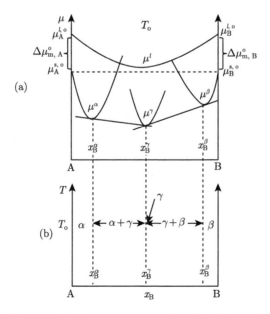

图 13.8　化合物和溶液平衡的化学势曲线示意图

可知，液相 l 在整个成分范围内都是不稳定状态。根据平衡系统中组元 A 和 B 的化学势是相等来构造出公切线，从而不难获得各相的平衡成分。如图 13.8(b) 所示，当 $0 < x_B < x_B^\alpha$ 时，单相 α 是稳定平衡相；当 $x_B^\beta < x_B < 1$ 时，单相 β 是稳定平衡相；当 $x_B^\alpha < x_B < x_B^\gamma$，稳定平衡态为 $\alpha + \gamma$ 的两相混合；当 $x_B^\gamma < x_B < x_B^\beta$ 时，稳定平衡态是 $\gamma + \beta$ 的两相混合物。成分为 x_B^γ 时，平衡态为单相 γ。由于 A 和 B 在 γ 中的溶解度非常小，我们通常称 γ 为线性化合物。

13.2　典 型 相 图

当我们确定了各个感兴趣的温度下的所有平衡态，这些平衡态作为温度和成分的函数曲线被称为 "温度–成分" 相图。若没有特别指明，默认压强为 1bar。

13.2.1　固–固不互溶的共晶相图

图 13.9 为固相 A 和 B 中不互溶的简单二元共晶相图，其高温平衡相为液相 (l)，低温平衡相是纯固体 A 和 B 的机械混合物，固相 A 和 B 之间不互溶。在足够高的温度下，根据成分的不同，平衡态可能是纯固体 A 和液体溶液的两相混合物，也可能是纯固体 B 和液体溶液的两相混合物，或单相液体溶液。在更高温度下的气相不考虑。

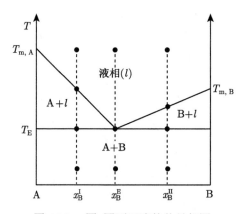

图 13.9　固–固不互溶的共晶相图

利用相图，我们可以分析系统在不同成分被加热和冷却时的平衡相变化。譬如，当从低温加热固体 A 和固体 B 的混合物时，三种代表性的典型成分的平衡相演化顺序如下：

当总成分为 x_B^I 时，$A+B \rightarrow A+l\,(x_B^E) \rightarrow A+l\,(x_B^I) \rightarrow l\,(x_B^I)$；

当总成分为 x_B^E 时，$A+B \rightarrow A+B+l\,(x_B^E) \rightarrow l\,(x_B^E)$；

当总成分为 x_B^{II} 时，A+B→B+$l\left(x_B^E\right)$ → B + $l\left(x_B^{II}\right)$ → $l\left(x_B^{II}\right)$。

对于所有成分，加热时首先出现的液相成分是在共晶温度 T_E 下的共晶点成分 x_B^E。当从高温冷却液相时，各个成分的平衡相的出现顺序完全相反。

13.2.2 固–液完全互溶的相图

图 13.10 是另一个简单二元相图的例子，液体和固体都是单相 (均相) 溶液，组元 A 和 B 完全互溶。

当从低温加热 A-B 固溶体时，成分为 x_B^I 材料的平衡相演化顺序为

$$ss\left(x_B^I\right) \rightarrow ss\left(x_B^I\right) + ls\left(x_B^l\right) \rightarrow ss\left(x_B^s\right) + ls\left(x_B^I\right) \rightarrow ls\left(x_B^I\right)$$

当从高温冷却 A-B 液相溶液时，成分为 x_B^I 材料的平衡相的演化顺序为

$$ls\left(x_B^I\right) \rightarrow ls\left(x_B^I\right) + ss\left(x_B^s\right) \rightarrow ls\left(x_B^l\right) + ss\left(x_B^I\right) \rightarrow ss\left(x_B^I\right)$$

值得注意的是，在接近 0K 的非常低的温度下，在热力学上不可能存在平衡态的均相固溶体，因为根据热力学第三定律，在 0K 的平衡态熵为零，所以在 0K 下的平衡态只能是纯单质固体或符合化学计量比的化合物。

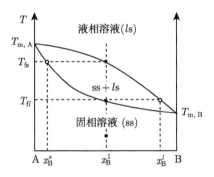

图 13.10 液–固完全互溶的相图

13.2.3 固–固有限互溶的共晶相图

本例的图 13.11 和前文的图 13.9 都是共晶相图，都有一个共晶点。它们的主要区别是图 13.9 中的两个固相 A 和 B 完全不互溶，本例中固相 A 和 B 之间可以有限地互溶，液相则完全互溶。为了区分固溶体和纯固体，如果大多数原子 (溶剂) 是 A 原子、少数原子 (溶质) 是 B 原子，我们称固溶体为 α 相；如果大多数原子 (溶剂) 是 B 原子，少数原子 (溶质) 是 A 原子，则称固溶体为 β 相。

我们仍然选择三个有代表性的成分 x_B^I、x_B^E 和 x_B^{II}，给出其在加热过程中的平衡相及平衡成分如下：

成分为 x_B^I 时,

$$\alpha + \beta \to \alpha\left(x_B^I\right) + \beta\left(x_B^{\beta\alpha}\right) \to \alpha\left(x_B^I\right) \to \alpha\left(x_B^I\right) + l\left(x_B^{l\alpha}\right) \to \alpha\left(x_B^{\alpha l}\right) + l\left(x_B^I\right) \to l\left(x_B^I\right),$$

成分为 x_B^E 时,

$$\alpha + \beta \to \alpha\left(x_B^{\alpha E}\right) + \beta\left(x_B^{\beta E}\right) \to l\left(x_B^E\right),$$

以及成分为 x_B^{II} 时,

$$\alpha + \beta \to \alpha\left(x_B^{\alpha E}\right) + \beta\left(x_B^{\beta E}\right) \to l\left(x_B^E\right) + \beta\left(x_B^{\beta E}\right) \to l\left(x_B^{II}\right) + \beta\left(x_B^{\beta l}\right) \to l\left(x_B^{II}\right)$$

冷却时的平衡相顺序与加热时的顺序相反。

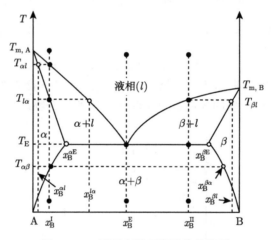

图 13.11　固相有限互溶的共晶相图

13.2.4　固–液有限互溶的包晶相图

图 13.12 是一个包晶相图的例子。在包晶温度 T_P 下, 存在一个包晶点, 在冷却过程中, 成分为 $x_B^{\alpha P}$ 的固相 α 和成分为 x_B^{lP} 的液相 β 反应形成包晶成分为 x_B^P 的固相 β, 反应式为

$$\alpha\left(x_B^{\alpha P}\right) + l\left(x_B^{lP}\right) \longrightarrow \beta\left(x_B^P\right)$$

或者是在加热过程中, 反应式为

$$\beta\left(x_B^P\right) \longrightarrow \alpha\left(x_B^{\alpha P}\right) + l\left(x_B^{lP}\right)$$

包晶温度介于纯固相 A 和纯固相 B 的熔点之间, 我们再选择三个有代表性的典型成分 x_B^I、x_B^P 和 x_B^{II}, 说明其在加热过程中的平衡相出现的顺序。

成分为 $x_{\mathrm{B}}^{\mathrm{I}}$ 时，

$$\alpha + \beta \to \alpha\left(x_{\mathrm{B}}^{\alpha\mathrm{P}}\right) + \beta\left(x_{\mathrm{B}}^{\mathrm{P}}\right) \to \alpha\left(x_{\mathrm{B}}^{\alpha\mathrm{P}}\right) + l\left(x_{\mathrm{B}}^{l\mathrm{P}}\right) \to \alpha\left(x_{\mathrm{B}}^{\alpha l}\right) + l\left(x_{\mathrm{B}}^{\mathrm{I}}\right) \to l\left(x_{\mathrm{B}}^{\mathrm{I}}\right),$$

成分为 $x_{\mathrm{B}}^{\mathrm{P}}$ 时，

$$\alpha + \beta \to \beta\left(x_{\mathrm{B}}^{\mathrm{P}}\right) \to \alpha\left(x_{\mathrm{B}}^{\alpha\mathrm{P}}\right) + l\left(x_{\mathrm{B}}^{l\mathrm{P}}\right) \to \alpha\left(x_{\mathrm{B}}^{\alpha l}\right) + l\left(x_{\mathrm{B}}^{l\alpha}\right) \to l\left(x_{\mathrm{B}}^{\mathrm{P}}\right),$$

以及成分为 $x_{\mathrm{B}}^{\mathrm{II}}$ 时，

$$\alpha + \beta \to \beta\left(x_{\mathrm{B}}^{\mathrm{II}}\right) \to \beta\left(x_{\mathrm{B}}^{\beta l}\right) + l\left(x_{\mathrm{B}}^{l\beta}\right) \to \beta\left(x_{\mathrm{B}}^{\mathrm{P}}\right)$$
$$+ l\left(x_{\mathrm{B}}^{l\mathrm{P}}\right) \to \alpha\left(x_{\mathrm{B}}^{\alpha\mathrm{P}}\right) + l\left(x_{\mathrm{B}}^{l\mathrm{P}}\right) \to \alpha\left(x_{\mathrm{B}}^{\alpha l}\right) + l\left(x_{\mathrm{B}}^{\mathrm{II}}\right) \to l\left(x_{\mathrm{B}}^{\mathrm{II}}\right)$$

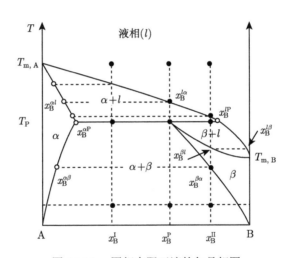

图 13.12　固相有限互溶的包晶相图

13.2.5　中间化合物

图 13.13 给出一个在固体 A 和 B 有限互溶的系统内部形成中间化合物 γ 的相图。如果 A 和 B 的溶解度为零或接近于零，我们称 γ 为线性化合物，因为它在相图中以垂直线的形式出现。这个相图大致可以看作是两个共晶相图的组合：左侧两个共晶相是 α 和 γ，右侧是 γ 和 β。因此，在加热和冷却过程中平衡相出现顺序与本章 13.2.3 小节基本相同。我们以一个典型成分 $x_{\mathrm{B}}^{\mathrm{I}}$ 的材料为例，来说明在加热过程中它的平衡相顺序及平衡成分如下：

$$\alpha + \gamma \to \alpha\left(x_{\mathrm{B}}^{\alpha\gamma}\right) + \gamma\left(x_{\mathrm{B}}^{\mathrm{I}}\right) \to \gamma\left(x_{\mathrm{B}}^{\mathrm{I}}\right) \to \gamma\left(x_{\mathrm{B}}^{\mathrm{I}}\right) + l\left(x_{\mathrm{B}}^{l\gamma}\right) \to \gamma\left(x_{\mathrm{B}}^{\gamma l}\right) + l\left(x_{\mathrm{B}}^{\mathrm{I}}\right) \to l\left(x_{\mathrm{B}}^{\mathrm{I}}\right)$$

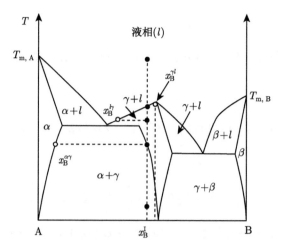

图 13.13　固–固有限互溶系统的化合物形成共晶相图

13.2.6　三元相图

这里讨论一个三元相图的例子。与二元系统相比，表征三元系统的化学相平衡更复杂一些。其中包含 5 个强度变量 (或势)：3 个组元的化学势、温度和压强。根据吉布斯–杜亥姆关系，这 5 个变量中有 4 个独立变量。如果压强恒定，则剩下 3 个独立变量。于是，三元相图通常由两个成分变量和温度来表示。已知两个组元的成分，第三个组元的成分自然也就知道了。最常用的成分表示方式是一个三角形，或称为吉布斯三角形 (图 13.14)，三角形的三个角 A、B 和 C 分别表示三个成分：$(x_A, x_B, x_C) = (1.0, 0.0, 0.0)$、$(0.0, 1.0, 0.0)$ 和 $(0.0, 0.0, 1.0)$。平行于边线 BC 的虚线表示组元 A 具有恒定的成分 x_A，其中 A 沿 BC 线的成分 $x_A = 0$，在三角形角顶点处 A 的成分为 $x_A = 1.0$。同理，与 AC 边线平行的虚

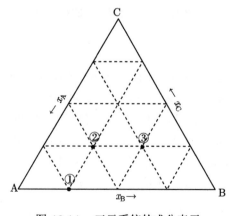

图 13.14　三元系统的成分表示

线表示具有恒定的成分 x_B，与 AB 平行的虚线表示具有恒定的成分 x_C。譬如，图 13.14 中的点①的成分为 $(0.75, 0.25, 0.0)$，点②的成分为 $(0.5, 0.25, 0.25)$，点③的成分为 $(0.25, 0.5, 0.25)$。

在三元相图中，垂直轴表示温度。图 13.15 给出的系统中，三种组元在固态时有限互溶，在液态时完全互溶。这三种组元中任意一个二元体系都有一个共晶点，分别标记为 T_E^{AB}、T_E^{AC} 和 T_E^{BC}；三元体系也有一个共晶点，标记为 T_E，这是液相能在平衡状态下存在的最低温度。$T_{m,A}$、$T_{m,B}$ 和 $T_{m,C}$ 分别代表纯固体 A、B 和 C 的熔点。α、β 和 γ 表示三种有限互溶的固溶体相，l 表示液相。

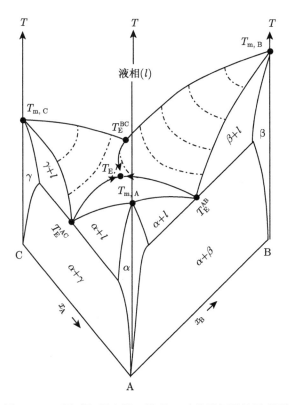

图 13.15　固–固–固有限互溶的三元共晶相图的示意图

13.3　自由度数目——吉布斯相律

用吉布斯相律 (式 (11.38)) 来确定自由度数目 (number of degrees of freedom, NDF) 为

$$\text{NDF} = n - \psi + 2$$

式中，n 是组元个数，ψ 是相的个数，2 表示温度 T 和压强 p 两个变量。大多数温度–成分相图是在 1bar 压强下测定的，从而吉布斯相律可写为

$$\mathrm{NDF} = n - \psi + 1$$

以图 13.16 为例，其中标记的 8 个点的 NDF 分别为

点①：$\mathrm{NDF} = n - \psi + 1 = 2 - 1 + 1 = 2$，

点②：$\mathrm{NDF} = n - \psi + 1 = 2 - 2 + 1 = 1$，

点③：$\mathrm{NDF} = n - \psi + 1 = 2 - 2 + 1 = 1$，

点④：$\mathrm{NDF} = n - \psi + 1 = 2 - 2 + 1 = 1$，

点⑤：$\mathrm{NDF} = n - \psi + 1 = 2 - 1 + 1 = 2$，

点⑥：$\mathrm{NDF} = n - \psi + 1 = 2 - 3 + 1 = 0$，

点⑦：$\mathrm{NDF} = n - \psi + 1 = 2 - 3 + 1 = 0$，

点⑧：$\mathrm{NDF} = n - \psi + 1 = 2 - 1 + 1 = 2$。

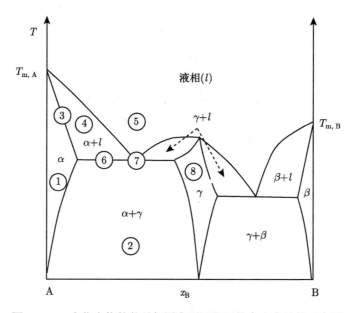

图 13.16　含化合物的共晶相图在不同位置的自由度计算示意图

13.4　相分数——杠杆定律

杠杆定律 (式 (12.81)) 可以用来确定平衡两相混合物 ($\alpha + \beta$) 中的相分数 φ^α 和 φ^β：

$$\varphi^\alpha = \frac{x_B^\beta - x_B^\circ}{x_B^\beta - x_B^\alpha}, \quad \varphi^\beta = 1 - \varphi^\alpha$$

式中，x_B^α 和 x_B^β 是 B 组元在 α 和 β 相中的平衡成分，x_B° 为总成分 (图 13.17)。

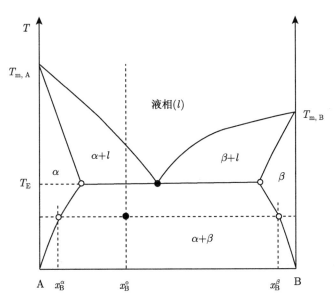

图 13.17　杠杆定律应用于从相图计算两相分数

13.5　二元系统活度系数的估算

估算有限互溶的二元系统两相混合物中的活度和活度系数时，可依据以下定律：利用平衡的两相混合物中化学势和活度是均匀的，主要组元的活度和活度系数可以用拉乌尔定律 (Raoult's law) 近似，次要组元的活度和活度系数可以用亨利定律 (Henry's law) 近似。

设两相的平衡成分是 (x_A^α, x_B^α) 和 (x_A^β, x_B^β)(图 13.17)，两相平衡时系统中每个组元的化学势和活度在两相中是均匀的

$$\mu_A^\alpha = \mu_A^\beta, \quad \mu_B^\alpha = \mu_B^\beta$$

和

$$a_A^\alpha = a_A^\beta, \quad a_B^\alpha = a_B^\beta$$

假设 β 相中主要组元是 B，α 相中主要组元是 A，对主要组元使用拉乌尔定律，对次要组元使用亨利定律，有

$$a_A^\alpha = x_A^\alpha, \quad a_B^\beta = x_B^\beta$$

$$a_A^\beta = \gamma_A^\beta x_A^\beta = a_A^\alpha = x_A^\alpha, \quad a_B^\alpha = \gamma_B^\alpha x_B^\alpha = a_B^\beta = x_B^\beta$$

相应的活度系数为

$$\gamma_A^\alpha = 1, \quad \gamma_B^\beta = 1$$

$$\gamma_A^\beta = \frac{x_A^\alpha}{x_A^\beta}, \quad \gamma_B^\alpha = \frac{x_B^\beta}{x_B^\alpha} \tag{13.1}$$

13.6   简单相图的计算

13.6.1   熔化温度抑制

为了判断添加第二组元 B 对固相 A 的熔点的影响，我们考虑纯固体 A 和含少量组元 B 的液相 A 之间的平衡，即

$$A(s, x_A = 1, x_B = 0) = A(l, x_A, x_B)$$

式中，x_A 和 x_B 分别是组元 A 和 B 的摩尔分数。平衡时，纯固相 A 中 A 原子的化学势和液相溶液中 A 原子的化学势是一样的。假设 B 原子在固相 A 中的化学势大于其在纯固相 B 的化学势，有

$$\mu_A^s(x_A = 1, x_B = 0) = \mu_A^l(x_A, x_B)$$

我们选择纯固态 A 作为标准态，假设液相溶液为理想溶液，则有

$$\mu_A^s(x_A = 1, x_B = 0) = \mu_A^\circ \tag{13.2}$$

$$\mu_A^l(x_A, x_B) = \mu_A^\circ + \Delta\mu_m + RT\ln x_A \tag{13.3}$$

式中，$\Delta\mu_m$ 是纯固相 A 熔化的化学势变化。假设熔化的热和熵与温度无关，或假设固相和液相的热容相同，则 $\Delta\mu_m$ 可近似为

$$\Delta\mu_m \approx \Delta h_m - \Delta s_m T$$

或

$$\Delta\mu_m \approx \frac{\Delta h_m(T_{m,A} - T)}{T_{m,A}} \tag{13.4}$$

由式 (13.2) 和式 (13.3)，有

$$-\Delta\mu_m = RT\ln x_A$$

利用式 (13.4) 和 $\ln(x_A) \cong -x_B$ 的近似，有

$$-\frac{\Delta h_m(T_{m,A} - T)}{T_{m,A}} \cong -RTx_B \tag{13.5}$$

求解式 (13.5)，得

$$T = \frac{\Delta h_{\mathrm{m}} T_{\mathrm{m,A}}}{R T_{\mathrm{m,A}} x_{\mathrm{B}} + \Delta h_{\mathrm{m}}} = \frac{T_{\mathrm{m,A}}}{\dfrac{R T_{\mathrm{m,A}}}{\Delta h_{\mathrm{m}}} x_{\mathrm{B}} + 1} \approx T_{\mathrm{m,A}} \left(1 - \frac{R T_{\mathrm{m,A}}}{\Delta h_{\mathrm{m}}} x_{\mathrm{B}}\right) \tag{13.6}$$

它表示固相 A 的熔点温度随着 B 原子加入的摩尔分数的增加而降低，如图 13.18 所示。

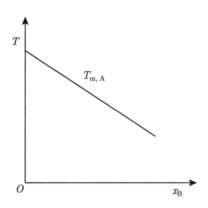

图 13.18　熔点抑制示意图

13.6.2　固–液完全互溶的二元相图

计算固–液两相完全互溶的相图，只需确定固相线和液相线，即固–液两相混合物中固、液平衡成分随温度的变化。简单起见，假设组元 A 和 B 在固相和液相中都形成理想溶液。

我们已经知道，固溶体和液相溶液之间的平衡条件为

$$\mu_{\mathrm{A}}^{\mathrm{s}} = \mu_{\mathrm{A}}^{l}, \quad \mu_{\mathrm{B}}^{\mathrm{s}} = \mu_{\mathrm{B}}^{l}$$

如果满足这两个条件，则二元系统的化学势最小。

如图 13.19 所示的两相区低于 A 的熔点而高于 B 的熔点，我们选择纯固相 A 作为组元 A 的标准态，选择纯液相 B 作为组元 B 的标准态。那么，组元 A 在固相和液相中的化学势为

$$\mu_{\mathrm{A}}^{\mathrm{s}} = \mu_{\mathrm{A}}^{\mathrm{o}} + RT\ln x_{\mathrm{A}}^{\mathrm{s}} \tag{13.7}$$

$$\mu_{\mathrm{A}}^{l} = \mu_{\mathrm{A}}^{\mathrm{o}} + \Delta\mu_{\mathrm{m,A}} + RT\ln x_{\mathrm{A}}^{l} \tag{13.8}$$

式中，$\Delta\mu_{\mathrm{m,A}}$ 是固相 A 熔化时的化学势变化。相应地，组元 B 在固相和液相中的化学势为

$$\mu_{\mathrm{B}}^{l} = \mu_{\mathrm{B}}^{\mathrm{o}} + RT\ln x_{\mathrm{B}}^{l} \tag{13.9}$$

$$\mu_B^s = \mu_B^o - \Delta\mu_{m,B} + RT\ln x_B^s \tag{13.10}$$

式中，$\Delta\mu_{m,B}$ 是 B 熔化时化学势的变化。

利用式 (13.7)~ 式 (13.10) 和平衡条件，有

$$\mu_A^s = \mu_A^l, \quad \mu_B^s = \mu_B^l$$

可得

$$RT\ln\frac{x_A^l}{x_A^s} = -\Delta\mu_{m,A}, \quad RT\ln\frac{x_B^l}{x_B^s} = -\Delta\mu_{m,B} \tag{13.11}$$

求解上述两个方程，可得固相和液相的平衡成分作为温度的函数。改写式 (13.11) 为

$$\frac{x_A^l}{x_A^s} = \frac{1-x_B^l}{1-x_B^s} = \mathrm{e}^{-\frac{\Delta\mu_{m,A}}{RT}}, \quad \frac{x_B^l}{x_B^s} = \mathrm{e}^{-\frac{\Delta\mu_{m,B}}{RT}} \tag{13.12}$$

求解上式，可得

$$x_B^s = \frac{1-\mathrm{e}^{-\frac{\Delta\mu_{m,A}}{RT}}}{\mathrm{e}^{-\frac{\Delta\mu_{m,B}}{RT}} - \mathrm{e}^{-\frac{\Delta\mu_{m,A}}{RT}}}, \quad x_B^l = \frac{1-\mathrm{e}^{-\frac{\Delta\mu_{m,A}}{RT}}}{1-\mathrm{e}^{-\frac{\left(\Delta\mu_{m,A}-\Delta\mu_{m,B}\right)}{RT}}} \tag{13.13}$$

它描述了如图 13.19 所示相图的固相线和液相线。

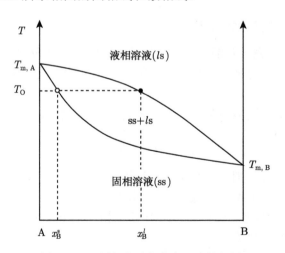

图 13.19　固相和液相完全互溶的相图

13.7　习　　题

1. 假设一个简单二元 A-B 共晶相图。纯固体 A 的正常熔点为 1000K，纯固体 B 的正常熔点为 1200K。固相 A 和固相 B 之间不互溶，而液相 A 和液相 B 可在

整个成分范围内完全互溶形成均相溶液。该简单共晶相图的共晶成分为 $x_B = 0.4$，共晶温度为 800K。

(a) 画出该温度–成分相图的示意图，假设压强为 1bar，标注出关键温度和成分。

(b) 画出温度 1400K、1100K、900K 和 700K 下的固相和液相的化学势曲线示意图，要注意给出关键细节。

(c) 共晶点处的自由度数目是多少？

(d) 如果二元体系中 A 的总成分是 0.4，那么在共晶温度下纯 A 和纯 B 的体积分数是多少？

(e) 求出液相中 A 的活度系数沿液相线方向作为成分和温度的函数表达式。

2. 已知如下二元 Ag-Cu 合金相图的示意图，试完成以下各题：

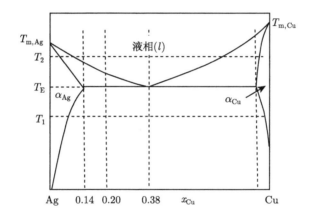

(a) 绘制在 T_1、T_E 和 T_2 处的 α_{Ag}、α_{Cu} 和液相的化学势曲线示意图。

(b) 在 Ag-Cu 二元系统中，液相在平衡态能存在的最低温度是多少？

(c) 在 Ag-Cu 二元系统中，固相在平衡态能存在的最高温度是多少？

(d) 在任何温度下，Cu 在 Ag 中的最大溶解度是多少？

(e) 为什么 Cu 在 Ag 中的溶解度会随着温度的升高而增加？

(f) 对于总成分为 0.20 摩尔分数的 Cu，在 T_1 平衡时，系统的自由度数目是多少？

(g) 在 T_1 时各相的平衡成分是多少？

(h) 根据 (g) 的估算结果，Cu 和 Ag 在 T_1 下的活度大约是多少？

(i) 在温度 T_1 时 α_{Cu} 相和 α_{Ag} 相中 Cu 和 Ag 的活度系数大约是多少？

3. 已知如下温度–成分相图，

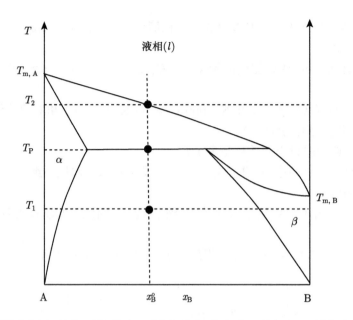

(a) 在图中标出所有两相共存区域和三相共存点 (单相区已被标记)。

(b) 两相共存区和三相共存点各有多少个自由度？

(c) 当总成分为 $x_B^\circ = 0.4$ 的液相溶液从 $T_{m,A}$ 缓慢冷却到 T_1 时，写出冷却过程中 T_2 和 T_P 处发生的反应。

第 14 章   化学反应平衡

第 11 章通过压强–温度相图介绍了给定化学成分时材料在不同温度和压强下的平衡状态。第 13 章通过温度–成分相图介绍了给定压强下材料在不同温度和化学成分下的平衡状态。本章主要讨论给定温度和压强时，不同化学物质之间的平衡，即化学反应平衡。对于某一类反应，我们也可以用图来表示反应平衡，例如用 Ellingham 图表示氧化反应。

14.1   反 应 平 衡

在本书第 8.8 节，我们讨论了怎样计算如下化学反应的驱动力

$$\nu_A A + \nu_B B \rightleftharpoons \nu_C C + \nu_D D \tag{14.1}$$

式中，ν_A，ν_B，ν_C 和 ν_D 是化学计量比反应系数。这里我们再强调一下，对于给定的化学反应，为了比较反应物和生成物的热力学稳定性，反应物和生成物之间的质量必须保持守恒，即对于不同种类的原子，必须确保反应物和生成物中该原子的量相同。这与第 13 章中讨论的多组元系统的平衡态一样，其中平衡态是通过比较在相同的总化学成分下各种可能的热力学状态的化学势来确定的。因此，在给定反应物和生成物的元素成分的情况下，我们可以简单地将反应物和生成物的化学势进行比较，从而判断其相对稳定性，以及进一步确定反应的驱动力和方向。只要确保化学反应质量守恒，就可以利用反应物和生成物之间的化学势差或吉布斯自由能差来比较其相对稳定性。尽管我们完全可以使用化学势来描述化学反应热力学，但为了避免和现有文献由于语言引起的混淆，本章我们还是沿用了通常文献中采用的反应物和生成物的吉布斯自由能。

假设一个系统由 A、B、C 和 D 四种物质组成，化学势分别是 μ_A、μ_B、μ_C 和 μ_D，该系统的吉布斯自由能为

$$G = N_A \mu_A + N_B \mu_B + N_C \mu_C + N_D \mu_D \tag{14.2}$$

式中，N_A、N_B、N_C 和 N_D 分别是系统中 A、B、C 和 D 的摩尔数。恒温恒压下，微分形式的吉布斯自由能为

$$dG = \mu_A dN_A + \mu_B dN_B + \mu_C dN_C + \mu_D dN_D \tag{14.3}$$

由于化学反应平衡，N_A、N_B、N_C 和 N_D 不都是独立变量。我们用 ξ 表示化学反应程度，$\xi = 0$ 表示反应尚未开始的初始状态，$\xi = 1$ 表示反应完全结束的最终状态，$\mathrm{d}\xi$ 是某一时刻反应程度的变化。如果初始状态由 $N_A = \nu_A\mathrm{mol}$ 的 A、$N_B = \nu_B\mathrm{mol}$ 的 B、0mol 的 C，以及 0mol 的 D 组成，那么反应系统在反应程度为 ξ 时的吉布斯自由能为

$$G_\xi = (1 - \xi)\,\nu_A\mu_A + (1 - \xi)\,\nu_B\mu_B + \xi\nu_C\mu_C + \xi\nu_D\mu_D$$

还可以写为

$$G_\xi = \nu_A\mu_A + \nu_B\mu_B + \xi\left(\nu_C\mu_C + \nu_D\mu_D - \nu_A\mu_A - \nu_B\mu_B\right)$$

初始状态 $\xi = 0$ 时的吉布斯自由能为

$$G\left(\xi = 0\right) = \nu_A\mu_A + \nu_B\mu_B \tag{14.4}$$

最终状态 $\xi = 1$ 时的吉布斯自由能为

$$G\left(\xi = 1\right) = \nu_C\mu_C + \nu_D\mu_D \tag{14.5}$$

如果定义

$$\Delta G = G\left(\xi = 1\right) - G\left(\xi = 0\right) \tag{14.6}$$

那么

$$G\left(\xi\right) = G\left(\xi = 0\right) + \xi\Delta G \tag{14.7}$$

利用反应化学计量系数 ν_A、ν_B、ν_C 和 ν_D，在反应程度为 ξ 时，每种反应物和生成物的摩尔数变化为

$$\mathrm{d}N_A = -\nu_A\mathrm{d}\xi,\ \mathrm{d}N_B = -\nu_B\mathrm{d}\xi,\ \mathrm{d}N_C = +\nu_C\mathrm{d}\xi,\ \mathrm{d}N_D = +\nu_D\mathrm{d}\xi \tag{14.8}$$

将式 (14.8) 代入式 (14.3)，可得

$$\mathrm{d}G = \left(\nu_C\mu_C + \nu_D\mu_D - \nu_A\mu_A - \nu_B\mu_B\right)\mathrm{d}\xi = \Delta G\mathrm{d}\xi \tag{14.9}$$

因此，我们可以使用式 (14.7) 或式 (14.9) 来导出反应系统的吉布斯自由能对于反应程度 ξ 的变化

$$\left(\frac{\partial G}{\partial \xi}\right)_{T,p} = \Delta G \tag{14.10}$$

化学反应的驱动力为

$$D = -\left(\frac{\partial G}{\partial \xi}\right)_{T,p} = -\Delta G \tag{14.11}$$

用活度 a_i 表示化学势 μ_i，有

$$\mu_i = \mu_i^{\circ} + RT\ln a_i \tag{14.12}$$

这样，我们就可以用标准态下的化学势及反应物和生成物的活度，来表示化学反应的终态和始态之间的吉布斯自由能差

$$\Delta G = (\nu_C\mu_C^{\circ} + \nu_D\mu_D^{\circ}) - (\nu_A\mu_A^{\circ} + \nu_B\mu_B^{\circ}) + RT \ln \frac{a_C^{\nu_C} a_D^{\nu_D}}{a_A^{\nu_A} a_B^{\nu_B}} \tag{14.13}$$

如果定义

$$\Delta G^{\circ} = (\nu_C\mu_C^{\circ} + \nu_D\mu_D^{\circ}) - (\nu_A\mu_A^{\circ} + \nu_B\mu_B^{\circ}) \tag{14.14}$$

且

$$K = \frac{a_C^{\nu_C} a_D^{\nu_D}}{a_A^{\nu_A} a_B^{\nu_B}} \tag{14.15}$$

那么

$$\Delta G = \Delta G^{\circ} + RT\ln K \tag{14.16}$$

式中，ΔG° 是所有反应物和生成物都处于标准态时化学反应的自由能变化，K 是反应平衡常数。

第 8 章详细介绍了 1bar 下 ΔG° 作为温度函数的计算过程，它与反应的标准焓变 ΔH° 和标准熵变 ΔS° 有关

$$\Delta G^{\circ} = \Delta H^{\circ} - T\Delta S^{\circ} \tag{14.17}$$

式中，ΔH° 和 ΔS° 作为温度的函数可通过下式求得

$$\Delta H^{\circ} = \Delta H_{298K}^{\circ} + \int_{298K}^{T} \Delta C_p \mathrm{d}T \tag{14.18}$$

$$\Delta S^{\circ} = \Delta S_{298K}^{\circ} + \int_{298K}^{T} \frac{\Delta C_p}{T} \mathrm{d}T \tag{14.19}$$

式中，ΔC_p 是生成物总热容与反应物总热容的差，即

$$\Delta C_p = (\nu_C c_C + \nu_D c_D) - (\nu_A c_A + \nu_B c_B) \tag{14.20}$$

式中，c_A、c_B、c_C 和 c_D 分别是 A、B、C 和 D 的摩尔热容。如果 ΔC_p 是与温度无关的常数，有

$$\Delta H^{\circ} = \Delta H_{298K}^{\circ} + \Delta C_p (T - 298) \tag{14.21}$$

$$\Delta S^{\mathrm{o}} = \Delta S^{\mathrm{o}}_{298K} + \Delta C_p \ln \frac{T}{298} \tag{14.22}$$

将其代入式 (14.17) 可得

$$\Delta G^{\mathrm{o}} = \Delta H^{\mathrm{o}}_{298\mathrm{K}} - 298\Delta C_p + T\left(\Delta C_p - \Delta S^{\mathrm{o}}_{298\mathrm{K}} + \Delta C_p \ln 298\right) - \Delta C_p T \ln T \tag{14.23}$$

上述化学反应的标准自由能变化 ΔG^{o} 也可写成一般表达式

$$\Delta G^{\mathrm{o}} = a + bT + cT\ln T \tag{14.24}$$

式中，常数 a、b 和 c 通常可在常用的热力学参数表中查得。

在平衡态下，当驱动力 $D = -\Delta G = 0$ 时，系统吉布斯自由能最小为

$$D = -\left(\frac{\partial G}{\partial \xi}\right)_{T,p} = (\nu_\mathrm{A}\mu_\mathrm{A} + \nu_\mathrm{B}\mu_\mathrm{B} - \nu_\mathrm{C}\mu_\mathrm{C} - \nu_\mathrm{D}\mu_\mathrm{D}) = -\Delta G = 0 \tag{14.25}$$

因此，化学反应方向可由下式判断

$$D = -\left(\frac{\partial G}{\partial \xi}\right)_{T,p} = \nu_\mathrm{A}\mu_\mathrm{A} + \nu_\mathrm{B}\mu_\mathrm{B} - \nu_\mathrm{C}\mu_\mathrm{C} - \nu_\mathrm{D}\mu_\mathrm{D} = -\Delta G \tag{14.26}$$

$$\Delta G = \Delta G^{\mathrm{o}} + RT\ln K \begin{cases} = 0, & \text{平衡} \\ < 0, & \text{正反应方向} \\ > 0, & \text{逆反应方向} \end{cases} \tag{14.27}$$

14.2   氧化反应的埃林厄姆图

设有一个氧化反应

$$2\mathrm{M}\,(\mathrm{s}) + \mathrm{O}_2\,(\mathrm{g}) \Longrightarrow 2\mathrm{MO}\,(\mathrm{s})$$

式中，假设 M 是氧化物中具有 +2 价的金属。上述氧化反应的标准自由能变化 (氧势) 为

$$\Delta G^{\mathrm{o}} = \Delta H^{\mathrm{o}} - \Delta S^{\mathrm{o}} T$$

式中，标准焓变化和标准熵变化分别为

$$\Delta H^{\mathrm{o}} = 2H^{\mathrm{o}}_{\mathrm{MO}} - 2H^{\mathrm{o}}_{\mathrm{M}} - H^{\mathrm{o}}_{\mathrm{O}_2}$$

$$\Delta S^{\mathrm{o}} = 2S^{\mathrm{o}}_{\mathrm{MO}} - 2S^{\mathrm{o}}_{\mathrm{M}} - S^{\mathrm{o}}_{\mathrm{O}_2}$$

$\Delta G^{\rm o}$ 作为温度的函数如图 14.1 所示。值得注意的是，$\Delta G^{\rm o}$ 在纵轴上的截距为反应的标准焓变。由于 1mol 气体的熵通常比 1mol 固体的熵大得多，有

$$\Delta S^{\rm o} = 2S^{\rm o}_{\rm MO} - 2S^{\rm o}_{\rm M} - S^{\rm o}_{\rm O_2} \approx -S^{\rm o}_{\rm O_2}$$

因此，有

$$\Delta G^{\rm o} = \Delta H^{\rm o} + S^{\rm o}_{\rm O_2} T$$

假设 $\Delta H^{\rm o}$ 和 $S^{\rm o}_{\rm O_2}$ 与温度无关，那么 $\Delta G^{\rm o}$ 是温度的线性函数。

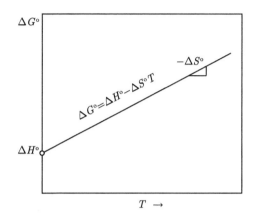

图 14.1　氧化反应标准自由能示意图

当氧化反应达到平衡时，有

$$\Delta G = 0 = \Delta G^{\rm o} + RT \ln \frac{a^2_{\rm MO}}{a^2_{\rm M} a_{\rm O_2}}$$

假设金属 M 和氧化物 MO 是纯固体，选择纯固体作为标准状态时，它们的活度为 1，上式变为

$$\Delta G^{\rm o} + RT \ln \frac{1}{p_{\rm O_2}} = 0$$

因此

$$\Delta G^{\rm o} = RT \ln p_{\rm O_2} \tag{14.28}$$

通常采用 Ellingham 图表示上述平衡状态，如图 14.2 所示，图中纵轴表示 $\Delta G^{\rm o}(T)$ 或 $RT \ln p_{\rm O_2}$，横轴为温度 T，即在同一个图内绘制不同氧化还原反应的 $\Delta G^{\rm o}(T)$ 或 $RT \ln p_{\rm O_2}$ 作为温度的函数。为了构造 Ellingham 图，需要在图上绘制氧化反应的 $\Delta G^{\rm o}(T)$。由于氧化反应释放热量，焓的变化为负，所以在 0K 和低温下 $\Delta G^{\rm o}(T)$ 的值为负。因此，图 14.2 的顶部水平线表示 $\Delta G^{\rm o}(T)$ 的零值线。

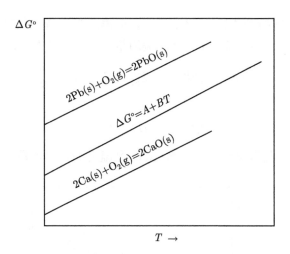

图 14.2　氧化反应标准自由能的 Ellingham 示意图

14.2.1　O$_2$ 标度

如图 14.3 所示，我们可以在 Ellingham 图中构建一个 p_{O_2} 标尺来表示氧分压随着温度的变化关系。假设有一组直线以 p_{O_2} 为间隔表示 $RT\ln p_{O_2}$，我们不需要画出实际的 $RT\ln p_{O_2}$ 线，而是在图中做标记，每个记号代表特定的 p_{O_2} 值，之后可以通过连接这些记号和原点 O 来获得具有特定氧分压值的 p_{O_2} 线，如图 14.3 中点虚线所示。

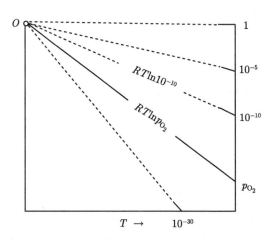

图 14.3　Ellingham 图中氧分压标尺示意图

显然，在式 (14.28) 中有两个变量：氧分压 p_{O_2} 和温度 T。因此，如图 14.4 所示，当给定氧分压 p_{O_2} 时，直线 $\Delta G^{\circ}(T) = A + BT$ 和直线 $RT\ln p_{O_2}$ 相交于一

点，交点对应的温度就是平衡温度 T_e；或者当给定温度 T 时，直线 $\Delta G^\circ(T)$ 和温度 T 的垂线相交，将该交点与 O 点相连接就可以获得氧的平衡分压 p_{O_2}。因此，不必使用式 (14.28) 进行计算，我们就可以在给定氧分压下估算金属、氧气及金属氧化物的混合物之间的平衡温度或在给定温度下估计氧的平衡分压。当高于该温度下的氧平衡分压时，金属将被氧化，反之氧化物将被还原。

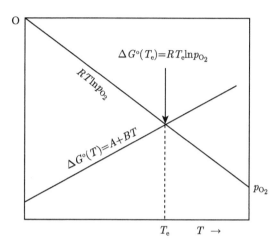

图 14.4　使用 Ellingham 图求解氧化反应平衡的示意图

在 Ellingham 图上，所有 $\Delta G^\circ(T)$ 直线都是根据消耗 1mol 氧气的氧化反应绘制的，它们的斜率近似等于氧气的摩尔熵，因此大多数 $\Delta G^\circ(T)$ 直线彼此大致平行，并且几乎所有直线的斜率都是正的。但是，如果反应中涉及其他气体，例如 $2C+O_2 = 2CO$，因为 1mol 气体和 2mol 固体反应生成 2mol 气体，此时熵变化为正，则 $\Delta G^\circ(T)$ 的斜率为负。

还应该注意的是，当金属熔化时，ΔS 变得更负，斜率更大。当氧化物熔化时，ΔS 变得更正，斜率更小。这些由于熔化或沸腾而引起的斜率变化示意图如图 14.5 所示。

Ellingham 也可以用来估计氧化物的氧化金属并还原自身的氧化反应的驱动力。例如

$$2Pb\,(s) + O_2\,(g) = 2PbO\,(s)，\quad \Delta G^\circ_{PbO} \tag{14.29}$$

$$2Ca\,(s) + O_2\,(g) = 2CaO\,(s)，\quad \Delta G^\circ_{CaO} \tag{14.30}$$

用式 (14.30) 减去式 (14.29)，得

$$2Ca\,(s) + 2PbO\,(s) = 2CaO\,(s) + 2Pb\,(s)，\quad \Delta G^\circ = \Delta G^\circ_{CaO} - \Delta G^\circ_{PbO}$$

也就是说，可以从 Ellingham 图中估算出该反应的驱动力 (图 14.6)。

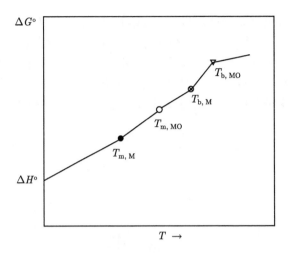

图 14.5　Ellingham 图中熔化和沸腾时标准氧化自由能斜率随温度变化的示意图

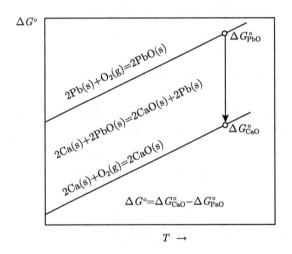

图 14.6　在 Ellingham 图上两种氧化反应的加和反应的标准自由能示意图

14.2.2　H_2/H_2O 标度

体系的氧分压可以通过氢气 H_2 和水蒸气 H_2O 的混合物来控制。因此，除了直接使用 Ellingham 图中的氧分压标度外，还可以构造一个 H_2/H_2O 标度。譬如反应

$$2H_2(g) + O_2(g) \Longrightarrow 2H_2O(g), \quad \Delta G^{\circ}(T)$$

式中，$\Delta G^{\circ}(T)$ 是当所有气体处于标准态 (1bar 下的纯气体) 时上述反应的自由

能变化。如果气体不在标准态，则上述反应在温度 T 下的平衡条件为

$$\Delta G(T) = \Delta G^{\circ}(T) + RT\ln K = 0$$

或

$$\Delta G^{\circ}(T) = 2RT\ln\frac{p_{H_2}}{p_{H_2O}} + RT\ln p_{O_2}$$

将上式右边第一项移动到左边，重写上述方程

$$(\Delta G^{\circ})'(T) = \Delta G^{\circ}(T) - 2RT\ln\frac{p_{H_2}}{p_{H_2O}} = RT\ln p_{O_2} \qquad (14.31)$$

对于给定的 H_2/H_2O 比例，$(\Delta G^{\circ})'$ 仅是温度的函数。如果 $\Delta G^{\circ}(T)$ 近似于线性，那么 $(\Delta G^{\circ})'$ 也近似于温度 T 的线性函数，从 $\Delta G^{\circ}(T)$ 以斜率 $2R\ln p_{H_2}/p_{H_2O}$ 旋转，这样就可以构建一个 H_2/H_2O 标度来表示 $(\Delta G^{\circ})'$ 线，标度以 p_{H_2}/p_{H_2O} 的规则间隔表示，如图 14.7 所示。

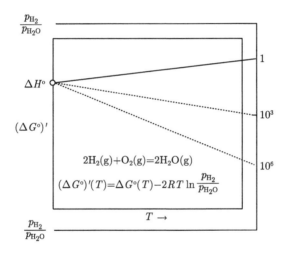

图 14.7　Ellingham 图中 H_2/H_2O 标度示意图

上述方程中有温度 T、H_2/H_2O 标度和氧分压 p_{O_2} 三个变量，固定其中任意两个变量，就可确定第三个变量。如图 14.8 所示，如果给定前两个变量，第三个变量就可以通过查看三条线 $(\Delta G^{\circ})'(T)$、$RT\ln p_{O_2}$ 和 $T = T_e$ 的交点来估计指出。譬如，如果给定 p_{H_2}/p_{H_2O} 和温度，我们就可以由这个 p_{H_2}/p_{H_2O} 标度画一条表示 $(\Delta G^{\circ})'(T)$ 的线和另一条表示温度 $T = T_e$ 的垂线，二者相交于一点，然后我们连接这个交点和 "O" 点再画一条线，就得到表示 $RT\ln p_{O_2}$ 的直线，最后将该直线外推到图上的 p_{O_2} 标尺，得到平衡氧分压 p_{O_2}。同理，如果我们给定氧分

压 p_{O_2} 和温度 T，先得到直线 $RT\ln p_{O_2}$ 与垂线 $T = T_e$ 的交点，然后连接这个交点和表示直线 $(\Delta G^\circ)'(T)$ 原点的点 H 得到第三条直线 $(\Delta G^\circ)'(T)$，并将这条线外推到 p_{H_2}/p_{H_2O} 标尺，以确定平衡 p_{H_2}/p_{H_2O}。

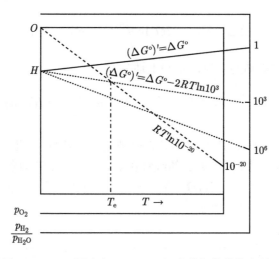

图 14.8 使用 Ellingham 图确定 H_2/H_2O 混合物氧化的热力学平衡的示意图

14.2.3 CO/CO$_2$ 标度

类似于 H_2/H_2O 标尺，我们还可以构造 CO/CO$_2$ 标度。如相关的反应

$$2CO\,(g) + O_2\,(g) = 2CO_2\,(g), \quad \Delta G^\circ(T)$$

式中，$\Delta G^\circ(T)$ 是反应的标准自由能，此时所有气体物质都处于标准态，因此 $p_{CO}/p_{CO_2} = 1$。如果气体不是处于标准态，平衡条件由下式给出

$$\Delta G^\circ(T) = 2RT\ln\frac{p_{CO}}{p_{CO_2}} + RT\ln p_{O_2}$$

我们定义

$$(G^\circ)'\,(T) = G^\circ(T) - 2RT\ln\frac{p_{CO}}{p_{CO_2}} = RT\ln p_{O_2}$$

类似上文对 H_2/H_2O 标度的讨论，CO/CO$_2$ 标度的构建过程如图 14.9 和图 14.10 所示。

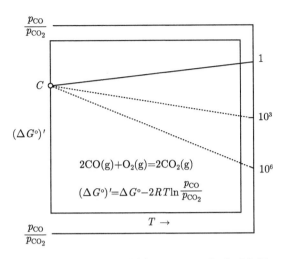

图 14.9 Ellingham 图上 CO/CO_2 标度示意图

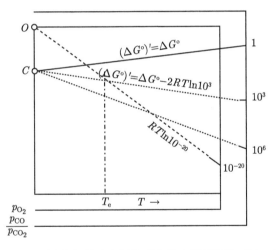

图 14.10 CO/CO_2 混合气体确定氧化反应热力学平衡的 Ellingham 示意图

应用 Ellingham 图估算氧化反应平衡条件, 可小结如下:

(1) 给定温度 T 下的平衡 O_2 分压;

(2) 给定 O_2 分压下的平衡温度 T_e;

(3) 给定温度 T 下两个氧化反应的组合反应的自由能变化;

(4) 给定温度 T 和 O_2 分压下所需要的 H_2/H_2O 或 CO/CO_2 比例;

(5) 给定 H_2/H_2O 标度、CO/CO_2 标度和平衡 O_2 分压时, 对应体系的平衡温度 T_e;

(6) 给定 H_2/H_2O 标度、CO/CO_2 标度和温度 T 时, 体系的平衡 O_2 分压。

14.3　示　　例

在由氢气 (H_2) 与氧气 (O_2) 生成水蒸气 H_2O 的反应中，水蒸气 (H_2O) 在 298K 和 1bar 的标准生成焓是 $-241.8kJ/mol$。H_2、O_2 和 H_2O 在 298K 和 1bar 的标准熵分别为 131.0、205.0 和 188.7($J/(mol \cdot K)$)，试计算：

(a) 在 298K 和 1bar 下的反应热；

(b) 反应在 298K 和 1bar 下的标准熵变化；

(c) 反应在 298K 和 1bar 下的标准自由能变化；

(d) 假设反应热和反应熵都与温度无关，求在 1bar 下反应的标准自由能作为温度的函数表达式；

(e) 给定温度 2000K 下的标度 $p_{H_2}/p_{H_2O} = 30$，求平衡氧分压。

解　反应方程为

$$H_2(g) + \frac{1}{2}O_2(g) = H_2O(g)$$

(a) 在 298K 和 1bar 下的反应热为

$$Q = \Delta H^\circ = -241800J/mol$$

(b) 在 298K 和 1bar 下的标准反应熵为

$$\Delta S^\circ = S^\circ_{H_2O(g)} - S^\circ_{H_2(g)} - \frac{1}{2}S^\circ_{O_2(g)} = 188.7 - 131 - \frac{1}{2} \times 205 = -44.8(J/(mol \cdot K))$$

(c) 反应在 298K 和 1bar 的标准自由能变化为

$$\Delta G^\circ = \Delta H^\circ - 298 \times \Delta S^\circ = -228450J/mol$$

(d) 假设反应热和反应熵与温度无关，1bar 下反应的标准自由能与温度的关系为

$$\Delta G^\circ = -241800 + 44.8T$$

(e) 给定 2000K 下的 $p_{H_2}/p_{H_2O} = 30$，根据反应平衡条件

$$\Delta G = \Delta G^\circ + RT\ln\frac{p_{H_2O}}{p_{H_2}p_{O_2}^{1/2}} = 0$$

求解上式，得到氧分压

$$P_{O_2} = \left(\frac{p_{H_2O}}{p_{H_2}}\right)^2 \exp\left(\frac{2\Delta G^\circ}{RT}\right)$$

即

$$P_{O_2} = \left(\frac{1}{30}\right)^2 \exp\left(2 \times \frac{-241800 + 44.8 \times 2000}{8.314 \times 2000}\right) = 1.25 \times 10^{-11}bar$$

14.4 习　　题

1. 判断对错：随着温度升高，金属氧化反应的生成物和反应物之间的吉布斯自由能差 $(G^P - G^r)$ 通常变得越来越负。（　　）

2. 判断对错：固体金属形成固体氧化物的氧化反应的熵变化总是正的。（　　）

3. 判断对错：给定热力学温度，氧化物相对于金属和氧气在较高氧分压下比在较低氧分压下更稳定。（　　）

4. 判断对错：给定热力学氧分压，氧化物相对金属和氧气在较高温度下比较低温度下更稳定。（　　）

5. 对于反应 $4Ag(s) + O_2(g) = 2Ag_2O(s)$，试判断升高温度是更有利于 $4Ag(s) + O_2(g)$ 还是更有利 $2Ag_2O$？

6. O_2 在空气中的化学势，是 (i) 高于（　　）、(ii) 等于（　　）、还是 (iii) 低于（　　）O_2 在室温下与 Ni/NiO 处于平衡时的化学势？

$$Ni(s) + 1/2O_2(g) \Longrightarrow NiO(s), \ \Delta G^o = -244550 + 98.5T$$

7. 判断对错：控制氧分压的一种方法是使用 H_2 和 H_2O 的混合气体。增加 H_2O 与 H_2 的分压比 p_{H_2O}/p_{H_2} 会增加气体中的氧分压。（　　）

8. 判断对错：控制氧分压的一种方法是使用 CO 和 CO_2 的混合气体。增加 CO 与 CO_2 的分压比 p_{CO}/p_{CO_2}，会增加气体中的氧分压。（　　）

9. 查阅文献，找出以下化学物质发生氧化反应的标准吉布斯自由能：Ba、C、Ca、CO、Cr、Cu、H_2、Mg、Ni 和 Si，将标准吉布斯自由能和温度绘制在同一个图上。

10. 在习题 9 得到的图中添加一个氧标度。

11. 将 H_2/H_2O 标度添加到习题 9 的图中。

12. 将 CO/CO_2 标度添加到习题 9 的图中。

13. Ni 常用作多层陶瓷电容器中的电极材料。在制造过程中，电介质材料 $BaTiO_3$ 和内部 Ni 电极通常在 1300°C 左右共烧。为了避免 Ni 在共烧过程中被氧化，必须控制氧分压。

已知：

$$2Ni(s) + O_2(g) \longrightarrow 2NiO(s), \quad G^o = -480.00 + 0.18889T \, (kJ)$$

$$2CO(g) + O_2(g) \longrightarrow 2CO_2(g), \quad G^o = -565.98 + 0.17289T \, (kJ)$$

(a) 求在 1300°C 共烧时避免 Ni 被氧化所允许的最大氧分压；

(b) 如果使用 CO/CO_2 混合气体来控制氧分压，求避免 Ni 在 1300°C 被氧化所允许的最小 CO/CO_2 标度。

14. 已知：

化学反应	$\Delta G^\circ/J$	温度范围
$2Pb(s)+O_2(g)\rightarrow 2PbO(s)$	$-438820+201.71T$	$T<601K$
$2Pb(l)+O_2(g)\rightarrow 2PbO(s)$	$-447380+215.57T$	$601K<T<1161K$
$2Pb(l)+O_2(g)\rightarrow 2PbO(l)$	$-413060+201.81T$	$1161K<T<1808K$
$2Pb(l)+O_2(g)\rightarrow 2PbO(g)$	$132020+131.39T$	$1808K<T<2017K$

求解以下问题：

(a) 计算氧化热，然后确定氧化反应过程是放热还是吸热；

(b) 估算 1mol O_2 的熵；

(c) 在环境大气下 (大气中的氧气压强约为 0.21bar)，计算反应的吉布斯自由能变化；

(d) 如果氧分压为 10^{-12}bar，确定反应的平衡温度；

(e) 计算温度为 500K 时在 Pb(l)/PbO(s) 上方的平衡氧分压；

(f) 求 Pb 在 400°C 时发生上述氧化反应的吉布斯自由能变化 ΔG，已知 O_2 分压为 10^{-12}bar；

(g) 计算在 10^{-12}bar 下 Pb(l) 和 PbO(s) 的平衡温度；

(h) 计算 PbO 的熔化热。

假设固相、液相和气相的 PbO 的热容都相等，如果 PbO 熔化后的体积几乎没有变化 ($\Delta V_m = 0$)，试估算 PbO 处于三相 PbO (s) – PbO (l) – PbO(g) 时的三相点压强。

第 15 章　能量转化和电化学

所有的能量转换装置原理都是利用热力学的势差，包括温度差、压强差、化学势差、电势差或重力势差等。譬如，热机是利用热势差 (温度差) 来实现把热能转换为电能或机械能等其他形式的能量。光伏效应是利用太阳能 (即光能) 照射把晶体内部的电子从价带激发到导带产生新的电子–空穴对或者从低能态激发到高能态，导致电子和空穴之间产生化学势差或费米能级差，即化学驱动力，从而可以转换成电势差。锂离子电池的工作原理是，利用锂在两个电极之间的化学势差，在电池放电时将存储在电池中的化学能转换为电能，在充电时将电能转换为化学能。燃料电池是通过持续供应氢气和氧气等燃料将化学能直接转化为电能，当电流在电势差下流过材料时，电能直接转化为热能。

15.1　最大功定理

最大功定理指出，对于从系统的给定初始状态到给定最终状态的所有过程中，可逆过程可做的功最大。在可逆过程中，系统与环境之间仅交换包括热能在内的不同形式的能量，不产生熵或没有将有用能量转化为热能的势能耗散。最大功定理可以用来计算一个能量转换装置可以做最大功的热力学极限。没有任何实际过程能比可逆过程做的功更多。因此，我们只需假设所有过程都是可逆的，就可以运用最大功定理计算热机、冰箱、热泵或其他设备的最大 (或理论) 热力学效率。

15.2　热机理论效率

利用热力学第一定律、第二定律及最大功定理，就可以计算热机等任何热器件 (涉及热能和其他形式能量转换的机器设备) 的最大或理论热力学效率。

假设热机在热势为 T_h 的高温热源和热势为 T_l 的低温热源之间工作。热机从高温热源中吸收热量 Q_h，对外做功 W，并将热量 Q_l 释放到低温热源。热机效率定义为系统对外做的功 W 除以从高温热源中吸取的热 Q_h，即

$$\eta = \frac{W}{Q_h} \tag{15.1}$$

根据热力学第一定律的能量守恒，$W = Q_h - Q_l$，有

$$\eta = \frac{Q_h - Q_l}{Q_h} \tag{15.2}$$

根据最大功定理，可逆过程的热机效率最大，总熵为零，即

$$\Delta S^{tot} = -\frac{Q_h}{T_h} + \frac{Q_l}{T_l} = 0 \tag{15.3}$$

因此，最大热机效率，也就是理想或理论热机效率为

$$\eta = \frac{Q_h - Q_l}{Q_h} = \frac{T_h - T_l}{T_h} \tag{15.4}$$

为了使热机效率最大化，从高温热源获取的熵等于传递到低温热源的熵，热源之间只有熵的传递和交换，没有熵的产生。而实际热机一定会产生熵，所以传递到低温热源的熵多于从高温热源获取的熵，效率低于理想效率。

图 15.1 所示为卡诺可逆循环的温–熵示意图，简单有效地说明了一个理想热机的工作原理。理想热机整个循环由两个等温 (恒温) 过程和两个绝热 (恒熵) 过程组成。根据该图，热机的理论效率由下式给出

$$\eta = \frac{ABCD\text{的面积}}{ABS_2S_1\text{的面积}} = \frac{T_h - T_l}{T_h}$$

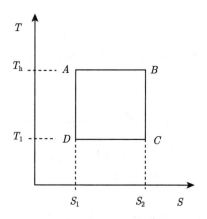

图 15.1　热机可逆循环或卡诺循环过程的温–熵示意图

例如，在 300K 和 373K 温度区间工作的蒸汽机的最大效率由下式给出

$$\eta = \frac{T_h - T_l}{T_h} = \frac{373 - 300}{373} \approx 19.6\%$$

从式 (15.4) 可以看出，为了得到最大效率，我们希望高温热源的温度 T_h 尽可能高。这正是发动机需要高温材料的重要原因，这些材料需要在高温下长时间保持很高的机械性能。这在很大程度上推动了人们研究和开发热机或发动机需要的高温合金和高温结构材料。

热机效率也随着低温热源温度的降低而提高。但是需要注意的是，低温热源的温度不可能达到 $T_l = 0K$，因此必须将一定量的热能 $T_l \Delta S$ 从高温热源转移到低温热源，这就意味着这部分来自高温热源的能量 $T_l \Delta S$ 不能用于做有用功。因此，热机的最大效率不可能达到 100%。这相当于热力学第二定律的开尔文表述：热能不能 100% 转化成有用功。

同时利用热力学第一定律和第二定律，我们还可以计算将热量从低温热源传递到高温热源的设备效率，例如冰箱。与热机效率类似，我们可以通过以下公式获得冰箱的最大性能系数

$$\eta = \frac{Q_l}{W} = \frac{T_l}{T_h - T_l} \tag{15.5}$$

式中，Q_l 是从冰箱内部取出的热，W 是在制冷过程中消耗的电功，T_l 是冰箱内温度，T_h 是冰箱外环境温度。从式 (15.5) 可以看出，随着 T_l 接近零，冰箱的性能系数趋于零，这就是为什么即使全部在可逆过程工作的理想设备，我们也无法创建 $T_l = 0K$ 的低温热源。

我们还可以想象一个热泵给冬季房屋供暖，它将热量从低温热源 (较低温度的房屋外部) 转移到高温热源 (房屋内部)。该热泵的最大性能系数为

$$\eta = \frac{Q_h}{W} = \frac{T_h}{T_h - T_l} \tag{15.6}$$

式中，Q_h 是增添到房屋中的热量，W 是供暖过程需要的电功，T_h 是室内温度，T_l 是室外温度。

15.3   光激发电子–空穴对产生电压：光伏效应

最丰富的能源是太阳辐射的能量，即太阳能。光伏效应是指在光照射下固体中产生电压和电流。光伏电池的作用原理主要是：晶体吸收光产生电荷载流子、分离载流子，然后在电极处收集载流子，其间将太阳能转化为化学能，再将化学能转化为电能。

半导体是可用于太阳能电池的典型材料。在阳光下，半导体价带中的电子吸收光能被激发到导带。半导体吸收光产生电子–空穴对的反应为

$$\text{Null} \xrightarrow{\text{光子}} e^- + h^+ \tag{15.7}$$

在这个过程中，太阳能转化为储存在电子系统中的化学能。为了进行转换，光子的能量必须高于半导体的带隙能量，这样才能激发电子发生跃迁。被激发的电子通过将动能转移到声子上来与晶格建立平衡。一些电子和空穴会重新结合并湮灭，以光子的形式释放能量，从而产生光发射。在光照下，半导体中电子和空穴的数量由电子–空穴对产生和湮灭的速率决定。此时，电子和空穴的浓度都高于它们的平衡值，因此这不是热力学平衡系统。正是电子系统的这种非平衡特性才能将化学能转化为电能。这里我们简单讨论一下如何确定热力学化学能的可用量。

电子系统在热力学平衡时

$$0 = \mu_{e} + \mu_{h} = E_{fe} - E_{fh}$$

式中，μ_{e} 和 μ_{h} 分别是电子和空穴的化学势，E_{fe} 和 E_{fh} 分别是电子和空穴的费米能级，E_{fe} 和 E_{fh} 在平衡时相等。本征半导体费米能级位于或接近带隙中间，n 型杂质半导体费米能级靠近导带底部一边，p 型杂质半导体费米能级靠近价带顶部一边。

光照导致产生多余的电子和空穴，E_{fe} 和 E_{fh} 不再相等，通常称为准费米能级。电子浓度越高，E_{fe} 越移近导带底部 E_{c}；空穴浓度越高，E_{fh} 越移近价带顶部 E_{v}。电子和空穴的费米能级之差 $E_{fe} - E_{fh}$ 是每个电子–空穴对存储化学能的大小，如果将电子和空穴的流动分离并收集于两个不同的电极上，则可以将其转换为电能。因此，可以导出的最大电压 $\Delta\phi$ 是

$$\Delta\phi = \frac{E_{fe} - E_{fh}}{e} \tag{15.8}$$

式中，e 是一个电子的基本电荷量。假设电子和空穴在电子能级服从玻尔兹曼分布，有

$$\Delta\phi = \frac{E_{fe} - E_{fh}}{e} = \frac{E_g}{e} + \frac{k_B T}{e}\ln\frac{n_e n_h}{N_c N_v} \tag{15.9}$$

式中，E_g 是半导体带隙，k_B 是玻尔兹曼常量，N_c 和 N_v 分别是导带底部和价带顶部的电子态密度。式 (15.9) 可以改写为

$$\Delta\phi = \frac{k_B T}{e}\ln\left[\left(\frac{n_e}{n_e^o}\right)\left(\frac{n_h}{n_h^o}\right)\right] \tag{15.10}$$

式中，n_e^o 和 n_h^o 是黑暗中在给定温度下电子和空穴的平衡浓度。n 型半导体的 $n_e^o \gg n_h^o$。在光照下，$n_e \approx n_e^o$，$n_h \gg n_h^o$。因此，对于 n 型半导体，

$$\Delta\phi \approx \frac{k_B T}{e}\ln\left(\frac{n_h}{n_h^o}\right) \tag{15.11}$$

p 型半导体的 $n_h^o \gg n_e^o$。在光照下，$n_e \gg n_e^o$，$n_h \approx n_h^o$，因此，对于 p 型半导体

$$\Delta\phi \approx \frac{k_B T}{e}\ln\left(\frac{n_e}{n_e^o}\right) \tag{15.12}$$

15.4 电化学反应和能量转化

在存在化学势差的情况下，才能将化学能转化为电能，也才能把可用的化学能转化为其他形式的能量。对于通常的一个化学反应，

$$\nu_{A_1}A_1 + \nu_{A_2}A_2 + \cdots = \nu_{B_1}B_1 + \nu_{B_2}B_2 + \cdots \tag{15.13}$$

式中，A_1、A_2、$\cdots$ 是反应物，B_1、B_2、$\cdots$ 是生成物。由于反应物与生成物中相应化学元素的数量完全相同，因此可以比较其吉布斯自由能。此时可以将吉布斯自由能差看作生成物和反应物的总化学势变化，以确定反应的化学驱动力大小

$$D = -\Delta G = \left(\nu_{A_1}\mu_{\nu_{A_1}} + \nu_{A_2}\mu_{\nu_{A_2}} + \cdots\right) - \left(\nu_{B_1}\mu_{\nu_{B_1}} + \nu_{B_2}\mu_{\nu_{B_2}} + \cdots\right) \tag{15.14}$$

当化学反应达到平衡时，反应物与生成物的化学能 (吉布斯自由能，或更准确地说是总化学势) 相同 (图 15.2)，反应的化学驱动力 D 被消耗殆尽

$$D = -\Delta G = 0$$

因此，当反应处于平衡态时，没有更多的化学能可用于做任何有用功。

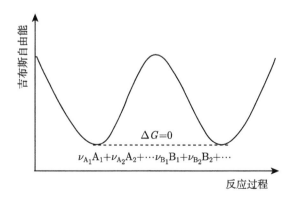

图 15.2 化学反应平衡状态示意图

如图 15.3 所示，化学反应在非平衡状态时存在着化学驱动力 ($D = -\Delta G > 0$)，这样化学能就可能转化为其他形式的能量。在通常的化学反应中，化学能 $-\Delta G$

通过产生熵的形式转化为热能。当然，如果可以控制化学反应的能量转化，那么反应物和生成物之间的化学能差就可以转化为其他形式的有用能量。

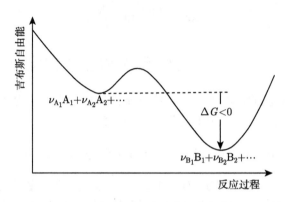

图 15.3   化学反应非平衡状态示意图

接下来我们就主要讨论化学能和电能的相互转换。为了把化学能和电能联系起来，让我们先来看看化学反应中发生了什么。化学反应包含由于不同元素或分子的电子化学势差引起的电荷转移过程，即电子从化学势高的元素或分子移动到化学势低的元素或分子中。因此，元素或分子周围的电子化学势分布也将重新调整，直到价电子的电化学势平衡。生成物的总电化学势应低于反应物的总电化学势，即反应存在吉布斯自由能的变化。以氢气 (H_2) 和氧气 (O_2) 生成水 (H_2O) 的反应为例

$$H_2 + \frac{1}{2}O_2 = H_2^+O^{2-} \tag{15.15}$$

该反应中，由于氢分子中电子的化学势高于氧分子中的电子化学势，电子从 H 转移到 O。当电子从氢转移到氧时，氢原子带净正电荷，氧原子带净负电荷，从而抑制了进一步的电子转移。当电子的电化学势在 H_2O 中达到平衡时，电子停止转移。生成物 H_2O 的化学势 μ_{H_2O} 低于反应物 $H_2 + 1/2 O_2$ 的总化学势 $\mu_{H_2} + (1/2)\mu_{O_2}$，差值 $\mu_{H_2} + (1/2)\mu_{O_2} - \mu_{H_2O}$ 就是反应的驱动力 $D = -\Delta G$。

电子转移可以直接发生在原子或分子之间，我们也可以考虑将上述反应分成两个步骤完成。一步是消耗电子的还原反应

$$\frac{1}{2}O_2 + 2e^- = O^{2-} \tag{15.16}$$

另一步是产生电子的氧化反应

$$H_2 + O^{2-} = H_2O + 2e^- \tag{15.17}$$

总反应是

$$H_2 + \frac{1}{2}O_2 \Longrightarrow H_2O \tag{15.18}$$

可见，如果将反应 (15.18) 分解为两个单独的反应 (15.17) 和 (15.16)，则完成整个反应需要两个反应之间的电子和离子转移。因此，设计一种装置来分离化学反应中的离子传输和电子转移，就可以从电子转移过程中汲取电能，这就是电化学电池的原理，燃料电池就是典型的例子。燃料电池是一种将燃料的化学能转化为电能的装置。譬如，氢燃料电池利用氢气 (H_2) 与氧气 (O_2) 发生化学反应获得电能。电池运行需要持续供应燃料和氧气，图 15.4 是氢燃料电池示意图，由 H_2 燃料、电解质溶液、阴极和阳极构成。其中，电解质溶液只能传导离子不能传导电子，本图中是氧离子。两个分离反应，也叫电极反应，发生在电解质和电极之间的界面处。发生还原反应的电极是阴极，发生氧化反应的电极是阳极。

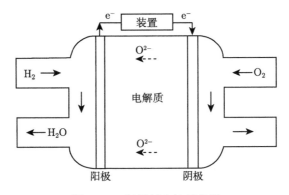

图 15.4 氢燃料电池示意图

再如，锂离子电池

$$Li_xC + CoO_2 \longleftrightarrow C\,(石墨) + Li_xCoO_2 \tag{15.19}$$

反应的驱动力是

$$D = -\Delta G = \mu_{Li_xC} + \mu_{CoO_2} - \mu_C - \mu_{Li_xCoO_2} \tag{15.20}$$

Li 原子在 CoO_2 中的化学势低于在石墨中的化学势，因此存在反应的驱动力。把上述反应分解成两个独立反应，其中一个是还原反应

$$CoO_2 + xLi^+ + xe^- \Longrightarrow Li_xCoO_2 \tag{15.21}$$

另一个是氧化反应

$$Li_xC \Longrightarrow C + xLi^+ + xe^- \tag{15.22}$$

　　我们可以将化学能转化为电能, 反之亦然, 这就是锂离子电池的热力学原理。本例中, 发生还原反应的 CoO_2 是阴极, 发生氧化反应的石墨是阳极。

　　图 15.5 是锂离子电池示意图。

　　锂离子电池是可充电电池, 它可以通过将电池连接到外部电源来恢复电极的初始组成 (图 15.5)。放电时化学能转化为电能, 充电时电能转化为化学能。当电池完全放电时, 所有的锂原子都在阴极一侧。

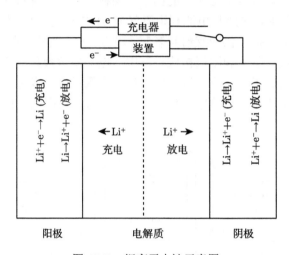

图 15.5　锂离子电池示意图

15.4.1　电极反应和电极电势

　　需要注意的是, 电势是每单位电荷的电能, SI 单位为伏特 (V), 而化学势是每摩尔物质或每个粒子 (如原子和电子) 的化学能 (吉布斯自由能), 单位是吉布斯 (G)。电子和离子等电荷物质的总电势是电化学势。例如, 电子的电化学势 $\tilde{\mu}_e$ 由下式给出

$$\tilde{\mu}_e = \mu_e - \mathcal{F}\phi \tag{15.23}$$

式中, $\mathcal{F}$ 是法拉第常数 96480C/mol, μ_e 是电子的化学势 (单位为 G=J/mol), ϕ 是电势。

　　15.3 节式 (15.16) 给出燃料电池阴极反应为

$$\frac{1}{2}O_2 + 2e^- \longrightarrow O^{2-} \tag{15.24}$$

由于反应涉及电子和离子, 在平衡状态下, 反应物和生成物的总电化学势相等, 即

$$\frac{1}{2}\mu_{O_2}^c + 2\tilde{\mu}_e^c = \tilde{\mu}_{O^{2-}}^c \tag{15.25}$$

式中，$\tilde{\mu}_{e}^{c}$ 和 $\tilde{\mu}_{O^{2-}}^{c}$ 分别是电子和 O^{2-} 在阴极的电化学势。根据电解质溶液和电极中的化学势和电势，有

$$\frac{1}{2}\mu_{O_2}^{c} + 2\mu_{e}^{c} - 2\mathcal{F}\phi_{\text{电极}}^{c} = \mu_{O^{2-}}^{c} - 2\mathcal{F}\phi_{\text{电解质}}^{c} \tag{15.26}$$

式中，$\phi_{\text{电解质}}^{c}$ 是阴极的电极/电解质界面上电解质侧电势，而 $\phi_{\text{电极}}^{c}$ 是阴极的电极/电解质界面上电极侧电势。

重新整理上述方程，有

$$2\mathcal{F}\left(\phi_{\text{电极}}^{c} - \phi_{\text{电解质}}^{c}\right) = -\left(\mu_{O^{2-}}^{c} - \frac{1}{2}\mu_{O_2}^{c} - 2\mu_{e}^{c}\right) \tag{15.27}$$

因此，在平衡时，在阴极的电极/电解质溶液界面上，从电极到电解质的电势是降低的，即阴极电极电势差 E^{c} 由下式给出

$$E^{c} = \phi_{\text{电极}}^{c} - \phi_{\text{电解质}}^{c} = -\frac{\mu_{O^{-2}}^{c} - \frac{1}{2}\mu_{O_2}^{c} - 2\mu_{e}^{c}}{2\mathcal{F}} = -\frac{\Delta G^{c}}{2\mathcal{F}} \tag{15.28}$$

式中，ΔG^{c} 是式 (15.24) 表示的阴极反应的吉布斯自由能变化，也就是总化学势的变化。

燃料电池的阳极反应为

$$H_2 + O^{2-} \longrightarrow H_2O + 2e^- \tag{15.29}$$

平衡时

$$\mu_{H_2}^{a} + \mu_{O^{2-}}^{a} - 2\mathcal{F}\phi_{\text{电解质}}^{a} = \mu_{H_2O}^{a} + 2\mu_{e}^{a} - 2\mathcal{F}\phi_{\text{电极}}^{a} \tag{15.30}$$

式中，$\phi_{\text{电解质}}^{a}$ 是阳极/电解质界面上电解质一侧的电势，$\phi_{\text{电极}}^{a}$ 是阳极/电解质界面上电极一侧的电势。重新整理上式，阳极/电解质界面上从电解质到电极的电势差为

$$E^{a} = \phi_{\text{电解质}}^{a} - \phi_{\text{电极}}^{a} = -\frac{\mu_{H_2O}^{a} + 2\mu_{e}^{a} - \mu_{H_2}^{a} - \mu_{O^{2-}}^{a}}{2\mathcal{F}} = -\frac{\Delta G^{a}}{2\mathcal{F}} \tag{15.31}$$

式中，ΔG^{a} 是阳极反应的吉布斯自由能 (或总化学势) 的变化。

设一个锂离子电池的阴极为 CoO_2，阳极为石墨，总反应为

$$Li_xC + CoO_2 = C + Li_xCoO_2 \tag{15.32}$$

两个电极反应是

$$\text{阴极} \quad CoO_2 + xLi^+ + xe^- = Li_xCoO_2 \tag{15.33}$$

$$\text{阳极} \quad Li_xC = C + xLi^+ + xe^- \tag{15.34}$$

平衡时，阴极界面上从电极到电解质溶液的电势差为

$$E^{c} = \phi^{c}_{\text{电极}} - \phi^{c}_{\text{电解质}} = \frac{\mu_{\text{CoO}_2} + x\mu^{c}_{\text{Li}^+} + x\mu^{c}_{e} - \mu_{\text{Li}_x\text{CoO}_2}}{x\mathcal{F}} = -\frac{\Delta G^{c}}{x\mathcal{F}} \tag{15.35}$$

阳极界面上从电解质溶液到电极的电势差为

$$E^{a} = \phi^{a}_{\text{电解质}} - \phi^{a}_{\text{电极}} = \frac{\mu_{\text{Li}_x\text{C}} - \mu_{\text{C}} - x\mu^{a}_{\text{Li}^+} - x\mu^{a}_{e}}{x\mathcal{F}} = -\frac{\Delta G^{a}}{x\mathcal{F}} \tag{15.36}$$

15.4.2　标准氢电极和标准电极电势

由于单个电极的电势无法确定，通常选择标准氢电极作为参考电极，来定义和量化电极/电解质界面上的电势差。标准氢电极是具有理想电极/电解质界面的铂电极，即假设氢离子与其他微粒没有任何相互作用，H^+ 的活度为 1，氢气的逸度或压强为 1bar。

将标准氢电极的电解质溶液/电极界面的电势差作为其他电极反应的参考值，规定平衡时标准态氢电极的电势为零，任何其他电极的电势就是该电极与标准氢电极所组成的电池的电势，与标准氢电极在相同的温度下进行测量，这样就得到了"氢标"电极电势。

对于氢电极反应

$$2H^+ + 2e^- \,(\text{Pt}) \longrightarrow H_2 \tag{15.37}$$

在平衡时

$$2\tilde{\mu}_{\text{H}^+} + 2\tilde{\mu}^{\text{Pt}}_{e^-} = \mu_{\text{H}_2} \tag{15.38}$$

式中，$\tilde{\mu}_{\text{H}^+}$ 和 $\tilde{\mu}_{e^-}$ 分别是 H^+ 和电子的电化学势。电极/电解质溶液界面上电极侧的电势差为

$$E_{\text{H}_2/\text{H}^+} = \frac{\mu_{\text{H}_2} - 2\mu_{\text{H}^+} - 2\mu^{\text{Pt}}_{e^-}}{2\mathcal{F}} = -\frac{\mu^{\circ}_{\text{H}_2} - 2\mu^{\circ}_{\text{H}^+} - 2\mu^{\text{Pt}}_{e^-}}{2\mathcal{F}} - \frac{RT}{2F}\ln\frac{p_{\text{H}_2}}{a_{\text{H}^+}} \tag{15.39}$$

如果定义

$$E^{\circ}_{\text{SHE}} = -\frac{\mu^{\circ}_{\text{H}_2} - 2\mu^{\circ}_{\text{H}^+} - 2\mu^{\text{Pt}}_{e^-}}{2\mathcal{F}} \tag{15.40}$$

则有

$$E_{\text{H}_2/\text{H}^+} = E^{\circ}_{\text{SHE}} - \frac{RT}{2\mathcal{F}}\ln\frac{p_{\text{H}_2}}{a_{\text{H}^+}} \tag{15.41}$$

设标准电势 $E^{\circ}_{\text{SHE}} = 0$，非标准态下的氢电极电势为

$$E_{\text{H}_2/\text{H}^+} = \frac{RT}{2\mathcal{F}}\ln\frac{a_{\text{H}^+}}{p_{\text{H}_2}} \tag{15.42}$$

Li 的氢标电极电势由下式给出

$$\text{Li}^+ + \text{e}^- \longrightarrow \text{Li}(\text{s}), \quad E^\circ = -3.04\text{V} \tag{15.43}$$

Li 的标准电势为负值，表示将 Li^+ 还原为 Li 金属比将 H^+ 还原为 H_2 更困难，或者说 Li 比 H_2 更容易氧化。氧的氢标电极电势为

$$\text{O}_2 + 4\text{H}^+ + 4\text{e}^- \longrightarrow 2\text{H}_2\text{O}, \quad E^\circ = 1.23\text{V} \tag{15.44}$$

15.4.3 电池反应和电池电压

电化学电池由阴极、阳极、电解质、分隔阴极和阳极的隔板及连接外部设备的金属触点组成。一个电化学电池可使用简化符号表示为

$$\text{M2(I)}\,|\text{Pt}|\,\text{H}_2,\,\text{H}^+ \parallel \text{M1}^{z+}\,|\text{M1}|\,\text{M2(II)} \tag{15.45}$$

式中，M1 是金属电极，M1^{z+} 是其相应的 z 价离子，M2(I) 和 M2(II) 是连接外部设备的两个金属 M2 触点，垂直单实线表示相之间的结合处/界面，双垂直线表示电解质溶液中的隔板，也就是 "盐桥"。

相互接触的导电材料之间会产生接触电势差，而两种材料中电子的化学势差会导致电子在材料之间发生转移，直至电子的电化学势均匀一致。

在金属电极 M1 和金属 M2 触点 (II) 的连接处 M1|M2(II)，平衡时有

$$\text{e}^-(\text{M2}) \longleftrightarrow \text{e}^-(\text{M1}) \tag{15.46}$$

$$\mu_\text{e}^{\text{M2(II)}} - \mathcal{F}\phi^{\text{M2(II)}} = \mu_\text{e}^{\text{M1}} - \mathcal{F}\phi^{\text{M1}} \tag{15.47}$$

式中，$\mu_\text{e}^{\text{M2(II)}}$ 和 μ_e^{M1} 分别是金属触点 M2 和金属电极 M1 中电子的化学势，而 $\phi^{\text{M2(II)}}$ 和 ϕ^{M1} 分别是金属触点 M2 和金属电极 M1 中的电势。因此，平衡时 M1|M2(II) 处的电势差为

$$\phi^{\text{M2(II)}} - \phi^{\text{M1}} = \frac{\mu_\text{e}^{\text{M2(II)}} - \mu_\text{e}^{\text{M1}}}{\mathcal{F}} = \frac{\mu_\text{e}^{\text{M2(II)}}}{\mathcal{F}} - \frac{\mu_\text{e}^{\text{M1}}}{\mathcal{F}} \tag{15.48}$$

平衡时电解质/电极界面 $\text{M1}^{z+}|\text{M1}$ 处的电极反应为

$$\text{M1}^{z+} + z\text{e}^-(\text{M1}) = \text{M1} \tag{15.49}$$

$$\mu_{\text{M1}^{z+}} + z\mathcal{F}\phi^{\text{电解质}} + z\mu_\text{e}^{\text{M1}} - z\mathcal{F}\phi^{\text{M1}} = \mu_{\text{M1}} \tag{15.50}$$

式中，$\mu_{\text{M1}^{z+}}$ 和 μ_{M1} 分别是 M1^{z+} 和 M1 的化学势，$\phi^{\text{电解质}}$ 是电解质中的电势。$\text{M1}^{z+}|\text{M1}$ 的电极电势为

$$\phi^{\text{M1}} - \phi^{\text{电解质}} = \frac{\mu_{\text{M1}^{z+}} + z\mu_\text{e}^{\text{M1}} - \mu_{\text{M1}}}{z\mathcal{F}} = \frac{\mu_{\text{M1}^{z+}} - \mu_{\text{M1}}}{z\mathcal{F}} + \frac{\mu_\text{e}^{\text{M1}}}{\mathcal{F}} \tag{15.51}$$

平衡时，Pt 电极上有

$$2H^+ + 2e^- \, (Pt) \longleftrightarrow H_2 \tag{15.52}$$

$$2\mu_{H^+} + 2\mathcal{F}\phi^{电解质} + 2\mu_{e^-}^{Pt} - 2\mathcal{F}\phi^{Pt} = \mu_{H_2} \tag{15.53}$$

式中，μ_{H^+} 和 μ_{H_2} 分别是 H^+ 和 H_2 的化学势，而 $\mu_{e^-}^{Pt}$ 是 Pt 电极中电子的化学势。因此 Pt 电极电势为

$$\phi^{电解质} - \phi^{Pt} = \frac{\mu_{H_2} - 2\mu_{H^+}}{2\mathcal{F}} - \frac{\mu_{e^-}^{Pt}}{\mathcal{F}} \tag{15.54}$$

平衡时，在 M2(I)|Pt 连接处有

$$e^- \, (Pt) \longleftrightarrow e^- \, (M2) \tag{15.55}$$

$$\mu_e^{Pt} - \mathcal{F}\phi^{Pt} = \mu_e^{M2(I)} - \mathcal{F}\phi^{M2(I)} \tag{15.56}$$

式中，ϕ^{Pt} 和 $\phi^{M2(I)}$ 分别是 Pt 和左侧金属触点 M2 的电势。因此，该连接处的电势差为

$$\phi^{Pt} - \phi^{M2(I)} = \frac{\mu_e^{Pt}}{\mathcal{F}} - \frac{\mu_e^{M2(I)}}{\mathcal{F}} \tag{15.57}$$

联立式 (15.48)、式 (15.51)、式 (15.54) 和式 (15.57)，有

$$\phi^{M2(II)} - \phi^{M2(I)} = \frac{2\mu_{M1^{z+}} + z\mu_{H_2} - 2\mu_{M1} - 2z\mu_{H^+}}{2z\mathcal{F}} \tag{15.58}$$

因此，只要两个金属触点是相同的金属 M2，整个电池的开路电压或电势差与电极或金属触点中电子的化学势无关。

叠加两个电极反应

$$2H^+ + 2e^- \, (Pt) \longleftrightarrow H_2 \tag{15.59}$$

$$M1^{z+} + ze^- \, (M1) === M1 \tag{15.60}$$

得到总反应

$$2M1^{z+} + zH_2 === 2M1 + 2zH^+ \tag{15.61}$$

总反应的热力学驱动力为

$$D = -\Delta G = 2\mu_{M1^{z+}} + z\mu_{H_2} - 2\mu_{M1} - 2z\mu_{H^+} \tag{15.62}$$

比较式 (15.58) 和式 (15.62)，得到电化学电池的热力学驱动力和开路电压之间的关系为

$$E = \phi^{M2(II)} - \phi^{M2(I)} = \frac{D}{2z\mathcal{F}} = -\frac{\Delta G}{2z\mathcal{F}} \tag{15.63}$$

式中，$2z$ 表示反应中涉及电子的摩尔数。

对于一个涉及 z 摩尔电子的普通化学反应

$$\nu_{A_1}A_1 + \nu_{A_2}A_2 == \nu_{B_1}B_1 + \nu_{B_2}B_2 \tag{15.64}$$

反应的化学能或吉布斯自由能变化为

$$\Delta G = \Delta G^{\circ} + RT\ln\frac{a_{B_1}^{\nu_{B_1}} a_{B_2}^{\nu_{B_2}}}{a_{A_1}^{\nu_{A_1}} a_{A_2}^{\nu_{A_2}}} = \Delta G^{\circ} + RT\ln K \tag{15.65}$$

式中，K 为化学平衡常数。电压随活度而变化的关系式为

$$E = E^{\circ} - \frac{RT}{z\mathcal{F}}\ln K \tag{15.66}$$

这通常被称为能斯特方程，E° 是当所有参与反应的物质都处于标准态时的标准电池电压

$$E^{\circ} = -\frac{\Delta G^{\circ}}{z\mathcal{F}} \tag{15.67}$$

式中，ΔG° 是涉及 z 摩尔电子的电池反应的标准吉布斯自由能。

譬如

$$H_2\,(g) + \frac{1}{2}O_2\,(g) == H_2O\,(l) \tag{15.68}$$

在室温下 $\Delta G^{\circ} = -237.2\text{kJ}$。因此

$$E^{\circ} = -\frac{\Delta G^{\circ}}{z\mathcal{F}} = -\frac{-237200}{2 \times 96480} = 1.23\text{V} \tag{15.69}$$

15.4.4 标准电极电势的标准电池电压

许多电极反应的氢标准电极电势可从文献中查得，从而可以得到电化学电池的标准电压。譬如

$$4H^+ + 4e^- \,(Pt) \longleftrightarrow 2H_2, \quad E^{\circ} = 0 \tag{15.70}$$

$$O_2 + 4H^+ + 4e^- \longrightarrow 2H_2O, \quad E^{\circ} = 1.23\text{V} \tag{15.71}$$

因此，总反应的标准电池电压为

$$2H_2 + O_2 == 2H_2O, \quad E^{\circ} = 1.23\text{V} \tag{15.72}$$

事实上，只要采用同一个参考电极测量两个电极的电极电势，就可以将两个电极电势结合起来得到整个电池电势。譬如，使用金属 Li 作为参考电极，CoO_2 阴极电极电势由下式给出

$$CoO_2 + xLi^+ + xe^- == Li_xCoO_2, \quad E = -3.9\text{V} \tag{15.73}$$

石墨阳极电势为

$$C + xLi^+ + xe^- \Longrightarrow Li_xC, \quad E = -0.2V \tag{15.74}$$

因此，锂离子电池总反应的电池电压为

$$Li_xC + CoO_2 \Longrightarrow C + Li_xCoO_2, \quad E = -3.7V \tag{15.75}$$

15.4.5　电池电压随温度的变化

电池电压与温度的关系可以通过总化学反应的吉布斯自由能的温度依赖性获得

$$\frac{\partial E}{\partial T} = -\frac{1}{z\mathcal{F}}\frac{\partial \Delta G}{\partial T} = \frac{\Delta S}{z\mathcal{F}} \tag{15.76}$$

式中，ΔS 是总反应的熵变。如果所有参加反应的物质都处于标准态

$$\frac{\partial E^\circ}{\partial T} = \frac{\Delta S^\circ}{z\mathcal{F}} \tag{15.77}$$

即电池的温度系数 (指电池电压随温度而变化的程度) 与熵变化成正比。电池中涉及的热量由下式给出

$$Q = \Delta H = \Delta G + T\Delta S = -z\mathcal{F}\left(E - T\frac{\partial E}{\partial T}\right) \tag{15.78}$$

15.4.6　化学成分差产生电压

不同的化学成分会导致化学势差，那么就可以通过设计电化学电池将化学势差转换为电压。譬如，有两个 Zn 合金电极，在两个 Zn 合金电极中 Zn 的活度差或在阴极和阳极附近的 Zn 离子浓度差，会导致 Zn 或 Zn 离子的化学势差，从而产生电压，如图 15.6 所示。该电池反应为

$$Zn\,(I) \Longrightarrow Zn^{2+}\,(I) + 2e^-\,(I)$$

$$Zn^{2+}\,(II) + 2e^-\,(II) \Longrightarrow Zn\,(II)$$

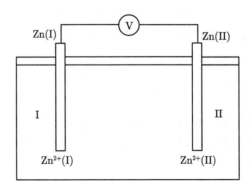

图 15.6　浓差电化学电池示意图

总反应为

$$\text{Zn}\,(\text{I}) + \text{Zn}^{2+}\,(\text{II}) + 2e^-\,(\text{II}) = \text{Zn}\,(\text{II}) + \text{Zn}^{2+}\,(\text{I}) + 2e^-\,(\text{I})$$

平衡时，有

$$\mu_{\text{Zn}}^{\text{I}} + \mu_{\text{Zn}^{2+}}^{\text{II}} + 2\mathcal{F}\phi_{\text{电解质}}^{\text{II}} + 2\mu_{e}^{\text{II}} - 2\mathcal{F}\phi_{\text{电极}}^{\text{II}} = \mu_{\text{Zn}}^{\text{II}} + \mu_{\text{Zn}^{2+}}^{\text{I}} + 2\mathcal{F}\phi_{\text{电解质}}^{\text{I}} + 2\mu_{e}^{\text{I}} - 2\mathcal{F}\phi_{\text{电极}}^{\text{I}}$$

如果外部连接的是同种金属材料，就不存在电子化学势的贡献，那么电池电压为

$$E = \phi_{\text{电极}}^{\text{II}} - \phi_{\text{电极}}^{\text{I}} = \frac{\left(\mu_{\text{Zn}}^{\text{I}} - \mu_{\text{Zn}}^{\text{II}}\right) + \left(\mu_{\text{Zn}^{2+}}^{\text{II}} - \mu_{\text{Zn}^{2+}}^{\text{I}}\right)}{2\mathcal{F}} \tag{15.79}$$

用 Zn 和 Zn 离子的活度表示

$$E = \frac{RT}{2\mathcal{F}} \ln \frac{a_{\text{Zn}}^{\text{I}} a_{\text{Zn}^{2+}}^{\text{II}}}{a_{\text{Zn}}^{\text{II}} a_{\text{Zn}^{2+}}^{\text{I}}} \tag{15.80}$$

如果两个电极都是纯 Zn，则有

$$E = \frac{RT}{2\mathcal{F}} \ln \frac{a_{\text{Zn}^{2+}}^{\text{II}}}{a_{\text{Zn}^{2+}}^{\text{I}}} \tag{15.81}$$

可见，如果已知其中一个活度，即 $a_{\text{Zn}^{2+}}^{\text{I}}$ 或 $a_{\text{Zn}^{2+}}^{\text{II}}$，就可以通过测量该浓差电池的电池电压来计算另一个活度。

另外，如果 Zn 离子浓度在电解质中是均匀的，则有

$$E = \frac{RT}{2\mathcal{F}} \ln \frac{a_{\text{Zn}}^{\text{I}}}{a_{\text{Zn}}^{\text{II}}} \tag{15.82}$$

如果 Zn^{II} 是纯物质，Zn^{I} 是合金，则合金中 Zn 的活度作为电压的函数为

$$a_{\text{Zn}}^{\text{I}} = e^{\left(\frac{2\mathcal{F}E}{RT}\right)} \tag{15.83}$$

因此，可以利用浓度电化学电池 (浓差电池)，通过测量电池电压得到合金活度作为合金成分的函数。

15.4.7 气体分压差产生电压

对于气体来说，分压差会导致化学势差，从而产生电压。反过来，这样的电压又可以用于测量气体 (例如氧气) 的分压。如图 15.7 所示的一个氧气传感器电化学电池示意图。固态电解质 Y_2O_3-ZrO_2 传输氧离子。这种电池通常使用两个多孔 Pt 电极，以允许氧气渗透穿过电极/电解质界面并发生反应。两个半电池反应是

$$O_2(\text{II}) + 4e^-(\text{II}) = 2O^{2-}(\text{II})$$

$$2O^{2-}(I) = O_2(I) + 4e^-(I)$$

总反应是

$$O_2(II) + 4e^-(II) + 2O^{2-}(I) = O_2(I) + 4e^-(I) + 2O^{2-}(II)$$

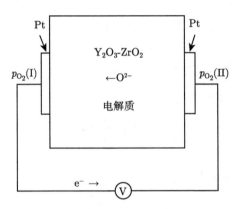

图 15.7　氧气传感器电化学电池示意图

在平衡时，有

$$\mu_{O_2}^{II} + 4\mu_e^{II} - 4\mathcal{F}\phi_{电极}^{II} + 2\mu_{O^{2-}}^{I} - 4\mathcal{F}\phi_{电解质}^{I} = \mu_{O_2}^{I} + 4\mu_e^{I} - 4\mathcal{F}\phi_{电极}^{I} + 2\mu_{O^{2-}}^{II} - 4\mathcal{F}\phi_{电解质}^{II}$$

由于接触外部金属时电子的化学势会消失，设 $\mu_{O^{2-}}^{I} = \mu_{O^{2-}}^{II}$，$\phi_{电解质}^{I} = \phi_{电解质}^{II}$，有

$$\mu_{O_2}^{II} - 4\mathcal{F}\phi_{电极}^{II} = \mu_{O_2}^{I} - 4\mathcal{F}\phi_{电极}^{I}$$

由于两个电极上的氧分压差，电池电压由下式给出

$$E = \phi_{电极}^{II} - \phi_{电极}^{I} = -\frac{\mu_{O_2}^{I} - \mu_{O_2}^{II}}{4\mathcal{F}} = -\frac{RT}{4\mathcal{F}}\ln\frac{p_{O_2}^{I}}{p_{O_2}^{II}} \tag{15.84}$$

因此，如果已知其中一个氧分压，就可以通过测量电池电压来确定另一个电极上的氧分压。

15.5　习　　题

1. 当系统从相同的初始状态到相同的最终状态进行等温膨胀时，可逆过程传递的功 (W_r) 与不可逆过程传递的功 (W_{ir}) 之间的关系为

(A) $W_r < W_{ir}$　　　(B) $W_r = W_{ir}$　　　(C) $W_r > W_{ir}$　　　(D) 无法确定

2. 判断对错：为了使热机达到理想的、最大的热力学效率，热机循环中的所有过程都必须是可逆的。(　　)

3. 判断对错：高温热源温度越高，热机效率越高。(　　)

4. 热机在 1500K 高温热源和 300K 低温热源之间工作，可能的最大效率是多少？

5. 冰箱内部温度控制在 277K，外部温度控制在 295K。通过 1J 的电功，可以从冰箱内部排出并释放到外部的最大热量是多少？

6. 冰箱内部温度控制在 0.1K，外部 295K。(i) 冰箱的最大性能系数是多少？(ii) 从冰箱内部排出 1J 热量所需的最少电功是多少？

7. 有一个需要保持恒温 25°C 的房间，当室外温度为 0°C 时，房间以 150000kJ/h 的速度流失热量。请计算当运行热泵以将房屋保持在 25°C 所需要的最小功率 (kW)。

8. 使用电化学电池测量氧分压，以空气中的氧分压作为氧的参考分压。请写出氧分压作为温度和被测电池电压的函数表达式。

9. 设计一个电化学电池，以纯 Cu 和平衡成分为 50at.% Cu 的 Ag-Cu 合金作为电极，以 Cu^{2+} 浓度均匀的熔融盐作为电解质。

(a) 写出两个电极上的半电池反应。

(b) 假设 Cu 在富 Cu 固溶体中遵循拉乌尔定律，平衡成分为 $x_{Cu}^{Ag\text{-}Cu} = 0.98$，600°C 时的电池电压是多少？

10. 在室温下暴露于空气中的纯锂金属中锂的化学势是否：(i) 高于、(ii) 等于或 (iii) 低于在室温和平常 1bar 气压下 Li_2O 中锂的化学势？(　　)

11. 在室温和 1bar 下，纯锂金属中锂的化学势是否：(i) 高于、(ii) 等于或 (iii) 低于 $LiFePO_4$ 中锂的化学势？(　　)

12. 在室温、1bar 和空气中，纯金属锂中电子的化学势 (或费米能级) 是否：(i) 高于、(ii) 等于或 (iii) 低于 Li_2O 中电子的化学势 (费米能级)？

13. 在室温和 1bar 下纯固态金属锂的化学势是否：(i) 高于、(ii) 等于或 (iii) 低于在 0°C 和 1bar 下纯固态金属锂的化学势？(　　)

14. 设计一个电化学电池，使用纯金属锂和 $LiFePO_4$ 作为两个电极，你会分别把哪一个作为阴极和阳极？

15. 设计一个电化学电池，使用纯金属锂和 $LiFePO_4$ 作为两个电极，请写出两个电极反应。

16. 如果一个 Li 离子电池的开路电压为 3.2V，那么 Li 在两个电极中的化学势差是多少？已知法拉第常数 $\mathcal{F} = 96480C/mol$。

17. 写出氧–氢燃料电池的开路电压作为温度、氢分压、氧分压和水活度的函数表达式。

18. 已知下列电极反应及其"氢标"标准电极电势，

$$CO_2\,(g) + 2H^+ + 2e^- \longrightarrow CO\,(g) + H_2O\,(l)\,,\ E^\circ = -0.11V$$

$$O_2\,(g) + 4H^+ + 4e^- \longrightarrow 2H_2O\,(l)\,,\ E^\circ = 1.23V$$

如果使用 CO 作为燃料，该燃料电池理论上可以产生的标准电压是多少？

19. 已知下列电极反应及其"氢标"标准电极电势，

$$Li^+ + e^- \longrightarrow Li\,(s)\,,\quad E^\circ = -3.0401V$$

$$Li^+ + C_6\,(s) + e^- \longrightarrow LiC_6\,(s)\,,\quad E^\circ = -2.84V$$

试计算总反应的标准电压。

20. 已知丹尼尔电池 $Zn(s)\big|Zn^{2+}(aq, 1M) \parallel Cu^{2+}(aq, 1M)\big|Cu(s)$ 的两个电极反应，

$$Zn^{2+} + 2e^- \longrightarrow Zn\,(s)\,,\quad E^\circ = -0.7618V$$

$$Cu^{2+} + 2e^- \longrightarrow Cu\,(s)\,,\quad E^\circ = +0.337V$$

(a) 计算标准电池电压；

(b) 写出电池电压作为 Zn^{2+} 和 Cu^{2+} 活度的函数表达式。

部分习题答案

第 1 章　热力学系统及其基本变量

1. 广度变量 (E)：V(体积)、N(摩尔数)、U(内能)、S(熵) 和 q(电荷)；强度变量 (I)：T(温度)、p(压强)、μ(化学势) 和 ϕ(电势)。

2. 势：T(温度)、p(压强)、μ_i(物质 i 的化学势)、γ(比表面能) 和 ϕ(电势)；物质的量：S(熵)、V(体积)、N_i(物质 i 的摩尔数)、A(面积) 和 q(电荷)。

3. 正确

4. 错误

5. (a) $c_i = \dfrac{N_i}{V}$；　(b) $x_i = \dfrac{c_i}{c}$

6. (a) $\left(\dfrac{\partial V}{\partial T}\right)_p$；　(b) $\left(\dfrac{\partial T}{\partial p}\right)_V$；　(c) $\mathrm{d}T = \left(\dfrac{\partial T}{\partial p}\right)_V \mathrm{d}p$；

   (d) $\mathrm{d}T = \left(\dfrac{\partial T}{\partial p}\right)_V \mathrm{d}p + \left(\dfrac{\partial T}{\partial V}\right)_p \mathrm{d}V$；　(e) $\Delta T = \displaystyle\int_{p_o}^{p} \left(\dfrac{\partial T}{\partial p}\right)_V \mathrm{d}p$；

   (f) $\Delta T = \displaystyle\int_{p_o, V_o}^{p, V_o} \left(\dfrac{\partial T}{\partial p}\right)_{V_o} \mathrm{d}p + \int_{p, V_o}^{p, V} \left(\dfrac{\partial T}{\partial V}\right)_p \mathrm{d}V$

7. (a) $\left(\dfrac{\partial U}{\partial S}\right)_{V, N}$ 表示体积和摩尔数恒定，内能相对于熵的变化率；$\left(\dfrac{\partial V}{\partial T}\right)_{p, N}$ 表示压强和摩尔数恒定，体积相对于温度的变化率；$\left(\dfrac{\partial V}{\partial p}\right)_{T, N}$ 表示温度和摩尔数恒定，体积相对于压强的变化率；

   (b) $\mathrm{d}U = \left(\dfrac{\partial U}{\partial S}\right)_{V, N} \mathrm{d}S$ 表示体积和摩尔数恒定，由熵微小变化引起的内能微小变化；

   $\mathrm{d}V = \left(\dfrac{\partial V}{\partial T}\right)_{p, N} \mathrm{d}T + \left(\dfrac{\partial V}{\partial p}\right)_{T, N} \mathrm{d}p$ 表示温度和压强同时发生微小变化导致体积的微小变化；

   (c) $\Delta U = \displaystyle\int_{S_o}^{S} \left(\dfrac{\partial U}{\partial S}\right)_{V, N} \mathrm{d}S$ 表示体积和摩尔数恒定，熵从 S_o 至 S 的有限变化导致内能有限变化；$\Delta V = \displaystyle\int_{T_o, p_o}^{T, p} \left[\left(\dfrac{\partial V}{\partial T}\right)_{p, N} \mathrm{d}T + \left(\dfrac{\partial V}{\partial p}\right)_{T, N} \mathrm{d}p\right]$ 表示温度和压强分别从 T_o 至 T 和从 p_o 至 p 的有限变化导致体积的有限变化。

8. $1\mathrm{bar} \cdot \mathrm{L} = 100\mathrm{J}$

9. $\alpha = \dfrac{1}{V}\dfrac{\mathrm{d}V}{\mathrm{d}T}$，单位为 K^{-1}

10. $G = 999.65\mathrm{J}$

11. 略

12. 略

13. $\mu^{\text{tot}} = Mgh + \mu N + z\mathcal{F}\phi$

14. (a) $\Delta u_{\text{T}} = 6006\text{J}$;   (b) $\Delta u_{\text{M}} = 0.164\text{J}$;   (c) $\Delta u_{\text{C}} = 0$;   (d) $\Delta u = 6006.164\text{J}$

15. 温度 (T)、压强 (p) 和 H_2O 的化学势 (μ) 是均匀的; 质量密度 (ρ)、浓度 (c)、摩尔体积 (v)、摩尔内能 (u)、摩尔熵 (s)、内能密度 (u_{v}) 和熵密度 (s_{v}) 是不均匀的

第 2 章　热力学第一和第二定律

1. 都是状态函数

2. $\mathrm{d}U = \mathrm{d}Q$

3. $\mathrm{d}H = \mathrm{d}Q$

4. $\mathrm{d}U = -p\mathrm{d}V$

5. $\mathrm{d}U = 0$

6. RT

7. C

8. C

9. B

10. B

11. C

12. C

13. $\Delta U = 0$, 热能和机械能的传递量 $Q = -3987.50\text{J}$

14. (a) $\Delta U_{\text{wire}} = 0$;   (b) $\Delta U_{\text{sur}} = 0$;   (c) $Q = 1.884 \times 10^9\text{J}$;
    (d) $\Delta U_{\text{tot}} = 0$;   (e) $\Delta S_{\text{wire}} = 0$;   (f) $\Delta S_{\text{sur}} = 6.28 \times 10^6\text{J/K}$;
    (g) $\Delta S^{\text{ir}} = 6.28 \times 10^6\text{J/K}$;   (h) $\Delta S_{\text{tot}} = 6.28 \times 10^6\text{J/K}$;   (i) 不可逆

15. $\mathrm{d}S = 0$

16. $\mathrm{d}S = \dfrac{\mathrm{d}U}{T}$

17. $\mathrm{d}S = \dfrac{\mathrm{d}H}{T}$

18. $\mathrm{d}S^{\text{ir}} = -\dfrac{\mathrm{d}F}{T}$

19. $\mathrm{d}S^{\text{ir}} = -\dfrac{\mathrm{d}G}{T}$

20. C

21. C

22. A

23. (a) $\Delta S^{\text{ir}}_{932\text{K}} = 0$, $\Delta S^{\text{e}}_{932\text{K}} = -11.48\text{J/K}$, $\Delta S_{\text{Al}, 932\text{K}} = -11.48\text{J/K}$;
    (b) $\Delta S_{\text{Al}, 800\text{K}} = -11.48\text{J/K}$, $\Delta S^{\text{e}}_{800\text{K}} = -13.375\text{J/K}$, $\Delta S^{\text{ir}}_{800\text{K}} = 1.895\text{J/K}$;
    (c) $\Delta S_{\text{sur}, 932\text{K}} = 11.48\text{J/K}$, $T_{\text{m}} = 932\text{K}$;   (d) $\Delta S_{\text{sur}, 800\text{K}} = 13.375\text{J/K}$, $\Delta S^{\text{ir}} = 0$;
    (e) $\Delta S_{\text{tot}, 932\text{K}} = 0$;   (f) $\Delta H_{\text{Al}, 932\text{K}} = -10700\text{J}$;   (g) $\Delta H_{\text{Al}, 800\text{K}} = -10700\text{J}$;
    (h) $\Delta G_{\text{Al}, 932\text{K}} = 0$;   (i) $\Delta G_{\text{Al}, 800\text{K}} = -1516\text{J}$;   (j) $-\Delta G_{\text{Al}, 932\text{K}} = 0$;
    (k) $-\Delta G_{\text{Al}, 800\text{K}} = 1516\text{J}$

第 3 章　热力学基本方程

1. (a) $U = \dfrac{3}{2} N k_B T$;　　(b) $pV = N k_B T$;

   (c) $\mu = -k_B T \ln \left[\dfrac{k_B T}{p} \left(\dfrac{2\pi m k_B T}{h^2} \right)^{3/2} \right]$;

   (d) $U(S, V, N) = \dfrac{3h^2 N}{4\pi m} \left(\dfrac{N}{V} \right)^{2/3} e^{\frac{2}{3}\left(\frac{S}{N k_B} - \frac{5}{2} \right)}$;

   (e) $H(S, p, N) = \dfrac{5}{2} N p^{\frac{2}{5}} \left(\dfrac{h^2}{2\pi m} \right)^{\frac{3}{5}} e^{\left(\frac{2S}{5 N k_B} - 1 \right)}$;

   (f) $H(T, p, N) = \dfrac{5}{2} N k_B T$;

   (g) $F(T, V, N) = -N k_B T \left\{ 1 + \ln \left[\dfrac{V}{N} \left(\dfrac{2\pi m k_B T}{h^2} \right)^{3/2} \right] \right\}$;

   (h) $G(T, p, N) = -N k_B T \ln \left[\dfrac{k_B T}{p} \left(\dfrac{2\pi m k_B T}{h^2} \right)^{3/2} \right]$;

   (i) $\Xi(T, V, \mu) = -k_B T V \left(\dfrac{2\pi m k_B T}{h^2} \right)^{3/2} e^{\frac{\mu}{k_B T}}$;　　(j) $G = \mu N$;

   (k) $S = \left(\dfrac{1}{T} \right) U + \left(\dfrac{p}{T} \right) V - \left(\dfrac{\mu}{T} \right) N$;

   (l) $F(T, p, N) = -N k_B T \left\{ 1 + \ln \left[\dfrac{N k_B T}{pN} \left(\dfrac{2\pi m k_B T}{h^2} \right)^{3/2} \right] \right\}$

2. (a) $S(T, N) = -3 N k_B \ln \left[\exp \left(\dfrac{\theta_E}{T} \right) - 1 \right] + \dfrac{3 N k_B \theta_E}{T} \dfrac{\exp \left(\frac{\theta_E}{T} \right)}{\exp \left(\frac{\theta_E}{T} \right) - 1}$;

   (b) $U(T, N) = N u_o - \dfrac{3 N k_B \theta_E}{2} + 3 N k_B \theta_E \cdot \dfrac{\exp(\theta_E/T)}{\exp(\theta_E/T) - 1}$;

   (c) $\mu(T) = u_o + 3 k_B T \left\{ \ln \left[\exp(\theta_E/T) - 1 \right] - \theta_E/2T \right\}$

3. (a) $S(T, V, N) = N k_B \left\{ \dfrac{5}{2} + \ln \left[\dfrac{(V - Nb)}{N} \left(\dfrac{2\pi m k_B T}{h^2} \right)^{3/2} \right] \right\}$;

   (b) $p(T, V, N) = \dfrac{aN^2}{V^2} + \dfrac{N k_B T}{V - Nb}$;

   (c) $U(T, V, N) = -\dfrac{aN^2}{V} + \dfrac{3}{2} N k_B T$

4. (a) $S(U, V, N) = N k_B \left\{ \dfrac{5}{2} + \ln \left[\dfrac{2V}{N} \left(\dfrac{4\pi m (U - N E_c)}{3 N h^2} \right)^{3/2} \right] \right\}$;

   (b) $F(T, V, N) = N E_c - N k_B T \left\{ 1 + \ln \left[\dfrac{2V}{N} \left(\dfrac{2\pi m k_B T}{h^2} \right)^{3/2} \right] \right\}$;

   (c) $\mu(T, p) = E_c - k_B T \left\{ \ln \left[\dfrac{2 k_B T}{p} \left(\dfrac{2\pi m k_B T}{h^2} \right)^{3/2} \right] \right\}$;

(d) $U(T, N) = NE_c + \dfrac{3}{2} Nk_B T$;

(e) $H(T, N) = NE_c + \dfrac{5}{2} Nk_B T$

5. (a) $S(T, V) = \dfrac{16\sigma}{3c} VT^3$;   (b) $U(T, V) = \dfrac{4\sigma}{c} VT^4$;

(c) $U(S, V) = 4 \left(\dfrac{c}{V\sigma} \right)^{\frac{1}{3}} \left(\dfrac{3S}{16} \right)^{\frac{4}{3}}$;   (d) $S(U, V) = \dfrac{4}{3} \left(\dfrac{4\sigma U^3 V}{c} \right)^{\frac{1}{4}}$;

(e) $H(T, V) = \dfrac{16\sigma}{3c} VT^4$;   (f) $H(S, p) = S \left(\dfrac{3pc}{4\sigma} \right)^{\frac{1}{4}}$;   (g) $\Xi(T, V) = -\dfrac{4\sigma}{3c} VT^4$;

(h) $p = \dfrac{4\sigma}{3c} T^4$;   (i) $G = 0$;   (j) $\mu = 0$

6. $u_{H_2O}^{\text{冰}} < u_{H_2O}^{\text{水}}$, $h_{H_2O}^{\text{冰}} < h_{H_2O}^{\text{水}}$, $s_{H_2O}^{\text{冰}} < s_{H_2O}^{\text{水}}$, $\mu_{H_2O}^{\text{冰}} = \mu_{H_2O}^{\text{水}}$

7. (a) $\mathrm{d}G = -S\mathrm{d}T$, $\left(\dfrac{\partial G}{\partial T} \right)_{p,N} = -S < 0$;

(b) 与内能最小相比，高温下熵最大占主导

第 4 章　统计热力学导论

1. $U(T, V, N) = \dfrac{3Nh\omega}{2} + \dfrac{3Nh\omega}{\left[\exp\left(\dfrac{h\omega}{k_B T} \right) - 1 \right]}$

$S(T, V, N) = -3Nk_B \ln \left[\exp\left(\dfrac{h\omega}{k_B T} \right) - 1 \right] + \dfrac{3Nh\omega}{T} \dfrac{\exp\left(\dfrac{h\omega}{k_B T} \right)}{\left[\exp\left(\dfrac{h\omega}{k_B T} \right) - 1 \right]}$

2. (a) $F(T, V, N) = -Nk_B T \left\{ 1 + \ln \left[\dfrac{V}{N} \left(\dfrac{2\pi m k_B T}{h^2} \right)^{3/2} \right] \right\}$;

(b) $S(T, V, N) = Nk_B \left\{ \dfrac{5}{2} + \ln \left[\dfrac{V}{N} \left(\dfrac{2\pi m k_B T}{h^2} \right)^{3/2} \right] \right\}$;

(c) $U(T, V, N) = \dfrac{3}{2} Nk_B T$;

(d) $\mu(T, V, N) = -k_B T \ln \left[\dfrac{V}{N} \left(\dfrac{2\pi m k_B T}{h^2} \right)^{3/2} \right]$

3. (a) $G(T, p, N) = -k_B T \ln \left[\dfrac{k_B T}{p} \dfrac{(2\pi m k_B T)^{3/2}}{h^3} \right]^N$;

(b) $S(T, p, N) = Nk_B \left\{ \dfrac{5}{2} + \ln \left[\dfrac{k_B T}{p} \dfrac{(2\pi m k_B T)^{3/2}}{h^3} \right] \right\}$;

(c) $U(T, p, N) = \dfrac{3}{2} Nk_B T$;

(d) $\mu(T, p, N) = -k_B T \ln \left[\dfrac{k_B T}{p} \dfrac{(2\pi m k_B T)^{3/2}}{h^3} \right]$

4. (a) $\Xi(T, V, \mu) = -k_B T \left(\dfrac{2\pi m k_B T}{h^2} \right)^{3/2} V e^{\mu/(k_B T)}$;

   (b) $S(T, V, \mu) = \left(\dfrac{5}{2} k_B - \dfrac{\mu}{T} \right) \left(\dfrac{2\pi m k_B T}{h^2} \right)^{3/2} V e^{\mu/(k_B T)}$;

   (c) $N(T, V, \mu) = \left(\dfrac{2\pi m k_B T}{h^2} \right)^{3/2} V e^{\mu/(k_B T)}$;

   (d) $\mu(T, V, N) = k_B T \ln \left[\dfrac{N}{V} \left(\dfrac{h^2}{2\pi m k_B T} \right)^{3/2} \right]$

5. (a) $F(T, V, N) = -N k_B T \left\{ 1 + \ln \left[\dfrac{(V - Nb)}{N} \left(\dfrac{2\pi m k_B T}{h^2} \right)^{3/2} \right] \right\} - \dfrac{aN^2}{V}$;

   (b) $S(T, V, N) = N k_B \left\{ \dfrac{5}{2} + \ln \left[\dfrac{(V - Nb)}{N} \left(\dfrac{2\pi m k_B T}{h^2} \right)^{3/2} \right] \right\}$;

   (c) $U(T, V, N) = \dfrac{3}{2} N k_B T - \dfrac{aN^2}{V}$

6. (a) $S(U, V, N) = N k_B \left\{ \dfrac{5}{2} + \ln \left[\dfrac{2V}{N} \left(\dfrac{4\pi m (U - N E_c)}{3 h^2 N} \right)^{3/2} \right] \right\}$;

   (b) $\mu(u, v) = -k_B T \ln \left[2v \left(\dfrac{4\pi m (u - E_c)}{3 h^2} \right)^{\frac{3}{2}} \right] + \dfrac{3}{2} \dfrac{k_B T E_c}{u - E_c}, \quad u = \dfrac{U}{N}, \quad v = \dfrac{V}{N}$

7. (a) $G(T, p, N) = -N k_B T \ln \left[\dfrac{k_B T}{p} 2 \left(\dfrac{2\pi m k_B T}{h^2} \right)^{3/2} \right] + N E_c$;

   (b) $\mu(T, p) = -k_B T \ln \left[\dfrac{k_B T}{p} 2 \left(\dfrac{2\pi m k_B T}{h^2} \right)^{3/2} \right] + E_c$

8. (a) $\Xi(T, V, \mu) = -k_B T \left[2V \left(\dfrac{2\pi m k_B T}{h^2} \right)^{3/2} \right] e^{\frac{\mu - E_c}{k_B T}}$;

   (b) $p(T, \mu) = 2 k_B T \left(\dfrac{2\pi m k_B T}{h^2} \right)^{3/2} e^{\frac{\mu - E_c}{k_B T}}$;

   (c) $p(T, V, N) = k_B T \dfrac{N}{V}$;   (d) $\left(\dfrac{N}{V} \right)(T, \mu) = 2 \left(\dfrac{2\pi m k_B T}{h^2} \right)^{3/2} e^{\frac{\mu - E_c}{k_B T}}$;

   (e) $\mu(T, \dfrac{N}{V}) = k_B T \ln \left[\dfrac{1}{2} \dfrac{N}{V} \left(\dfrac{2\pi m k_B T}{h^2} \right)^{-3/2} \right] + E_c$;

   (f) $TS(T, V, N) = \dfrac{1}{2} N k_B T \left\{ 5 - 2\ln \left[\dfrac{1}{2} \dfrac{N}{V} \left(\dfrac{2\pi m k_B T}{h^2} \right)^{-3/2} \right] \right\}$;

   (g) $u(T) = \dfrac{3}{2} k_B T + E_c$

9. (a) $Z_C = \dfrac{N!}{(N - n_v)! n_v!} e^{-\frac{n_v \Delta g_v}{k_B T}}$;

   (b) $\mu_v = \Delta g_v + k_B T \left[\ln \left(\dfrac{n_v}{N - n_v} \right) \right]$;

(c) $\dfrac{n_v}{N - n_v} = e^{-\frac{\Delta g_v}{k_B T}}$

10. (a) $F(T, N_A, N_B) = k_B T \left[N_A \ln \dfrac{N_A}{N_A + N_B} + N_B \ln \dfrac{N_B}{N_A + N_B} \right.$

$\left. + \dfrac{z}{2 k_B T} \left(N_A E_{AA} + N_B E_{BB} - \dfrac{N_A N_B \varepsilon_{AB}}{N_A + N_B} \right) \right]$;

(b) $S(T, N_A, N_B) = -k_B \left(N_A \ln \dfrac{N_A}{N_A + N_B} + N_B \ln \dfrac{N_B}{N_A + N_B} \right)$;

(c) $\mu_A(T, x_A, x_B) = k_B T \ln x_A + \dfrac{z}{2}\left(E_{AA} - \varepsilon_{AB} x_B^2 \right)$;

(d) $\mu_B(T, x_A, x_B) = k_B T \ln x_B + \dfrac{z}{2}\left(E_{BB} - \varepsilon_{AB} x_A^2 \right)$;

(e) $U_{sys}(T, N_A, N_B) = \dfrac{z}{2} N \left(x_A E_{AA} + x_B E_{BB} - x_A x_B \varepsilon_{AB} \right)$

第 5 章　从热力学基本方程到热力学性质

1. $C_V = \dfrac{3}{2} NR, \ c_v = \dfrac{3}{2} R$

2. $C_p = \dfrac{5}{2} NR, \ c_p = \dfrac{5}{2} R$

3. $c_p - c_v = R$

4. (a) $C_f = N k_B \left(\dfrac{af}{k_B T} \right)^2 \operatorname{sech}^2 \left(\dfrac{af}{k_B T} \right)$;

(b) $\alpha(f, N) = \dfrac{fa}{k_B T^2} \left[\tanh \left(\dfrac{af}{k_B T} \right) - \coth \left(\dfrac{af}{k_B T} \right) \right]$

5. $C_V(T, N) = 3 N k_B \left(\dfrac{\theta_E}{T} \right)^2 \dfrac{\exp(\theta_E / T)}{[\exp(\theta_E / T) - 1]^2}$

6. (a) $v(T, p) = \dfrac{RT}{p}$; 　(b) $c_p(T, p) = \dfrac{5R}{2}$; 　(c) $c_v = \dfrac{3R}{2}$; 　(d) $\beta_T(T, p) = \dfrac{1}{p}$;

(e) $B_T = p$; 　(f) $\beta_s = \dfrac{3}{5p}$; 　(g) $B_s = \dfrac{5p}{3}$; 　(h) $\alpha(T, p) = \dfrac{1}{T}$

7. 略

8. (a) $s(T, p) = -A_1 - A_2 - A_2 \ln T - 2 A_3 T - A_5 p$;

(b) $h(T, p) = A_0 - A_2 T - A_3 T^2 + A_4 p + A_6 p^2$;

(c) $\alpha(T, p) = \dfrac{A_5}{A_4 + A_5 T + 2 A_6 p}$;

(d) $\beta_T = \dfrac{-2 A_6}{A_4 + A_5 T + 2 A_6 p}$;

(e) $\Delta Q = -100 A_2 - 10000 A_3 - 200 A_3 T$;

(f) $c_v = -A_2 + \left(-2 A_3 + \dfrac{A_5^2}{2 A_6} \right) T$

9. (a) $C_V(T, V, N) = \dfrac{3}{2} N k_B$;

(b) $B_T(T, V, N) = -\dfrac{2 a N^2}{V^2} + \dfrac{N V k_B T}{(V - Nb)^2}$;

(c) $C_C(T, V, N) = -\dfrac{NV(V - bN)^2}{2aN(V - bN)^2 - k_B TV^3}$

10. (a) 当 298K < T < 1687K 时:

$\mu_{Si}^{d} = -8162.6 + 137.23T - 22.832T\ln T - 1.9129 \times 10^{-3}T^2$
$\qquad - 0.003552 \times 10^{-6}T^3 + 17667T^{-1}$;

$h_{Si}^{d} = -8162.6 + 22.832T + 1.9129 \times 10^{-3}T^2 + 7.104 \times 10^{-9}T^3 + 35334T^{-1}$;

$s_{Si}^{d} = -114.398 + 22.832\ln T + 3.8258 \times 10^{-3}T + 0.010656 \times 10^{-6}T^2 + 17667T^{-2}$;

$c_{p,Si}^{d} = 22.832 + 3.8258 \times 10^{-3}T + 0.021312 \times 10^{-6}T^2 - 35334T^{-2}$;

当 1687K < T < 3600K 时:

$\mu_{Si}^{d} = -9457.6 + 167.28T - 27.196T\ln T - 420.37 \times 10^{28}T^{-9}$;

$h_{Si}^{d} = -9457.6 + 27.196T - 4203.7 \times 10^{28}T^{-9}$;

$s_{Si}^{d} = -140.084 + 27.196\ln T - 3783.33 \times 10^{28}T^{-10}$;

$c_{p,Si}^{d} = 27.196 + 37833.3 \times 10^{28}T^{-10}$

(b) 当 298K < T < 1687K 时:

$\mu_{Si}^{l} = 42534 + 107.14T - 22.832T\ln T - 1.9129 \times 10^{-3}T^2 - 0.003552 \times 10^{-6}T^3$
$\qquad + 17667T^{-1} + 209.31 \times 10^{-23}T^7$;

$h_{Si}^{l} = 42534 + 22.832T + 1.9129 \times 10^{-3}T^2 + 0.007104 \times 10^{-6}T^3 + 35334T^{-1}$
$\qquad - 1255.86 \times 10^{-23}T^7$;

$s_{Si}^{l} = -84.308 + 22.832\ln T + 3.8258 \times 10^{-3}T + 0.010656 \times 10^{-6}T^2 + 17667T^{-2}$
$\qquad - 1465.17 \times 10^{-23}T^6$;

$c_{p,Si}^{l} = 22.832 + 3.8258 \times 10^{-3}T + 0.021312 \times 10^{-6}T^2 - 35334T^{-2}$
$\qquad - 8791.02 \times 10^{-23}T^6$;

当 1687K < T < 3600K 时:

$\mu_{Si}^{l} = 40371.0 + 137.72T - 27.196T\ln T$; $\quad h_{Si}^{l} = 40371.0 + 27.196T$;

$s_{Si}^{l} = -110.524 + 27.196\ln T$; $\quad c_{p,Si}^{l} = 27.196$

第 6 章 热力学性质之间的关系

1. $c_v = 19.7677\text{J}/(\text{mol} \cdot \text{K})$

2. (a) $\Delta s \approx -9.312 \times 10^{-4}\text{J}/(\text{mol} \cdot \text{K})$;   (b) $\Delta s = -9.3115 \times 10^{-4}\text{J}/(\text{mol} \cdot \text{K})$

3. 略

4. 略

5. 略

6. 略

7. 略

8. 略

9. 略

10. $v(T, p) = Ae^{\alpha T - \beta_T p}$, $\quad A = v_\circ e^{\alpha T_\circ - \beta_T p_\circ}$

11. 略

12. 略

13. 略

第 7 章 热力学平衡态与稳定性

1. 错误
2. 错误
3. 最终温度 T_f 预计为 $0°C$，两相混合物中有 0.2489mol 水和 0.7511mol 冰。
4. 正确
5. 错误
6. 略
7. (a) $\left(\dfrac{\partial^2 U}{\partial S^2}\right)\left(\dfrac{\partial^2 U}{\partial V^2}\right) - \left(\dfrac{\partial^2 U}{\partial S \partial V}\right)^2 = \dfrac{T}{C_V V \beta_T}\left(\dfrac{\beta_T}{\beta_S} - \dfrac{TV\alpha^2}{C_V \beta_T}\right)$;   (b) 正
8. 略
9. 略
10. 略
11. (a) $\left(\dfrac{\partial^2 G}{\partial T^2}\right)\left(\dfrac{\partial^2 G}{\partial p^2}\right) - \left(\dfrac{\partial^2 G}{\partial T \partial p}\right)^2 = \dfrac{C_p \beta_T V}{T} - (\alpha V)^2$;   (b) 正

第 8 章 材料过程热力学计算

1. (ii) 降低

2. (a) $\Delta T = T_o\left[\left(\dfrac{p}{p_o}\right)^{\frac{R}{c_p}} - 1\right]$, $\Delta u = c_v\left[T - T_o\right]$, $\Delta h = c_p\left[T - T_o\right]$, $\Delta s = 0$,

$\Delta f = (c_v - s_o)(T - T_o)$, $\Delta \mu = (c_p - s_o)(T - T_o)$

(b) $\Delta T = 4426.9\text{K}$, $\Delta u = 55208\text{J/mol}$, $\Delta h = 92013\text{J/mol}$, $\Delta s = 0$,

$\Delta f = -630962\text{J/mol}$, $\Delta \mu = -594156\text{J/mol}$

3. (a) $Q = 0$, $\Delta U = W = 3397.90\text{J}$;

(b) $\Delta U = 0$, $Q = -3987.50\text{J}$, $W = 3987.50\text{J}$

4. (a) $\Delta V = R\dfrac{\Delta T}{p_o}$;   (b) $\Delta p = RT_o\left(\dfrac{1}{V} - \dfrac{1}{V_o}\right)$;   (c) $\Delta V = RT_o\left(\dfrac{1}{p} - \dfrac{1}{p_o}\right)$

5. (a) $\Delta u\,(T, p) = 8.5\,(T - 298) - 0.6\left[e^{3 \times 10^{-5}(T-298)} - 1\right]$

$+ 6.0 \times 10^{-6} e^{3 \times 10^{-5}(T-298)}\left[\left(10^5 + \dfrac{1 - 3 \times 10^{-5}T}{3 \times 10^{-6}}\right)\right.$

$\left. - \left(p + \dfrac{1 - 3 \times 10^{-5}T}{3 \times 10^{-6}}\right)e^{-3 \times 10^{-6}(p-298)}\right]$

(b) $\Delta h\,(T, p) = 8.5\,(T - 298) - 2.0e^{3 \times 10^{-5}(T-298)}\left(1 - 3 \times 10^{-5}T\right)\left[e^{-3 \times 10^{-6}\left(p - 10^5\right)} - 1\right]$

(c) $\Delta s\,(T, p) = 8.5\ln\dfrac{T}{298} + 2 \times 10^{-5} e^{3 \times 10^{-5}(T-298)}\left[e^{-3 \times 10^{-6}\left(p - 10^5\right)} - 1\right]$

(d) $\Delta f = 2.9\,(T - 298) - 0.6\left[e^{3 \times 10^{-5}(T-298)} - 1\right] - 8.5T\ln\dfrac{T}{298}$

$- 6.0 \times 10^{-6} e^{3 \times 10^{-5}(T-298)}\left\{\left[pe^{-3 \times 10^{-6}\left(p - 10^5\right)} - 10^5\right]\right.$

$\left. + \dfrac{1}{3 \times 10^{-6}}\left[e^{-3 \times 10^{-6}\left(p - 10^5\right)} - 1\right]\right\}$

(e) $\Delta\mu\left(T,\,p\right) = 2.9\left(T-298\right) - 8.5T\ln\dfrac{T}{298} - 2.0\mathrm{e}^{3\times10^{-5}\left(T-298\right)}\left[\mathrm{e}^{-3\times10^{-6}\left(p-10^{5}\right)}-1\right]$

6. (a) $\Delta\mu\left(T,\,1\mathrm{bar}\right) = 2645 - 13.5T + 2.5T\ln T$;

   (b) $\Delta\mu\left(298\mathrm{K},\,p\right) = 2853.6 - 2.6\times10^{-6}\left(p-10^{5}\right) + 8.66\times10^{-17}\left(p-10^{5}\right)^{2}$;

   (c) $\Delta\mu\left(T,\,p\right) = 2645 - 13.5T + 2.5T\ln T + 1.7\times10^{6}\times\mathrm{e}^{10^{-5}\left(T-298\right)}\left[1-\mathrm{e}^{-2\times10^{-7}\left(p-1\right)}\right]$

$$-2\times10^{5}\times\mathrm{e}^{3\times10^{-5}\left(T-298\right)}\left[1-\mathrm{e}^{-3\times10^{-6}\left(p-1\right)}\right]$$

7. 正确

8. 正确

9. 正确

10. 释放热 1900J/mol

11. 负

12. (a) $\Delta s = 29.28\mathrm{J}/(\mathrm{mol}\cdot\mathrm{K})$;   (b) $\Delta s_{\mathrm{sur}} = -27.09\mathrm{J}/(\mathrm{mol}\cdot\mathrm{K})$;

   (c) $\Delta s_{\mathrm{tot}} = 2.19\mathrm{J}/(\mathrm{mol}\cdot\mathrm{K})$;   (d) 不可逆

13. (a) $T_{\mathrm{e}} = 50\mathrm{K}$;   (b) $\Delta h_{\mathrm{e}} = 210\mathrm{J}/\mathrm{mol}$;   (c) $\Delta s_{\mathrm{e}} = 4.2\mathrm{J}/(\mathrm{mol}\cdot\mathrm{K})$

14. (a) $Q = 47426\mathrm{J}/\mathrm{mol}$;   (b) $\Delta s = 55.9\mathrm{J}/(\mathrm{mol}\cdot\mathrm{K})$

15. $\Delta\mu\left(T,\,1\mathrm{bar}\right) = -432.51T\ln T + 0.7535T^{2} + 2271.1T + 6.41\times10^{6}T^{-1} + 16979G$

16. (a) $\Delta h_{\mathrm{m}}^{\mathrm{o}} = 13260\mathrm{J}/\mathrm{mol}$, $\Delta s_{\mathrm{m}}^{\mathrm{o}} = \dfrac{9.76\mathrm{J}}{\mathrm{mol}\cdot\mathrm{K}}$, $\Delta\mu_{\mathrm{m}}^{\mathrm{o}} = 0G$;   (b) $Q_{s} = -\dfrac{13260\mathrm{J}}{\mathrm{mol}}$;

   (c) $\Delta h_{s} = -13260\mathrm{J}/\mathrm{mol}$，$\Delta s_{s} = -9.76\mathrm{J}/(\mathrm{mol}\cdot\mathrm{K})$，$\Delta\mu_{s} = -3500G$;

   (d) $\Delta h = 15660\mathrm{J}/\mathrm{mol}$，$\Delta s = 11.54\mathrm{J}/(\mathrm{mol}\cdot\mathrm{K})$，$\Delta\mu = -7351G$

17. (a) $\Delta h_{\mathrm{m}}^{\mathrm{o}} = 50200\mathrm{J}/\mathrm{mol}$，$\Delta s_{\mathrm{m}}^{\mathrm{o}} = 29.76\mathrm{J}/(\mathrm{mol}\cdot\mathrm{K})$，$\Delta\mu_{\mathrm{m}}^{\mathrm{o}} = 0G$;

   (b) $\Delta h = -48330\mathrm{J}/\mathrm{mol}$，$\Delta s = -28.59\mathrm{J}/(\mathrm{mol}\cdot\mathrm{K})$，$\Delta\mu = -5445G$

18. 对于 $298.15\mathrm{K}<T<1687\mathrm{K}$，$\Delta h = 50693 - 1.2558\times10^{-20}T^{7}$，

   $\Delta s = 30.1 - 1.4651\times10^{-20}T^{6}$，$\Delta c_{p} = -8.7906\times10^{-20}T^{6}$;

   对于 $1687\mathrm{K}<T<3600\mathrm{K}$，$\Delta h = 49828 + 4.204\times10^{31}T^{-9}$，

   $\Delta s = 29.6 + 3.7836\times10^{31}T^{-10}$，$\Delta c_{p} = -3.7836\times10^{32}T^{-10}$

19. (a) $298\mathrm{K}<T<1136\mathrm{K}$，$h_{\mathrm{Zr},\,T}^{\alpha} = -7450 + 25T(\mathrm{J}/\mathrm{mol})$;

   $T > 1136\mathrm{K}$，$h_{\mathrm{Zr},\,T}^{\alpha} = -4686 + 26T(\mathrm{J}/\mathrm{mol})$;

   (b) $\Delta h_{\mathrm{e},\,\mathrm{Zr}} = 2764 + T(\mathrm{J}/\mathrm{mol})$;

   (c) $\Delta h_{\mathrm{e},\,\mathrm{ZrO_2}} = -1490 + 5T(\mathrm{J}/\mathrm{mol})$;

   (d) $298\mathrm{K} < T < 1136\mathrm{K}$，$\Delta h_{\mathrm{r},\,T} = -1105270 + 15T\,(\mathrm{J})$;

   $1136\mathrm{K} < T < 1478\mathrm{K}$，$\Delta h_{\mathrm{r},\,T} = -1108034 + 14T\,(\mathrm{J})$;

   $T > 1478\mathrm{K}$，$\Delta h_{\mathrm{r},\,T} = -1109524 + 19T(\mathrm{J})$

20. (a) $\Delta h_{\mathrm{r},\,500\mathrm{K}} = -216012.3\mathrm{J}$;   (b) $\Delta h_{\mathrm{r},\,700\mathrm{K}} = -6011.3\mathrm{J}$

21. (a) $Q_{298\mathrm{K}} = -154.9\mathrm{kJ}/\mathrm{mol}$;   (b) $Q(T) = -151920 - 10T(\mathrm{J}/\mathrm{mol})$

22. (a) $\Delta H_{298\mathrm{K}} = -1987900\mathrm{J}/\mathrm{mol}$，$\Delta S_{298\mathrm{K}} = -220.8\mathrm{J}/(\mathrm{mol}\cdot\mathrm{K})$，

   $\Delta G_{298\mathrm{K}} = -1922102\mathrm{J}/\mathrm{mol}$;

   (b) $\Delta H_{800\mathrm{K}} = -1972338\mathrm{J}/\mathrm{mol}$，$\Delta S_{800\mathrm{K}} = -190.18\mathrm{J}/(\mathrm{mol}\cdot\mathrm{K})$，

   $\Delta G_{800\mathrm{K}} = -1820194\mathrm{J}/\mathrm{mol}$;

   (c) $\Delta H(T) = -1997138 + 31T\,(\mathrm{J}/\mathrm{mol})$，$\Delta S_{T} = -397.41 + 31\ln T\,(\mathrm{J}/(\mathrm{mol}\cdot\mathrm{K}))$，

   $\Delta G_{T} = -1997138 + 428.41T - 31T\ln T\,(\mathrm{J}/\mathrm{mol})$

第 9 章　构建近似热力学基本方程

1. 错误

2. 正确

3. 正确

4. $h_{\mathrm{Ni}}^{\circ} = 0$, $h_{\mathrm{O_2}}^{\circ} = 0$, $h_{\mathrm{NiO}}^{\circ} = -244.6\mathrm{kJ/mol}$

5. $h_{298\mathrm{K,\,1bar}}^{\mathrm{Al_2O_3}} < h_{298\mathrm{K,\,1bar}}^{\mathrm{O_2}} < h_{500\mathrm{K,\,1bar}}^{\mathrm{Al}}$

6. $h_{\mathrm{冰,\,0K}} < h_{\mathrm{冰,\,0°C}} < h_{\mathrm{水,\,0°C}} < h_{\mathrm{水,\,100°C}} < h_{\mathrm{水蒸气,\,100°C}}$

7. $s_{\mathrm{Cu(s)}} < s_{\mathrm{Cu(l)}} < s_{\mathrm{Cu(v)}}$

8. $s_{\mathrm{Al(s),\,0K}} < s_{\mathrm{H_2O(l),\,298K}} < s_{\mathrm{O_2(v),\,298K}}$

9. $s_{\mathrm{Al(s),\,0K}} < s_{\mathrm{Al(s),\,298K}} < s_{\mathrm{Al(s),\,934K}} < s_{\mathrm{Al(l),\,934K}}$

10. $s_{\mathrm{石墨,\,298K,\,1bar}} < s_{\mathrm{O_2,\,298K,\,100bar}} < s_{\mathrm{O_2,\,298K,\,1bar}}$

11. $s_{\mathrm{冰,\,0K}} < s_{\mathrm{冰,\,0°C}} < s_{\mathrm{水,\,0°C}} < s_{\mathrm{水,\,100°C}} < s_{\mathrm{水蒸气,\,100°C}}$

12. $s_{\mathrm{Ag(s),\,0K}} < s_{\mathrm{Ag(s),\,298K}} < s_{\mathrm{Ag(s),\,1234K}} < s_{\mathrm{Ag(l),\,1234K}} < s_{\mathrm{Ag(l),\,2435K}} < s_{\mathrm{Ag(v),\,2435K}}$

13. 正确

14. 正确

15. 错误

16. (i) 增加

17. 正确

18. $\mu_{\mathrm{Ba}}(T) = -8364.86 + 125.59T - 28.07T\ln T$;

 　$\mu_{\mathrm{Ti}}(T) = -7467.88 + 137.13T - 25.06T\ln T$;

 　$\mu_{\mathrm{O_2}}(T) = -8761.2 - 8.2T - 29.4T\ln T$;

 　$\mu_{\mathrm{BaO}}(T) = -596900 + 264.85T - 50.0T\ln T$;

 　$\mu_{\mathrm{TiO_2}}(T) = -961390 + 318.3T - 55.0T\ln T$;

 　$\mu_{\mathrm{BaTiO_3}}(T) = -1679780 + 628.8T - 110.0T\ln T$

19. $298\mathrm{K} \leqslant T \leqslant 648\mathrm{K}$, $\mu_{T,\,1\mathrm{bar}}^{\mathrm{Ba}(\alpha)} = \left(438.2T\ln T - 0.7935T^2 - 2596.89T - 6.41 \times 10^6 T^{-1} + 103138\right) \mathrm{G}$

 　$648\mathrm{K} \leqslant T \leqslant 1000\mathrm{K}$, $\mu_{T,\,1\mathrm{bar}}^{\mathrm{Ba}(\beta)} = \left(5.69T\ln T - 0.04T^2 - 325.79T + 120,146\right) \mathrm{G}$

20. (a) $\mu_{T,\,1\mathrm{bar}}^{\mathrm{g}} = -2533 + 51.3T - 8.5T\ln T$; 　(b) $\mu_{T,\,1\mathrm{bar}}^{\mathrm{d}} = 112 + 37.8T - 6.0T\ln T$;

 　(c) $\mu_{298\mathrm{K},\,p}^{\mathrm{g}} = -1668.8 + 2 \times 10^5 \left[1 - \mathrm{e}^{-3\times 10^{-11}(p-10^5)}\right]$;

 　(d) $\mu_{298\mathrm{K},\,p}^{\mathrm{d}} = 1184.8 + 1.7 \times 10^6 \left[1 - \mathrm{e}^{-2\times 10^{-12}(p-10^5)}\right]$;

 　(e) $\mu_{T,\,p}^{g} = -2533 + 51.3T - 8.5T\ln T + 2 \times 10^5 \mathrm{e}^{3\times 10^{-5}(T-298)} \left[1 - \mathrm{e}^{-3\times 10^{-11}(p-10^5)}\right]$;

 　(f) $\mu_{T,\,p}^{d} = 112 + 37.8T - 6.0T\ln T + 1.7 \times 10^6 \mathrm{e}^{10^{-5}(T-298)} \left[1 - \mathrm{e}^{-2\times 10^{-12}(p-10^5)}\right]$;

 　(g) $\Delta\mu(T,\,p) = 2645 - 13.5T + 2.5T\ln T + 3.4 \times 10^{-6} \times \mathrm{e}^{10^{-5}(T-298)}(p - 10^5)$

 　　　　　$- 6 \times 10^{-6} \times \mathrm{e}^{3\times 10^{-5}(T-298)}(p - 10^5)$

21. $\mu_{(a)} = \dfrac{4\gamma v}{a} + \mu_{\infty}$

22. 略

第 10 章　气体、电子、晶体和缺陷的化学势

1. $\mu_v = \left(\dfrac{\partial G}{\partial n_v}\right)_{T,p,n} = 0$

2. $\mu_e + \mu_h = 0$

3. $U_e = N_e \left(E_c + \dfrac{3}{2}k_B T\right)$

4. $\mu_e^o = E_c$

5. $\mu_e^o = E_v$

6. $u_h = -E_v + \dfrac{3}{2}k_B T$

7. $\mu_h^o = -E_v$

8. $\mu_e + \mu_h = E_f - E_f = 0$

9. $\mu_v^o = 5RT_m \ln 10$

10. (a) 减少；　(b) 增加

11. $\mu_e^c = \mu_e^d = E_f$

12. (a) 略；　(b) 略

13. $\mu_v = 57048.2G$

14. 略

第 11 章　单组分材料的相平衡

1. (i) 小于

2. 错误

3. 正确

4. 正确

5. 正确

6. 等于

7. 相等

8. 错误

9. $\mu_{Cu}^s < \mu_{Cu}^l < \mu_{Cu}^v$

10. 负

11. 降低

12. 正确

13. 错误

14. 正确

15. 正确

16. (a) 水；　(b) $\Delta s_m = s^l - s^s = \dfrac{\Delta h_m}{T} = 22.00 \text{J}/(\text{mol} \cdot \text{K})$；　(c) 水；

　　(d) 恒温恒压下平衡态由最小化学势或最小吉布斯自由能决定；　(e) 0；　(f) 负；

　　(g) $\mu_{1001\text{bar}}^s - \mu_{1\text{bar}}^s = 1965G$；　(h) $\Delta\mu_{273\text{K}, 1001\text{bar}} = -163G$

17. (a) $Q_{298\text{K}, 1\text{bar}, g\to d} = 1900 \text{J}/\text{mol}$；　(b) $\Delta s_{298\text{K}, 1\text{bar}, g\to d} = -3.2 \text{J}/(\text{mol} \cdot \text{K})$；

(c) $\Delta\mu_{298K,\,1bar,\,g\to d} = 2853.6G$；   (d) 石墨更稳定；   (e) $\Delta S_{298K,\,1bar}^{sur} = -6.4J/K$；

(f) $\Delta S_{tot} = -9.6J/K$；   (g) 不可能；   (h) $Q_{1000K,\,1bar} = 145J/mol$；

(i) $\Delta s_{1000K,\,1bar} = -6.2J/(mol \cdot K)$；   (j) $\Delta\mu_{1000K,\,1bar} = 6345G$；

(k) $\Delta h_{298K,\,10^6bar} = 120836J/mol$；   (l) $\Delta s_{298K,\,10^6bar} = -0.5809J/(mol \cdot K)$；

(m) $\Delta\mu_{298K,\,10^6bar} = 121004G$；   (n) 不可能的；   (o) $p \approx 1.14 \times 10^4 bar$

18. (a) $Q = -210(J/mol)$；   (b) $\Delta s = -4.2J/(mol \cdot K)$；   (c) 方解石；

    (d) $T_e = 50K$；   (e) 增加

19. (a) 0；   (b) $\left(\dfrac{dp}{dT}\right)_{1358K,\,1bar} = 13.59 \times 10^6 Pa/K$

20. (a) $p = 1.37 \times 10^{-11} bar$；   (b) $\Delta h_{s\to v} = 376079J/mol$；

    (c) $\Delta c_{p_{s\to v}} = -2.544J/(mol \cdot K)$

21. (a) $v_{Ti_3O_5}^{\beta} = 2.1077 \times 10^{-4} m^3/mol$, $v_{Ti_3O_5}^{\lambda} = 2.2342 \times 10^{-4} m^3/mol$；

    (b) $Q = 48477.1J/mol$；   (c) $\Delta s_e^{o,\,\beta\to\lambda} = 129.3J/(mol \cdot K)$；

    (d) $\Delta\mu^{\beta\to\lambda}(T) = 4847.71 - 12.93T(G)$；   (e) $\dfrac{dp}{dT} = \dfrac{3.83 \times 10^9}{T}$；

    (f) $p = 3.83 \times 10^9 \ln\dfrac{T}{375} + 0.1\,(bar)$；   (g) $p = 2500bar$

第 12 章   溶液的化学势

1. (iii) 低于

2. (i) 1 个

3. 增加

4. 正确

5. 错误

6. $\mu_{乙醇}^{啤酒} < \mu_{乙醇}^{葡萄酒} < \mu_{乙醇}^{苏格兰威士忌}$

7. 低于

8. $s_A < s_{AB}$

9. 小于

10. $=0$

11. $\alpha_i = x_i$

12. (a) 正确；   (b) 正确；   (c) 正确；   (d) 正确；   (e) 正确；   (f) 错误

13. (a) 0；   (b) 0；   (c) 正；   (d) 正；   (d) 负

14. (a) $a_A = x_A$, $a_B = x_B$；   (b) $\gamma_A = 1\,\gamma_B = 1$；

    (c) $\mu_A - \mu_A^o = -5762.8J/mol$, $\mu_B - \mu_B^o = -5762.8J/mol$；

    (d) $\Delta\mu = -4675.3J/mol$, $\Delta s = 4.6753J/(mol \cdot K)$, $\Delta h = 0$；

    (e) $\Delta\mu = -4675.3J/mol$；$\Delta s = 4.6753J/(mol \cdot K)$, $\Delta h = 0$；

    (f) $\Delta\mu = -1087.6J/mol$, $\Delta s = 1.0876J/(mol \cdot K)$, $\Delta h = 0$；

    (g) $\Delta\mu = RT\ln x_A = -5762.8J/mol$, $\Delta s = 5.7628J/(mol \cdot K)$, $\Delta h = 0$；

    (h) $\Delta S = 14.8537J/K$；$\Delta H = 10000J$, $\Delta G = -4853.7J$

15. $a_A = x_A$, $a_B = kx_B$, $\mu(T, x_B) = x_A\mu_A^o(T) + x_B\mu_B^o(T) + RT[x_A\ln x_A + x_B\ln(kx_B)]$,

$$\left(\frac{\partial \mu}{\partial x_B}\right)_{T,p} = -\mu_A^\circ(T) + \mu_B^\circ(T) + RT\left[-1 - \ln x_A + \ln(kx_B) + \frac{1}{k}\right],$$

$$\left(\frac{\partial^2 \mu}{\partial x_B^2}\right)_{T,p} = RT\left(\frac{1}{x_A} + \frac{1}{x_B}\right) = \frac{RT}{x_A x_B}, \quad \psi = \frac{x_A x_B}{RT}\left(\frac{\partial^2 \mu}{\partial x_B^2}\right)_{T,p} = 1$$

16. (a) $\gamma_A \approx 1.5$;   (b) $a_A = 0.75$;   (c) $Q = 1000J$;   (d) $\Delta S = 5.7628 J/K$;

     (e) $\Delta\mu = -717.54 J/mol$;   (f) $RT\ln\gamma_B = 4000x_A^2$;   (g) 正;   (h) 吸收;

     (i) 正;   (j) 正确;   (k) $\Delta G = -652.6J$

17. (a) $\Delta\mu(x_{Zn}, x_{Cd}) = RT[x_{Zn}\ln x_{Zn} + x_{Cd}\ln x_{Cd} + x_{Zn}x_{Cd}(0.875 - 0.125x_{Cd})]$;

     (b) $\Delta\mu_{Zn}(0.5, 0.5) = -2654 J/mol$, $\Delta\mu_{Cd}(0.5, 0.5) = -2829 J/mol$;

     (c) $\Delta\mu(0.25, 0.75) = -2327G$;   (d) $\Delta\mu = 447.5G$;   (e) $\Delta\mu_{Cd} = -2829G$

18. (a) $a_{Sn} = 0.021$;   (b) $\Delta\mu_{Sn} = -32118.9 J/mol$;   (c) $\Delta\mu = -403.91G$;

     (d) $\Delta s = 0.335 J/(mol \cdot K)$;   (e) $Q = -68.91J$

19. (a) $\Delta g = (1 - \phi_2)\phi_2 + (1 - \phi_2)\ln(1 - \phi_2) + \phi_2\ln\phi_2$

     (b) $\Delta g = \dfrac{\Delta G}{(N_1 + xN_2)RT} = (1 - \phi_2)\phi_2 + (1 - \phi_2)\ln(1 - \phi_2) + \dfrac{\phi_2}{4}\ln\phi_2$

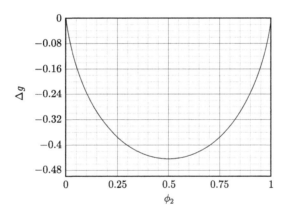

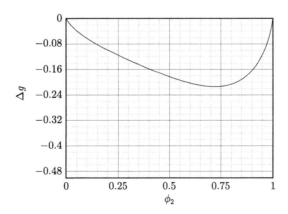

第 13 章　化学相平衡和相图

1. (a) 略；

(b) 当温度为 1400K、1100K、900K 和 700K 时，各相的化学势 (或摩尔吉布斯自由能) 曲线如图所示：

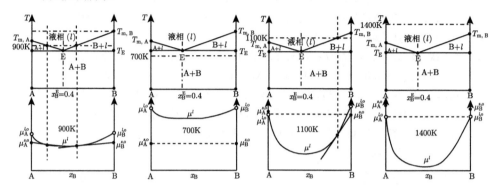

(c) NDF=0；　(d) $\varphi^A = 60\%$，$\varphi^B = 40\%$；　(e) $\gamma_A^l = \dfrac{1}{x_A^1} e^{\frac{\Delta h_{m,A}^o (T - T_{m,A})}{RTT_{m,A}}}$

2. (a) α_{Ag}，α_{Cu} 和液相分别在 T_1、T_E、和 T_2 处得到的化学势曲线示意图如下：

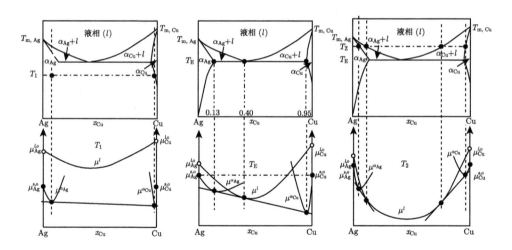

(b) 共晶温度；　(c) 纯 Cu 熔点 $T_{m,Cu}$；　(d) $x_{Cu}^{\alpha Ag}(T_E) = 0.13$；

(e) 温度升高，溶液熵比纯物质熵高；　(f) NDF=1；

(g) 在 x_{Cu}^o 为 0～0.07 之间，平衡态是单一均相 α_{Ag}，其组成与整体组成相同；在 x_{Cu}^o 为 0.07～0.98 之间，平衡态为两相混合，即 $x_{Cu}^o = 0.07$ 的 α_{Ag} 与 $x_{Cu}^o = 0.98$ 的 α_{Cu}，两相体积分数取决于其整体组成 x_{Cu}^o；在 x_{Cu}^o 为 0.98～1.0 之间，平衡态是单一均相 α_{Cu}，其组分与整体组分相同；

(h) $a_{Ag}^{\alpha Ag} = a_{Ag}^{\alpha Cu} = 0.93$，$a_{Cu}^{\alpha Cu} = a_{Cu}^{\alpha Ag} = 0.98$；　(i) $\gamma_{Cu}^{\alpha Ag} = 14$，$\gamma_{Ag}^{\alpha Cu} = 46.5$

3. (a) 略;   (b) 两相区 NDF=1; 三相区 NDF=0;

(c) T_2 温度: $L\left(x_B^o = 0.4\right) \to \alpha\left(x_B^{\alpha l}\right) + L\left(x_B^{\alpha l}\right)$; T_P 温度: $\alpha\left(x_B^{\alpha P}\right) + L\left(x_B^{lP}\right) \to \alpha\left(x_B^{\alpha\beta}\right) + \beta\left(x_B^{\beta\alpha}\right)$

第 14 章 化学反应平衡

1. 错误
2. 错误
3. 正确
4. 错误
5. 有利于 $2Ag_2O$
6. (i) 高于
7. 正确
8. 错误
9. 根据网站 web.nist.gov 数据，绘制反映标准自由能变化的埃林厄姆图

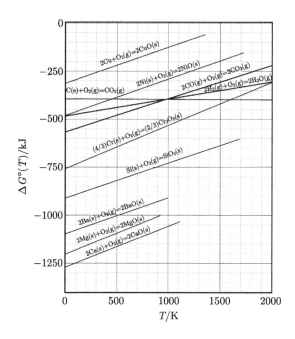

10. 略;
11. 略;
12. 略;
13. (a) 8.5×10^{-7}bar;   (b) 2
14. (a) 当 T<601K 时, $\Delta Q = \Delta H^\circ = -438820$J < 0, 放热;

当 601K<T<1161K 时, $\Delta Q = \Delta H^\circ = -447380$J < 0, 放热;

当 $1161K < T < 1808K$ 时，$\Delta Q = \Delta H^\circ = -413060J < 0$，放热；

当 $1808K < T < 2017K$ 时，$\Delta Q = \Delta H^\circ = 132020J < 0$，放热；

(b) 当 $T < 601K$ 时，$S_{O_2}^o \approx 201.71J/K$；

当 $601K < T < 1161K$ 时，$S_{O_2}^o \approx 215.57J/K$；

当 $1161K < T < 1808K$ 时，$S_{O_2}^o \approx 201.81J/K$；

当 $1808K < T < 2017K$ 时，$S_{O_2}^o = 2S_{PbO}^o - 131.39J/K$；

(c) 当 $T < 601K$ 时，$\Delta G = -438820 + 201.71T - RT\ln 0.21$；

当 $601K < T < 1161K$ 时，$\Delta G = -447380 + 215.57T - RT\ln 0.21$；

当 $1161K < T < 1808K$ 时，$\Delta G \ln \dfrac{1}{p_{O_2}} = -413060 + 201.81T - RT\ln 0.21$；

当 $1808K < T < 2017K$ 时，$\Delta G = 132020 + 131.39T + RT\ln \dfrac{p_{PbO}^2}{0.21}$；

(d) 当 $T < 601K$ 时，$-438820 + 201.71T = RT\ln p_{O_2}$，$T_e = 1017.13K$，超出范围反应不能平衡；

当 $601K < T < 1161K$ 时，$-447380 + 215.57T = RT\ln p_{O_2}$，$T_e = 985.47K$；

当 $1161K < T < 1808K$ 时，$-413060 + 201.81T = RT\ln p_{O_2}$，$T_e = 957.20K$，超出范围反应不能平衡；

当 $1808K < T < 2017K$ 时，$T = \dfrac{-132020}{201.81 + 8.314 \times \ln \dfrac{p_{PbO}^2}{10^{-12}}}$，$T_e$ 取决于 $p_{PbO}(g)$；

(e) $p_{O_2} \approx 4.92 \times 10^{-36} bar$；   (f) $\Delta G \approx -148081J$；   (g) $T = 1004.7K$；

(h) $17160J/mol$ (i) $p_{triple} \approx 4.1 \times 10^{-5} bar$

第 15 章　能量转化和电化学

1. (C) $W_r > W_{ir}$

2. 正确

3. 正确

4. $\eta_{max} = 80\%$

5. $Q_l = 15.4J$

6. (a) $\eta \approx 3.391 \times 10^{-4}$；   (b) $W \approx 2949J$

7. $P \approx 3.49kW$

8. $p_{O_2} = e^{-\frac{4FE}{RT}} p_{O_2}^{air}$，$R$ 气体常数，$\mathcal{F}$ 法拉第常数。

9. (a) 阳极：$Cu_{(pure)} \rightarrow Cu^{2+} + 2e^-$；阴极：$Cu^{2+} + 2e^- \rightarrow Cu_{(Ag-Cu)}$；

    (b) $E \approx 7.6 \times 10^{-4}V$

10. (i) 高于

11. (i) 高于

12. (i) 高于

13. (iii) 低于

14. 磷酸铁锂为阴极，锂金属为阳极。

15. 阳极：$Li\,(纯锂金属) \longrightarrow Li^+ + e^-$；阴极：$Li^+ + e^- \longrightarrow Li\,(磷酸铁锂)$

16. $\Delta\mu_{Li} = -308736G$

17. $E = E^\circ - \dfrac{RT}{z\mathcal{F}} \ln \dfrac{a_{H_2O(l)}}{p_{O_2}^{1/2} p_{H_2}}$

18. $E^\circ = 1.45\text{V}$

19. $E^\circ = +0.2001\text{V}$

20. (a) $E^\circ = +1.0988\text{V}$;   (b) $E = 1.0988\text{V} - \dfrac{RT}{2F} \ln \dfrac{a_{Zn^{2+}}}{a_{Cu^{2+}}}$

索 引

译 者 记

美国宾夕法尼亚州立大学 Long-Qing Chen 教授这本现代材料热力学教材，紧密围绕化学势和热力学基本方程展开，并配有习题和答案。全书思路新颖，视觉独特，观点深刻，公式表述严谨优美，容易引导读者陷入沉浸式阅读、学习和理解，畅游于材料热力学领域，享受思考问题和获得知识的幸福感，无疑是一本里程碑式的现代材料热力学经典之作。

希望这本书能成为我国大学生、研究生和材料热力学爱好者的良师益友。

由于译者水平有限、经验不足，书中难免存在各种问题，恳请广大读者不吝批评指教，提出宝贵意见。

译者

2024 年 7 月

译 者 简 介

赵宇宏，教授，博士生导师，入选国家高层次人才计划。讲授材料热力学、计算材料学、凝固原理和金属学课程。长期从事凝固时效相变多尺度研究和有色合金液态成型。首次提出统一相场建模的观点和方法，致力于采用多层级序参量来统一调控从相场理论建模、到高性能合金设计及其挤压液态成型，以及液态成型过程宏微观数智化的研究。